景观研究丛书|杜顺宝·主编

人文生态视野下的城市景观形态研究

RESEARCH ON URBAN LANDSCAPE MORPHOLOGY UNDER THE HORIZON OF HUMANISTIC ECOLOGY

李 岚·著

东南大学出版社·南京

总 序

景观学相对于建筑学而言是一门新兴的学科。说它新是就研究对象采用科学的方法建立起比较完整、系统的体系要远远晚于建筑学。最早建立这一学科的是美国，称为 Landscape Architecture。它与 Architecture（建筑学），Urban Planning（城市规划）是构成大建筑学学科的三个分支专业。我国高校早在 20 世纪 20 年代就已开设建筑学专业，理工类院校到 70 年代才设景观学专业，当时学科的名称被译为风景园林。台湾的大学则译为景观建筑学或景园建筑学。东南大学于 80 年代中叶开设风景园林专业，但生不逢辰，80 年代末恰逢教育部提倡大口径培养人才，在随即进行的院校专业调整中取消了这个专业，只保留它作为城市规划专业的一个研究方向。在这样艰难的条件下，我们坚持在研究生教育中培养风景园林研究方向的专门人才。21 世纪初，随着我国城市化进程的迅猛发展，城市环境和风景资源保护的问题日益突出，经过多方努力，终于重新恢复了这个专业。恢复后的专业，由于新形势下学科的内涵和外延都有了新的突破，在采用什么名称上曾有过争论。多数理工类院校采用景观学名称，以使与学科的研究内容和范围相适应，大多数农林类院校仍称为风景园林，两者并行不悖。

我从 20 世纪 90 年代开始招收风景园林博士生，到 21 世纪初，前后大约十多年。这段时期，本学科正处在迅速发展的阶段，国内外新的理论与观念不断涌现，研究方法与技术也日新月异，与景观生态学、城市生态学、城市社会学与文化人类学等相关学科的交叉融合，使学科的内涵与外延仍在继续拓展之中。在这样的学术氛围里，从多维度去认识对象的本质，探索学科的内在规律，拓展学科的研究领域，对富有朝气的年青博士生而言，无疑具有极大的吸引力。他们带着好奇、凭着勇气，去追求学术的真谛。他们选题的研究方向有从关注和尊重土地自然演进规律的角度去探索城市如何科学有序发展，有运用生态博物馆理念研究传统乡土聚落景观的保护利用，有从生态美学角度探索和理解符合生态美的景观，有从管理形制角度研究如何才能对风景资源的保护利用实现有实效的管理。他们对城市景观的关注度更高，有从人文因素探讨城市景观格局和景观形态的，有多维度研究城市开放空间形态以及城市空间本质与景观价值的等等。学科研究的一个重要方面是发现问题、提出问题，这需要研究者有敏锐的洞察力。当然，他们探索的成果可能还是粗糙的、不系统或是不够完善的。真正解决问题需要更多力量的投入和长时间的积累。我相信他们的努力无论是成功还是失败，结论是真理还是谬误，对于后来者都会具有启发和借鉴作用。一个完善成熟的学科需要几代人的努力。学科也总是不断向纵深发展的，永不会止步。基于这样的认识，我支持从近几年尚未出版的博士论文中选出与景观研究有关的集为丛书，希望能在景观学的田园里留下他们在探索求真道路上走过的履痕。丛书中如有错误，也请读者批评指正。

东南大学建筑学院教授　杜顺宝于南京

二〇一四年十二月十八日

序

20 世纪社会与经济的发展加速了城市化进程，导致城市环境问题的产生，生态学理论被及时引入城市规划和景观学学科，拓展了学科的研究领域。生态问题成为城市景观首要考虑的因素。这里说的生态问题主要是指景观首先应具有良好的生态效应，有助于改善城市环境，有利于提高市民的生活质量。因此，生态效益成为影响和评价城市景观优劣的重要标准，表现在大尺度景观上就是要严格保护和合理利用场地的自然资源，表现在小尺度景观上是要求有合理的绿地率、适宜的植物配置和符合人们交往行为需求的空间布局等。这些大多是偏于自然的、物质的因素，但里面也包含一些文化层面的因素，例如要求尊重当地的民风习俗，充分利用当地人文资源，弘扬地域文化等，主要体现在景观的社会功能、空间组合的形式与意象表达上。这已经超出自然与物质的层面，似乎属于人们另一种生存状态的需求，也就是人文层面的生态需求。由此，我们依稀预感到人文层面的生存状态可能会对城市景观产生全局性的制约与影响，形成与之相适应的景观形态。人文层面的生存状态，我们可称之为人文生态。它的构成会非常庞杂，远不止上面提到的文化层面范畴。社会制度、社会结构、阶层与社团、民族与宗教、礼仪与习俗等都是影响人们生活、工作、交往的行为方式、活动规律以及精神需求的重要方面。人文生态是客观存在的，它影响并决定着人们的价值观念与思维方式。城市景观的决策者、设计者和参与者本身受制于这种人文生态，致使人文生态对城市景观的影响是全局性的。与自然生态明显影响城市景观相比，人文生态的影响似乎是间接、隐蔽的，但却可能是在更宏观层面上影响了城市景观的格局、形态及其演变。

我们这种直觉式的预感需要有人去探索。李岚是我学生中比较认真的一个，她对工作、对研究都很认真，肯动脑筋，肯下功夫，敢于接受新的挑战。这本书就是她选择这一研究课题所作的初步成果，还不系统，只开了一个头。如果方向没有错，我倒是很希望有更多年轻人关注这一课题，弄清人文生态的基本构成和演变规律以及它与城市景观的相互关系。

东南大学建筑学院教授　杜顺宝于南京

二〇一四年十二月十八日

前　言

当前中国快速城市化进程中，人文因素日益主导着物质景观的建设，但城市景观形态的现有研究仍以物质形态、自然生态等传统领域为主，缺少在更广阔的人文生态视野下对其深层动因的系统研究成果。为此，本书选题“人文生态视野下的城市景观形态研究”，以中国城市的人文生态和景观形态及二者的互动关系为研究范围，通过景观学与生态学、社会学、文化人类学、人文地理学和城市规划等多学科交叉与综合研究，初步研究人文生态概念和内涵，全面地建构了人文生态与城市景观形态互动联系的理论框架，阐明了城市景观动态平衡与可持续发展的调控机制。在此理论框架基础上，从城市景观实践经常遭遇的敏感的人文问题中选取了制度、单位、回民（少数民族）、女性等四个性质、层级、尺度不同，且较为新颖的角度，进行专题纵深研究，部分验证其与城市景观形态的互动影响的理论，并对部分景观及人文问题提出具体的规划设计建议。本书从理论建构和专题研究两方面为景观学研究拓展了新的研究领域，并为通过景观规划创建和谐社会提供理论依据和方法指导，具有一定的理论和现实意义。

书稿完成之际，我要首先感谢我的导师杜顺宝先生。先生以宽厚的人格、渊博的学识和严谨的作风为我们树立了为人和为学的榜样。本书致力于人文生态与景观的相关性研究，这是先生一直以来希望探讨的课题。但由于横跨自然和人文领域的诸多学科，书稿的写作任务重、时间长、困难多，是先生的鼓励和指点让我在一次次的迷茫和困惑中找到前行的道路。

感谢已故的丁宏伟老师，他指导我完成了硕士阶段的学习，带我进入了景观设计与研究的领域。感谢朱光亚老师多年来的关心与指导，感谢成玉宁老师、吴明伟老师、郑忻老师、段进老师、陈薇老师、张十庆老师、董卫老师、刘博敏老师、刘先觉老师、葛明老师在学业上给予我的指点与帮助。

感谢南京市规划局、杭州市规划局、扬州市规划局、宜兴市规划局、清华大学建筑学院资料室、北京大学图书馆、同济大学建筑与城规学院资料室、南京图书馆、南京市档案局等部门提供的相关资料。感谢南京市宗教局朱处长、过处长，南京市伊斯兰教协会蒋主任，净觉寺马国贤阿訇、安建龙阿訇，马祥兴菜馆严总经理，止马营街道、朝天宫街道、止马营社区、安品街社区、评事街社区的工作人员，以及所有接受访谈和填写问卷的人们，他们保证了本书调研工作的顺利进行。感谢南京大学伍贻业教授、南京师范大学白友涛教授对本书的启发与帮助。

感谢前辈学者和本书所有参考文献的作者，他们的研究成果是本书的基础。

感谢唐军、杨冬辉、姚准、诸葛净、白颖、蔡晴、施钧桅、钱静、张剑葳、邵颖莹、陈建刚、胡石、郭药、郭苏明、韩凝玉、张哲、张麒、方程、谭瑛、吴雪飞、余压芳、许继清、朱卓峰、李爱国、赵洁梅、姜来、雷薇、曲志华、季蕾、邢嘉琳、侯冬炜等对本书的帮助。

感谢我的家人，他们是我最温暖坚实的后盾，他们宽容并尊重我的选择与追求，鼓励我不断前进，他们成就了我的一切。

感谢我的爱人同志李新建，多年来在生活、学习和工作中相互理解、支持与激励，虽然并不安逸，但充满快乐。

感谢我两个可爱的宝宝，她们与我的书稿一起孕育成长，想到她们就不禁微笑。

李岚于南京

二〇一四年十二月

目 录

1 绪论 …… 1

1.1 当前我国城市景观的问题与思考 …… 1

1.1.1 我国快速城市化进程中的景观问题 …… 1

1.1.2 对景观问题的思考 …… 2

1.2 研究目标和意义 …… 4

1.2.1 研究目标的确定 …… 4

1.2.2 理论与现实意义 …… 5

1.3 研究对象的概念界定 …… 5

1.3.1 “景观”“景观形态”概念辨析 …… 5

1.3.2 “人文生态”的概念界定 …… 8

1.4 国内外相关理论基础与研究背景综述 …… 10

1.4.1 国内外人文生态相关理论基础 …… 10

1.4.2 国内外城市景观相关研究背景 …… 14

1.4.3 中国城市景观与人文因素相关性研究综述 …… 17

1.5 主要研究内容及研究框架 …… 19

1.5.1 理论建构部分的主要内容 …… 19

1.5.2 专题研究部分的主要内容 …… 20

1.5.3 研究框架 …… 22

2 人文生态的概念和内涵 …… 23

2.1 人文生态系统的概念和特征 …… 24

2.1.1 人文生态系统的概念 …… 24

2.1.2 人文生态系统的特征 …… 25

2.2 人文生态系统的组成 …… 27

2.2.1 人文生态系统的主体 …… 27

2.2.2 人文生态系统的环境 …… 28

2.2.3 人文主体与环境的关系 …… 29

2.3 人文生态系统的主体及其属性 …… 30

2.3.1 人文生态个体 …… 30

2.3.2 人文生态群体 …… 31

2.3.3 人文生态群落 …… 35

2.4 人文生态系统的环境要素及结构 …… 39
2.4.1 经济要素和结构 …… 40
2.4.2 政治要素和结构 …… 42
2.4.3 社会要素和结构 …… 43
2.4.4 文化要素和结构 …… 45
2.4.5 人文生态系统结构的整体性 …… 47
2.5 人文生态系统的功能 …… 47
2.5.1 社会组织与管理 …… 47
2.5.2 经济生产与流通 …… 48
2.5.3 文化传承与创新 …… 49
2.6 小结 …… 49

3 人文生态与城市景观形态理论 …… 50
3.1 人文生态与景观形态互动的基础理论 …… 50
3.1.1 系统论 …… 50
3.1.2 等级理论 …… 51
3.1.3 尺度理论 …… 52
3.1.4 自组织理论 …… 53
3.1.5 结构功能理论 …… 54
3.2 景观结构的人文生态分析 …… 55
3.2.1 相关理论研究 …… 55
3.2.2 景观结构成分的人文生态分析 …… 59
3.2.3 经济是城市景观结构形成的基础和动力 …… 62
3.2.4 社会是城市景观结构的人文背景 …… 66
3.2.5 文化是城市景观结构的精神内核 …… 70
3.3 景观形态变迁的人文生态规律 …… 73
3.3.1 景观形态变迁与人文生态群落演变 …… 73
3.3.2 景观形态演替的人文生态动因 …… 75
3.4 城市景观形态发展的人文生态调控 …… 78
3.4.1 相关理论研究 …… 78
3.4.2 城市景观形态发展的人文生态调控 …… 82
3.4.3 城市景观形态的可持续发展与人文生态的关系 …… 86
3.5 小结 …… 89

4 制度对城市景观的影响 …… 90
4.1 制度与城市景观形态 …… 90
4.1.1 制度的定义及分类 …… 90
4.1.2 不同制度类别与城市景观的关系 …… 92

4.2　国家土地制度与城市景观形态变迁 …… 94
4.2.1　古代土地制度与城市景观形态变迁 …… 94
4.2.2　土地制度与现代中国城市景观形态变迁 …… 98
4.3　国家户籍制度改革与城市景观形态自组织 …… 106
4.3.1　城乡二元户籍制度和制度性的景观差异 …… 106
4.3.2　户籍制度变革和城市异质景观的自组织 …… 108
4.4　城市制度对景观形态的直接塑造 …… 112
4.4.1　城市规划制度对城市固定景观的塑形作用 …… 112
4.4.2　城市管理制度对半固定景观的规范作用 …… 116
4.4.3　城市公共决策对景观形态的刺激作用 …… 119
4.5　非正式制度与城市景观形态 …… 122
4.5.1　传统文化观念对传统城市形态的影响 …… 122
4.5.2　现代化观念和“现代化城市景观” …… 125
4.5.3　价值观的影响：工具理性和价值理性 …… 126
4.5.4　科学发展观与当代城市美化运动 …… 127
4.6　小结 …… 129

5　单位群落与城市景观形态的变迁 …… 130
5.1　单位的概念、分类及发展 …… 130
5.1.1　单位制度的概念及特点 …… 130
5.1.2　单位群落的概念、分类及其特征 …… 131
5.1.3　单位的起源与发展 …… 135
5.2　单位群落的人文生态意义 …… 137
5.2.1　单位群落的综合性 …… 138
5.2.2　单位群落的稳定性 …… 140
5.2.3　单位群落的亚文化特征 …… 141
5.3　传统单位群落景观形态特征及其对城市景观的影响 …… 143
5.3.1　单位群落的空间结构特征 …… 143
5.3.2　单位群落的景观形态特征 …… 145
5.3.3　单位群落对城市景观形态的影响 …… 147
5.4　单位群落演替和城市空间景观变迁 …… 153
5.4.1　单位群落演替的制度动因 …… 153
5.4.2　单位群落空间的解构对城市景观结构的影响 …… 155
5.4.3　职住分离与城市景观异化 …… 157
5.5　小结 …… 163

6　城市回族群落及其景观形态变迁 …… 165
6.1　城市回族群落的人文生态分析 …… 166

6.1.1 回族群落的人文生态意义 …… 166
6.1.2 回族群落的人文生态构成 …… 167
6.2 回族群落景观的人文生态分析 …… 172
6.2.1 回族群落的空间分布特征 …… 172
6.2.2 回族群落的固定景观 …… 173
6.2.3 回族群落的非固定文化景观 …… 177
6.3 回族群落的形成与演变 …… 181
6.3.1 迁徙而来的民族——元代南京回族异质性斑块的形成 …… 181
6.3.2 融合、自持和再生——明清南京回族教坊群落的兴盛和稳定 …… 182
6.3.3 干扰和恢复——近代以来南京回族群落景观的变迁 …… 184
6.3.4 现代社会回族群落文化的演变 …… 187
6.4 城市更新中回族群落景观的剧变——以南京七家湾为例 …… 192
6.4.1 七家湾回族群落及其变迁概况 …… 192
6.4.2 七家湾回族群落街道景观的演替 …… 193
6.4.3 道路与群落景观演变的人文生态分析 …… 196
6.4.4 群落核心的破坏导致群落的衰退 …… 197
6.5 宗教礼拜场所的文化景观与行为分析——以南京净觉寺为例 …… 199
6.5.1 南京净觉寺及其空间和建筑景观 …… 199
6.5.2 礼拜活动的人群特征分析 …… 203
6.5.3 从交通距离看清真寺凝聚力的空间边界 …… 207
6.5.4 宗教活动景观与人群密度 …… 208
6.6 小结 …… 210

7 女性视野下的城市景观 …… 211
7.1 女性群体与城市人文生态 …… 211
7.1.1 人文生态系统观下的男女群体二分 …… 211
7.1.2 女性——人文生态系统中的弱势群体 …… 212
7.1.3 关怀女性与关怀自然和人文生态 …… 212
7.2 性别差异与城市景观 …… 213
7.2.1 性别差异的概念 …… 213
7.2.2 性别差异分析 …… 214
7.2.3 性别差异与城市景观 …… 218
7.3 女性化城市景观的盛衰 …… 218
7.3.1 远古聚落——天然的女性化景观 …… 219
7.3.2 古代城市——女性化景观的衰落 …… 220
7.3.3 文艺复兴到洛可可——女性化景观的复兴 …… 222
7.3.4 近现代城市——女性化景观的衰微 …… 224
7.3.5 当代城市——景观的生态化和女性化 …… 226

7.4　“男造城市”空间景观中女性群体的窘境 …… 228
7.4.1　男性化城市结构与女性日常行为特征的矛盾 …… 229
7.4.2　女性与城市交通 …… 232
7.4.3　女性与城市公共服务 …… 233
7.4.4　女性对城市安全性的需要 …… 236
7.4.5　女性的理想城市 …… 236
7.5　影响城市景观的女性主体 …… 237
7.5.1　城市景观主体中的女性 …… 237
7.5.2　女性建筑师的历史和现状 …… 238
7.5.3　城市景观设计呼唤女性特质 …… 241
7.6　小结 …… 243

8　结语 …… 245
8.1　初步成果与结论 …… 245
8.1.1　理论建构 …… 245
8.1.2　专题研究 …… 245
8.2　研究展望 …… 246

图表附录 …… 247

主要参考文献 …… 252

1 绪 论

1.1 当前我国城市景观的问题与思考

1.1.1 我国快速城市化进程中的景观问题

1）快速变化的景观

近三十年来，随着政治经济体制改革的深入和经济技术的发展，城市以前所未有的速度发展变化着。“一年一个样，三年大变样”的口号响彻大江南北，持续不断的城市扩张、城市更新、城市美化使城市景观日新月异。城市的扩张使大片的郊区农业景观被工业园、住宅区及大学城所取代，城市景观的边界和整体格局变化剧烈。城市更新中“退二进三”的产业布局调整使许多地块的工业景观向商业、居住等其他景观类型演变，旧城改造迅猛推进，大片老居住区的传统风貌消失在推土机下，取而代之的是光鲜亮丽、高耸入云但毫无历史积淀的现代景观。以改变城市形象为目标的城市景观美化运动席卷中国，有大手笔改天换地式的开景观路、造大广场、铺大草坪，有短平快涂脂抹粉式的建筑亮化、立面出新、统一店招，城市景观在短时间内就能焕然一新，今非昔比。

2）动荡的自然和社会

城市景观在短时期内大范围的剧烈变化引发了自然和社会格局的动荡，造成了大量的城市问题。城市扩张深刻地改变了城郊的生态结构，大片次生自然景观在成为城市景观后，失去了涵养水源、保护物种和为城市提供清新空气与农副产品的生态功能，城市本身的生态环境也在无序扩张中进一步恶化。历史街区在城市更新过程中大量被拆除或改造，传统文化和传统生活因失去空间物质载体而面临着消亡的危机。城市美化以其在检查献礼、标榜政绩中立竿见影的易操作性而大行其道，但城市景观的表面光鲜有时却与市民的实际需求背道而驰。更为关键的是，无论是城市扩张、城市更新还是城市美化，当前城市景观的改善往往离不开拆迁，不但拆迁过程频频引发破坏社会安定的群体事件，而且拆迁后留下了迁出居民生活质量下降、城市交通压力增加、原有社会网络破裂、心理归属和集体记忆丧失等大量的影响长远的社会问题。

3）失语的景观规划者

城市景观的一系列变化与景观规划有着直接的关系。在政府（项目控制者）—开发商（资金提供者）—景观规划者（技术提供者）—公众（景观使用者）的景观利益相关者序列中，景观规划者作为技术主体而具有一定的话语权，理应把握城市景观的发展方向。然而，当前的现实是，景观规划者往往缺乏从公众利益和自然及人文生态角度反思项目目标合理性的习惯和能力,或者难以顶住政府的压力和开发商的诱惑,其作用仅停留在对既定项目中城市物质景观的美化与改良,而对社会和谐、公众利益、文化传承、生态平衡等问题集体失语。

1.1.2 对景观问题的思考

1)人类活动是城市景观形态发展的主要动因

城市是人类在改造自然的基础上建造的供人类聚居的开放系统,它不同于自然生态系统,而是以人为主体的特殊的人工生态系统[①]。人是城市生态系统的建设种和优势种,决定着城市生态系统的空间结构和特有环境[②]。人类拥有其他生物所没有的主观能动性[③],能够为改善自身的生存环境而不断地改造自然,进行包括城市环境、景观建设在内的生产、生活活动,从而形成了不同于自然景观的城市景观。

近代以来,人类利用自然、改造自然的能力逐步增强并在当代达到了顶峰。当代城市对自然环境的依赖性大大减弱,强大的现代技术使城市可以通过运输或制造获得所缺乏的各种自然资源,人类可以在各种极端环境中生活,也有能力根据自身的需要改造自然环境以获得适宜的人工环境。

因此,尽管自然环境要素仍是构成当代城市景观的物质基础,但具有主观能动性的人类活动才是决定这些要素如何组织成城市景观的主要原因,即人类活动是城市景观形态发展的主要动因。

2)引入"人文生态"视野研究城市景观形态问题

城市景观是人类主观能动地利用与改造自然和人工物质环境的结果。正如恩格斯所断言,"动物仅仅利用外部自然界,单纯地以自己的存在来使自然界改变;而人则通过他所作出的改变来使自然界为自己的目的服务,来支配自然界"[④]。人类对自然环境有如此之大的作用,并不因为人类的肉体比其他动物更强大,而在于人类拥有具有思想、语言、工具、社会分工、组织机构、科学技术等的武装,也即"文化是人与自然的中介,人是以文化的方式存在于自然之中,也是以文化为手段在改造和支配自然"[⑤]。因此,我们若要全面系统地厘清城市景观形态产生和演变的内在原因,就必须引入"人文生态"的视野,将人与其人文环境

---

① 按生态系统形成的原动力和影响力,可分为自然生态系统、半自然生态系统和人工生态系统三类。凡是未受人类干预和扶持,在一定空间和时间范围内,依靠生物和环境本身的自我调节能力来维持相对稳定的生态系统,均属自然生态系统,如原始森林、冻原、海洋等生态系统;按人类的需求建立起来,受人类活动强烈干预的生态系统为人工生态系统,如城市、农田、人工林、人工气候室等;经过了人为干预,但仍保持了一定自然状态的生态系统为半自然生态系统,如天然放牧的草原、人类经营和管理的天然林等。参见:刘贵利.城市生态规划理论与方法[M].南京:东南大学出版社,2002:12

② 毕凌兰.城市生态系统空间形态与规划[M].北京:中国建筑工业出版社,2007:38

③ 主观能动性是指认识世界和改造世界中有目的、有计划、积极主动的有意识的活动能力。尽管有的哲学观点认为动物也有一定的主观能动性,但本书遵循马克思主义哲学的观点认为:主观能动性是人类特有的,动物不具备主观能动性。

④ 中共中央马克思恩格斯列宁斯大林著作编译局.马克思恩格斯选集(四)[M].北京:人民出版社,1995:517

⑤ 此为韩民青在《当代哲学人类学》中提出的"人类—文化—自然"三者哲学关系的核心观点,其中文化指包括物质文化、制度文化(交往文化)、精神文化在内的广义概念,自然是指"除了人类之外的其他物质存在"狭义概念。参见:韩民青.当代哲学人类学·第一卷·人类的本质:动物+文化[M].南宁:广西人民出版社,1998:119

作为整体进行分析，研究其与城市景观之间的互动影响。

本书通过构建人文生态系统来概括人与人，以及人与其所处的政治、经济、社会、文化(狭义)等人文环境所形成的相互联系、相互制约，且有一定结构和功能的有机整体[①]。人文生态系统是一种涵盖面较广的生态系统，是以人为中心对人类生态系统、社会生态系统、经济生态系统、文化生态系统等的综合。由于人类所独有的主观能动性，人文生态系统对城市景观形态具有决定性的影响。虽然太阳、空气、水、森林、气候、岩石、土壤、动物、植物、微生物、矿藏、自然景观、建筑物、构筑物等自然和人工物质环境是人文生态系统赖以生存的物质基础[②]，是形成城市景观形态的物质基础，其本身也具有一定的功能结构和自组织规律。但对城市这样的人工生态系统而言，物质环境是在人文生态系统的利用和支配下，因变地影响城市景观形态的发展。

目前大量的城市景观形态理论和规划实践主要关注于物质环境，景观学和城市规划、人文地理和景观生态学等学科都在景观元素的构成和空间分布、物质景观格局和形式变迁、自然环境和动植物的生态安全等方面取得了十分丰硕的研究成果(详见 1.5 节)。但比较而言，对景观形态发展的深层人文动因的研究则十分匮乏，而社会学、文化人类学、人类生态学等人文领域各学科的大量成果因其学科立场和目标各不相同，不仅本身缺乏全面整合的人文生态系统理论，而且除了零散的个例研究外，较少注重人文理论在城市景观研究中应用。因此，我们有必要引入“人文生态”视野，研究人文生态的内涵，以及人文生态系统和城市景观形态的互动影响，以全面认识城市景观的人文生态动因及其调控规律，通过景观规划促进和谐社会建设。

3) 城市景观问题亟须启动多学科交叉的综合研究

景观学者和规划师并非不知道城市景观问题背后有着深层的人文动因，但他们似乎更习惯于也更擅长于本学科的研究对象和研究方法。我国的景观学科是从传统的风景园林设计专业发展而来，虽然近年来逐渐出现与其他学科的交叉研究，但仍以与邻近学科的交叉为主，要跨越景观学—城市规划—工学—自然科学的层层学科壁垒去进行景观形态与人文生态关系问题的全面研究，显然具有相当的难度。

“学科的特征在于它不依赖于其他学科的独立性。这种独立性反映在它的研究对象、语言系统和研究规范上”[③]。但“科学是内在的整体，它被分割为单独的部门不是取决于事物的本质，而是取决于人类认识的局限性，实际上存在着从物理学到化学、通过生物学和人类学到社会科学的连续的链条，这是一个任何一处都不能被打断的链条”[④]。每个学科只研究某一个对象或事物的某一个方面，而大量的社会需求和社会问题大都是综合性的。这就

---

① 生态系统的类型很多，按原动力命名如前述的自然生态系统/半自然生态系统/人工生态系统(张金屯，2004)，在人工生态系统中又有按地域命名的城市生态系统/乡村生命系统/农田生态系统/人工林生态系统，更多的是以组成成分命名的各种类型，如生命系统/环境系统(毕凌兰，2007)；生命系统/社会系统/环境系统(刘贵利，2002)；社会生态系统/经济生态系统/自然生态系统(马世骏、王如松，1984)；生物成分/非生物成分(王兰州、阮红，2006)；以及文化生态系统、人类生态系统等(张金屯，2004)。本书的人文生态系统涵盖了一般意义上的人类生态系统、社会生态系统、经济生态系统、文化生态系统，包括人类及其人文环境系统，与人工及物质环境相对应。

② 张金屯.应用生态学[M].北京：科学出版社，2004:302

③ 李光，任定成.交叉科学导论[M].武汉：湖北人民出版社，1989:16

④ 语出德国著名物理学家普朗克《世界物理图景的统一性》一书。转引自：武杰.跨学科研究与非线性思维[M].北京：社会科学出版社，2004:12

必然导致单个的学科与整体的科学、分割的学科与综合性的社会问题之间的错位和矛盾[①]。正如恩格斯所指出的那样："把自然界分解为各个部分，把各种自然过程和自然对象分成一定的门类，对有机体的内部按其多种多样的解剖形态进行研究，这是最近400年来在认识自然界方面获得巨大进展的基本条件。但是，这种做法也给我们留下了一种习惯：把自然界中的各种事物和各种过程孤立起来，撇开宏大的总的联系去进行观察，因此，就不是从运动的状态，而是从静止的状态去考察；不是把它们看作本质上变化的东西，而是看作永恒不变的东西；不是从活的状态，而是从死的状态去考察。"[②]

由于城市景观与人文生态有着全面、复杂而动态的联系，我们需要开展多学科交叉的综合研究来寻求城市景观问题的解决策略。除了景观学科外，与城市景观形态密切相关的城市规划、人文地理和景观生态学，与人文生态相关的生态学、社会学、文化人类学、人类生态学等学科的相关概念、理论和方法均应根据景观问题研究的需要进行相互的借鉴、移植、转化和融合，最终建构人文生态视野下的城市景观形态研究的理论框架。

1.2 研究目标和意义

1.2.1 研究目标的确定

本书选题"人文生态视野下的城市景观形态研究"，以中国城市的人文生态和景观形态及其二者的关系为研究范围，希望通过多学科综合研究，初步建立城市人文生态和景观形态互动关系的理论框架，并进一步试用该理论分析若干人文要素对城市景观形态的影响，为其中的某些具体景观问题寻求解决方案。具体的两大目标分述如下：

1）目标一：初步建构人文生态视野下的城市景观形态理论框架

正如前文所言，当前我国快速城市化进程中，人文因素日益主导着物质景观的建设，但城市景观的既有研究仍以物质形态、自然生态等传统领域为主，亟待启动更广阔的人文生态视野下对城市景观形态及其深层动因的系统的多学科交叉研究。为此，本书将初步建构人文生态视野下的城市景观形态理论框架作为第一研究目标，并将其分解为相互关联的两个子目标：

(1) 初步研究人文生态概念与内涵

由于人类是以文化的方式利用和改造自然和人工物质环境并进而形成城市景观，因此我们有必要首先全面研究人与其人文环境的生态关系，这本身就是一个较新的、宏观的研究领域。本书以生态学的框架为基础将社会学、人类学、人文地理学等学科对人、文化和环境不同侧面的研究成果加以整合，形成统一的人文生态系统，并研究其组织层次、结构规律以及功能特征理论，从而初步研究人文生态的概念与内涵，为全面理解城市景观形态引入系统而深广的人文生态视野。

(2) 初步建构人文生态与城市景观形态互动关系的理论框架

研究整合人文生态系统理论，并与景观学、景观生态学、城市规划、人文地理学等学科

① 武杰. 跨学科研究与非线性思维[M]. 北京：社会科学出版社，2004：12

② 恩格斯. 反杜林论//中共中央马克思恩格斯列宁斯大林著作编译局. 马克思恩格斯选集(三)[M]. 北京：人民出版社，1995：359-360

中的城市景观形态及动因相关研究进行比较和借鉴，通过方法移植和理论融合，建立人文系统结构与景观形态格局、人文群落演替和区域景观变迁、人文生态平衡控制与景观稳定性和可持续发展等理论的联系，初步建构人文生态与城市景观形态互动关系的理论框架。

2）目标二：专题研究部分人文生态要素与城市景观形态的相互影响

应用初步建构的人文生态与城市景观形态互动理论，结合作者的经历和体验，从复杂的人文生态系统中选取不同性质、不同层级和不同尺度，且在景观规划实践中经常遭遇的具有人文生态敏感性的部分要素，即制度、单位群落、回族（少数民族）群落、女性群体等，分别对其与城市景观形态的相互影响进行专题研究，以部分检验并修正人文生态与城市景观形态普遍联系的理论，并从人文生态的角度提出某些景观问题的规划设计对策。

1.2.2 理论与现实意义

本书从理论建构和专题研究两个方面研究人文生态视野下的城市景观形态，其意义也相应体现在理论和现实两方面。

1）理论意义

（1）整合社会学、文化人类学、人文地理学等学科的相关内容，初步研究人文生态的概念与内涵，为全面理解人与其人文环境的关系提供新的理论工具。

（2）将人文生态系统理论与景观学、景观生态学、城市规划、人文地理学等学科中的城市景观形态理论整合，初步建构了人文生态与城市景观形态互动理论框架，为认识人文生态环境与城市景观的关系，建设和谐社会、和谐城市提供了新的理论视野。

（3）通过跨人文科学和自然科学两大领域的多学科综合研究，大大拓展了景观学科的研究领域和视野，对类似的跨领域多学科综合研究具有一定的借鉴意义。

2）现实意义

（1）较系统、深入的分析了制度、单位群落、回族群落、女性群体等人文要素与城市景观的相互影响，增进了人们对城市景观表象的深层人文动因的认识。

（2）引导决策者打破行业界限和“头疼医头、脚疼医脚”的思维惯性，对城市中的景观问题和社会问题进行“全方位诊断”和“综合性治疗”。

（3）引导城市景观规划从静态的片段规划到动态的整体考量，从对经济、政治权力的服从到对普通民众的关怀，从对物质景观的美学追求到对人文生态整体和谐的追求。

（4）从景观学立场出发，为解决部分现实的景观和社会问题提供了可操作的规划设计对策。

1.3 研究对象的概念界定

1.3.1 “景观”“景观形态”概念辨析

1）“景观”的概念界定

本书的主要研究对象是城市的“景观”。“景观”的概念本身是不断发展的，在不同时期、不同学科中各有侧重不同。

在欧洲,"景观"一词最早出现在希伯来文本的《圣经》旧约全书中,它被用来描写所罗门皇城耶路撒冷的瑰丽景色,是视觉美学意义上的概念。这种意义上的景观可以给予"个人的美学意义上的主观满足"[①],因此早期景观规划与设计所追求的"景观"概念,即在一定文化、技术背景下,由各种元素按照一定结构组合而成的物质形态,它符合一定的美学原则,具有满足人类的审美需求的功能。所以,当时的景观规划设计又常常被称为风景园林设计,其审美价值是第一位的。

19 世纪初,景观作为科学名词由德国地理学家洪堡德(A. Von Humboldt)引入地理学并视作地理学的中心问题,以探索原始自然景观变成人类文化景观的过程。而此后以贝尔格为代表的景观地理学派则从科学的角度将景观定义为"自然地域或水域的综合体"[②]。从此,景观变成了"一个具有多种意义的术语,是指一个地区的外貌、产生外貌的物质组合以及这个地区本身"[③]。

自 1930 年代以来,景观的概念逐渐被引入生态学。德国著名生物地理学家 Troll 提出景观生态学的概念,把景观看做是人类生活环境中的"空间的总体和视觉所触及的一切的整体"[④]。生态学上景观的本质是人类量度其自身存在的一种视觉图像,它因人的视觉而存在,并具有 4 个关键特征:①是一个生态学系统;②是具有一定自然和文化特征的地域空间实体;③是异质生态系统的镶嵌体;④是人类活动和生存的基本空间[⑤]。

本书将"城市景观"界定为城市的外貌以及产生城市外貌的物质组合,是城市大系统中与人文生态系统相对并与之互动的自然和人工物质系统,与城市地理学的景观概念比较,其更侧重于人工物质系统,其范畴远大于风景园林,但又只相当于景观生态系统中的一部分。

景观的内容包罗广泛,一般都通过分类的方法进行表述。除了前文提到的城市和乡村景观二分法外,还可根据用地属性分为工业、商业、居住等景观类型,根据空间形态分为高层高密、高层低密、低层高密、低层低密等景观类型,或者根据历史文化特征分为传统、现代、后现代等景观类型。本书是从人文生态的角度来揭示城市景观形态的内在规律,因而借鉴了 A. 拉普卜特在《建成环境的意义——非语言表达方法》中介绍的霍尔对环境要素的分类,将城市景观的内容划分为固定景观元素、半固定景观因素和非固定景观因素。

固定景观元素:是指城市中基本固定的,或变化得少而慢的景观。如道路、广场、居住区、商业区等城市空间,以及各种建筑物。显然,这些固定景观的形态,及其"组织方式(空间大小)、大小、位置、顺序、布置等等都会表达意义,在传统文化中尤其如此",而且还"受到规范、法令等的制约"[⑥]。

半固定景观因素:包括沿街设备、广告牌示、商店橱窗陈列、花园布局、草坪装饰、环境卫生以及其他城市因素,这些"能够而且的确能够相当迅速而容易地加以改变",往往能比固定景观表达更多的意义,也较少受到外界的控制,因而可以形成属于自己的半固定景观。

---

① 俞孔坚. 论景观概念及其研究的发展[J]. 北京林业大学学报,1987,9(4):433-439

② 肖笃宁."景观"一词的翻译与解释[J]. 科技术语研究,2004,6(2):31

③ [英]R. J. 约翰斯顿. 人文地理学词典[M]. 柴彦威,等,译. 北京:商务印书馆,1994:367

④ 俞孔坚. 论景观概念及其研究的发展[J]. 北京林业大学学报,1987,9(4):433-439

⑤ 余新晓. 景观生态学[M]. 北京:高等教育出版社,2006:6

⑥ [美]A. 拉普卜特. 建成环境的意义——非语言表达方法[M]. 黄兰谷,译. 北京:中国建筑工业出版社,2003:67-68

半固定景观直接受人影响，也容易为人解读，可以直接成为社会特征的标志物[①]。

非固定景观因素：指的是景观中的使用者或居民，他们时刻变换着的空间关系、体位和体态、手臂姿势、面部表情、手与头颈的放松程度、点头、目光接触、谈话速度、音量及停顿以及衣着服饰[②]，他们受宗教信仰、性别、种族、文化背景、收入状况、社会地位等综合的人文生态因素的影响，表达了城市景观的文化意义。

2) "景观形态"的概念界定

本书对城市景观研究的侧重点是其"形态"，即主要是研究城市景观要素的组合规律和结构，而不仅限于景观要素本身。

形态学原是生物学的分支，主要研究动植物和微生物的整体及其组成部分的外形和结构，它与研究功能的生理学相对并相辅相成[③]。由于形态学研究事物内部成分如何构建外部形状、外观及形式的逻辑(或曰结构)，即研究简单元素组织并演变成为复杂整体的过程，因而具有普遍的方法论意义，被广泛运用于传统历史学、考古学等其他学科，成为西方社会与自然科学思想的重要组成部分，并逐渐被地理学、建筑学和人文学科的学者引入到城市研究范畴。形态学研究将城市看作有机体来观察和研究，以便了解其生长机制，并逐步建立一套城市发展分析理论。在研究内容上，"逻辑"的内涵属性与"显相"的外延共同构成了城市形态的整体。

德国地理学家奥特・斯吕特尔(O. Schluter)于 1906 年提出了"文化景观形态"的概念，认为景观不仅有它的外貌，而且在它背后又有社会、经济和精神的理论。1925 年，美国地理学家卡尔・索尔(C. O. Sauer)发表了《景观形态学》，他认为景观是由自然与文化要素两部分叠加而成，而形态学方法是综合的一种特殊形式，是一种为鉴别景观中的主要结构(形态)元素并将它们安排成一个发展序列的归纳程序[④]。1967 年哈维探讨了景观变化和系统转变之间的联系，他对阐明被证实的形态发生的过程比对形态本身更为关注[⑤]。1980 年意大利地理学家 F. Farinell 将"城市形态"总结为三种不同层级的解释：第一层次，城市形态作为城市现象的纯粹视觉外貌；第二层次，城市形态同样也作为视觉外貌，但是，外表在这里被看作是现象形成过程的物质产品；第三层次，城市形态"从城市主体和城市客体之间的历史关系中产生"，即城市形态作为"观察者和被观察对象之间关系历史的全部结果"[⑥]。

本书的"景观形态"概念主要借鉴了 F. Farinell 的分类，将"城市景观形态"的研究界定为递进的三个层次，首先是对城市景观所表现出来的具体空间物质形态的研究，其次是对景观形态形成过程和形态特征成因的探究；最后是对城市景观形态和人文生态系统的关联性研究，如社会分层和景观分异的关联性，以及亚文化群体、女性等人文生态现象发展的时空规律与景观变迁的时空规律的关联性研究。

---

① [美]A. 拉普卜特. 建成环境的意义——非语言表达方法[M]. 黄兰谷，译. 北京：中国建筑工业出版社，2003:68,71

② [美]A. 拉普卜特. 建成环境的意义——非语言表达方法[M]. 黄兰谷，译. 北京：中国建筑工业出版社，2003:74-78

③ 中国大百科全书出版社简明不列颠百科全书编辑部. 简明不列颠百科全书[M]. 北京：中国大百科全书出版社，1985:6-678

④ 陈慧琳. 人文地理学[M]. 北京：科学出版社，2002:106

⑤ [英]R. J. 约翰斯顿. 人文地理学词典[M]. 柴彦威，等，译. 北京：商务印书馆，1994:463

⑥ 段进，邱国潮. 国外城市形态学研究的兴起与发展[J]. 城市规划学刊，2008,(5):34-43.

1.3.2 “人文生态”的概念界定

1）“人文生态”的概念

如前所述，由于每个人都是处在其他人和各种政治、经济、社会、文化（狭义）条件构成的广义文化环境之中，它们形成了相互影响、相互制约，具有一定结构和功能的有机整体。因此我们认为人与人及其广义文化环境的互动是一种生态关系，它们共同构成了“人文生态”系统（系统论的相关内容见本书3.1.1节）。城市景观是人通过文化对自然进行改造的结果，即是人文生态系统对自然改造的结果。

本书之所以将影响城市景观的人与文化构成的系统称为“人文生态系统”，一方面是由于字面上“人”加“文化”简称“人文”，另一方面是由于“人文”一词的中文含义具有广阔的内涵和外延。根据《辞海》的解释，“人文”可以指人类社会的各种文化现象，如《易经》中“文明以止，人文也”；也可以指与天道、天运相对的人事，如《后汉书・公孙瓒传论》，“舍诸天运，征乎人文”[①]，因而既指人本身的各种生物属性，也指与人相关的各种社会、文化现象。在研究城市景观形态的动因这一复杂问题上，“人文”无疑比“人类”或“文化”更易于概括。

“人文”在学科分类中是与自然科学相对立的独立的知识领域，这一研究领域又可以分为人文学科与社会科学。一般认为人文学科构成一种独特的知识，即关于人类价值和精神表现的人文主义的学科[②]；而社会科学研究的课题是人类社会和文化方面的行为[③]。虽然人文学科与社会科学有着各自的研究领域，但它们的研究都包含人的活动，其研究是具体的，关系到个别和独特的价值观，因此它们都属于与自然科学相对的更大的人文学科的研究范畴。在这个意义上，广义的人文学科的研究不仅包括了人类价值和精神表现的研究，也包括了人类社会和文化方面的行为研究[④]。

“Humanistic”是指人文主义的或人道主义的，是一种思想态度，它认为人和人的价值具有首要的意义，从哲学方面讲，人文主义以人为衡量一切事物的标准，通常认为这种思想态度是与中世纪神学相对应的文艺复兴文化的主题[⑤]。本书认为城市景观是人类主观能动地利用与改造自然和人工物质环境的结果，人类活动是影响城市景观形态的主要动因，事实

---

① 辞海编辑委员会.辞海[M].上海：上海辞书出版社，1988

② 人文学科包括如下研究范畴：现代与古典语言、语言学、文学、历史学、哲学、考古学、法学、艺术史、艺术批评、艺术理论、艺术实践以及具有人文主义内容和运用人文主义方法的其他社会科学。引自：中国大百科全书出版社简明不列颠百科全书编辑部.简明不列颠百科全书（第7册）[M].北京：中国大百科全书出版社，1985：121

③ 包括经济学、政治学、社会学、社会和文化人类学、社会心理学、社会和经济地理学、也包括教育的有关领域。引自：中国大百科全书出版社简明不列颠百科全书编辑部.简明不列颠百科全书（第7册）[M].北京：中国大百科全书出版社，1985：121

④ 19世纪以来，人文学科作为独立的知识领域，与自然科学相对立。德国哲学家首先提出人文学科的一般理论。W.狄尔泰称此学科为Geisteswissenschaften（人本科学），而H.李凯尔特则把人文学科称为Kulturwissenschaften（文化科学）。李凯尔特认为它与自然科学的区别主要是方法：自然科学是“抽象的”，目的是得到一般规律，人文研究是“具体的”，它关系个别和独特的价值观。相反狄尔泰认为自然科学和人文学科的区别是主题：人文科学研究的是包含人的活动，这是与自然现象的根本区别；自然的实体可以从外部得到解释，但人类不仅是自然的一部分，而且是自己的文化、动机和选择的产物，因此在这些方面就要求一种完全不同的分析和解释。引自：中国大百科全书出版社简明不列颠百科全书编辑部.简明不列颠百科全书（第6册）[M].北京：中国大百科全书出版社，1985：760

⑤ 中国大百科全书出版社简明不列颠百科全书编辑部.简明不列颠百科全书（第6册）[M].北京：中国大百科全书出版社，1985：761

上将人作为衡量景观形态的标准。在人文生态的研究中，本书在普遍研究的基础上较为关注非主流文化、少数群体和弱势群体，人文主义的思想、立场和态度贯穿了我们的研究过程。

本书所研究的人文生态是与自然生态相对存在的，自然生态研究生命有机体与周边无机环境的相互关系，而人文生态研究人与其周边的人文环境的相互关系。这里的人文是与自然相对而言的，与人相关的一切事物，包括人文学科与社会科学研究的所有范畴，是广泛意义上的概念。人是人文生态研究的主体，根据研究范围的不同，这一主体可以分为个体、群体和群落；人文环境包括经济、政治、社会和文化等诸多成分，它们综合构成了主体周边的生存环境；人与人文环境间有着复杂多变的相互关系，它们共同构成了人文生态系统。这些问题将在第 2 章中详细论述。

2）相关概念的差异辨析

本书中“人文生态”在概念、研究内容和研究重点上与现有的人类生态学（Human Ecology）、文化生态学（Culture Ecology）和社会生态学（social ecology）有所区别。

人类生态学（Human Ecology）是以人类生态系统为对象，研究人类集体与其环境的相互作用的学科。生态学家研究生物体与其环境的相互作用，这影响了社会科学家以同样的方式研究人类与自然环境和社会环境的关系。人类生态学把人们生活的生物学的、环境的、人口学的和技术的条件，看作为决定人类文化和社会系统的形式和功能的一系列相互关联的因素[①]，它研究生命的演化与环境的关系，人种及人的体质形态的形成与环境的关系，人类健康与环境的关系，人类文化和文明与环境的关系，人类种群形态——人口、资源与环境的关系，以及生态文化的内涵，用生态文化创造生态文明，实现可持续发展[②]。

文化生态学（Culture Ecology）研究文化群体（一种与特殊物质和代表性习俗有关的生存模式）与其所处自然环境间的相互关系，并认为结构相似的环境和技术，趋同于功能因果关系相似的社会组织。文化生态学的发展有两个方向，一是“技术环境决定论”，即认为技术是推动历史发展的某种马克思唯物主义的变体；二是通过借鉴生态系统与一般系统论思想，建立完善的生态学概念，认为文化习俗与能量、物质及信息的一般运动规律有关，有平衡或调节环境的作用[③]。

社会生态学（Social Ecology）是在综合运用生物学观点和社会观点的基础上，研究人类社会与该社会的天然环境和人工环境的相互作用规律的学科。它研究人类社会各个分支系统与周围环境相互作用的规律，并根据这些规律制订旨在改造自然的最优化社会活动的综合方案[④]。社会生态学家认为在科技革命的时代，人类社会与生物圈的相互作用的形式决定了在地球范围内的周围环境的变化程度和速度。因此，社会生态学从一开始就宣称自己是从生态上确定社会能动性的合理界限的科学[⑤]。

---

① 中国大百科全书出版社简明不列颠百科全书编辑部. 简明不列颠百科全书[M]. 北京：中国大百科全书出版社，1985：752

② 周鸿. 人类生态学[M]. 北京：高等教育出版社，2002：4

③ [英]R. J. 约翰斯顿. 人文地理学词典[M]. 柴彦威，等，译. 北京：商务印书馆，1994：12

④ [苏]泽连科夫. 社会生态学. 潘大渭，译，柯夫，校//[苏]达维久克. 应用社会学词典[M]. 于显泽，等，译. 哈尔滨：黑龙江人民出版社，1988

⑤ [苏]B. H. 杜比宁，等. 社会生态学原则的形成. 焦平，译，尹希成，校. 学术译丛[J]，1987(1)

人类生态学、文化生态学和社会生态学分别将人类、文化群体和人类社会作为整体研究其与自然环境的生态关系，是人类学、文化人类学以及社会学与自然生态学的交叉研究。人文生态研究与它们的区别在于其不直接涉及自然环境，不只将人类和文化作为整体，而是专门研究人与人、人与文化环境之间，以及文化环境内部政治、经济、社会、文化(狭义)各要素间复杂的互动关系及其规律。人文生态学的研究对象是人类和文化的集合，在探索当今纷繁复杂的社会问题以及城市景观形态的产生发展等问题时，具有一定综合性。此外，人文生态学是以生态学整合文化人类学、社会学、人文地理等学科的交叉研究，但不直接照搬自然生态学的原理，而是借鉴其研究生物体和环境互动关系的理论和方法体系来研究人类和文化、社会系统，并将各学科中的相关理论整合为统一的人文生态理论，是一种集成和创新。

应该指出的是，国外对于"Humanistic Ecology"的相关研究与本书的"人文生态"亦有一定区别，"Humanistic Ecology"是从人文主义出发，将人文主义的相关概念用于对人与自然的关系的研究，以及与此相关的对待自然的信仰、态度、价值等问题。其研究的主题常与社会、政治、经济和历史等相关。"Humanistic Ecology"的各种学派有动物的权利、深生态主义、生态伦理、社会生态学、女权运动、盖亚理论等等①。相关的研究概况在 1.5.1 节中有简要介绍。

1.4 国内外相关理论基础与研究背景综述

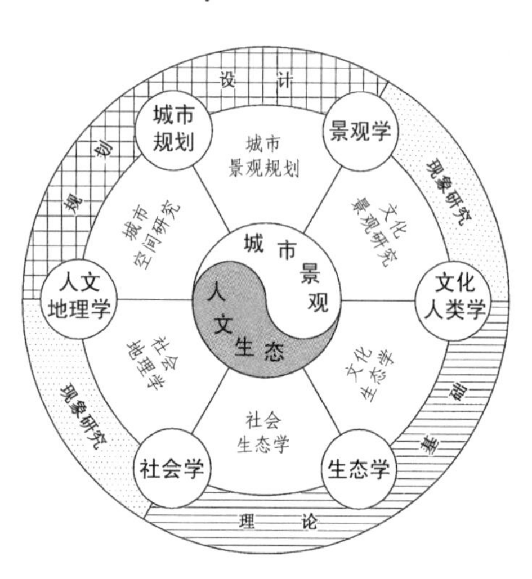

图 1.1 相关研究理论基础模型

本书以人文生态的视野研究城市景观形态，是基于景观学与城市规划、人文地理、生态学、社会学、文化人类学等学科的交叉研究(图 1.1)。为了便于表述各领域的相关理论和研究成果，本书以"人文生态"和"城市景观形态"两个关键词进行组织。其中人文生态涉及生态学、社会学和文化人类学三个学科，它们为本书研究人文生态系统的要素、结构、功能和演变过程提供了理论基础。城市景观形态涉及景观学、城市规划和人文地理学三个学科，它们对城市景观和空间形态的相关研究构成了本书的研究背景。需要说明的是，目前各个学科领域交叉的状况日益明显，本书的六大基础学科本身就彼此交叉，很难截然分开，所以同一研究可能会在不同领域重复提及。

1.4.1 国内外人文生态相关理论基础

1) 国外人文生态相关理论研究基础

国外与城市人文生态相关的理论研究涉及生态学、社会学和文化人类学等三个学科。

① Humanistic Ecology Syllabus, Guilford College. http//www.religionandecology.org/3k2009-12-26

生态学是研究生物有机体与其周围环境(包括生物环境和非生物环境)相互关系的科学。1869年德国生物学家赫克尔(Ernst Heinrich Haeckel)最早提出了生态学这一概念,1877年德国的摩比乌斯(Mobius)提出了生态群落的概念,1896年斯洛德(Schroter)首先提出了个体生态学和群体生态学的概念,这些理论又促进了种群生态学的发展。1898年波恩大学教授A. F. W. Schimper全面总结了19世纪的生态学研究成就,标志着生态学作为一门生物学的分支科学的诞生[①]。1930年代后生态学者开始研究人类社会的生态问题,同时,社会、经济和规划学者也开始关注生态、环境和资源问题,因此相继出现了交叉性很强的应用生态学分支学科:人类生态学、文化生态学、城市生态学、景观生态学。1960年代末联合国教科文组织的"人与生物圈"(MBA)计划开始将城市作为一个生态系统来研究[②]。生态学的发展还表现在对人与自然关系的认识发展上,许多学者从哲学、政治、社会等角度,全面深刻思考人类与环境的问题,将自然生物视作与人平等,并将人类社会的正义、伦理和自然结合起来,如霍尔姆斯·罗尔斯顿《哲学走向荒野》[③]、戴斯·贾丁斯的《环境伦理学》[④]、戴维·佩珀的《生态社会主义:从深生态学到社会正义》[⑤]、丹尼尔·A.科尔曼《生态政治——建设一个绿色社会》[⑥]等。上述生态学原理和理论为本书提供了分析城市人文生态系统的基本工具和哲学价值观的指导。

社会学是对人类社会和社会行为的科学研究[⑦]。1838年,法国哲学家孔德首次提出"社会学"一词。英国哲学家斯宾塞发展了孔德的学说,并用达尔文的进化论观点来解释社会现象。马克思和恩格斯指出社会的发展表现为社会形态的更迭,而更迭的原因是社会生产力和生产关系之间的现实冲突。法国社会学家涂尔干致力于研究社会的团结和整合问题,确定了社会学具体的研究范围和特定的研究方法。德国社会学家马克斯·韦伯的社会行为理论、科层制理论对世界产生了巨大影响[⑧]。美国芝加哥学派代表人物托马斯和帕克重视社会问题的实证研究,并用生态学观点来解释城镇的空间差异,提出了同心圆、扇形和多核心三种城市结构模式,开创了从社会学、生态学探讨城市空间结构的先河,是本书研究方法的源头[⑨]。随后社会学与其他科学相互渗透产生了结构功能主义、冲突理论、社会交换理论、符号相互作用理论、社会现象学及社会批判理论[⑩]。到1960年代后的社会学理论发展则更加多元,出现了新功能主义、系统功能主义、理性选择论、结构化理论、实践理论、新马克思学派、新韦伯学派、后现代社会学、女性主义社会学、后福特主义、新城市主义等等各种社会学理论百家争鸣的态势[⑪]。在当代社会日益全球化、大众化、信息化,社会结构和社会

① 张金屯.应用生态学[M].北京:科学出版社,2003:1-5

② 周凤霞.生态学[M].北京:化学工业出版社,2005:7-17

③ [美]霍尔姆斯·罗尔斯顿.哲学走向荒野[M].刘耳,叶平,译.长春:吉林人民出版社,2000

④ [美]戴斯·贾丁斯.环境伦理学[M].林官明,杨爱明,译.北京:北京大学出版社,2002

⑤ [英]戴维·佩珀.生态社会主义:从深生态学到社会正义[M].刘颖,译.济南:山东大学出版社,2005

⑥ [美]丹尼尔·A.科尔曼.生态政治——建设一个绿色社会[M].梅俊杰,译.上海:上海译文出版社,2002

⑦ [美]伊恩·罗伯逊.社会学[M].黄育馥,译.北京:商务印书馆,1990:2

⑧ [德]马克斯·韦伯.经济与社会[M].林荣远,译.北京:商务印书馆,1997

⑨ [美]R. E.帕克,E. N.伯吉斯,R. D.麦肯齐.城市社会学——芝加哥学派城市研究文集[M].宋俊岭,等,译.北京:华夏出版社,1987

⑩ [英]安东尼·吉登斯.社会学[M].赵旭东,等,译.北京:北京大学出版社,2003

⑪ 陆学艺,苏国勋,李培林.社会学[M].北京:知识出版社,1991:2-15

现象发生巨大变革，新的社会问题层出不穷的背景下，这些社会学理论为本书全面认识城市人文生态系统提供了丰富的视角和方法。

文化人类学是人类学的一个分支，它是从人类学的角度探讨人类社会及其观念形态的形成、发展和变迁的。早期的西方文化人类学主要是跨文化比较研究，通过研究他人的文化和行为习惯来理解自身社会文化的本质[①]。随着时代的发展，文化人类学的研究领域逐渐从原始部落发展到现代社会内部的乡村社会，而且继续延伸到城市。随着文化人类学的重心由历史、边缘转向了现代和城市，其研究领域与社会学越来越接近，以致难分彼此，并产生了文化社会学等交叉理论[②]。文化人类学有着重视个体研究的立场，认为每天的城市生活是由众多不同的人和不同的生活背景所组成的，强调微观元素在人际关系中所起的作用，这是一种自下而上地理解城市结构的方式，为我们提供了一个由局部到整体的视角[③]。在都市问题的研究中，文化人类学者仍然保持着与被研究者的距离，保持他者的眼光，延续对异质文化、非主流文化研究的学术传统，使得文化人类学者的都市研究中也偏向于选择弱势群体、亚文化群体来研究。文化人类学者同时秉持着乡村、城镇田野调查的传统，选取城市中的街坊作为都市村庄，运用人类学方法进行研究，这些理论和方法对本书的研究都具有极大的启发意义。

2）国内人文生态相关理论研究基础

国内关于人文生态的相关理论可以追溯到新中国成立前梁漱溟[④]、费孝通[⑤]等前辈学者的研究，但大规模的人文生态研究是从改革开放后对国外理论的引介开始，逐步发展到结合中国社会、文化的实际进行理论和实证研究，直至近十年出现了多学科、多视角研究的高潮，各类论文、著作大量涌现。限于篇幅，本节仅对笔者阅读过的部分文献进行梳理。

生态学方面对本书帮助较大的国内著作有三类。第一类是全面介绍生态学理论和应用体系的总论类著作，如孙儒泳《基础生态学》[⑥]、周凤霞《生态学》[⑦]、张金屯《应用生态学》[⑧]。第二类是生态学与其他相关学科的交叉和应用研究，特别是与本书研究领域相关的人类生态学、文化生态学、城市生态学的相关研究，如周鸿《人类生态学》[⑨]、余谋昌《生态文化论》[⑩]、王如松《城市生态学及其发展战略研究》[⑪]、王发曾《城市生态系统基本理论问题辨析》[⑫]等，对本书的人文生态系统的建构和理论研究有重要的借鉴作用。第三类是景观生态

---

① [英]爱德华·泰勒. 人类学：人及其文化研究[M]. 连树声，译. 桂林：广西师范大学出版社，2004；[美]露丝·本尼迪克特. 文化模式[M]. 何锡章，黄欢，译. 北京：华夏出版社，1987；等

② [美]戴维·斯沃茨. 文化与权利：布尔迪厄的社会学[M]. 陶东风，译. 上海：上海译文出版社，2006

③ [英]C. W. 沃特森. 多元文化主义[M]. 叶兴艺，译. 长春：吉林人民出版社，2005

④ 梁漱溟. 中国文化要义[M]. 北京：学林出版社，1987

⑤ 费孝通. 江村经济——中国农民的生活[M]. 北京：商务印书馆，2004

⑥ 孙儒泳，基础生态学[M]，北京：高等教育出版社. 2002

⑦ 周凤霞. 生态学[M]. 北京：化学工业出版社，2005

⑧ 张金屯. 应用生态学[M]. 北京：科学出版社，2003

⑨ 周鸿. 人类生态学[M]. 北京：高等教育出版社，2002

⑩ 余谋昌. 生态文化论[M]. 石家庄：河北教育出版社，2001

⑪ 王如松. 城市生态学及其发展战略研究//马世骏. 中国生态学发展战略研究[M]. 北京：中国经济出版社，1991：445-466

⑫ 王发曾. 城市生态系统基本理论问题辨析[J]. 城市规划汇刊，1997(1)

学的相关研究，如邬建国《景观生态学——格局、过程、尺度与等级》[①]、肖笃宁《景观生态学》[②]、余新晓《景观生态学》[③]等，他们对景观结构、格局、过程的研究为本书研究城市景观形态提供了理论与方法。

国内社会学、文化人类学方面研究中对本书帮助较大的主要是中国城市社会和文化研究的著作，包括部分总论和方法论的著作，更多的则是针对中国具体的人文生态课题的专门研究。总论著作包括城市社会学方面的康少邦《城市社会学》[④]、顾朝林《城市社会学》[⑤]；中国城市社区研究方面的唐忠新《中国城市社区建设概论》[⑥]、于燕燕《社区自治与政府职能转变》[⑦]；转型期中国社会形态方面的贺善侃《当代中国转型期社会形态研究》[⑧]。方法论类的著作包括社会网络分析方面的刘军《社会网络分析导论》[⑨]、罗家德《社会网分析讲义》[⑩]；社会心理方面的杨贵庆《城市社会心理学》[⑪]、周晓宏《现代社会心理学》[⑫]等。

针对中国具体的人文生态课题的研究著作数量很多，现按与本书城市景观形态研究密切相关的各个具体问题，分类列举代表性著作如下：

制度问题的研究集中在我国转型期政治经济体制改革和各种城市制度变迁的研究上。综述性的著作有郑杭生《转型中的中国社会和中国社会的转型》[⑬]，研究土地制度变迁的黄祖辉《城市发展中的土地制度研究》，研究户籍制度的陆益龙《户籍制度——控制与社会差别》[⑭]，研究住房制度的李斌《中国住房改革制度的分割性》[⑮]，研究社会保障制度的李迎生《社会保障与社会结构转型》[⑯]等。

社会结构问题的相关研究有：郑杭生等《当代中国城市社会结构》[⑰]，李路路《当代中国现代化进程中的社会结构及其变革》[⑱]，陆学艺《社会结构的变迁》[⑲]，张鸿雁《侵入与接替：城市社会结构变迁新论》[⑳]，许欣欣《当代中国社会结构变迁与流动》[㉑]。

社会分层问题的相关研究有：李培林等《中国社会分层》，陆学艺《当代中国社会阶层研

---

① 邬建国. 景观生态学——格局、过程、尺度与等级[M]. 北京：高等教育出版社，2000

② 肖笃宁. 景观生态学[M]. 北京：科学出版社，2003

③ 余新晓，牛健值，关文斌，等. 景观生态学[M]. 北京：高等教育出版社，2006

④ 康少邦，张宁，等. 城市社会学[M]. 杭州：浙江人民出版社，1986

⑤ 顾朝林. 城市社会学[M]. 南京：东南大学出版社，2002

⑥ 唐忠新. 中国城市社区建设概论[M]. 天津：天津人民出版社，2000

⑦ 于燕燕. 社区自治与政府职能转变[M]. 北京：中国社会出版社，2005

⑧ 贺善侃. 当代中国转型期社会形态研究[M]. 北京：学林出版社，2003

⑨ 刘军. 社会网络分析导论[M]. 北京：社会科学文献出版社，2004

⑩ 罗家德. 社会网分析讲义[M]. 北京：社会科学文献出版社，2005

⑪ 杨贵庆. 城市社会心理学[M]. 上海：同济大学出版社，2000

⑫ 周晓宏. 现代社会心理学[M]. 北京：中国人民大学出版社，1994

⑬ 郑杭生. 转型中的中国社会和中国社会的转型：中国社会主义现代化进程的社会学研究[M]. 北京：首都师范大学出版社，1996

⑭ 陆益龙. 户籍制度——控制与社会差别[M]. 北京：商务印书馆，2004

⑮ 李斌. 中国住房改革制度的分割性[J]. 社会学研究，2002(2)

⑯ 李迎生. 社会保障与社会结构转型[M]. 北京：中国人民大学出版社，2001

⑰ 郑杭生，李路路. 当代中国城市社会结构[M]. 北京：中国人民大学出版社，2004

⑱ 李路路，王奋宇. 当代中国现代化进程中的社会结构及其变革[M]. 杭州：浙江人民出版社，1992

⑲ 陆学艺. 社会结构的变迁[M]. 北京：中国社会科学出版社，1997

⑳ 张鸿雁. 侵入与接替：城市社会结构变迁新论[M]. 南京：东南大学出版社，2001

㉑ 许欣欣. 当代中国社会结构变迁与流动[M]. 北京：社会科学文献出版社，2000

究报告》[①]，李强《试析社会分层的十种标准》[②]，张文宏《中国城市的阶层结构与社会网络》[③]，郑杭生《社会公平与社会分层》[④]，汪开国《深圳九大阶层调查》[⑤]，北京市社会科学院《北京城区角落调查》[⑥]。

流动人口问题的相关研究有：顾朝林《中国大中城市流动人口迁移规律研究》[⑦]，张继焦《城市的适应性——迁移者的就业与创业》[⑧]，蓝宇蕴《都市里的村庄——一个"新村社共同体"的实地研究》[⑨]。

中国单位问题的相关研究有：杨晓民等《中国单位制度》[⑩]，李汉林《中国单位社会》[⑪]，刘建军《单位中国：社会调控体系重构中的个人、组织与国家》[⑫]等。

少数族群与亚文化群体问题研究有：马戎《民族社会学——社会学的族群关系研究》[⑬]，良警宇《牛街：一个城市回族社区的变迁》[⑭]，白友涛《盘根草——城市现代化背景下的回族社区》[⑮]。

中国女性问题的相关研究有：谭琳等《中国妇女研究十年(1995—2005)——回应〈北京行动纲领〉》[⑯]，王小波《城市社会学研究的女性主义视角》[⑰]等。

城市文化问题的相关研究有：陈立旭《都市文化与都市精神——中外城市文化比较》[⑱]，张鸿雁《城市形象与城市文化资本论——中外城市形象比较的社会学研究》[⑲]，单霁翔《从"功能城市"走向"文化城市"》[⑳]等。

1.4.2 国内外城市景观相关研究背景

1) 国外城市景观相关研究背景

国外对城市景观的研究始于19世纪中叶。由于景观具有"表示自然风光、地面形态和风景画面"等多层涵义，因而成为景观学、城市规划学和人文地理学中共同的研究对象。

---

① 陆学艺. 当代中国社会阶层研究报告[M]. 北京：社会科学文献出版社，2002
② 李强. 试析社会分层的十种标准[J]. 学海，2006(4)
③ 张文宏. 中国城市的阶层结构与社会网络[M]. 上海：上海人民出版社，2006
④ 郑杭生. 社会公平与社会分层[J]. 江苏社会科学，2001(3)
⑤ 汪开国. 深圳九大阶层调查[M]. 北京：社会科学文献出版社，2005
⑥ 北京市社会科学院"北京城区角落调查"课题组. 北京城区角落调查[M]. 北京：社会科学文献出版社，2005
⑦ 顾朝林，蔡建明. 中国大中城市流动人口迁移规律研究[J]. 地理学报，1999，54(3)
⑧ 张继焦. 城市的适应性——迁移者的就业与创业[M]. 北京：商务印书馆，2004
⑨ 蓝宇蕴. 都市里的村庄——一个"新村社共同体"的实地研究[M]. 北京：三联书店，2005
⑩ 杨晓明，周翼虎. 中国单位制度[M]. 北京：中国经济出版社，1999
⑪ 李汉林. 中国单位社会——议论、思考与研究[M]. 上海：上海人民出版社，2004
⑫ 刘建军. 单位中国：社会调控体系重构中的个人、组织与国家[M]. 天津：天津人民出版社，2000
⑬ 马戎. 民族社会学——社会学的族群关系研究[M]. 北京：北京大学出版社，2004
⑭ 良警宇. 牛街：一个城市回族社区的变迁[M]. 北京：中央民族大学出版社，2006
⑮ 白友涛. 盘根草——城市现代化背景下的回族社区[M]. 银川：宁夏人民出版社，2005
⑯ 谭琳，等. 中国妇女研究十年(1995—2005)——回应《北京行动纲领》[M]. 北京：社会科学文献出版社，2005
⑰ 王小波. 城市社会学研究的女性主义视角[J]. 社会科学研究，2006(6)
⑱ 陈立旭. 都市文化与都市精神——中外城市文化比较[M]. 南京：东南大学出版社，2002
⑲ 张宏雁. 城市形象与城市文化资本论——中外城市形象比较的社会学研究[M]. 南京：东南大学出版社，2002
⑳ 单霁翔. 从"功能城市"走向"文化城市"[M]. 天津：天津大学出版社，2007

景观学领域对城市景观的研究和“景观”本身的概念一样，经历了由注重美学价值向强调生态和文化价值的转变。以1853年奥斯曼主持的巴黎规划为代表的早期景观规划主要关注美学效应，把城市的规整化和形象设计作为改善城市物质环境和提高社会秩序及道德水平的主要途径。1863年，“城市景观设计之父”奥姆斯特德(F. L. Olmsted)首次提出现代意义上的景观设计(Landscape Architecture)概念，将生态思想与景观设计相结合，使自然与城市环境变得合谐而适于居住，他的设计至今仍然是城市公园绿地系统的典范。J. B. 杰克逊(J. B. Jackson)在1950年代推动了一场重视并保护文化景观——具有独特性的日常景观的运动，促进了西方对景观的文化价值的研究。此外，具有标志性的研究还有凯文·林奇(Kevin Lynch)在研究环境认知的基础上提出的城市景观意向理论；劳伦斯·哈普林(Lawrence Halprin)首倡的以环境廊道概念为核心的景观规划理论；D. S. Crowe将景观规划定义为创造性保护的工作，既要最佳地利用地域内有限资源，又要保护其美景度和丰厚度的研究；I. L. 麦克哈格(Ian. L. McHarg)在《设计结合自然》[①]中对自然过程如何引导土地开发的研究；C. A. Smyer在《自然设计》中将生态规划应用于城市空间设计的研究；1980年代理查德·福尔曼(Richard Forman)和米切尔·戈登(Michel Godron)在《景观生态学》中通过观察空间结构帮助人们理解景观生态的研究。

人文地理学是地理学中关于人类活动的空间差异和空间组织以及人类利用自然环境的科学[②]。从19世纪德国地理学家李特尔(Karl Ritter)最早提出人文地理学的概念以探究自然环境对人类历史的因果关系开始，景观就一直是人文地理学研究的内容之一。20世纪初，德国学者施吕特尔(O. Schluter)创建了人文地理的景观学派，他认为地理学者应首先着眼于地球表面可以通过感官觉察到的事物，着眼于这种感觉——景观的整体。景观是自然和人类社会共同创造的生活空间，应从历史的角度来分析景观。地理学的任务就是探究一个原始景观(在经历人类活动重大改变之前存在的景观)转变为文化景观(人类文化所创造的景观)的过程。景观学派的另一位创始人，美国地理学家索尔(C. O. Sauer)也继续致力于探讨人类文化与景观之间的关系。尽管20世纪早期的人文地理学中还有美国地理学家巴罗斯(H. H. Barrows)的人文生态和苏联地理学界的经济地理等其他理论，但在世界范围看，景观学派的影响更为深广。二战后的1970年代，人文地理学的研究领域进一步拓展，以大卫·哈维(David Harvey)为代表的激进地理学派与马克思主义地理学派，从政治、经济、行政和文化背景来研究各种空间现象的自然和社会经济规律，一切应加以考察。而后现代主义哲学思潮的影响则促进了人文地理学对少数人群问题，特别是少数族裔、族群和女性地理学的研究[③]。

现代城市规划学科起步较晚，但从19世纪末霍华德“田园城市”理论开始，景观就是城市规划研究和操作的重要内容之一。相对而言，以柯布西耶和1933年《雅典宪章》为代表的早期现代主义规划对城市景观的关注主要是机器审美和功能理性主义的，所以受其影响的城市不同程度地表现出空间景观上的单调和乏味。尽管当时也有强调人性化城市景观的赖特的广亩城市、沙里宁的有机疏散理论和佩里的“邻里单位”等规划理论，但不是主流。

---

① [英]麦克哈格.设计结合自然[M].芮经纬，译.北京：中国建筑工业出版社，1992

② [英]R. J. 约翰斯顿.人文地理学词典[M].柴彦威，等，译.北京：商务印书馆，1994：303

③ 千庆兰，樊杰，李平.战后中西人文地理学比较研究[J].人文地理，2004，19(1)

对人性化城市景观的真正关注是在二战以后，如 1955 年 Team 10 提出城市形态必须从生活本身的结构中发展而来，其基本出发点是对人的关怀和对社会的关注；1961 年 L. 芒福德的《城市发展史：起源、演变和前景》从文化的角度对城市及其景观的发展历史做了深刻的解读，具有深远的影响。1960 年代末以后出现的后现代主义重视社会公正问题、社会多元性、人性化的城市设计和对城市空间景观现象背后的制度性思考，其中最重要的是文脉主义和拼贴城市，并集中反映在《马丘比丘宪章》(1977)中。1990 年代兴起的新城市主义一改西方现代郊区化空间景观的传统，强调应将破旧的城市中心区改造成为有密切邻里关系和城市生活内容的地区，并继续发展出了紧凑城市的思想。于此同时，生态思想和可持续发展理论影响下的生态城市的规划思想逐步发展起来，城市景观的生态和文化价值已经跃居纯视觉的审美价值之上了①。

总体而言，西方城市景观研究的发展表现出对景观内涵认识的逐渐深化和各学科研究日趋交叉的特征，包括城市景观要素和形态，政治、经济、文化、社会动因和可持续发展在内的综合研究已经成为城市景观研究的主流。

2）国内城市景观相关研究背景

客观而言，国内对我国现代城市景观的研究起步较晚，主要以改革开放后对西方理论方法的引进和针对中国城市的应用研究为主，在理论上没有显著的创新。由于 1980 年代后景观学、城市规划和人文地理学三者的交叉日甚，且都十分重视中国城市空间景观的研究，难以确切界定每一个学者及其成果的学科归属，故而本节打破学科壁垒，按照研究角度和内容分类列出部分代表性著作。

景观生态规划设计方面的研究有：刘滨谊《现代景观规划设计》②，王军等《景观生态规划的原理和方法》③，杨沛儒《景观生态学在城市规划与分析中的应用》④。

景观生态格局方面的研究有：李伟峰等《城市生态系统景观格局特征及形成机制》⑤，俞孔坚《城乡与区域规划的景观生态模式》⑥，陈浮《城市快速扩张地区景观空间格局演变、机制及调控研究》⑦等。

城市空间结构形态方面的研究有：周春山《城市空间结构与形态》⑧，熊国平《90 年代以来中国城市形态演变研究》⑨，储金龙《城市空间形态定量分析研究》，宛素春等《城市空间形态解析》⑩，苏伟忠《基于景观生态学的城市空间结构研究》⑪，聂兰生等《21 世纪中国大城市居住形态解析》⑫等。

---

① 张京祥. 西方城市规划思想史纲[M]. 南京：东南大学出版社，2005
② 刘滨谊. 现代景观规划设计[M]. 南京：东南大学出版社，1999
③ 王军，傅伯杰. 景观生态规划的原理和方法[J]. 资源科学，1999，21(2)
④ 杨沛儒. 景观生态学在城市规划与分析中的应用[J]. 现代城市研究，2005(9)
⑤ 李伟峰，欧阳志云，王如松，等. 城市生态系统景观格局特征及形成机制[J]. 生态学杂志，2005，24(4)
⑥ 俞孔坚. 城乡与区域规划的景观生态模式[J]. 国外城市规划，1997(3)
⑦ 陈浮. 城市快速扩张地区景观空间格局演变、机制及调控研究[D]. 南京：南京大学，2001
⑧ 周春山. 城市空间结构与形态[M]. 北京：科学出版社，2007
⑨ 熊国平. 90 年代以来中国城市形态演变研究[D]. 南京：南京大学，2005
⑩ 宛素春，等. 城市空间形态解析[M]. 北京：科学出版社，2004
⑪ 苏伟忠. 基于景观生态学的城市空间结构研究[D]. 南京：南京大学，2005
⑫ 聂兰生. 21 世纪中国大城市居住形态解析[M]. 天津：天津大学出版社，2004

城市空间发展方面的研究有:段进《城市空间发展论》[1],张勇强《城市空间发展自组织与城市规划》[2]等。

城市边缘区的相关研究有:顾朝林《中国大城市边缘区研究》[3],崔功豪等《中国城市边缘区空间结构特征及其发展——以南京等城市为例》[4]等。

城市社会空间方面的研究有,杨上广《中国大城市社会空间的演化》[5],冯健等《北京都市区社会空间结构及其演化(1982—2000)》[6],王兴中《中国城市社会空间结构研究》[7]等。

城市规划设计方面的研究有:王建国《现代城市设计理论和方法》[8],夏祖华《城市空间设计》[9],以及赵和生《城市规划与城市发展》[10]等。

城市生态规划设计方面的研究有:黄光宇等《生态城市理论与规划设计方法》[11],刘贵利《城市生态规划理论与方法》[12],杨培峰《城乡空间生态规划理论与方法研究》[13],毕凌兰《城市生态系统空间形态与规划》[14]等。

1.4.3 中国城市景观与人文因素相关性研究综述

在中国城市化宏观背景以及相关学科交叉的影响下,景观学、城市规划和人文地理学科日益关注人文因素对国内城市空间景观的作用,出现大量从经济、社会、文化、政治等视角研究城市空间景观的成果,本节将按人文因素分七类列出其代表成果并进行综合评述。

(1) 社会经济制度因素对城市空间的影响,如吴缚龙等《转型与重构:中国城市发展多维透视》[15],胡军《制度变迁与中国城市的发展及空间结构的历史演变》[16],刘望保等《住房制度改革对中国城市居住分异的影响》[17],张京祥《体制转型与中国城市空间重构》[18],陈鹏《基于土地制度视角的我国城市蔓延的形成与控制研究》[19]等。

(2) 社会分异对城市空间的影响:如顾朝林等《北京社会极化与空间分异研究》[20],吴启

---

① 段进.城市空间发展论[M].南京:江苏科学技术出版社,1999

② 张勇强.城市空间发展自组织与城市规划[M].南京:东南大学出版社,2006

③ 顾朝林.中国大城市边缘区研究[M].北京:科学出版社,1995

④ 崔功豪,武进.中国城市边缘区空间结构特征及其发展——以南京等城市为例[J].地理学报,1990(4)

⑤ 杨上广.中国大城市社会空间的演变[M].上海:华东理工大学出版社,2006

⑥ 冯健,周一星.北京都市区社会空间结构及其演化(1982—2000)[J].地理研究,2003,22(4)

⑦ 王兴中.中国城市社会空间结构研究[M].北京:科学出版社,2000

⑧ 王建国.现代城市设计理论和方法[M].南京:东南大学出版社,1999

⑨ 夏祖华,黄伟康.城市空间设计[M].南京:东南大学出版社,1992

⑩ 赵和生.城市规划与城市发展[M].南京:东南大学出版社,2005

⑪ 黄光宇,陈勇.生态城市理论与规划设计方法[M].北京:科学出版社,2003

⑫ 刘贵利.城市生态规划理论与方法[M].南京:东南大学出版社,2002

⑬ 杨培峰.城乡空间生态规划理论与方法研究[M].北京:科学出版社,2005

⑭ 毕凌兰.城市生态系统空间形态与规划[M].北京:中国建筑工业出版社,2007

⑮ 吴缚龙,马润潮,张京祥.转型与重构:中国城市发展多维透视[M].南京:东南大学出版社,2007

⑯ 胡军,孙莉.制度变迁与中国城市的发展及空间结构的历史演变[J].人文地理,2005(1)

⑰ 刘望保,翁计传.住房制度改革对中国城市居住分异的影响[J].人文地理,2007,22(1)

⑱ 张京祥,罗震东,何建颐.体制转型与中国城市空间重构[M].南京:东南大学出版社,2007

⑲ 陈鹏.基于土地制度视角的我国城市蔓延的形成与控制研究[J].规划师,2007,22(1)

⑳ 顾朝林,C.克斯特洛德.北京社会极化与空间分异研究[J].地理学报,1997,52(5)

焰《大城市居住空间分异的理论与实践》①,田野《转型期中国城市不同阶层混合居住研究》②,范炜《城市居住用地区位研究》③,刘玉亭等《转型期城市低收入邻里的类型、特征和产生机制:以南京市为例》④等。

(3) 流动人口对城市空间影响:如朱传耿等《中国流动人口的影响要素与空间分布》⑤,吴明伟等《我国城市化背景下的流动人口聚居形态研究——以江苏省为例》⑥,李俊夫《城中村的改造》⑦,吴维平等《寄居大都市:京沪两地流动人口住房现状分析》⑧等。

(4) 少数族群和亚文化空间景观的研究:以回族为例,对其建筑景观的研究有邱玉兰《中国伊斯兰教建筑》⑨,席明波《伊斯兰建筑文化对西安地区回民民居的影响》⑩;对其社区空间的研究有恽爽《我国北方城市回民聚居区更新相关问题研究》⑪,杨崴《保护与发展——中国内地城市穆斯林社区的现状及发展对策研究》⑫,于文明等《北方城市回民街区整体环境与街区结构》⑬,董卫《城市族群社区及其现代转型——以西安回民区更新为例》⑭等。

(5) 单位空间景观研究:如柴彦威《单位制度变迁:透视中国城市转型的重要视角》⑮,郭湛《单位社会化,城市现代化——浅谈单位体制对我国现代城市的影响》⑯,任绍斌《单位的分解蜕变及单位大院与城市用地空间的整合》⑰,董卫,《城市制度、城市更新与单位社会——市场经济以及当代中国城市制度的变迁》⑱等。

(6) 女性主义的城市空间研究:如柴彦威等《中国城市女性居民行为空间研究的女性主义视角》⑲,李翔宁《城市性别空间》⑳,黄春晓等《基于女性主义的空间透视——一种新的规划理念》㉑等。

整体来看,上述城市景观与人文因素的相关性研究表现出以下特点:

---

① 吴启焰.大城市居住空间分异研究的理论与实践[M].北京:科学出版社,2001

② 田野.转型期中国城市不同阶层混合居住研究[D].北京:清华大学,2005

③ 范炜.城市居住用地区位研究[M].南京:东南大学出版社,2004

④ 刘玉亭,吴缚龙,何深静,等.转型期城市低收入邻里的类型、特征和产生机制:以南京市为例[J].地理研究,2006,25(6)

⑤ 朱传耿,顾朝林.中国流动人口的影响要素与空间分布[J].地理学报,2001,56(5)

⑥ 吴明伟,吴晓,等.我国城市化背景下的流动人口聚居形态研究——以江苏省为例[M].南京:东南大学出版社,2005

⑦ 李俊夫.城中村的改造[M].北京:科学出版社,2004

⑧ 吴维平,王汉生.寄居大都市:京沪两地流动人口住房现状分析[J].社会学研究,2002(3)

⑨ 邱玉兰,于振生.中国伊斯兰教建筑[M].北京:中国建筑工业出版社,1992

⑩ 席明波.伊斯兰建筑文化对西安地区回民民居的影响[D].西安:西安建筑科技大学,2003

⑪ 恽爽.我国北方城市回民聚居区更新相关问题研究[D].北京:清华大学,2001

⑫ 杨崴,曾坚,李哲.保护与发展——中国内地城市穆斯林社区的现状及发展对策研究[J].天津大学学报(社会科学版),2004(1)

⑬ 于文明,邓林翰.北方城市回民街区整体环境与街区结构[J].哈尔滨建筑大学学报,1998,3(6)

⑭ 董卫.城市族群社区及其现代转型——以西安回民区更新为例[J].规划师,2000(6)

⑮ 柴彦威,陈零极,张纯.单位制度变迁:透视中国城市转型的重要视角[J].世界地理研究,2007(12)

⑯ 郭湛.单位社会化,城市现代化——浅谈单位体制对我国现代城市的影响[J].城市规划汇刊,1998(6)

⑰ 任绍斌.单位的分解蜕变及单位大院与城市用地空间的整合[J].规划师,2002(4)

⑱ 董卫.城市制度、城市更新与单位社会——市场经济以及当代中国城市制度的变迁[J].建筑学报,1996(12)

⑲ 柴彦威,翁桂兰,刘志林.中国城市女性居民行为空间研究的女性主义视角[J].人文地理,2003(8)

⑳ 李翔宁.城市性别空间[J].建筑师,2003(105)

㉑ 黄春晓,顾朝林.基于女性主义的空间透视——一种新的规划理念[J].城市规划,2003(6)

(1) 人文因素视角多样,但综合性、理论性不足:人文因素的选择丰富多样,但绝大多数成果均为某一因素与城市空间景观形态相关性的具体深入研究,缺乏全面研究各类人文因素整体与空间景观形态相关性的综合性或理论性研究。

(2) 跨学科研究普遍,但多学科整合创新不足:研究中普遍以景观学或城市规划学与人文地理、社会学、人类文化学、生态学中的某一学科交叉,但缺乏对各个相关学科的理论与方法的整合和集成创新。

(3) 景观学科的研究少,景观研究的尺度大:现有的人文因素和城市景观相关性研究主要集中在城市规划和人文地理学科,而景观学科的相关研究很少。城市规划和人文地理偏重于研究城市空间、用地形态、地形地貌等大尺度城市景观,景观学与生态学交叉的景观生态学也偏重于大尺度物质景观研究,缺少与人关系更紧密的中观、微观尺度上的城市景观形态研究。

鉴于上述分析,本书立足于景观学科,通过建构全面纳入各种人文因素的城市人文生态系统,同时将景观学、城市规划、人文地理、社会学、人类文化学、生态学等各个学科的理论整合为人文生态理论体系,综合研究人文生态系统与不同尺度、不同类型的城市景观形态的关系。

1.5 主要研究内容及研究框架

根据前文论述的目标和路线,本书相应地包括理论建构和专题研究两大部分,前者是后者的理论基础,后者是前者的应用拓展。现将两大部分的主要研究内容分述如下:

1.5.1 理论建构部分的主要内容

理论研究内容包括两个部分:人文生态概念与内涵的研究和人文生态与城市景观形态关系理论框架的建构。

1) 人文生态的概念与内涵研究

整合各学科中与人、社会、经济、文化等不同层级和类型的人文要素相关的理论,研究人文生态的概念与内涵,以系统、综合地认识人及其所处的人文环境之间,以及人文环境各要素之间的关系及规律。其主要内容如下:

(1) 人文生态系统的概念及特征。

(2) 人文生态系统的组成:包括人文主体与环境,以及二者之间的关系。

(3) 人文生态系统的主体因子及其属性:包括个体/群体/群落的层级划分及各层级的概念、类型、属性及层级间的相互关系理论。

(4) 人文生态系统的环境要素及其结构:包括经济、政治、社会、文化的要素与结构,及其与人文生态系统的关系。

(5) 人文生态系统的基本功能研究:研究人文生态系统区别于自然生态系统的社会组织与管理,经济生产与流通,文化传承与创新等基本功能。

(6) 人文生态相关学科理论整合:将分散在不同学科的相关理论整合成为较系统的人文生态理论,其中大部分未单独出现在人文生态的概念与内涵部分,而是纳入人文生态与城市景观形态互动关系理论框架中以便于与景观形态理论相对照。

2）人文生态与城市景观形态关系理论框架

将人文生态系统理论与各学科中城市景观形态相关理论进行整合研究，以景观结构、分异、变迁、稳定和可持续等全方位、全过程的分析，初步建构了人文生态与城市景观形态普遍联系的理论框架。主要内容包括：

（1）人文生态系统的基础理论研究：包括系统论、等级理论、尺度理论、自组织理论、结构功能理论等前提性基础研究。

（2）景观结构的人文生态分析：包括相关理论研究，景观结构成分的人文生态分析，经济、社会、文化等人文生态因素对城市景观结构的影响。

（3）景观形态变迁的人文生态规律：包括景观形态变迁与人文生态群落演变、景观形态演替的人文生态动因。

（4）城市景观形态发展的人文生态调控：包括相关理论研究、城市景观形态发展与人文生态的关系以及城市景观形态发展的人文生态调控。

1.5.2 专题研究部分的主要内容

应用第一部分建构的理论框架，选取城市景观实践中经常遭遇且具有生态敏感性的制度、单位、回民（少数民族）、女性等四个不同角度的专题，深入、全面、历史地研究其与城市景观形态的相互影响，部分检验和修正上述理论框架，并对部分景观及人文问题提出具体的规划设计建议。选取各专题的出发点及其具体研究内容分述如下：

1）制度对城市景观形态的影响研究

制度是城市人文生态系统中扮演着组织者的角色，不但规范和约束着人与人之间、人与环境之间的相互关系，也是构建城市景观形态的人文法则。由于我国当前正处在经济、社会、文化和社会制度全面转型时期，研究制度对城市景观形态变迁的调控与塑造作用具有十分重要的理论与现实意义。

主要研究内容包括：

（1）制度的不同类别及其与城市景观的关系。

（2）国家土地制度历史与城市景观形态变迁关系研究。

（3）国家户籍制度改革与城市景观形态的自组织研究。

（4）城市制度对景观形态的直接塑造作用，包括规划制度的塑形、管理制度的规范和公共决策的刺激。

（5）非正式制度对城市景观形态的影响：传统文化观念、现代化观点、工具理性、价值理性和科学发展观。

2）单位群落与城市景观形态的变迁

单位曾是现代中国城市经济、政治、社会的基本单元，也是人文生态系统中分布广泛的具有相对独立性的群落，直接造就了中国城市独特的大院式社会组织和物质空间结构。近年来随着社会转型中大量单位的解体，导致了社会结构和城市景观形态的激烈振荡。单位用地更新成为城市景观规划实践中的常见问题，对其中的社会和景观问题的相关性进行分析和反思，有助于通过规划实践实现人文生态和谐和景观的稳定与可持续发展。

主要研究内容包括：

（1）单位群落的概念、特征分类和制度结构。

（2）传统单位群落作为政治、社会、经济一体化、稳定的亚文化群落的人文生态意义。

（3）传统单位群落的景观形态类型及其独立、完善、封闭、乡村化和传统化特征；以及单位群落对城市景观的影响：单位群落的独立性与城市景观的无序；城市功能失衡和景观均质化；单位配给的城市居住景观；单位发展与城市扩张。

（4）单位群落演替和城市空间景观变迁：单位群落演替的体制动因；单位群落空间的解构；职住分离与居住隔离景观。

3）城市回族群落及其景观形态变迁

民族是人文生态个体的基本属性，民族和睦是城市人文生态系统和谐的重要条件，少数民族及其特有的文化景观是城市人文生态及其景观多样性的重要组成部分。回族是我国第二大少数民族，更是分布最广、城市人口最多的少数民族，也是绝大多数汉地城市中最主要的少数民族。笔者从1998年起先后参与杭州凤凰寺保护规划和南京净觉寺修缮研究，并广泛调研了以南京为主的多个城市的清真寺及周边回民聚居区，长期关注城市更新过程中少数民族群落及其景观的变迁问题。因此，以回族群落为例探究人文生态系统中的亚文化群落的演替和城市景观多样性、稳定性的互动关系。

主要研究内容如下：

（1）城市回族群落的人文生态学意义和构成；以及回族群落景观的人文生态分析：空间分布特征，固定景观，非固定景观。

（2）回族群落及其文化景观的形成与变迁的历史研究。

（3）城市更新中回族群落景观的巨变——以南京七家湾为例：群落及变迁概况；街道景观的演替；道路与群落景观演替；群落核心破坏与群落的衰退。

（4）南京净觉寺建筑空间与宗教活动景观分析：空间及建筑景观；礼拜活动的人群特征分析；从交通距离看清真寺凝聚力的空间边界；宗教活动与人群密度。

4）女性视野下的城市景观形态研究

男性群体和女性群体之间的和谐是人文生态系统平衡的前提，反映在景观上就是要尊重女性群体与男性群体对城市景观需求的差异性，并争取二者在城市景观影响力上的平等性。由于中国长期封建统治的文化遗留，女性对城市的影响力弱于男性这一全球性问题在中国表现得尤为突出，笔者作为一名女性景观学者，深受因景观规划建设中对男女需求差异的漠视而造成的种种不便的困扰，因此从女性的视角研究城市景观，探讨兼顾女性和男性需求的理想的城市景观形态。

主要研究内容包括：

（1）女性群体与城市人文生态：人文生态系统观下的男女群体二分；相对弱势的人文生态群体；关怀女性与关怀自然和人文生态。

（2）性别差异与城市景观：生理、心理、社会行为差异和对城市景观需求及影响的差异。

（3）女性化城市景观盛衰的历史回顾。

（4）男造城市景观中女性群体的窘境与性别和谐的理想城市景观。

（5）影响城市景观的女性主体：女性建筑师的历史和现状；城市景观设计呼唤女性特质。

1.5.3 研究框架

本书共分为八章。第1章为绪论，阐述写作的缘起、研究内容、目标和意义；简要综述国内外相关领域的研究基础；介绍本书的研究路线和结构。第2、3章为理论建构部分，分别初步研究了人文生态概念与内涵，以及人文生态与城市景观形态互动关系的理论框架。第4～7章为专题研究部分，分别研究了制度、单位、回族群落和女性与城市景观形态的关系。第8章为结语，总结研究成果并展望后续研究工作。研究结构框架见图1.2。

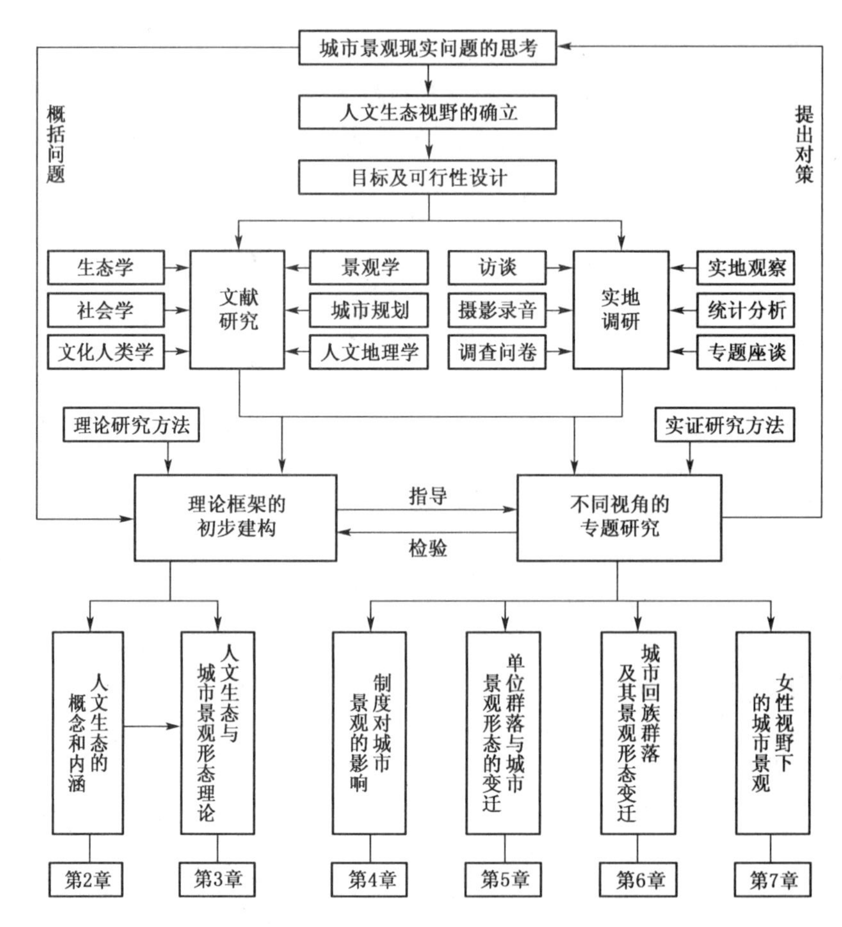

图1.2 研究结构框架

2 人文生态的概念和内涵

生态学是研究生物有机体与其周围环境相互关系的科学(Haeckel,1866)[①]。人属于生物的一个物种,是灵长目中的智人物种,也是生物进化的产物,具有一般生物共有的自然属性,要遵循生长、发育、衰老、死亡、遗传与变异等自然规律,存在着与环境进行物质与能量交换、相互作用、相互影响的密切关系。所以,人类的生存与发展必然要受到一般的生物学规律的制约[②]。

但是,人类作为物种金字塔顶端的生物,与其他生物最大的区别在于人类具有高度发达的大脑,能进行复杂的劳动。人类不像动物那样只凭其生命本能在物质环境中生存,而是以文化的方式存在于物质环境之中,并以文化为手段改造和支配着物质环境。正如恩格斯所断言,"动物仅仅利用外部自然界,单纯地以自己的存在来使自然界改变;而人则通过他所作出的改变来使自然界为自己的目的服务,来支配自然界"[③]。人类对自然环境有如此之大的作用,并不因为人类的肉体比其他动物更强大,而在于人类拥有思维、语言、工具、社会分工组织、科学技术等文化的武装。反过来,物质环境也是以文化为中介来影响人,它通过文化被人认知,通过文化选择来实现对人的制约[④]。

本书要研究的城市是由人类建造、供人类聚居的人工生态系统[⑤]。与自然生态系统依靠生物和环境本身的自我调节能力维持相对稳定,城市及其所表现出来的景观形态都是按人类的需求所建立,并受到人类以其文化为中介的,具有主观能动性的活动的强烈干预,人是城市的绝对主体。动植物虽然也是城市中数量众多的生命体,有其自身发生、发展的客观规律。但由于动植物没有人类独有的主观能动性,和其他无生命的非生物要素一样,在城市景观形态发展过程中处于被人类及其文化利用和支配的因变地位。

当代人类认知自然和改造自然的能力极大增强,加之城市空间和景观建设的有目的性和计划性,人类及其文化对城市景观形态的决定作用日益明显。但正如第一章的文献综述部分(第 1.6 节)所总结的那样,目前大量的城市景观形态理论和规划实践仍主要关注于构成景观的物质环境本身,而对景观形态发展的深层人文动因的研究在数量上相对匮乏,且

---

① 张金屯.应用生态学[M].北京:科学出版社,2003:1

② 张金屯.应用生态学[M].北京:科学出版社,2003:27

③ 中共中央马克思恩格斯列宁斯大林著作编译局.马克思恩格斯选集(四)[M].北京:人民出版社,1995:517

④ 韩民青.当代哲学人类学·第一卷·人类的本质:动物+文化[M].南宁:广西人民出版社,1998:125-132

⑤ 按生态系统形成的原动力和影响力,可分为自然生态系统、半自然生态系统和人工生态系统三类。凡是未受人类干预和扶持,在一定空间和时间范围内,依靠生物和环境本身的自我调节能力来维持相对稳定的生态系统,均属自然生态系统,如原始森林、冻原、海洋等生态系统;按人类的需求建立起来,受人类活动强烈干预的生态系统为人工生态系统,如城市、农田、人工林、人工气候室等;经过了人为干预,但仍保持了一定自然状态的生态系统为半自然生态系统,如天然放牧的草原、人类经营和管理的天然林等。参见:刘贵利,城市生态规划理论与方法[M].南京:东南大学出版社,2002:12

以个案研究为主，缺乏理论性、综合性和系统性。社会学、人类生态学、文化人类学等学科在人类社会、文化方面虽然成果丰硕且不乏交叉性研究，但不仅相互间的学科壁垒依然存在，且尚未被引入到城市景观的研究中来。

基于上述认识，本书从城市中的人与其"人文环境"之间互动的视角，来理解城市景观形态的形成和发展动因。为了首先从整体上把握城市中复杂的人及其人文环境要素，本章借鉴了生态学和系统论的理论框架，并整合社会学和文化人类学、人类生态学的相关研究，尝试以"人文生态系统"的概念来涵盖研究影响城市景观形态的各项人文要素及其相互关系，为后面城市景观形态的研究建立一个较为全面、整体的人文生态视角。

2.1 人文生态系统的概念和特征

2.1.1 人文生态系统的概念

人文生态系统是以人文为主要特征的一类特殊的生态系统，它以人类为主体，是个人之间、群体之间、群落之间等形成的复杂的相互联系，以及人类主体与周围的政治、经济、文化、社会等人文环境(非物质环境)所组成的复杂系统。

人文生态系统的概念借鉴了生态学、系统论以及二者相结合的生态系统理论。一般认为，"生态学是研究生物有机体与其周围环境(包括非生物环境和生物环境)相互关系的科学"(Ernst Haeckel，1869)①。系统论②是运用逻辑学和数学方法研究一般系统运动中客观事物和现象之间相互联系、相互作用的共同本质和内在规律性的理论，由于其主题是通过总体性、整体性、有序性、层次性、动态性、开放性和目的性等一系列概念阐述对一切系统普遍有效的原理，而不管系统组成元素的性质和关系如何，因而从理论上为现代各学科的交叉综合奠定了基础③，发展成为运用最普遍的横断学科之一④。生态系统理论正是生态学在引入系统论后的新发展。

生态系统(Ecosystem)是1935年英国植物学家A. G. Tansley在前人工作的基础上提出的概念，其"基本概念是物理上使用的'系统'整体，这个系统不仅包括有机复合体，而且也包括形成环境的整个物理因子复合体"，并强调有机体与环境之间、各种有机体之间及各环境组成要素之间的相互联系。生态系统可以理解为一定地域(空间)内，自下而上的所有生物和环境相互作用，具有能量转化、物质循环和信息传递的统一体⑤。

本书所研究的人文生态系统是一种特殊的生态系统，在研究对象和研究目标上均不同

---

① 生态学的概念发展和相关的不同表述参见：孙儒泳. 普通生态学[M]. 北京：高等教育出版社，1993：1-2；以及：常杰，葛滢. 生态学[M]. 杭州：浙江大学出版社，2001：1

② 关于系统论的详细论述见本书3.1.1节。

③ 余新晓，牛健值，等. 景观生态学[M]. 北京：高等教育出版社，2006：24

④ 横断学科又称为横向学科，是在广泛跨学科研究的基础上，以各种物质层次、结构、运动形式等的某些共同点为研究对象而形成的工具性、方法性较强的学科，如系统论、信息论、控制论、耗散结构理论、协同学等。横断学科完全是跨学科研究的产物，它比一般的交叉学科(如比较学科、边缘学科、软科学和综合学科)具有更大的普遍性和通用性，是更高层次的交叉学科。引自：武杰. 跨学科研究与非线性思维[M]. 北京：社会科学出版社，2004：4

⑤ 张金屯. 应用生态学[M]. 北京：科学出版社，2003：13-14

于一般的自然生态系统。在研究对象上，自然生态系统研究的生物群体是包括人、动植物和微生物在内的全部生物，而人文生态系统所专注的生物群体只有人；自然生态系统研究各种生物之间，以及生物和自然环境之间的相互关系，而人文生态系统则专注于研究人与人之间，以及人和非物质的人文环境之间的相互关系。在研究目标上，自然生态系统主要研究生物的物质生命是如何维持的，而人文生态系统主要关注人们的思想和行为是如何产生和实现的。

传统的人类生态学、文化生态学和社会生态学分别研究人类、文化和社会与自然环境的适应关系，实际是人类学、文化学和社会学与自然生态学的交叉研究（详见本书 1.4.2 节）。与上述传统的应用生态研究的最大区别在于，人文生态系统的研究对象不直接涉及自然环境，所以不能照搬自然生态学的理论，而是借鉴其在研究有机体和环境互动关系的原理和方法来研究人和人文环境的关系。但研究范畴上，人文生态系统涵盖了人类及其社会和文化的集合，所以对文化人类学、社会学等学科的理论方法也有所借鉴，在探索当今纷繁复杂的社会问题以及城市景观形态的发生发展问题时，具有一定的综合性和深刻性。

2.1.2 人文生态系统的特征

人文生态系统是人这一主体与其人文环境的结合，其内进行着政治、经济、社会、文化的各种运动，这种运动在一定的时空条件下，处于协调的动态之中。作为生态系统的一个类型，人文生态系统具有一般生态系统的基本特点。但由于人类主体的活动能力和组织方式的特殊性，其与人文环境的交互关系更加丰富复杂，人文生态系统又具有许多不同于普通生态系统的特征。

1）以人为本的人文特征

人文生态系统是以人为中心的。首先，人文生态系统内的有机主体就是人，而将自然生态系统中的动植物和微生物等其他有机体排除在外；其次，人文生态系统研究的环境是指政治、经济、文化、社会等人文环境，其本质都是由人类活动而构成，并不涉及太阳、空气、水、森林、气候、岩石、土壤、动物、植物、微生物、矿藏、自然景观、建筑物、构筑物等自然和人工物质环境；最后，系统研究的重点是了解人文环境如何影响人们的思想、行动和发展，而并非其物质生命是如何产生和延续的。

秉持这种从人类精神和社会出发的人文主义研究视野，可以揭示研究城市景观形态背后的人文动因，以及形态的发展变迁对人类自身的影响和意义。因此，不同于传统的对景观元素的构成和空间分布、物质景观格局和形式变迁、自然环境和动植物的生态安全等纯科学的研究立场，人文生态系统观下的城市景观形态研究十分强调物质景观的人文价值和意义。

2）与文化相关联的区域特征

和生态系统的一般特征一样[①]，人文生态系统也都与特定的空间边界相联系，因而包含

---

① 生态系统是具有一定结构、一定边界的，但这个边界常常又是人们根据一定的条件和需要划定的。生态系统可以包含不同范围、不同层次，或者可以说只要是生物群体与其所处的环境组成的统一体，都可视为一个生态系统。引自：张金屯.应用生态学[M].北京：科学出版社，2003：13-14

区域或范围的意义，且区域边界也可以包含不同的层次和等级尺度[1]，我们通常根据研究目标的需要，人为地界定系统的范围。这种界定主要依据两个方面，一种像自然生态系统那样根据生物分布的地域划分，可以根据人分布的地域划分人文生态系统，如城市人文生态系统、乡村人文生态系统；另一种是根据某种人文特征，将相似特征的人群所处的地域划分为一个系统，如居住区人文生态系统、少数民族地区人文生态系统等。

这两种划分方法都反映了地区的某种特性，而实际上由于人类文化适应和改造环境的主观能动性，不同地域与人文群体及其人文环境间往往存在着一定的对应关系。一方面，"一方水土一方人"，不同的环境条件可以孕育不同的人文群体及其人文环境，如寒温带的草原历练了豪放彪悍的游牧文化，温带的江南水乡则养育了秀美婉约的吴越文化；另一方面，人文生态系统的结构和功能可以反映一定的地区特性，即根据人群的类型、组织类型或系统功能的差别，便可以判断系统所在地区的特征，如以生产活动为主的工业生态系统，对应的地区特征常常是大片的工业厂房、仓库，在体量、形式和景观上与周边的居住、商业等区域有着显著的区别。

3）物质和文化的动态自持特征

任何生命系统都是有代谢机能的开放系统，通过与外界不断进行物质、能量交换，不断建造和调整自身的结构，以实现系统的自我维持，简称自持[2]。人文生态系统具有物质和文化两方面的动态自持特征。无疑，人文生态系统中的人类具有生长、发育、繁殖、代谢、衰老、死亡等一系列生物学特性，其生活和生产必须从动植物和物质环境中摄入食品、物资，而人类的农业劳动和工业生产、建设又向物质环境输出各种自然和人工物质。

人文生态系统的自持具有物质、能量的循环等特征，但更重要的是以人口、经济、文化和社会的动态自持为主要研究对象。现代社会的每个人文生态系统的内部成员间，以及本系统和其他人文生态系统间不断进行着人口、经济、文化、信息等的动态交流，在此过程中，通过生产、流通与消费的循环保持系统经济的自持，通过创新、传承、扬弃来实现文化的自持，通过人的生产、社会化和组织化来实现社会的自持。总之，人文生态系统的自持特征是以人文社会的延续为特征的，其自持虽然离不开物质资源的生产，但整个人文生态系统的意义主要不在于直接输出物质形态的产品，而在于输出人类的思想和行为，通过有思想的行为来利用和制造物质资源，从而实现人类生命的自持。

4）功能更高级的自组织特征

自组织是指在不存在外部指令的情况下，系统按照相互默契的某种规则，各尽其责而又协调地自动地形成有序结构的过程。自组织现象无论在自然界还是在人类社会中都普遍存在。一个系统自组织功能愈强，其保持和产生新功能的能力也就愈强[3]。人类比其他生物的自组织能力强，人文生态系统比自然生态系统的功能也高级，能够在在一定的条件

---

① 系统的等级理论和尺度理论的详细内容见本书 3.1 节。

② 生命系统的代谢机能是通过系统内的生产者、消费者和分解者三个不同营养水平的生物类群来完成的。参见：常杰，葛滢. 生态学[M]. 杭州：浙江大学出版社，2001：10

③ 一般来说，组织是指系统内的有序结构或这种有序结构的形成过程。德国理论物理学家 H. Haken 认为，从组织的进化形式来看，可以把它分为两类：他组织和自组织。如果一个系统靠外部指令而形成组织，就是他组织；如果不存在外部指令，系统按照相互默契的某种规则，各尽其责而又协调地自动地形成有序结构，就是自组织。引自：向清，杨家本. 关于城市系统自组织现象及序参量的探讨[J]. 系统工程理论与实践，1991(5)：6-9.

下，自动地由无序走向有序，由低级走向高级。

人文生态系统自组织的特殊性包括：①人类独具的思维与语言能力使人类的行为成为知与行的统一，人类的创造性劳动可以创造与自然不同的生活方式与生存环境；②人类具有的文化认同感和伦理观使个体的存在兼具了对他人和集体甚至国家的责任，使个体有可能被某种共同的需要和责任组织成一个系统；③在人文生态系统的自组织过程中，劳动充当了重要的角色，劳动中的分工协作产生了人类最早的组织形式，直到现代社会这种劳动的组织仍具有重要作用；④交换经济强化了人文生态系统的自组织，广泛的经济交换使人们脱离了狭隘封闭的生产生活，在更大的领域中发生联系，为追求经济效率人们自发形成了各种形式的组织，它们常常超越地域和文化的边界，成为人文生态系统中最广泛而有效的自组织方式。

2.2 人文生态系统的组成

人文生态系统是一种复杂的生态系统。对于这种复杂系统的结构研究，我们通常将系统整体划分为不同层级、不同类型的各种组成因子，通过对因子的分析来了解和研究人文生态系统的组成和结构规律。本节主要阐述人文生态系统的主体和环境两大组成部分的层级、类型及其相互关系，后文的第 2.4 和 2.5 节分别对两部分的具体因子及其属性进行详细分析。

所有的生态系统均由有机体与环境两部分组成，人文生态系统的组成也可在总体上归结为有机体(人类)与其所处人文环境两大部分，每一部分内部又有不同层级、不同类型的各种因子构成。为了突出人类是人文生态系统主体之一的人文主义立场，本书将这两大部分分为“主体部分”和“环境部分”[①]，其内部的各项因子相应称为“主体因子”和“环境因子”。

2.2.1 人文生态系统的主体

人文生态系统的主体是人，但并不等于人与人的简单相加，而是具有一定组织层级的人的集合。参照生态学的研究方法，我们将人文生态系统分为四个组织层次，从低到高依次是个体—群体—群落—系统(图 2.1)。四个层次的人类主体的数量由少到多，其间的相互关系从简单到复杂，其对应的空间和景观区域也逐渐扩大。需要强调的是，不同层次的人文生态主体的研究重点不同，因此需要根据不同的研究目标确定不同的主体，以及相对应的组织等级和空间尺度。

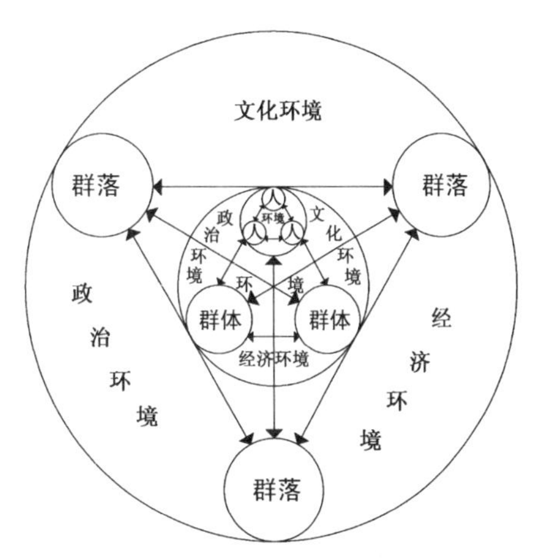

图 2.1 人文生态系统结构示意图

① 生态系统内部组成有多种分类方法。一种是划分为不同的子系统，如生命系统/环境系统(马世骏，1984；毕凌兰，2007)，生命系统/社会系统/环境系统(刘贵利，2002)；社会生态系统/经济生态系统/自然生态系统(马世骏、王如松，1984)。另一种是划分为不同的类型，如生物成分/非生物成分(王兰州、阮红，2006)。本书赞同常杰、葛滢的观点“认为环境通常是因子或因子集合”，虽然有其一定的结构，但并不总是一个系统的形式作用于生命系统的，因此采取“主体部分”和“环境部分”这一较为客观中立的表述方法。引自：常杰，葛滢．生态学[M]．杭州：浙江大学出版社，2001：1

个体是人文生态系统的最小组成单位。人文生态个体的研究重点是个人的属性、个人对人文环境的反应，以及从行为和心理方面研究人与环境的相互关系。

群体是具有一定共同属性的个体的集合，有一系列的群体特征，如群体的性别、年龄构成、文化背景、宗教信仰、经济地位、种族等。群体内部、外部关系与其空间占有和分布格局的关系是我们研究的重点。

群落是处于同一地域中的个体和群体组成的共同体。当人文生态群落由群体组成为新的结构层次时，产生了一系列新的特征，如群落结构、演替、多样性、稳定性等，这些都是我们的研究对象。

系统是一定空间范围中人文群落与人文环境组成的复合体。主体(以群落和群体为主)和环境间的互动关系，系统的组成因子及其形成的结构和功能，以及系统整体的演变和平衡规律，是人文生态系统研究的重点。

2.2.2 人文生态系统的环境

任何一种生物都不可能脱离特定的生活环境，也称生境(Habitat)，人也一样。人文生态系统中的环境指的是在一定时间内对人类的生活、生产以及与人类生活质量有影响的人文条件的总和。这里不仅包括对人类有影响的环境条件，也包括人群内部以及不同人群间的相互影响。为了更好地进行分析，我们将人文生态系统中的环境部分又细分为四种类别，即社会环境、政治环境、经济环境和文化环境。

政治是各种权力主体在追求自身利益中形成的各种特定的关系，政治环境包括政治体制、政治制度、政治性团体、行政执法机构、方针政策、法律法规、政治气氛等，在国际政治环境中还包括国际政治局势和国际关系等。政治环境对生活于其中的人的影响是直接而巨大的，一个民主、包容、开放、监督、公正的政治环境有利于人类与人类社会的发展，而一个专制、狭隘、封闭、缺少监督和不公正的政治环境则限制了人类与人类社会的发展。中国近几十年来，政治体制改革前后，人民与社会生活的巨大转变就证明了政治环境对人类的影响。

经济环境是指社会经济状况和国家经济政策，社会经济状况包括经济要素的性质、水平、结构、变动趋势等多方面的内容，涉及国家、社会、市场及自然等多个领域；国家经济政策是国家履行经济管理职能，调控国家宏观经济水平和结构，实施国家经济发展战略的指导方针。经济环境主要由生产力水平、经济体制、经济结构、经济发展水平、经济团体和消费倾向等因素组成。经济环境直接影响到人们可从事的职业、可消费的产品，影响到人们的收入和生活水平。一个经济结构合理、经济发展水平高、经济体制多元、经济政策稳定的经济环境有利于社会整体经济环境的提升与改良，也直接影响到其中的每一个个体和每一类人群的经济能力与经济生活。对于中国经历了改革开放前后不同经济环境的人们而言，这种体会尤为深刻。

文化是某一特定人类社会在其长期发展历史过程中形成的，它主要由特定的价值观念、行为方式、伦理道德规范、审美观念、宗教信仰及风俗习惯等内容构成。文化环境所蕴含的因素主要有价值观念、审美观念、宗教信仰、民族文化、风俗习惯、社会阶层、家庭结构、科学技术、文化思潮等。文化环境是经历了漫长的历史年代逐渐形成和完善的，人类是文化环境的创造者。人从出生就受到所属文化的熏陶，在文化的潜移默化的作用下，形成了自身认识世界的方法、对待事物的态度、行为处世的准则，可以说人是文化环境的产物，不同文化环境中的人具有的思维方式和行为特征是不一样的。健康、多元、开放、宽容的文化环境对个人和群体的文化培养是有利的，使系统的文化生境更加广阔，可以包容更多拥有异质文化特征的人的存在，并可以激发新的文化形式的产生，使文化环境与人发生良性的互动。

政治环境、经济环境和文化环境不是截然分开的不同部分，而是人文环境紧密相关的这三个方面。经济因子是基础，它决定了整个人文生态系统的发展状态，关系到人的物质生活和生产状态，直接影响着其他环境因子，经济因子对环境有决定性的作用。政治因子通过一整套制度与机构对整个系统进行组织与管理，对环境的控制与影响具有快速和有力的特点，政治以经济为基础，又反过来影响着经济。文化对人文环境的影响是潜移默化且无处不在的，文化通过对人的培养来实现这种作用。文化受到经济和政治的制约，也影响着经济与政治，不同的经济环境常常诞生不同的文化观念和政治制度，不同的文化中也会孕育不同的政治体制，不同的政治制度促进或制约着经济与文化的发展，因此，可以说各种环境因子之间的关系是相互联系、相互促进、相互制约的，在它们共同的作用之下，形成了人文环境这个有机的整体。在任何一个等级的人文生态系统中，大到一个国家、城市，小至一个街区、邻里，这三种环境影响因子都是同时存在的，它们总是形成一个有机的整体，共同对处于其中的环境主体，也就是人或人群产生影响。

2.2.3 人文主体与环境的关系

人文生态系统中，主体与环境的关系是相对的。如果将某人甲看作一个主体，那么他周围的其他人（乙、丙、丁……）和政治、经济、文化条件就构成了他的环境，并对他的思想和行为产生影响。当我们将某人乙看做一个主体时，甲又成为乙的环境要素之一。若把某人甲换成某群体、某群落，这种转换关系依然如此。因此，主体与环境随着研究视点的变换可以互换。

其次，作为环境主体的人是一个有层级递进关系的概念，这个主体既可以是人的个体，也可以是具有某种同质性的人组成的群体，也可以是由不同群体组成的群落。不同等级的环境主体所对应的人文环境的尺度也在不断扩展，小到一个家庭，大到一个族群社区、一个城市。可以说，主体及其人文环境在组织的层级和空间上是可大可小的，应该根据研究目标来合理选择研究的主体，并界定与之相适应的环境的空间边界。

第三，对于群体或群落而言，它们的空间范围一旦确定，就会同时形成空间范围内的环境和空间范围外的环境，即内部和外部环境。内外环境间往往存在紧密的联系，但通常来说，内部环境对人的影响比外部环境更大更深刻。

由于本书是以城市为研究范围，一般将整个城市区域看做一个大的人文生态系统，由按地域划分的各种人文群落，或按类型划分的各种人文群体，以及他们所处的相应范围的城市人文环境构成。相应地，城市人文生态系统内部可以根据类型或地域划分子系统，每个地域的人文生态子系统由该地域的人文群落和人文环境构成，如一个街道子系统或居住区子系统；每种类型的人文生态子系统由该类人文群体及其人文环境构成，如教育子系统或经济子系统。每个子系统还可以再划分细小的区域或类型的下级子系统，以研究更小范围的主体（群体、群落）及其人文环境，直至家庭等无法再分的初级群体。

本书第 4 章研究的单位具有的政治、经济、社会功能的复合特征，当在城市尺度上进行研究时，是组成城市的一个群落。但当我们只研究单位内部时，就可以把它视作一个系统。

2.3 人文生态系统的主体及其属性

2.3.1 人文生态个体

1）人文生态个体的概念

人文生态个体的概念可以从三个方面来理解。第一，人文生态个体是指单个的人，是人群中特定的一个主体。任何人文生态群体或系统都是由人文生态个体所组成的，个体对于群体与系统而言具有组织结构上最基本的组成单元的意义。第二，人文生态个体不仅仅是生物学意义上的单独存在的生命形式，而且是被社会化的、具有各种社会属性的个体。各个人文生态系统都会对其中的个体进行本系统的文化传统、社会标准、价值观、道德观的濡化，使个体的思想与行为逐渐具有了一定的人文特征，成为人文系统的一分子。对个体的人文化是人文生态系统的一个重要作用，是文化延续的保证。单个的个体无论怎样都是处于相互联系的人文生态系统群体中，脱离这些联系而单独存在的人是无法称之为人文生态个体的，如狼孩，虽然具有人类的生理特征，但由于没有受到人类社会的濡化，不具备各种人文属性，因此不属于人文生态个体，而只是生物学意义上的人类。第三，人文生态个体是人文生态网络体系中最基础的元素，个体自身不同的属性决定了他在人文生态系统中的地位以及与其他个体、群体以及人文环境之间的关系。个体的思想与行为构成了整个人文生态系统的观念与运动，但在强调系统整体性时，也不应忽略个体的主观能动性，注重个体的个性化发展、个体对环境的感受及个体行为对环境的影响，这是人文生态观念的一个重要特征，也是人文生态多样性的保障。

2）人文生态个体的属性

人类有自然属性和人文属性，其中自然属性是指个人与生俱来的某些生理特征，例如种族、性别、年龄、血缘、生理状况等，不同生理特征的人对环境的影响和需求是不同的，例如老人与儿童对环境的认知与需求是不一样的。人虽具有生物属性，但又超越其生物性，具有社会属性。人超越了动物的本能行为，主观能动地用知识改造自然、适应自然，人有精神文化方面的需求。

人类的社会属性又分为政治属性、经济属性和文化属性。政治属性包括党派、行政职务、政治地位、组织权利和户籍等。政治属性决定了人所拥有的政治权力的多少，而政治权力在空间上的投影是直接而显著的，拥有更多的政治权力就意味着对空间的支配权力越大，占有和改变环境的能力也就越大。经济因素包括职业、财富、收入、消费偏好、社会福利、住房条件等。由于城市是一个人文环境，所有的环境因素都包含有人类劳动，具有经济价值，因此是可以用货币来衡量与购买的。经济能力高的人或群体可以获得更适宜的环境，而他们调节和改造环境的能力也更大。相反，经济能力较弱的人或群体受环境的制约更大，他们往往成为环境的被动接受者，对环境的依赖性也更强。因此对弱势群体环境的改变应该更审慎，他们对环境改变的承受能力相对脆弱。文化因素包括了民族、宗教、家族、教育程度、知识技能、风俗习惯、社会关系、社会组织、社会声望等。人的社会属性是在后天的社会化过程中获得的，不同的社会属性使人们有不同的价值取向、行为特征和文化归属。社会文化是人在学习和生活中所积累的对世界的认知，体现在环境上，不同文化背景的人对环境有不同的偏好，并且相同文化背景的人常常选择相同或类似的环境，因而形成亚文化人群的空间聚集，在人文环境和景观上呈现异质化倾向。这些亚文化群体和亚文化景观是城市文化多样性和景观多样性的重要组成部分，因而也备受学者关注。

个体的自然与社会属性是我们将人进行分类的标准，依据这些标准，我们将具有相同属性的人的集合称为人文生态群体，由于这些群体具有某些共同的属性，因而在思想、行为和与环境的关系上呈现某种特征，这就是我们在人文生态群体的研究中将探讨的问题。

2.3.2 人文生态群体

1）人文生态群体概念

荀子言："人生不能无群"，人是协作性的社会动物，人的一切活动都是在群体中发生的，可以说群体是人类生活的基本单位。从广义上说，群体是具有某种共同属性的个体的总和，人文生态群体是由某一类型的人组成的，群体内部成员通过一定的关系组成一种统一体，即人文生态群体强调的是群体的共性及相互关系。在生态学中，种群中的"种"是依据生物的形态结构特征以及遗传特征来划分的，而人文生态群体中群体的类型是根据人文特征来划定的。这种类型划分可根据研究的对象、选择的关系以及研究目的来确定，如职业群体、性别群体、年龄群体、地域群体等，因此这种划分具有灵活性和不确定性，如职业群体中包含有性别群体、年龄群体，地域群体可能与某种文化群体相同。为了避免可能出现的混乱状况，我们将需要研究的主要人文特征作为群体划分的依据，而其他人文因素则作为该群体的内部结构与特征。如研究少数民族群体时，可分析其内部的年龄结构、性别结构、职业特征等。作为人们通过互动形成的、由某种相互关系联结起来的共同体，人文生态群体内的成员具有某种共同的身份以及共同的利益。从狭义上说，人文生态群体是由那些在对彼此行为有着共同期待的基础上有组织地在一起发生相互作用的人组成的集团。这一相互作用的结果是使群体成员有一种共同"归属"感。它使成员与非成员有所区别，成员彼此之间有某种行为期待①。人文生态群体研究的主要内容是群体的数量、行为特征以及群体与其所处的物质环境和其他群体之间的相互作用。

人文生态群体的分类有多种标准，一般有下列几种：

（1）以成员规模来划分，有大型群体、中型群体、小型群体等。

（2）以联结纽带来划分，有血缘和姻缘群体（家庭、家族等）、地缘群体（邻里等）、业缘群体（即以职业或工作关系而建立起来的社会群体，像同一单位的职工、学校里的教研组等）、志缘或趣缘群体（即以志向、信仰和兴趣相同而建立起来的社会群体，像宗教团体、业余爱好小组等）。

---

① ［美］伊恩·罗伯逊．社会学［M］．黄育馥，译．北京：商务印书馆，1990：207

(3) 以共同特征来划分，具有共同特征的人群在思维方式、心理特征和行为方式上有某些共同的特点，因而虽无固定的联结纽带，但对城市空间环境景观有相似的诉求和偏好，其对城市景观的影响也具有某种一致性。这种群体可以是具有某种共同生理特征的人群，如女性、老年人、儿童、残疾人等。

(4) 以群体内部行为规范的正式程度分类，有正式群体和非正式群体。正式群体指单位同事等有正式的制度规范联系结而成的群体，而朋友群体则是典型的非正式群体。

(5) 以成员的互动特点来划分，有初级社会群体和次级社会群体两大类。前者主要是指由面对面互动形成的，具有亲密的成员关系，对人们的生活影响较大的社会群体，它反映着人们最基本、最初步的社会关系，像家庭等等。后者的主要特点是规模较大，结构比较复杂，行使着特定职能，成员之间的关系较少带有感情色彩等等。这类群体可能是由于某种共同的属性，如血缘、业缘、地缘或共同爱好等被联系到一起的，或仅仅是因为具有某种共同的生理特征，因此可认为是具有相对同质性的人群①。

本书第7章探讨男性和女性这两大基本的性别群体的生理、心理和社会差异，以及这种差异导致的城市景观的需求、承受力和影响力的差异，就是从人文生态群体的角度对城市景观形态的研究。

2) 初级人文生态群体的属性

(1) 初级人文生态群体

初级人文生态群体是沿用了美国社会学家库利首先提出的初级群体(Primary group)这一概念。这些群体之所以被认为是初级的，其意义是多方面的，但主要是指它们对个人的文化特征、社会属性和个人的理想的形成是基本的。库利认为，初级群体的典型是家庭、儿童游戏群体和邻居。在他看来，这些群体是产生人类合作及友谊的土壤，是培育人类友爱和同情心的园地。在这些群体中，人们为了整体的最大利益可以放弃个人利益，同情心和情感这条纽带将人们联系在一起。初级群体是由面对面的交往形成的，是具有亲密成员关系的人文群体。可以说初级群体反映了人们最简单、最基本的人文关系，它是人文生态系统的基本构成单位②。

初级群体的特征有规模较小，持续的直接而全面的交往，人际关系亲密和非正式控制。初级群体的形成和维持需要经常性的交往，非利己的动机，开放和宽容。初级群体是个人社会化的基本场所，是个人走向社会的桥梁，可以满足人大多方面的需要，有助于维护社会秩序。其负作用反映在初级群体的过分发展可能会抑制个人的发展，另外，当初级群体的某些价值与社会发展的要求不一致时，成员对群体的忠诚可能会损害社会利益。

在传统社会中初级群体比较发达，不论在群体形式还是在功能方面，初级社会群体都居于重要的、不能替代的地位。初级群体在现代社会呈现出逐渐衰落的景象，这与工业化、城市化和现代价值观念的影响直接相关。工业化造成了高度的社会分工，也肢解着传统社会的经济和社会生活；城市化带来了人们的迁移和住所的较为频繁的变化，撕扯着亲属之间的联系，制约着亲密的邻居关系的形成；现代化崇尚的工具理性突出了个体的价值，也侵害着公共生活，这也不利于初级群体价值的形成，更难以形成亲密的初级群体。现代社会

---

① 唐忠新.中国城市社区建设研究[M].天津：天津人民出版社，2000：9

② 雷洁琼，王思斌.转型中的城市基层社区组织[M].北京：北京大学出版社，2001：117-124

中初级群体的衰落表现在：初级群体的某些功能外移，内部的成员关系趋于松懈，某些初级群体名存实亡。许多通过初级群体代代相传的传统文化失去了延续的依托，文化生存受到威胁。初级群体的衰落造成的影响是双向的，一方面，这使人们从初级群体中获得的温情的、充满人性的关怀变少，社会秩序的维持将遇到更多挑战；另一方面，个体失去了初级群体的束缚，但也获得了更多的机会，人们的生活也会变得更加丰富多彩。

如邻居这一初级群体在当代的衰落，互助守望的邻里传统人文环境大大削弱。在大量的单元式集合住宅中，空间上的近邻往往互不相识，人们的行为不再处于街头巷尾熟人的监视之下，虽然获得了更大的自由权和私密性，但也丧失了熟人社会的安全感和归属感，传统社区温馨和谐的景观被肃杀隔绝的防盗网和防盗窗所取代。

(2) 作为人文细胞的初级群体——家庭

家庭是初级群体中的重要内容，家庭是以一定婚姻关系、血缘关系或收养关系组合起来的社会生活的基本单位，在通常情况下，又体现为一种经济团体。婚姻构成最初的家庭关系，这就是夫妻之间、父母和子女之间的关系①。家庭功能包括：生物功能，包括性生活的满足和生育；经济功能，包括生产和消费；抚育功能；赡养功能；休息和精神满足。

家庭是人文生态系统中个人再生产的主要单位，它承担着生殖和教养人类后代的重要职责，这对人文生态系统而言无疑是基本而重要的功能。家庭是人文生态系统中最基础的人文群体，各种文化特征都可以在家庭中显现。恩格斯在《家庭、私有制和国家的起源》中写道："个体婚制是文明社会的细胞形态，根据这种形态，我们就可以研究文明社会内部充分反映出的对立和矛盾的本质"②。当我们将家庭比做"人文细胞"时，是包含了"人文缩影"这一含义在内的。也就是说，家庭的放大即是人文系统，家庭内部的人与人之间的关系与人文系统中人与人之间的关系同质。但是，现代化进程的一个特征是社会与家庭的分离，家庭的部分功能已经或正在外移，家庭正在日益变成一个个人私生活的场所。也就是说，家庭与社会已经不同质。因此，说家庭是社会生活的基本单位更适合目前中国家庭的现实情况。

经济体制改革加速了中国城乡社会的变迁和分化，城市居民发现他们自己正在日益远离稳定的可预期的生活，不得不去面对一种日益增长的不确定性。剧烈的变化使人们的利益意识日益明晰，谋取个人与家庭利益的欲望也更加强烈。值得注意的是在社会分化加剧的同时，一种功利主义文化也正在城乡兴起。部分人对道德和传统价值的漠视引起人们的深深忧虑。在一些人眼中，个人成就评价的主要尺度只有财富与权力，这样一种价值观对城乡人文系统和家庭会产生不可低估的影响。现代家庭核心化成为趋势，传统家庭对文化习俗的延续功能大大减弱。对于一些弱势文化（如少数民族文化和"泥人张"、"样式雷"等特定家族传承的非物质文化）而言，这种变化甚至影响到该文化的生存。现代家庭在各种利欲的冲击下变得脆弱，离婚率大大上升，单亲家庭增多，农民工家庭长期异地分离，带来各种社会问题的同时，也影响了人文生态系统的稳定性。而另一方面，在外界各种竞争和压力下，家庭成为个人的避风港，家庭的矛盾缓冲能力越来越受到关注。

家庭是人文生态研究的最小尺度的群体，家庭的组织形式、经济结构、文化特征和社会

---

① 李剑华，范定九．社会学简明辞典[M]．兰州：甘肃人民出版社，1984

② 恩格斯．家庭、私有制和国家的起源[M]．北京：人民出版社，2005

功能等对城市人文生态系统有重要价值，也对城市景观形态具有不可估量的影响。如家庭核心化使得三代、四代同堂的居住形式逐渐解体，不仅造成了亲情的隔膜和大量的空巢老人、单亲家庭等现象，也是导致住宅户型变化、需求量增加和居住郊区化的重要原因之一。

3）次级人文生态群体的属性

次级人文生态群体具有以下明显的人文特征：首先任何群体都是由一定数量的人所组成，并有一定的组织结构；群体成员之间具有直接、明确和持久的社会关系；人类群体中存在着心理互动和相互影响，群体成员有若干共同的文化、观念、信仰、价值和态度，有共同的兴趣和利害关系，群体成员具有某些共同的身份和群体意识；有一定的群体边界；群体成员有某种共同的期待与行动能力。同时，人文生态群体亦具有某些与生物种群相似基本特征。

（1）密度

人文生态群体密度是指在一定时间内，单位面积或单位空间内的个体的数目，如 1 km^2 的居住区内的居民数量、10 万 m^2 的办公楼内的工作人员的数量，广场上晨练者的人均面积等等。密度有着两方面的意义，一方面单位面积中的人的数量代表着该场所的使用情况以及场所特征；另一方面，每个人所占有的面积代表着个人所拥有的空间资源，这是城市资源中最重要的部分之一。通过对人文生态群体密度的分析可以研究不同群体对空间占有的程度，以及不同性质的场所对人群密度的要求等。影响密度的因素非常复杂，在研究不同群体时有不同需要侧重的因素，但其中最重要的因素是该群体在系统中所占据的人文生态位，这一点将在之后的章节中分析。

（2）年龄结构和性别比例

任何人文生态群体都是由不同年龄、不同性别的个体组成的，形成具有一定年龄、性别比例的群体，不同群体的年龄、性别结构往往存在一定的差别。因此，研究群体的年龄、性别结构有助于了解群体特征以及发展趋势。不同区域的成员年龄、性别有所不同，例如城市中心的传统街区呈现老龄化趋势，而新兴的高层公寓多以单身青年或年轻夫妇为主。不同工作性质工作场所的成员年龄、性别也有很大差异，如钢铁厂工人以男性为主，而纺织厂则以女性工人为主，计算机网络等朝阳产业中年轻人的比例较高等等。

（3）空间分布

人文生态群体与时间空间存在着一定的联系，如家庭对应着居所；邻里对应着居住社区；同事对应着共同工作的工厂、办公楼等等；同学对应着学校教室；兴趣爱好群体对应着俱乐部、酒吧、体育馆、街道、广场等；有共同宗教信仰者聚会的教堂、寺院以及有共同爱好者组成的虚拟的网络社区等等。因此，人文生态群体和空间的关系可以认为是某种社会关系发生的场所。人文生态群体由于经济、政治和文化上的差异，分化为不同的阶层，不同的阶层在人文生态系统中所处的生态位不同（生态位研究详见 3.3.3 节），对城市空间的需求与占有能力不同，因此形成了相同阶层的人群在空间分布上的相对聚集，形成空间景观的异质性。人文生态群体的空间分布特征是不同群体人文偏好在空间上的体现，这也是本书研究的重点之一。

（4）迁移变化

扩散是大多数动植物生活周期中的基本现象，扩散有助于防止近亲繁殖，同时又是各地方种群之间进行基因交流的生态过程。人文生态群体中也存在着扩散现象，最为典型的是家庭在发展周期中的扩散现象。最初由青年男女组成家庭，生养并教育后代，后代成年后外出求学、工作，直至组成新的家庭，新家庭可能位于另一个空间位置，但与父辈家庭之间仍保持着紧密的关系。人类早期扩散行为的目的与其他生物差别较小，一定程度上防止了近亲繁殖并有助于基因交流，但人类发展到现在，这种扩散行为更多的是为了寻求更有利的生活、生产资源，如城乡之间和城市与城市之间人口的流动。在这里，我们将出生和死亡看作是一种特殊的生死间的迁移，人文生态群体的总体数量与出生率、死亡率有着直接的关系，而人类群体的出生率、死亡率与经济发展程度、文明程度、生育习俗、生育政策以及战争、灾害、流行病等都有着密切的关系。

总之，人文生态群体中包含着人类最亲密、最基本的关系，是人类为满足最基本的生活、生产、情感以及自身发展而形成的群体。这其中有因血缘、年龄、性别等而天然形成的群体，也有因工作、学习、兴趣等而聚集在一起的主观形成的群体。无论其形成的原因为何，人文生态群体包含着繁殖、培育后代的基本功能，是制造生产者和消费者的重要环节；群体中也有工作等生产功能；此外，这些群体也是人们休息、娱乐、学习的主要依托，为补充能量、消解压力、满足需求提供可能。可以说人文生态群体是人文生态系统中极关键的层级，大部分的生产和消费活动在这些群体中完成，并且这些群体还是人类精神情感的庇护所，是人类实现自我价值的最主要的场所。由于群体中的人本身构成了城市最重要的非固定景观，不同人群之间（如年龄、性别、文化、经济地位等的不同）不但自身外貌、服饰和语言、行为等非固定景观方面存在差别，对物质环境及其景观的需求、承受力和影响力也有所差别，因此群体是城市景观形态分析中重要的人文生态视野之一。

2.3.3　人文生态群落

1）人文生态群落概念及分类

人文生态群落的概念借鉴了植物生态学中群落的概念。早在1807年，近代植物地理学的创始人 Alexander Humboldt 首先注意到自然界植物的分布不是凌乱无章的，而是遵循一定的规律且集合成群落，并指出每个群落都有其特定的外貌，它是群落对生境因素的综合反应。之后的百余年间，许多学者对这一概念进行了界定，美国著名生态学家 E. P. Odum（1957）认为，群落除种类组成与外貌一致外，还“具有一定的营养结构和代谢格局”，“它是一个结构单元”，“是生态系统中具有生命的部分”，并指出群落的概念是生态学中最重要的原理之一，因为它强调了这样的事实，即各种不同的生物能在有规律的方式下共处，而不是任意散布在地球上[①]。“生物群落”是指在一定时间内，由居住在一定区域内的相互联系、相互影响的各种生物种群组成的有规律的结构单元。它是具有一定的外貌及结构，并具有特定的功能及发展规律的生物集合体。它们和相邻的生物群落，有时界限分明，有时则混合难分[②]。

“人文群落”是指聚集在某一特定区域内的各种人文群体结成多种社会关系和社会群体，从事多种社会活动所构成的社会区域生活共同体。在人文群落中各种群体不是杂乱地组合在一起的，各群体的组织形式、行为特征、外貌景观及发展演变都呈现一定的规律性。

---

① 孙儒泳．普通生态学[M]．北京：高等教育出版社，1993：128

② 周凤霞．生态学[M]．北京：化学工业出版社，2005：60

人文生态群落的本质因素包括社会互动、地域性和共同约束等。人文群落构成的基本要素包括：以一定的社会关系为基础组织起来的人群；一定的地域界限；共同的社会生活；群落文化；居民对群落的归属感和认同感。人文群落包括了社会有机体的最基本的功能和内容，是宏观社会的缩影。人文群落研究包括研究群落与环境间的相互关系，揭示群落中各个群体的关系，群落的自我调节和演替等。

人文生态群落类型的划分标准很多，根据研究目的的不同可以选择适宜的分类方式。

(1) 按功能：工业型群落、农业型群落、商业型群落、行政型群落。

(2) 按文化类型分：文化教育型群落、民间文化型群落、宗教型群落等。

(3) 按规模：巨型群落(城市)、中型群落(小城镇)和微型群落(自然村落、居民小区)。

(4) 按形成方式：自然群落、法定群落。

(5) 按综合标准：农村群落、城市群落。

本书是对按综合标准划分的两大类人文群落中的城市人文生态群落的研究。城市人文生态群落除了下文论述的群落基本属性外，它和农村群落的主要区别在于：

(1) 以工商服务业为主要职业和谋生方式。

(2) 人口密度高，人口聚居的规模大，成员的异质性强。

(3) 文化内容丰富，文化多样性和包容性较强。

(4) 科层制组织普遍，社会组织复杂。

(5) 城市居民的生活质量和生活水平相对较高。

此外，城市人文群落的区位结构复杂，人际关系以业缘联系为主，人际交往淡薄，家庭规模与职能缩小等，也是其显著特征。

本书第六章就是以南京七家湾地区为例探讨回族亚文化群落在城市更新中的发展变迁，及其与城市景观的相互影响。第五章探讨的单位既可以视作为一个群落，也因其政治、经济、社会的合一性而视作城市中独立的人文生态系统。

2) 人文生态群落的基本属性

(1) 人文群落由一定的人群组成：区别不同人文群落的重要标志是人群组成的特征。人文群落中各类人群有规律地共处，形成一种有序的状态。在人文群落的形成过程中，人群之间、人群与人文环境之间相互适应，以达到平衡、协调的状态。研究人文群落中不同人群的相互关系，以及人群与人文环境间的关系是阐明人文群落形成机制的重要内容。

(2) 人文群落有一定的分布范围：任何人文群落都在特定地段上形成一种规律性分布。划分人文群落的地域范围不能太大，应限制在人们日常生活能够发生互动的范围之内，或者限定在能够满足人们基本需要的生活服务设施、组织机构可以发挥作用的范围之内。就我国情况来看，农村中的一个乡镇、一个村庄或城市中的一个街道、一个居民小区等，皆可界定为范围大小不一的人文群落[①]。人文群落具有一定的边界，这种边界有时较明显，如有道路、河流等分隔因素；有时边界并不十分清晰。在多数情况下，不同人文群落间存在过渡带，被称为群落交错区，交错区有时也可视为一种特殊的人文群落。

(3) 人文群落是人们参与社会生活的基本单元：由于人文群落是绝大多数社会成员的生活基地，人们的基本生活活动大都是在群落范围内进行的。人文群落是以一定的物质空

① 徐永祥.社区发展论[M].上海：华东理工大学出版社，2000：35

间作为自己的依托或物质载体的[1]。

(4) 人文群落具有多重功能：一般以某种或几种功能为主，成为群落对外功能输出的主要部分，因此也成为区分群落类型的标准之一。群落的多功能特征是由人文群落内容的多样性和人群的多方面的需求所决定的，也是人文群落作为社会实体的一种反映。

(5) 人文群落具有一定的结构与景观特征：人文群落的结构包括组成人群的社会结构、经济结构和文化结构等，并因此而形成的不同的生活类型、分布格局、建筑形式、服饰、语言、消费偏好等景观形态。这些是区分不同人文群落的内在与外显的主要依据。

(6) 人文群落具有选择与改变群落环境的功能：人们对有限资源的竞争形成了人群区域分布的差异性特征，不同人群具有不同的能力与需求，他们对空间区位的选择存在较大的差异，人文群落分布的区位差异即是人群自主与被动选择的结果。同时，共同生活在同一地域的人群对其生活的环境也产生重大影响，并形成有一定特点的人文生态环境。

(7) 人文群落是发展变化的：人文群落由人组成，人是具有自然与社会双重属性的生物，具有不断运动发展的特征。人文群落发展变化是诸多因素综合作用的结果，其中，生产力发展是推动人文群落发展的最终决定性因素。

3) 人文生态群落的人口结构

与自然生态系统中的种群结构的概念类似，人文生态群落中的人口结构对群落属性具有重要影响。人文生态群落的人口结构是指该系统在一定年度内的不同类型的人口构成状况，包括人口的数量、密度、年龄构成、性别构成、文化教育构成、民族构成、多样性和流动性等要素。研究人口结构可了解群落中不同人群的生理、心理和行为特征，分析不同人群对场所的不同需求和在群落空间中的分布，为更深刻地理解群落的特征并进而更合理地进行空间景观规划提供依据。

(1) 人口数量、密度、优势度

对于人文群落中人口数量的测算方法一般有两种。一种是根据现有统计数据，一般适用于居住区、企事业单位等成员较为固定的群落，这些区域的人口统计资料较为翔实可信；第二种是商业、办公等成员流动性较大的群落，这些区域的人口统计可以采用流量估算或面积估算法，流量估算是对某一地段、某一时段的人流数量进行统计，进而推算该地区的人口数量。面积估算是按照某类地区常规的人均占有面积和该地区的总面积来推算该地区的人员数量。此外，这类地区的相关管理部门也会对人员数量进行统计，可作为参照。

自然界中生物的群聚有利于种群的适当增长与存活，而群聚的密度对生物的生存质量有着重要的作用。群聚密度过疏或过密都会对种群产生限制性影响。瑞士学者路德维希·宾斯万革认为，人类社会有着和动物世界类似的社会结构，群聚的人群也有强烈的领域性行为。人类群体密度也必须适中，过疏或过密都不利于人类群体的生存和发展。人口密度指的是单位面积的人口数量，用公式表示为：$d = N/S$，(d 为密度，N 为地区内的人口总数，S 为地区面积)。密度的倒数 S/N 为人均占有的面积，个体间距与人均面积相关，其计算公式为：$L = (S/N)^{1/2} - B$，(L 为平均间距，B 为平均肩宽)。区域内某类人群个体数量占全部个体数量的百分比称为相对密度，某类人群的密度占群落中密度最高的群体的密度的百分比称为密度比。

[1] 朱满良，邓三龙，谢志强，等. 城市社会整合与社区建设[M]. 北京：中国言实出版社，2000：4

优势度用来表示一类人群在群落中的地位与作用。优势度计算的方式很多，数量、相对密度、所占的空间面积、利用和影响环境的特性等都可以作为优势度指标。采用多因素综合计算优势度，可避免只用单一指标来表示优势度的偏差，其估算比较可靠。优势度对确定某一人文群落的性质有决定性意义。

(2) 群体类型

对人文群落中不同人群特征进行登记后，可以得到一份研究群落的人群分类的统计表。人群分类的标准是多样的，按照人的自然属性，如按年龄分类有儿童、青少年、中年、老年，按性别分类有男性、女性，还可以按种族、健康状况等进行分类。按照人的社会属性分类可以有依据职业、教育程度、收入水平、财产状况、消费倾向、家庭构成、党派归属、宗教信仰等。通常，我们根据研究的需要采用多种方式对群落成员进行分类，如研究群体对群落特性的影响大小和方式时，特征群体、关键群体、亚优势群体及伴生群体是最常见的分类方式。

特征群体是对群落的结构、群落性质及群落环境的形成有明显控制作用的人群。通常来说特征群体是群落中数量较多、占据空间较大、能力较强的人群。如居住区中青壮年居民的职业构成、收入水平、教育程度、生活习惯、家庭结构、消费与休闲的倾向等对居住区整体氛围起着控制性作用。有时该群体在数量上虽不是最多的，但在群落控制能力上具有一定的优势，群落外貌受这一群体的影响较大，与其他群落相比，呈现出较特殊的景观特征，如城市中的回族群落等。

关键群体指的是虽然有时数量相对较少，但由于其能力较强、社会威望较高，在群落中起着极其重要的作用。这类人群对于群落和群落中其他群体的影响，与其自身的数量不成比例，他们在维持本群落平衡与稳定方面起着重要的作用，一旦这类人群消失或削弱，整个群落就可能发生根本性的变化。关键群体与优势群体的区别在于他们的影响远大于他们的数量所显示的水平。例如在聚族而居的家族群落中，家族中德高望重的长者就是族群的关键人群，他们人数虽然很少，但在祭祀典礼、仲裁纠纷、分配财物，乃至族人的婚姻、继承等族群事务中有较大的决定权，对族群的和谐稳定起重要作用。

亚优势群体是指个体数量与作用都次于优势群体，但在决定群落性质和控制群落环境方面仍起着一定作用的群体。例如居住区中的老人，他们在数量上比青壮年人少，但在居住区中停留的时间较长，对环境的影响也不容忽视。

伴生群体是群落中常见但数量较少的群体，他们与优势群体相伴存在，但不起主要作用。例如为居住区居民服务的餐饮、零售、家政服务等的各类人群①。

(3) 多样性分析

生物多样性一般有三个水平，即遗传多样性、物种多样性和生态系统多样性，其中物种多样性是指地球上生物种类的多样化。人文群落的多样性与物种多样性相似，指的是人文群落中各类型人群的多样化。人文群落多样性指数是包括丰富度和均匀性两方面的综合指标，有人称为异质性指数或种的不齐性②。丰富度是一种是指群落中人文群体类型的多少，这是一个较为客观的多样性指标，在统计时需要说明是多大的面积以及类型的划分标

① 群体类型的概念参见：孙儒泳. 基础生态学[M]. 北京：高等教育出版社，2002：141

② 多样性指数的计算公式参见：孙儒泳. 基础生态学[M]. 北京：高等教育出版社，2002：136

准，以便比较。参照生态学中表示群落丰富度的 Margalef 指数公式，我们可以将人文生态系统的群体丰富度表示为：$D = (S - 1) / \ln N$，其中 S 为群落中的群体总数，N 为观察到的个体总数(随样本大小而增减)。均匀度是指群落中各人群类型的个体数量的比值。通常，该比值越接近 1，群落的均匀度越高①。

影响人文生态群落多样性的五个主要因素是：历史时间、空间异质性、流动性、竞争和生产力。

(1) 历史时间：一般来说，人文群落经历的历史时间越长，多样性越高。历史悠久的群落在历史年代中环境条件相对稳定，环境的包容性较强，文化的丰富性增加，各类人群在长期的共同生活中形成了一种相互协调的机制，所以群落的多样性较高。也就是说，人文群落随时间的推移，其种数越来越多，比较年轻的群落需要足够的时间才能发展到高度多样化的程度。例如老城的传统居住区相对于郊区的新居住区而言，其多样性要高得多。

(2) 空间异质性：物理环境越复杂，或者说空间异质性程度越高，人文群落的复杂性也越高，人群的多样性也越大。复杂的空间环境有更多样的生境，支持更多样的生活类型，空间结构变化存在着微观的空间异质性，人文群落中因这些变化使小生境丰富多样，多样性亦高。例如在我国的西南山区，随着海拔高度的变化，人们从事不同的经济活动，从水稻种植，到小麦、高粱种植，到畜牧业、狩猎等等。西南山区也是各民族、各文化杂处的区域，人们的价值观、生活方式、语言文字的差异性较大，但仍能够和谐共处，是文化多样性极丰富的区域。

(3) 流动性：流动性越高，人文群落的多样性就越高。差异是造成流动的主要原因，地理、经济、文化、政治的差异都可能带来人群的流动，人们流动的最终目的是获得更好的生存条件，流动促进了各种人群的交流与融合，给当地带来了新的文化、技术、观念以及劳动力，极大地促进了社会发展。

(4) 竞争：竞争是生产率提高的主要动力，也引起社会分工越来越细，使得社会生态位分化也越来越明显，由于生态位的分化，每个人群的生境条件往往很狭隘，也就是说每个人所从事的仅仅是庞大的社会网络中的一个极微小的部分，其所需生活物资的分化也越来越明显，人群之间相互依赖性增加，因而人群有着更精细的适应性。

(5) 生产力：如果其他条件相等，群落的生产力越高，生产的物资越多，通过流通网络的物质流、能量流以及信息流越大，群落的多样性就越高。从历史的纵向比较，随着生产力的发展，各历史时期人类文化的多样性在逐步提高；从当代各国的横向比较中，生产力水平较高，经济较发达的国家的吸引力较大，是人口流动的主要引入地。由于生产力的发展带来了更多的机遇，可包容更多的生活方式，这都使得这些地区的人群的多样性增加。

2.4 人文生态系统的环境要素及结构

人文生态系统是社会—经济—政治—文化复合的复杂系统，其主体因子和环境因子几乎涵盖了整个人类社会的每一个方面。但这些纷繁复杂的人文生态因子并不是杂乱无序

---

① 周凤霞. 生态学[M]. 北京：化学工业出版社，2005：66

地散布状态，而是依托于一定的自组织机制进行整合。这种整合包括：①组织整合，即各种社会文化因素、经济技术因素、政治制度因素和自然生态因素等，通过整合使人文生态系统具有等级性、异质性和多样性；②过程整合，即保证人文生态系统的经济循环、社会运转、能量转换、信息反馈、文化发展等过程的畅通正常[①]；③功能整合，指经济生产与流通、社会组织与管理、文化传承与创新以及调控能力的效率和谐程度。

经过整合的人文生态系统具有一定的结构秩序。“结构”是一个具有多重含义的词组，最为常用的意义是指事物的内部构造，而在科学层面上的“结构”指构成整体的各个部分及其组合方式。然而，我们在剖析一个事物的构成规律时往往把组成因子与组合方式分开论述，称之为“组成因子”与“结构”，这时的结构就专指一种组织关系。按照这种关系所建构的整体或系统，将具有不同于其各个构件（因子）功能的新功能和新形态。因此，在一定意义上，结构才是赋予事物相应功能和形态的真正原因，这也是研究结构的重要意义。

由于人文生态系统的环境因子的层次和数量众多，对其进行巨细无遗的穷举既十分困难，也没有必要。本节采取提纲挈领的办法，以经济、政治、社会、文化这四个组织规律整合环境因子，只列举各项主要环境要素（重要因子）而不进行所有环境因子的穷举，并着重强调其组织结构对人文生态系统的意义。

2.4.1 经济要素和结构

1）经济要素

经济是社会生产关系的总和，是人们在物质资料生产过程中形成的，与一定的社会生产力相适应的生产关系的总和或社会经济制度，是政治、法律、哲学、宗教、文学、艺术等上层建筑赖以建立起来的基础。经济是社会物质资料的生产和再生产过程，包括直接生产过程以及由它决定的交换、分配和消费过程，其内容包括生产力和生产关系两个方面，但主要是指生产力。

经济领域的构成要素即为经济要素。由于经济要素的复杂性，我们往往采取分类分级的方式进行列举。比如可以根据要素的性质首先分为经济类要素（产业、投资、产品、贸易等），科技类要素（知识、技术、信息等）和社会性结要素（人员、就业、收入、分配、消费等）。作为经济类要素之一的产业可以细分为第一、第二、第三产业，其中第二产业又可以细分为重工业、轻工业，而重工业还可以再细分为采矿业、机械工业、汽车工业等工业门类，而采矿业还可以分为煤炭、有色金属等等[②]。无疑任何一种经济因子都不能独自发挥功能，而需要通过经济结构的整合才能构成人文生态的经济环境。

2）经济要素与经济结构

经济结构就是国民经济诸组成要素相互联系和相互作用的内在形式和方式。具体一点讲，经济结构的内涵包括：①国民经济由哪些要素组成，这些要素的性质和特点；②国民经济诸要素的相互依赖关系和相互联系的方式，包括它们的比例关系；③国民经济诸要素

---

① 王如松，吴琼，包陆森．北京景观生态建设的问题与模式[J]．城市规划汇刊，2004(5)

② 靳晓黎．百卷本经济全书—经济结构[M]．北京：人民出版社，1994：34-36

的相互作用；④国民经济诸要素及其相互关系的发展变化①。

经济结构的分类方法很多，其中最主要的四种方法如下②：

(1) 按经济结构的空间范围分为：企业结构、行业结构、地区结构和国民经济结构。

(2) 按构成要素的主要性质分为：经济性结构、科技性结构和社会性结构。经济性结构包括产业结构、投资结构、产品结构、贸易结构等等；科技性结构可以简称为科技结构；社会性结构包括人员结构、就业结构、收入分配结构、消费结构等。

(3) 按照构成要素在社会再生产过程中的地位和作用分为：资源配置结构、生产结构、流通结构、分配结构和消费结构。其中资源配置结构包括投资结构和就业结构；生产结构包括产业结构和产品结构；流通结构包括国内贸易结构和国际贸易结构；分配结构主要指收入分配结构；消费结构主要指消费品使用结构。

3) 经济结构与人文生态系统

人文生态系统是一个经济单位，系统中包括了生产、分配、交换和消费等经济活动的全过程。经济是系统生成与发展的基础，它决定了系统的社会结构、文化倾向等，并直接影响着系统的景观形态。我们在研究一个人文生态系统时，首先要研究该系统的经济结构，从产业结构、经济组织、收入水平、消费结构、人员结构、投资结构等多方面进行分析，并且将一个单独的人文生态系统放在整个城市或整个地区的范围中，分析系统在更大的经济结构中的地位和功能，探讨该生态系统景观形成的经济原因。

经济是人文生态系统的基础，职能分工的区域聚集导致了系统功能空间的分异。同时，经济行为有趋利的特征，由经济因素导致的人文生态系统变迁都有着追求利益的深层原因。经济结构变化导致人文生态系统演变的现象非常普遍，例如上海市黄浦江沿岸地区，20 世纪初由于水运的便利条件，成为近代工业发达的地区，由工人与工厂、仓库和居住区成为该区域的主要人文特征。随着生产力的发展、交通技术的提高，水运逐渐失去其重要地位，该地区的交通优势发生改变，导致产业外迁、投资减少，体系中的经济发展受到影响。随之而来的是体系中社会成员的迁移，社会结构发生改变，建筑和各种公共设施缺少资金，疏于维护，系统开始衰败。近年来，随着旧城更新，该地段的价值重新得到体现，大量资金、文化产业和服务业进入这个区域，整个体系的经济结构、人口结构和文化结构都发生了根本变化，整个人文生态系统朝向优雅、有历史感、注重文化品质的方向发展。黄浦江沿岸地区人文生态系统经济结构的两次大的改变带来的人文生态系统的演变，是经济基础决定系统结构的典型案例。

当前，我国正处在经济总量迅速增加，经济体制改革深化和经济结构转型的时期，人文生态系统的经济环境变化迅速，这种变化也必然影响到城市景观形态，特别是产业结构"退二进三"的调整，值得城市内部工业用地迅速向外围迁移，景观格局发生剧烈变化。为此，本书第 5 章专题对我国最重要的经济组织——单位的制度变迁、产业结构调整与城市景观形态的关系进行了研究。

---

① 陈文辉. 中国经济结构概论[M]. 太原：山西经济出版社，1994：2

② 靳晓黎. 百卷本经济全书：经济结构[M]. 北京：人民出版社，1994：34-36。其他分类方法参见：曹新. 社会经济结构与经济增长[M]. 长沙：湖南人民出版社，1999：15-16

2.4.2 政治要素和结构

1）政治要素

马克思主义认为政治是以经济为基础的上层建筑，是经济的集中表现，是以政治权力为核心展开的各种社会活动和社会关系的总和。政治是随着阶级对立和国家而产生的一种社会关系，统治阶层建立了完整的政治体系来维护自己的统治，并保持社会稳定有序地发展。政治更多地体现为一种权力，是一种起控制或强制作用的支配力量，作为一个自上而下的结构完整的体系，是人文生态系统组成和运行的最强有力的组织保障。

2）政治要素与政治结构

政治结构是政治系统内的各种关系按照一定层次、等级、隶属关系组织起来的①。政治结构既可以三分为政治主体的结构、政治权力的结构和政治文化的结构②，也可以四分为政治价值、组织和制度、行为规范三个方面，具体包括③：

（1）政治设施：中国现有的政治设施是从国家机构到地方机构的一套权力机构体系，机构细分到人文生态系统的各个方面，如商务、教育、文化、交通、建设等，呈树状结构。新中国成立以来，在单位制度下，还存在另一套管理机构，这是由各级别的单位组织形成的，对系统成员进行管理和控制的机构体系，单位通常直接隶属于各部委，与地方政府的关系不大。这样就形成了政府与单位并行的两套行政管理体系，这种现象一直持续到现在，是中国特有的政治结构，对中国城市的景观形态产生了重大的影响。政治设施是实施权力和管制的具体执行实体，是人文生态系统的结构中的重要节点。

（2）政治组织：政治组织是社会中具有共同经济利益的成员为了某种政治目的而组成的社会政治结合体，如政党和各种政治组织。中国最大的政党是代表无产阶级利益的共产党，此外还有各种民主党派。中国现行的是中国共产党领导的多党合作政治格局，中国共产党居于领导地位，是执政党；各民主党派是自觉接受共产党领导的参政党。政治组织将各种利益群体组织到一起，以一个整体参与到社会政治生活中，使寻求利益实现的方式更有效也更有秩序。政治组织是个体表达自身政治主张的一种渠道，因此，也可以认为是保障人文生态系统稳定的一个安全阀。各种政治组织的相互关系与地位是人文生态系统结构的一个重要组成部分，与政治环境有密切关系。

（3）政治规范：政治规范以法律的形式确定了国家权力的归属等基本问题，并形成了以宪法为首的各项专项法规、地方政策、实施细则等组成的庞大的金字塔状的制度体系。政治制度体现的是对统治阶层利益的维护和对被统治阶级的控制，以强力的形式制约人文生态系统中人、群体和经济实体的各种行为活动，是人文生态系统组织结构的制度依据。政治制度在一定程度上可看作为人文生态系统运行的法则，对系统结构和景观都有着强力的控制作用，因而也是我们关注的重点。

（4）政治意识形态：在社会研究中，政治意识形态是一组用来解释社会应当如何运作的观念与原则，并且提供了某些社会秩序的蓝图。政治意识形态大量关注如何划分权力，以

---

① 严强．宏观政治学[M]．南京：南京大学出版社，1998：71

② 叶笑云．社会结构转型中的政治结构调适[J]．理论与现代化，2005(6)：54-58

③ 苏联科学院国家与法研究所．政治体制理论原理[M]．吕裕阁，等，译．北京：求实出版社，1988：67-94

及这些权力应该被运用在哪些目的上。比如说，20世纪中最具有影响力与最被清楚界定的政治意识形态之一就是共产主义，它是以马克思与恩格斯的学说为其基础。其他的例子有：无政府主义、资本主义、法西斯主义、民族主义、保守主义、自由主义等。政治意识形态影响着人的政治观念、文化和思想，是政治环境变革的推动者，也是改变人文生态系统的主要推动力。

3）政治结构与人文生态系统

由于政治的核心是对权力的掌控，政治对人文生态系统的影响是强烈而迅速的，并且深深地打上了统治阶级的烙印。以法国巴黎19世纪中叶大规模的城市改建为例，随着法国的资产阶级登上历史舞台，成为社会的主要力量，他们必定要以城市作为生产的基地进行商品生产以获取利润。新的政治体系需要新的人文环境，在生产的过程中他们要让整个城市环境适应商品生产的需要。他们需要资产阶级的生活环境、适合新交通工具的道路，事实上，19世纪中叶巴黎大规模的城市改造正是资本对空间需求和资产阶级意志的反映。如著名巴黎城市史专家白赫纳赫·马赫尚所说“奥斯曼改造的主要贡献，如果有的话，就是实现了一个城市向资产阶级的城市的转化”[①]。

政治结构对城市人文生态和景观形态是一种自上而下的、具有强制力的规范控制，往往会从整体上改变城市景观形态。本书的第4章就主要是针对政治制度（包括国家制度和城市制度）对城市景观的控制与塑造作用的探讨。

2.4.3 社会要素和结构

1）社会要素

社会是人类生活的共同体。马克思主义认为社会在本质上是生产关系的总和，只有具体的社会，没有抽象的社会。具体的社会是指处于特定区域和时期、享有共同文化并以物质生产活动为基础，按照一定的行为规范相互联系而结成的有机总体。

对于社会要素的内容，社会学界尚无统一的认识。将社会学家种种的相关学说归纳起来，社会要素可以分为自然、人口、心理、行为、群体、经济、政治、文化等各类型[②]，包括了人类社会的方方面面。本书中人文生态系统的研究对象不包含物质环境，其经济、政治、文化环境也已经单列，故社会环境主要包括人口要素（包括人口的数量与质量、人口的年龄、性别关系、血缘关系等）、心理要素（包括本能、反射、知觉、习惯、兴趣、倾向、动机、压力、需要、态度等）、行为要素（包括暗示、模仿、顺从、同化、妥协、合作、和睦、竞争、冲突、敌对、强制等）、群体要素（包括地位、角色、职位、规范、家庭、小组、邻里、朋友、团体、部门等）。

2）社会要素与社会结构

人文生态系统的社会结构是指系统内各基本组成部分（个人、群体、群落）之间的比较稳定的社会关系或构成方式。社会结构有如下特征：①紧密结合性，社会各组成部分之不可分离地紧密结合在一起，相互依存、相互制约，共同构成一定形态的社会；②层次性，社会

① Bernard Marchand, histoire d'une ville XIXe — XXe siecle [M]. Paris, Editions du Seuil, 1993:93；关于奥斯曼巴黎改造参见：张京祥.西方城市规划思想史纲[M].南京：东南大学出版社，2005:69-74

② 李强.社会要素[EB/OL], http://www.chkd.cnki.net/kns50/XSearch.aspx?KeyWord=%E7%A4%BE%E4%BC%9A%E8%A6%81%E7%B4%A0.2009-09-03

各组成部分之间的关系和地位是有主次高低之分的，存在着矛盾和斗争；③相对稳定性，各部分之间的关系不是暂时的、易逝的，而是在一个比较长的时期内保持不变，以使一定形态的社会能够保持质的稳定性。对社会结构的考察，可以从两方面来进行：一是社会内部各基本组成部分之间的关系；二是在社会中人的地位排列。社会的基本结构从根本上决定了社会中人与人的相互关系、人的地位排列。在阶级社会中，人与人的相互关系、人的地位排列主要以阶级、阶层的形式表现出来。社会结构还表现为社会的群体结构、组织结构、社区结构等。它们的状况和特点都要受社会基本结构的制约[①]。

社会结构在整体上可以概略地分为因社会阶层而形成的垂直型社会组织和因功能分化而形成的水平型社会组织。

(1) 垂直型社会阶层

社会阶层是具有相同或相似的经济水平和社会身份的社会群体总称。社会阶层是一个垂直的等级结构，其划分主要依据权力、职业、收入、财产、教育等，同一阶层的人在价值观、行为方式、兴趣爱好方面有诸多共性，在社会资源、消费结构、文化偏好等方面也有许多共同点。因此同一阶层的群体常常发生空间聚集的现象，由此产生不同群体在城市中占据不同的空间而导致空间分异，如何调节聚集和分异的合适尺度是社会学和城市规划等多学科面临的共同问题。

在一个发育成熟的人文生态系统中，社会结构也较完整，拥有各阶层的人群。社会阶层较高等级的人群对系统空间内部各种资源的利用、支配能力较强，是系统中的强势群体，一般占据系统中环境较好、交通便利、商业发达的区域。这类人群在数量上不一定是系统中最多的，但在系统中起着非常重要的作用。从城市空间景观上区分这类人群较显著的特征是他们拥有的物业价值在整个系统中是最高的，这类人群具有一定的排他性。

中间阶层是人文生态系统稳定的重要因素，他们一般有稳定的工作和收入，有较强的家庭观念，有较高的文化，消费适度，对未来有良好的规划。他们拥有舒适而不奢华的住所，在社会交往方面体现了较大的包容性，这类人群拥有稳定而强大的消费能力，对地区经济的稳定发展起着重要的作用。因此，一个数量较大而且稳定的中间阶层的存在是人文生态系统社会稳定、环境安全、经济发展的保证。

此外，人文生态系统中还有一些位于较低层的人群，他们一般从事技术含量较低的体力劳动或服务行业，如零售业、餐饮服务、家政服务甚至是拾荒者，还包括无业人员等，他们的共同特点是收入较低，能利用的环境资源与社会资源有限，处于社会阶层的较低位置。他们的居住条件最差，一般是旧的多层住宅或平房，有的住在临时建筑中，环境较恶劣。但这类人群为系统提供了廉价易得的日常服务，是系统中不可缺少的部分。由于这类人群的经济能力和抵抗压力风险的能力均较低，改变现状的意愿最强烈，常常具有不稳定性和抵抗心理，如果这种低水平的生活都难以为继，他们有可能做出激烈的反抗，因此，他们也是人文生态系统中变化较大的不稳定因素。

如前所言，成熟的人文生态系统比新兴人文生态系统复杂。由于系统中的优势群体决定系统的主要性质，可以根据优势群体的阶层属性区分不同的人文生态系统，如高级住宅区、中产阶级社区以及贫民区等。

---

① 彭克宏，马国泉，陈有进，等.社会科学大词典[M].北京：中国国际广播出版社，1989：30

(2) 水平型社会分工

除了由社会阶层形成的垂直社会组织外，人文生态系统中还存在由于功能分化而形成的水平社会组织。功能分化源于社会分工，随着生产力的发展，社会分工日益细致，不同人群从事不同工作，从事相同工作的人群可被认为是一个功能群体，这些功能群体承担着社会的某一功能，成为社会正常运作的一部分。在现代社会，每类人群都无法脱离其他人群而独自存在，每类人群都需要其他人群劳动所提供的产品或服务，越来越细的分工使人群间的依赖性也逐渐加强。这些功能群体是具有一定功能、相互依赖、彼此平等的社会群体。人文群落是由各种这样的功能群体组成的集合，他们决定了系统的功能。

一个人文生态系统中大多存在数种功能群体，但各功能群体的比重有所不同，通常较多人从事的活动将代表这个系统的功能，使系统呈现出某种功能特征，如以商业中心和商店为主，主要从事商业活动的商业生态系统；以工业为主的工业生态系统；以居住为主的居住生态系统；以教育为主的学校生态系统等等。这些人文生态系统在功能上互补，系统间存在大量人员、经济、能量、信息的交流，并呈现一种开放的状态。

3) 社会结构与人文生态系统

社会结构是一种自下而上的结构形式，社会结构的形成与演变经历了漫长的时间，这种缓慢而相对稳定的社会演变使人文生态系统丰富成熟并且具有人情味。这种人性化的组织形式是对阶级化的政治体系和利益化的经济结构的有力制衡，是普通市民精神在人文系统中的投影，因而是我们应该深入研究和倍加珍惜的。社会为主导因素形成的城市人文生态系统非常多，老的居住社区、传统小商业街等，都是经历了较长的时间，由民间自发形成的系统，代表了真实的城市生活。这些大量存在的社会组织是城市系统的基质，是城市的背景，也是城市存在的根基。

本书的第 7 章从社会结构中最基本的性别问题出发，探讨男性、女性这两大最基本的社会群体的关系及其差异性，以及这种差异性在城市景观中的反映。第 5 章中研究的单位是一个政治、经济和社会单元的统一体。

2.4.4 文化要素和结构

1) 文化要素

广义上，文化要素“不过是一个民族生活的种种方面。总括起来，不外三个方面：①精神生活方面，如宗教、哲学、艺术等是。文艺是偏重于感情的，哲学科学是偏重于理智的；②社会生活方面，我们对于周围的人——家族、朋友、社会、国家、世界——之间的生活方法，都属于社会生活一方面，如社会组织、伦理习惯、政治制度及经济关系是。③物质生活方面，如饮食起居种种享用，人类对于自然界求生存的各种是”[①]。但在本书的人文生态系统概念中，既不涉及具体的物质要素，也已将社会生活方面的内容纳入前文的社会要素中，故本书的文化环境要素是一种较为狭义的范畴，类似于英国“人类学之父”泰勒的定义：“文化，或文明，就其广泛的民族学意义来说，是包括全部的知识、信仰、艺术、道德、法律、风俗以及作为社会成员的人所掌握和接受的任何其他的才能和习惯的复合体。”[②]

---

① 梁漱溟语。转引自：帕米尔书店编辑部. 文化建设与西化问题讨论集(下集)[C]. 台北：帕米尔书店，1980：392

② [英]泰勒. 原始文化[M]. 连树声，译. 上海：上海文艺出版社，1992：1

2）文化要素与文化结构

文化结构指文化系统内部诸多要素及其组成的子系统相互联系、相互作用的方式和秩序①。目前，学术界对文化要素的结构构成尚没有统一的方法。有的学者主张“三分法”，认为文化结构可以分为三个层面，即物质的、制度的和心理的。“文化的物质层面，是最表层的；而审美趣味、价值观念、道德规范、宗教信念、思维方式等，属于最深层，介乎两者之间的是种种制度和理论体系”②。有的学者主张分为物质层次、制度层次、风俗层次和思想与价值层次的“四分法”③，还有其他的二分法、五分法等种种不同的结构分析观点④。

本书从人文主义的立场出发，认同以人与自然、社会和人自身关系划分的结构四分法。即将文化分为反应人与自然的物质变换关系的物质文化；反映人与社会的行为转化关系的制度文化和行为文化；反映人与自身的自我意识关系的精神文化。其中物质文化处于文化结构的表层，制度文化和行为文化居于文化结构的中层，精神文化潜沉于文化结构的里层⑤。

此外，从文化要素的影响范围和影响力的不同出发，常常将文化结构区分为主流文化和亚文化（又称非主流文化）。从文化多样性⑥的角度出发，亚文化的存在是对主流文化的有益补充，但在社会现实中，主流文化往往有同化亚文化的趋向，因此应当注意对亚文化的保护。

3）文化结构与人文生态系统

对本书研究的人文生态系统而言，包括城市建筑和景观在内的物质文化是人文生态系统之外的物质环境，而制度文化、行为文化和精神文化则构成了人文生态系统的文化环境。

制度文化反映的是人与人关系的制度化，包括政治、经济、文化、教育、军事、法律、婚姻等各种制度，实施上述制度的各种具有物质载体的机构设施，以及个体对社会事务的参与形式、反映在各种制度中的人的主观心态。制度（包括政治制度）具有强制人服从的特点，因此成为人文生态系统中最具权威性的因素，它规定着文化乃至整个人文生态系统整体的性质。行为文化同样是规范人文生态系统中人与人关系的行为规范，它由约定俗成的风俗习惯来体现，其约束力没有强制力的保障，故许多学者将其称为非正式制度。

精神文化或称“心态文化”、“社会意识”，包括人文生态系统中的价值观念、思维方式、道德情操、审美趣味、宗教感情、民族性格等因素，是文化的核心部分。它所反映的是人与自身的关系，即人的内心世界，但它又不是一般的愿望、风尚、情感、情趣，而是凝练成为信仰、观念、思想的理性的体系。由于信仰、价值观、道德观、宗教等也对人的思想行为具有一定的规范作用，所以有的学者也将其归为非正式制度的范畴。

文化结构的各个层面对人文生态系统的强弱不等的规范性和约束力，正与“文化”一词在中国传统中的“文治教化”意义相合。哈耶克认为，“文化乃是一种由习得的行为规则构

① 刘守华. 文化学通论[M]. 北京：高等教育出版社，1992：34

② 庞朴. 要研究“文化”的三个层次[N]. 光明日报，1986-1-17

③ 余英时. 从价值系统看中国文化的现代意义//文化：中国与世界[C]. 第一辑. 上海：三联书店，1987：88-89

④ 其他分类方法参见：刘守华. 文化学通论[M]. 北京：高等教育出版社，1992：39-40；李荣善. 文化学引论[M]. 西安：西北大学出版社，1996：292-295

⑤ 刘守华. 文化学通论[M]. 北京：高等教育出版社，1992：40-48

⑥ 文化多样性的理论阐述详见本书 3.4.1 节。

成的传统，这种规则可能起始于人类所拥有的不同的环境情势下知道做什么或不做什么的能力”①。这些规范和传统使人文生态系统中的人真正成为社会的人，社会成为理性的社会。

需要强调的是，信仰、价值观、宗教、民族性格等文化要素具有多样性，不同文化的规范性和约束力使人凝聚成主流文化及各种亚文化群体。不同的文化之间，以及同一文化的不同群体之间的交流、互补往往成为文化创新和人文生态系统发展的源泉之一。

本书的第 6 章主要是从回民亚文化群落入手，探讨多元文化的保护和城市更新中的景观变迁问题。

2.4.5 人文生态系统结构的整体性

人文生态系统在结构上是一个整体，为了研究的方便，我们从政治、经济、社会和文化等方面来分析它的结构特征与规律，而实质上这四者间是相互影响、相互促进、相互制约与密不可分的。

经济结构是人文生态系统组织结构的基础，经济决定了系统发展的状态和可能出现的组织形式，它决定了政治、社会、文化等上层建筑的结构形式；政治体系是建立在一定经济基础之上的，它通过权力强制构建了人文生态系统的政治秩序，政治体系的建立与管理通常是迅速而有效的，对系统的经济、社会与文化造成了极大影响；社会组织也是以一定的经济关系为基础的，它是系统内部自我分化、自我组织而形成的一种组织关系，是系统最基本的一类组织方式；文化观念是人文生态系统的深层结构，它通过影响人的思想和行为来控制和规范系统的结构，文化观念的影响是深刻而无处不在的，文化观念常常影响或促进整个系统的发展。

2.5 人文生态系统的功能

人文生态系统的功能也称职能，是由系统的各种结构性因素决定的系统的机能或能力，是系统在一定区域范围内的政治、经济、文化、社会活动所具有的能力和所起的作用。人文生态系统是在一个特定环境内，人类群体和环境之间，以及人群互相之间由于不断地进行人口、经济和文化的交换，通过这些流通的连接而形成的统一整体。人文生态系统是一个开放的复杂生态系统，其结构的完善和功能的发挥都取决于系统内部中及系统与环境间的流通关系。然而，人文生态系统除了与外界物质环境进行物质、能量的交换功能外，还具有一些区别于自然生态系统的功能，这就是社会的组织与管理、经济的生产与流通以及文化的创新与延续。

2.5.1 社会组织与管理

人文生态系统区别于自然生态系统的一个特征就是，人文生态系统有着社会组织与管理的功能，这使得人文生态系统的组织结构复杂而有序，形成了比其他系统更精密、更有效

---

① [英]哈耶克．法律立法与自由[M]．邓正来，等，译．北京：中国大百科全书出版社，2000：500

的组织管理体系。

人文生态系统的社会组织与管理功能是通过两种途径来实行的，一种是通过国家政权、政党、各级行政管理机构，以及由他们指定的各种政策、法规、制度等，将人与人群组织成为一个有序的整体，并管理、控制这个整体的运行与发展。这种组织管理是自上而下的，因为有相对完整的组织管理机构和原则制度，这种组织与管理通常是非常有效力的。

另一种社会组织与管理是通过各种社会团体、社区、家庭等各种非政府的组织形式，以及道德、风俗、舆论等非正式方法来调控其所属成员的思想与行为。这种自下而上的组织与管理形式具有悠久的历史和普遍的社会基础，人们对它的认同程度较高，也易于接受，是一种温和而有效的组织管理形式。

人文生态系统在这两种力量的共同作用下，逐步由混乱、简单、低级的组织状态向有序、复杂、高级的状态发展。如果一个人文生态系统中的社会组织与管理出现问题，如政党权更迭、政策多变、政府机构管理失效，常常会使整个系统处于混乱之中，并有可能发展成为战争，使系统处于崩溃边缘。而如果一个人文生态系统中社会团体、社区和家庭对人的组织和约束的能力下降，常常会导致社会道德沦丧、社会失范行为增多，也会导致人文生态系统的混乱与失控。因此，可以认为，人文生态系统的社会组织与管理功能是系统得以存在和发展的基础，也是人文生态系统区别于其他自然生态系统的特有功能之一。

2.5.2 经济生产与流通

人文生态系统的生产与流通与自然生态系统有极大区别，人文生态系统中消耗的物质、能量资源都难以从自然界中直接采用，而是经过人类的加工。人类的经济生产与流通功能就是为满足人类的特殊需求而产生的，从远古时期的种植谷物、蓄养牲畜，到现在的各种高技术产品和奢侈品，人类的经济生产逐渐由满足需求发展到满足欲望，流通的范围也由狭小的地区扩展到广阔的区域甚至全球。

人文生态系统的经济链是通过生产—流通—消费，这一整套环节来实现的。经济生产为人文生态系统的生存与发展提供了必要的物质和能量，经济流通使各系统间的资源与产品互通有无，人们在消费过程中满足自身需求，从而使人文生态系统得以存在和发展。经济生产与流通使人文生态系统日益成为一个相互联系的整体。人们在生产合作中组织起来，随着分工的细密，对人的协作性也要求更高，在经济生产的组织中，人们不仅在行为上相互协调形成某种一致性，并且在思想观念上有了深刻的协作观念和整体观念，这对于人文生态系统的形成与发展是有重要意义的。

在经济的流通过程中，各种经济产品在不同的人文生态系统中交换、流动，这一过程涉及了更多的、更大范围的联系与互动，使人文生态系统的概念在深度与广度上都得到了扩展。经济产品在流通中建立起来的契约与信誉等不但使经济行为更加规范有序，还促使整个人文生态系统向有序的方向发展。

因此，经济生产与流通功能对人文生态系统的意义在于三个方面，首先，它提供了系统存在与发展的物质和能量；其次，它使人文生态系统内部以及系统之间的联系更为紧密；第三，它促使了人文生态系统的有序发展。

2.5.3 文化传承与创新

拥有文化是人类区别于其他生物、人文生态系统区别于其他自然生态系统的重要标志之一。文化的创新与传承是人文生态系统的重要功能之一，没有文化创新与传承的系统将失去文化活力，甚至无法延续。

文化发展的实质在于传承与创新。人类具有的认识能力与反思能力使人类具有文化的创造力，文化是在人类认识世界、改造世界的实践过程中逐步积累起来的，人类又利用其拥有的文化更有效地认识与改造世界，实践是文化创新的源泉。人类通过记录与教育使文化代代相传，文化的传承是文化延续的保障，同时也是文化创新的基础，任何文化的发展与创新都是在继承与发展既有文化的基础上。而文化创新的另一个基础是各种外来多元文化，文化交往日益频繁的今天，多元文化的碰撞常常成为文化创新的源泉。

人是社会实践的主体，也是文化创新的主体，文化的创造与传承是通过人来实现的，人是文化的创造者，也是文化的产物。文化的继承与创新使人文生态系统不断进步，给系统发展提供动力，促进整个系统的发展与繁荣。

2.6 小结

本章在借鉴生态学和系统论的理论框架，并整合社会学和文化人类学、人类生态学的相关研究的基础上，尝试性地提出了人文生态系统的概念并阐述其内涵和结构。

人文生态系统是人与其他人及其人文环境构成的互动整体，由主体和环境两部分组成。人文主体包括个人、群体和群落三个层级，是系统的中心所在。人文环境可以分为经济、政治、社会、文化等四类要素，这些要素通过系统的自组织形成了经济、政治、社会和文化结构，并因而产生了相应的系统功能。

这一系统从整体上囊括了影响城市景观形态的各项人文要素及其相互关系，为分析城市景观发展变化的人文生态动因提供了全面的视野和系统的分析方法。

本书第4～7章是对从这一系统中选择的主体和环境层级各不相同的四个人文专题，分别研究其与城市景观形态的关系。其中，第4章研究政治结构（包括国家制度和城市制度）和文化结构（非正式制度）对城市景观的控制与塑造作用；第5章主要是对我国最重要的经济组织（并复合了政治与文化的功能）——单位的制度变迁、产业结构调整与城市景观形态变迁的关系研究；第6章研究对回民亚文化群落保护与城市更新改造的关系；第7章研究男性、女性两大最基本的社会群体的关系及其差异性在城市景观中的反映。

3 人文生态与城市景观形态理论

恩格斯说过："动物仅仅利用外部自然界，单纯地以自己的存在来使自然界改变；而人则通过他所做出的改变来使自然界为自己的目的服务，来支配自然界。"[①]城市就是人类利用自然、改造自然的产物，是人类为改善自身的生存条件而创建的独特的人工环境。人类之所以能够改造自然，并不因为人类的肉体比动物更强大，而是由于"人类是以文化为手段对自然发生作用的"[②]。因此，城市是人类及其文化的创造，而城市的物质载体就表现为景观，人类在其文化的规定下决定了城市物质载体的构成和空间分布，即城市景观形态。换言之，研究城市景观形态的规律就必须研究城市人文生态系统中人与人、人与文化和文化与文化的互动规律。基于以上认识，本章将在第 2 章建构的人文生态系统视野下，通过观察总结城市景观形态中的人文生态动因，并结合规划设计实践中城市景观问题带来的社会后果的理论思考，将来自多个学科的人文生态理论和城市景观形态理论进行整合和拓展，初步建立人文生态与城市景观形态互动理论框架，以期获得对城市景观形态的更全面、更深刻的规律性认识，并指导城市景观规划实践。

3.1 人文生态与景观形态互动的基础理论

正如前文所述，人文生态与景观形态互动关系的研究是一项新的多学科交叉的综合研究，其理论体系是对景观学、城市规划、生态学、人文地理学、社会学、文化人类学等各学科中相关理论的整合和集成创新。而应用于在各学科间建立互动联系的理论基础则来自于系统论、等级理论、尺度理论、自组织理论和结构功能理论等横断学科[③]。这些理论以物质层次、结构、运动形式等具有普遍性和通用性的问题为研究对象，本身既是跨学科研究的产物，也是新的跨学科研究的理论基础。

3.1.1 系统论

城市人文生态系统首先建立在系统论基础之上。系统论由美籍奥地利生物学家贝塔朗非(L. V. Bertalanffy)在 1930 年代提出，是一门运用逻辑学和数学方法研究一般系统运

---

① 中共中央马克思恩格斯列宁斯大林著作编译局. 马克思恩格斯选集(三)[M]. 北京：人民出版社，1995：517

② 韩民青. 当代哲学人类学・第一卷・人类的本质：动物+文化[M]. 南宁：广西人民出版社，1998：125。这里的文化是广义的文化，包括物质文化、制度(交往)文化和精神文化，即文化是人类精神生活与物质生活的总和。

③ 横断学科又称为横向学科，是在广泛跨学科研究的基础上，以各种物质层次、结构、运动形式等的某些共同点为研究对象而形成的工具性、方法性较强的学科，如系统论、信息论、控制论、耗散结构理论、协同学等。横断学科完全是跨学科研究的产物，它比一般的交叉学科(如比较学科、边缘学科、软科学和综合学科)具有更大的普遍性和通用性，是更高层次的交叉学科。引自：武杰. 跨学科研究与非线性思维[M]. 北京：社会科学出版社，2004：4

动中客观事物和现象之间相互联系、相互作用的共同本质和内在规律性的理论，其主题是通过总体性、整体性、有序性、层次性、动态性、开放性和目的性等一系列概念阐述对一切系统普遍有效的原理，而不管系统组成元素的性质和关系如何，因而从理论上为现代各学科的交叉综合奠定了基础[①]。

从系统论的角度分析，城市人文生态系统是由相互联系、相互作用的要素（部分）组成的具有一定结构和功能的有机整体，综合整体性、有机关联性、动态性、有序性和目的性是其最基本的五个特征。

首先，人文生态系统是一个"整体大于部分之和"的综合整体，具有不同于单个人简单累加的复杂的城市功能和结构。第二，组成人文生态系统的各要素之间具有有机关联性，正是这种关联使人与人、文化与文化、人与文化之间形成了错综复杂的社会网络和文化体系，这也是产生系统的功能和结构的原因所在。第三，城市人文生态系统是一个随时间发生演替的动态系统，不仅其内部结构随时间迁移而变化，而且也同其他城市和乡村之间进行着人口、经济、社会、文化和信息的动态联系和交换，这是保证系统的多样性的前提。第四，城市人文生态系统的动态和关联并非是杂乱无章的，而是具有特定的组织秩序的，如空间层面的街区，社会层面的社区、邻里、家庭，经济层面的收入阶层，文化层面的亚文化群体等等，都是人文生态系统有序性的组织要素，与关联、层次和结构等系统属性密切相关。第五，城市人文生态系统有目的性。人文生态系统的目的性是有序性的表现之一，是系统结构及其整体形态的综合，也是人们配置各种城市资源从而形成城市景观的出发点。

系统论主张从对象的整体和全局进行考察，反对孤立研究其中任何部分或仅从个别方面思考和解决问题。本书正是在系统论的基础上，将城市中的人及其广义文化环境作为一个人文生态系统进行整体研究，进而研究人文生态和城市景观形态之间的有机动态联系。

3.1.2 等级理论

等级理论是对城市人文生态系统等复杂系统进行描述和研究的有效手段。等级（系统）理论是1960年代在系统论、信息理论、非平衡态热力学以及现代哲学和数学有关理论基础之上发展起来的。它认为复杂性常常表现为等级形式，即由若干单元组成的有序形式(Simon,1973)。一个复杂系统是相互关联的亚系统组成，亚系统又由各自的亚系统组成，以此类推直到最低层次[②]，层次的数目、特征及其相互作用关系即为等级系统的垂直结构。等级系统中的每一个层次是由不同的亚系统或整体元组成的，整体元的数目、特征和相互作用关系即构成等级系统的水平结构，每个整体元又具有两面性或双向性，即相对于其低层次表现出整体的制约作用，而对其高层次则表现出从属组分的受制约特性(图 3.1)。城市人文生态系统既可根据前一章中的组织层次分为系统、群落、群体和个体，也可以按其他标准划分等级，如可按行政序列分为城市、区、街道、居委会、家庭、个人，或按经济体系分为城市、行业、单位、班组、个人。高层次对低层次具有制约作用，每一个层次又都有若干相互联系的单元构成，如居委会对家庭具有制约作用，而同一居委会内的家庭和家庭之间又具

---

① 余新晓，牛健值，等. 景观生态学[M]. 北京：高等教育出版社，2006：24

② 所谓最低层次依赖于系统的性质和研究的问题和目的不同而不同。参见：邬建国，景观生态学——格局、过程、尺度与等级[M]. 北京：高等教育出版社，2000：60-68

有较为紧密的邻里关系。

等级理论将复杂的城市人文生态系统看作是由具有离散性的等级层次组成的等级系统，反映了人文生态过程往往有其特定的时空尺度，大大简化了对复杂系统特性的描述和研究。一般而言，系统等级中高层次的行为或过程常表现出大尺度、低频率、慢速度的特征，在模型中这些制约往往可表达为常数；而低层次行为或过程，则表现出小尺度、高频率、快速度的特征，常常可以平均值的形式来表达[①]。在城市人文生态系统中，个体时刻都处在运动变化中，但单位、社区等人文群落层面的变化则缓慢得多。当我们研究特定时期内群落之间的相互关系时，常常将该时期的城市人文生态系统视作相对固定的环境，而将群落中千差万别的个人视作具有某种共同特征的抽象个体。

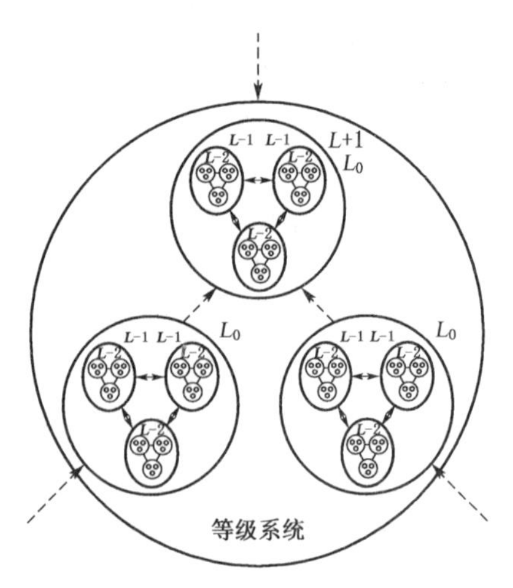

图 3.1　等级系统结构图

3.1.3　尺度理论

尺度是根源于人文生态系统复杂性和等级理论的一个基本概念，是对研究对象在时间上或空间上的范围量度，即时间尺度和空间尺度[②]。空间尺度一般是指研究对象的空间规模和空间分辨率、研究对象的变化涉及的总体空间范围和该变化能被有效辨识的最小空间范围。在实际研究中，空间尺度最终要落实到由欲研究的人文生态过程和功能所决定的空间地域范围，如研究城市流动人口景观，就必然将城乡人口流动范围作为研究范围，把流动人口聚居区作为具体的研究单元。空间尺度随着研究目的的不同，其范围也不一样，小到小区尺度、家庭尺度，大到区域尺度、全球尺度。

时间尺度是指某一过程的持续时间长短、过程及变化的时间间隔，以及生态过程和现象持续多长时间或在多大的时间间隔上表现出来。由于不同研究对象或者同一研究对象的不同过程总是在特定的时间尺度上发生的，相应地在不同的时间尺度上表现为不同的生态效应，应当在适当的时间尺度上进行研究，才能达到预期的研究目的。例如，单位群落演替研究中，单位演替过程所需要的时间决定了这一研究的时间范围，而记录片段的时间间隔决定了这一研究在多大程度上了解演替过程中群落及其景观变化的细节。

人文生态系统的结构、功能及其动态变化在不同的空间和时间尺度上有不同的景观形态。从空间尺度来看，在较大的尺度上观察一个城市，会觉得城市在相当长的时期内景观形态都没有发生明显的变化。但是，如果将观察研究的尺度缩小到街区，就会注意到新建的楼房、拆除待建的空地、正在整修的道路等景观的变化。在时间尺度上，城市每天发生的变化难以直观地观察到，但如果将时隔数年、数十年的照片比较，我们往往会感叹城市发生

① 邬建国.景观生态学——格局、过程、尺度与等级[M].北京:高等教育出版社,2000:64

② 尺度又可以分为测量尺度和本征尺度，测量尺度是用来测量过程和格局的，是人类的一种感知尺度；本征尺度是现象固有而独立于人类控制之外的。尺度研究的根本目的在于同构适宜的测量尺度来揭示和把握本征尺度中的规律性。

了翻天覆地的变化。因此,选择合适的时间、空间尺度对城市人文生态和景观形态的研究非常重要,往往需要在不同尺度上对研究对象进行比较分析,才能得到对研究对象的全面认识。

在本书后面的案例研究中,我们以空间上的中尺度街区作为主要研究对象,如回族群落和单位群落,它们在组织尺度上同属于群落尺度,但在人文生态演替的时间尺度上则有所不同,回族群落研究的时间尺度是从元代至当代,而单位群落则选择了新中国成立后至当代。但在具体研究回族群落中穆斯林礼拜活动的非固定景观时则选择了相对较小的尺度,在空间尺度上选择清真寺建筑群及其周边,在时间尺度上选择连续两个月的主麻日,在组织尺度上选择与礼拜活动相关的人群。

3.1.4 自组织理论

自组织理论是1960年末期开始建立并发展起来的一种系统理论。它的研究对象主要是生命系统、社会系统等复杂自组织系统的形成和发展机制问题,即在一定条件下,城市人文生态系统等复杂系统是如何自动地由无序走向有序,由低级有序走向高级有序的。自组织理论主要由耗散结构理论、协同学、突变论三部分组成。

耗散结构理论[①]主要研究系统与环境之间的物质与能量交换关系及其对自组织系统的影响等问题。城市、生命系统等建立在与环境发生物质、能量交换关系基础上的结构即为耗散结构,远离平衡态、系统的开放性、系统内不同要素间存在非线性机制是耗散结构出现的三个条件。我们研究的城市人文生态系统是一个远离热力学平衡的开放系统,系统内的人和人之间,人和环境之间存在着普遍的非线性动力学过程,并依靠从其他城市、乡村和自然界获取的物质和能量维持其结构和功能方面的有序性和稳定性,在城市景观形态上也表现为动态的有序和稳定。

协同学主要研究系统内部各要素之间的协同机制,认为系统各要素之间的协同是自组织过程的基础,系统内各序参量之间的竞争[②]和协同作用是系统产生新结构的直接根源。城市人文生态系统中个人、群体、群落主体及其人文环境间的相互协同是其自组织过程的基础所在,而决定其结构和形态的序参量尚无法给出统一的结论,但至少应包括政治、经济、文化和社会等基本参量,它们控制着城市人文生态系统的形态和结构的自组织,是城市空间和物质景观表现出"自组织"形态的主要的内在原因[③]。

突变论是研究建立在稳定性理论的基础上。城市人文生态系统在达到动态稳定的状态下,可能因为政治、经济、文化、社会或自然参量的突变而经历由稳定态经过不稳定态向新的稳定态跃迁的过程,比如1978年改革开放前后的城市人文生态和景观的突变就是政治因素引发的。突变可能是良性的,如奥运会的申办之于北京;也可能是恶性的,如汶川地震之于汶川等受灾城市,但其在生态学上的共性是破坏了城市人文生态系统及景观原有的稳

① 比利时物理学家普利高津(Prigogine)在非线性非平衡态热力学方面的研究中,提出耗散结构理论,是关于系统在远离平衡态的行为特征和规律的理论基础,为人文生态系统研究提供了理论基础。

② 协同学上,序参量是指系统中能够支配子系统的控制性参量。关于城市系统自组织的序参量研究参见:向清,杨家本.关于城市系统自组织现象及序参量的探讨[J].系统工程理论与实践,1991(5):6-9

③ 关于城市空间自组织的研究参见:张勇强.城市空间发展自组织与城市规划[M].南京:东南大学出版社,2006

定态，使其经历一个不稳定过程而达到新的稳定态。

3.1.5 结构功能理论

结构功能主义理论源于19世纪奥古斯特·孔德和赫伯特·斯宾塞等人将在社会学中引入生物学概念而形成的功能主义理论①，在1950年代由塔尔科特·帕森斯（Talcott Parsons）将功能主义与一般系统论的功能结构理论相结合而发展为一个成熟的社会学系统理论。帕森斯的结构功能理论认为社会是一个均衡的、有序的和整合的系统，是由相互联系的部分构成的体系；系统中的每一部分都对系统整体的生存、均衡与整合发挥着必不可少的作用；各部分仅在其与总体相联结，并在体系内履行特定功能时才有意义。他提出了著名的AGIL分析方法，将社会系统划分在经济、政治、社会和价值规范四个子系统，分别履行适应性功能（Adaptation，与外部环境的交换资源并分配给整个系统）、目标实现功能（Goal Attainment，确定系统目标并选择实现手段）、整合功能（Integration，协调各部分成为一个功能整体）、潜在模式保持功能（Latercy Pattern Maintenance，系统根据某种规范保持社会行动的延续）②。帕森斯认为不仅社会系统可以进行横向的AGIL分析，而且每个子系统都可以进行这种分析，构成一种纵向分化的模型。同时，每个社会子系统之间存在双向互动的关系。这样就构成了一个可以纵横展开，且彼此联系的立体式框架(图3.2)。在帕森斯看来，这样逐级分化和互换的社会系统理论分析框架，正是现代社会内部结构功能的表现形态。帕森斯认为，四功能构架是一切层次的组织和每个进化阶段的基本属性，包括从单细胞生物直到最高级的人类文明，是一个普遍适用的分析框架③。换言之，功能结构主义在社会结构、功能、制度三者间建立彼此对应关系，将复杂社会简化而变得可以研究。

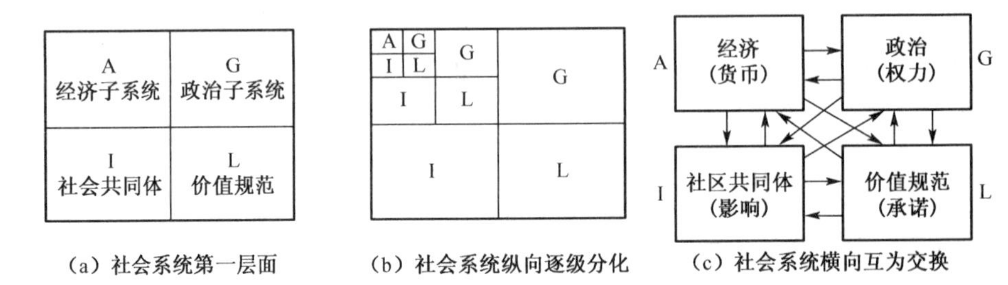

图3.2 帕森斯功能结构理论的AGIL分析模型

本书前一章中人文生态系统的功能和结构研究在很大程度上借鉴了功能结构主义的理论，认为城市人文生态系统的各项功能受到政治、经济、文化和社会结构的控制和规范，因此，系统总是趋于稳定平衡状态，一旦发生“反常”现象，原有“均衡”被破坏，社会可以通

---

① 它们认为社会与生物有机体一样是一个复杂的系统，都具有结构，必须从周围环境中获得食物和自然资源才能延续，必须各个组成部分协调地发挥作用才能得以维持其良性运行。

② 王翔林. 结构功能主义的历史溯源[J]. 四川大学学报(哲学社会科学版)，1993(1)

③ 叶克林. 现代结构功能主义：从帕森斯到博斯科夫和利维——初论美国发展社会学的主要理论流派[J]. 学海，1996(6)

过“反馈”机制自发地返回到均衡或达到新的均衡[①]。城市空间和物质景观的创造是人文生态系统的功能之一，无论是景观建设的决策者、设计者和施工者，还是规范景观建设行为的法规、规范本身，都受到人文生态系统中政治、经济、文化和社会结构的约束。换言之，城市景观的功能和物质形态反映了人文生态系统的需求和规定，这正是本书从人文生态视野研究城市景观形态的意义所在。

3.2 景观结构的人文生态分析

景观结构即景观组成单元(景观元素)的类型、多样性及其空间关系[②]，是指在一定时期内，系统各个要素通过内在机制相互作用而表现出的景观形态。

景观结构是人文生态系统结构在城市空间上的投影，是这些内在结构在物质空间上的外在表征。人文生态系统的结构与景观形态间存在着复杂的辩证关系。首先景观形态与结构是相互依存的，构成因子与结构是景观形态存在的基础，景观形态是它们的外在表现。其次，景观形态与结构是紧密联系、相互制约、相互促进的，结构在某种程度上决定了体系的景观形态，结构发生变化时，景观形态也随之变化；同时，景观形态又具有相对独立性，可以反作用于结构。第三，相同的组成要素、不同的结构会产生不同的景观形态；不同的组成因子、不同的结构也有可能具有相似的景观形态；相同的因子，同样的结构可以具有多种景观形态。

景观空间为政治、经济、社会及文化提供了存在和运行的物质载体；同时，对政治、经济、社会、文化和制度有反作用，二者相互作用、相互促进。本节将从经济、社会、文化三个方面，选择其中对城市景观结构影响显著的因素，分析其相互关系。

3.2.1 相关理论研究

景观生态学的基质—廊道—斑块研究以及景观异质性理论、生态交错带理论和生态位理论为我们研究城市景观形态提供了分析语汇和研究方法。我们利用这些理论和方法对城市景观结构与格局进行简要研究，并分析景观结构形成的人文生态动因。

1) 景观异质性理论

景观的异质性是景观结构研究的主要内容。异质性是生态学、社会学、地理学和规划学等多学科广泛应用的概念，用来描述系统属性在时间维度和空间维度上的变异程度。系统和系统属性在时间维度上的变异实际上就是系统和系统属性的动态变化，因此，这里研究的异质性一般是指空间异质性。空间异质性是指生态学过程和格局在空间分布上的不均匀和复杂性[③]。景观异质性是一定尺度上景观要素组成和空间结构上的变异性和复杂性。由于本书的研究强调人文生态异质性在景观结构、功能及其动态变化过程中的作用，

---

① 帕森斯旨在建立一个系统的、包罗万象的、可解释一切的理论体系，然而正是由于其所选择的关键量的普适性和分析框架的各向同构，而显得过于简单机械。结构功能主义强调社会系统的静态平衡，对动态的研究相对欠缺。同时又强调系统的整体性，认为部分的价值仅存在于与整体相联系时所具有的功能，忽视了部分的自我价值。这些问题在我们运用结构功能主义理论研究人文生态系统时应予以注意。

② 邬建国.景观生态学——格局、过程、尺度与等级[M].高等教育出版社，2000：12，6

③ 余新晓，牛健值.景观生态学[M].北京：高等教育出版社，2006：36

因此景观异质性概念与其相关的异质共生理论、异质性—稳定性理论都成为我们研究的基础。

人文生态系统的空间结构表示人文群落和其他结构成分的类型、数目以及空间分布与配置模式，而景观则是这种结构特征的外在表现，景观的异质性是人文生态空间结构分化与变异的外在表现。因此，景观异质性与人文生态空间结构在概念和实际应用上都是密切联系的，并且二者都对尺度有很强的依赖性。景观异质性不仅是景观结构的重要特征和决定因素，而且对景观的功能及其动态过程有重要影响和控制作用，决定着景观的整体生产力、承载力、抗干扰能力、恢复能力，决定着景观的生物多样性。景观异质性的来源主要是环境资源的异质性、生态演替和干扰。

城市人文生态系统中异质共生现象十分普遍。由竞争排斥、社会生态位分化等过程建立起来的复杂反馈控制机制，是人文生态系统保持其长期稳定性和生产力的基础。景观是由异质景观要素以一定方式组合构成的系统，景观要素之间通过人员、物资和文化的流动与交换保持着密切的联系，决定着景观要素之间的相互影响和控制关系，也决定着景观的整体功能，并对景观的整体结构有反馈作用。景观异质共生理论是指导景观规划和城市规划的理论基础。

异质共生与稳定性的关系是生态学的一个基本共识。正如多样性与稳定性的关系一样，在一定范围内，增加系统的多样性将有利于提高其稳定性，这一点在景观尺度上有更明显的表现。由于景观的空间异质性能提高系统对干扰的扩散性阻力，缓解某些过度干扰对景观稳定性的威胁，并通过人文生态系统中的多样化的要素之间的复杂反馈调节关系使系统结构和功能的波动幅度控制在可调节的范围之内①。

文化多样性/景观多样性/景观异质性/景观稳定性，这四者间存在着某种辩证关系，文化多样性在物质形态上的反映即是景观多样性，不同的文化需要不同的生境，不同的文化也形成了不同的景观，景观多样性既反映了文化多样性的内在需求，又是文化多样性的外在表现。景观多样性和景观异质性都是在人类行为干扰和系统演替过程中形成的，景观多样性决定了景观类型、组合和属性的差异性，这也就是景观异质性产生的原因。异质性与稳定性的关系始终是生态学的一个基本认识，正如多样性与稳定性的关系一样，在一定范围内，增加系统的多样性将有利于提高其稳定性，这一点在景观上有更明显的表现②。由于景观的异质性能提高景观对干扰的阻力，可以缓解外界干扰对景观稳定性的威胁，并通过人文生态系统中的各种因素之间的复杂的反馈调节关系，使人文生态系统的结构、功能以及景观形态的变化控制在可调节的范围内，因此而提高的系统与景观的稳定性。

2）生态交错带与边缘效应理论

不同人文系统的交界区域，或两类环境相接触的部分，即通常所说的结合部位，称为人文生态交错带，也可称为人文生态环境交错带或人文环境过渡带。在引入界面（相对均衡要素之间的“突然转换”或“异常空间邻接”）的概念后，将人文群落交错区定义为：在人文生态系统中处于两个或两个以上的物质体系、文化体系、功能体系之间所形成的界面，以及围绕该界面向外延伸的“过渡带”空间。

---

①② 余新晓，牛健值.景观生态学[M].北京：高等教育出版社，2006：37

人文生态交错带实际上是一个过渡地带。从规模上看，这种过渡地带大小不一，有的较窄，有的较宽。通常较窄的人文生态交错区较容易逾越，便于相邻人文生态系统的交流；而较宽的交错区有可能容纳更多的文化、经济活动，因而成为异常活跃的区域。

从形式上看，有的过渡很突然，表现得泾渭分明，称为断裂边缘，如铁路和断崖分隔的两个系统，两个系统被难以逾越的交通设施或地理因素截然分隔，导致系统间的交往很少，成为互不相关的两个人文生态系统；有的过渡温和，表现为两种人文生态系统相互交错形成的镶嵌状态，称为镶嵌边缘，如城市中两个相邻的社区，两个社区在人员、经济和文化上多有往来，成为联系紧密的两个系统。

从过程上看，有些是持久的，有些是暂时的，如城市边缘的工业区与农田之间，这种工业和农业交错地带有时可以维持上百年，有的在城市发展进程中，农田逐渐被城市占据，使这种交错带的结构、功能与景观都发生改变。

相邻的人文生态系统间的交流频繁，而这种交流发生的场所大多位于交错区内，因此成为包含有两个人文生态系统人口和活动特征的特殊场所，人口流动量增大，并有可能激发出新的功能与活动，成为系统内部功能有益的补充。例如人文系统交错带或两个系统的边缘的环境条件往往与两个人文系统内部核心区域有明显的区别，系统规模越大，这种区别就越显著。这一点在前面系统内部、边缘结构的差异中已有讨论。

边缘效应(Edge effect)是指斑块边缘部分由于受两侧生态系统的共同影响和交互作用而表现出与斑块内部不同的生态学特征和功能的现象[①]。

斑块内部的人群结构、环境条件以及经济结构与边缘部分有明显差异，因此，异质景观斑块之间，边际带是客观存在的。许多研究表明，生态交错带通常具有较高的多样性和生产力，物质循环和能量流动的速率较快，各种活动较活跃。一些需要稳定而相对单一环境资源条件的人群往往集中分布在斑块内部，称为内部群体，而另一些需要多种环境资源条件或适应多变环境的人群，主要分布在边缘地带，称为边缘群体。一般而言，内部群体更容易由于生境退化和破碎化而受灭绝的威胁。因此，斑块大小变化的一个重要生态效应是导致内部生境的变化。交错带的宽度和边际效应的大小与斑块的大小和相邻斑块或基质的特征及其差异程度密切相关。

由于边际效应，人文生态系统生产效率、资源流动、社会文化都会受到斑块大小及有关结构特征的影响。斑块边缘常常是城市开发和文化入侵的起始或程度严重之处。一般而言，斑块越小，越易受到外围环境或基质中各种干扰的影响，而这些影响的大小不仅与斑块的面积有关，同时也与斑块的形状及其边界特征有关[②]。

在人文系统交错带内，单位面积内的人文群体种类和群体密度较之相邻的人文生态系统有所增加，这种现象称为边缘效应。形成边缘效应需要一定的条件：第一，两个人文生态系统各自具有一定的规模和面积；第二，两个人文生态系统的渗透能力应大致相似，造成相对稳定的过渡带；第三，两个人文生态系统具有适应交错区生活的人群。因此，不是所有的交错区内都能形成边缘效应。例如城市生态系统与农村生态系统形成的生态交错区内，由于兼具城市生态系统交通便利、资金充足、就业机会多、文化多样性丰富的特点，以及农村生态系统的居住便利、生活便宜、环境宽松等优势，成为大量外来人口聚集的区域，在人口

---

①② 余新晓，牛健值. 景观生态学[M]. 北京：高等教育出版社，2006：46

组成、产业结构和景观形态上都迥异于城市生态系统和农村生态系统，显示出多样性、混合性和较大的活力。

发育较好的人文生态交错区，其人群包括相邻两个人文生态系统的共有群体以及交错区特有的群体，呈现出丰富的人文生态多样性。同时人文生态交错区具有更大的包容性和开放性，更适合多种人群的生存。在具有较长历史的城市中，人文生态交错区的存在比较普遍，边缘效应明显，人文生态系统边缘的机会和活力都有可能高于中心部位。一个较为普遍的现象是历史城市的主要城门外往往形成最有的活力的商业区，城墙内外的生态系统在此形成了显著的边缘地带，表现出繁华、拥挤、多样甚至可能杂乱的景观形态，如北京的前门大栅栏地区，肇庆东门外的旧街、新街，扬州古城的南河下地区，都是此类生态交错区的典型案例。

3）生态位理论

生态位是指在自然生态系统中的一个种群在时间、空间上的位置及其与其他物种之间的功能关系。生态位是一个物种的最小分布单元，或者说是一个物种所占有的微环境，其中的结构和条件能够维持物种的生存（Grinnel，1917）[①]。生态位又可分为生境生态位和营养生态位，生境生态位指该生物占据的自然空间；营养生态位则表示该生物在本生境的生物群落中所起的作用[②]。俄国生物学家通过实验证明，两个生态习性相近的物种，基本上不能在同一地区占有同一生态位，它们将发生地理分离（不同空间）或生态分离（食性、活动时间不同），从而产生共生关系。物种在生态系统中竞争与自己相适应的生态位，通过分化达到共生，从而避免了资源浪费而形成有序结构。生态位有两层含义，其一是对生物个体或种群来说，它在种群或群落中的地位与功能，包括空间、时间、营养及与其他生物个体或种群的相互关系；其二是环境所提供的资源谱系和生物对环境的生态适应度[③]。

人类的自然生态位由于人类具有文化这一特殊性而被人为地扩大，但又同时受到自然法则的约束[④]。人的社会生态位是指一定人群在人文环境中实际和潜在占有的社会时空位置，以及与其他群体的社会关系。社会生态位的决定因素有，自然因素：如年龄、性别、生理状况等；人文因素：财产、职业、收入、文化、权力等。在城市中各种环境因素并不是均匀分布的，空间的异质性是社会生态位存在的依据，也是各种人群共存的条件。各种人群以不同的方式来适应环境，他们的社会生态位也趋于相互补充而不是直接竞争，而使得整个人文生态系统趋于一种相对的平衡。城市之所以成为和谐有序的系统，是由于社会群体的多样性和社会生态位的高度分化。一般来说群体间的竞争多发生在生态位接近的群体之间，他们的生态位重叠比较多，以类似的方式利用共同的资源，这种竞争往往导致更细的生态位分化，使得每个人群的生境条件更加狭窄。通常来说社会生态位较高的人群竞争能力较强，其生境更广；而社会生态位较低的群体则相反。因为生态位较低的群体适宜生存生境相对狭窄，对他们的生存环境的保护就显得尤为重要。城市在生长过程中通过竞争适合其发展的区位导致演化、共生，最终形成相对有序稳定的空间结构。在不同的层次和尺度上，

① 周凤霞.生态学[M].北京：化学工业出版社，2005：58

② 中国大百科全书出版社简明不列颠百科全书编辑部.简明不列颠百科全书（第6册）[M].北京：中国大百科全书出版社，1985：167

③ 周鸿.人类生态学[M].北京：高等教育出版社，2002：94

④ 周鸿.人类生态学[M].北京：高等教育出版社，2002：95

城市的空间增长都遵循这种区位竞争的原则①。

3.2.2 景观结构成分的人文生态分析

景观结构是在人文因素的影响下形成的,可以说怎样的人文生态系统就会有怎样的景观,而人文生态系统的结构直接影响着城市景观结构。我们引入景观生态学中描述景观格局的概念:斑块、廊道和基质,分析构成景观结构的三种因素在人文生态上的意义。

福尔曼和戈德伦(1986)认为,组成景观的结构单元不外有三类:斑块(Patch)、廊道(Corridor)、基质(Matrix)。对三类景观结构单元可以从结构特征和形态上认识,也可以从功能的角度去认识。但由于景观要素功能的复杂性,一般首先从形态特征方面加以区分,即从斑块、廊道和基质的特征来区分②。

"斑块—廊道—基质模式"为我们提供了一种描述景观系统的"空间语言",使得对景观结构、功能和动态的表述更为具体、形象;而且,斑块—廊道—基质模式还有利于考虑景观结构与功能之间的拓扑关系,比较它们在时间上的变化。然而必须指出,在实际研究中,要确切地区分斑块、廊道和基质有时是很困难的,也是不必要的。广义而言,把所谓基质看作是景观中占绝对主导地位的斑块亦未尝不可。由于景观结构单元的划分总是与观察尺度相联系,所以斑块、廊道和基质的区分往往是相对的。例如,某一尺度上的斑块可能成为较小尺度上的基质,又是较大尺度上廊道的一部分。

景观结构是景观的组分和要素在空间上的排列和组合形式。景观格局一般指景观的空间结构特征,是大小、形状、属性不一的景观空间单元(斑块、廊道、基质)在空间上的分布与组合规律。景观格局是景观异质性的具体表现,分析景观格局要考虑景观及其单元的拓扑特征。景观格局分析的目的是为了在看似无序的景观中发现潜在的有意义的秩序或规律③。

斑块—廊道—基质景观镶嵌格局与人文生态系统有着密切的关系,城市景观是由不同的人文生态系统组成的镶嵌体,这些人文生态系统所呈现出来的景观形态可以称为景观单元。景观基质是指基本上相对均质的人文生态系统,它们在空间和时间尺度上是可以辨认的。在城市尺度上,每一个独立的人文生态系统(或景观单元)可看做是一个斑块、廊道或相对均质的基质。在不同的人文生态系统中,各种人文因子是不同的,如人或人群的自然属性、经济状况、政治环境、文化背景、社会组织等,相应的,各种景观因子如建筑、道路、绿地、水体、商店、学校等在景观单元间是异质分布的,人文生态系统与景观单元之间存在着一种相互联系。我们在研究景观的镶嵌格局时所研究的不仅仅是景观本身,更重要的是影响景观格局的人文生态动因。

1) 景观基质的人文生态分析

基质是景观中分布最广、连续性最大的背景结构。Forman(1995)认为,这些结构和功能特征,即面积上的优势、空间上的高度连续性和对景观总体动态的支配作用,是识别基质的三个基本标准。由于景观结构单元的划分总是与观察尺度相联系,所以斑块、廊道和基

---

① 段进. 城市空间发展论[M]. 南京:江苏科学技术出版社,1999:75

② 邬建国. 景观生态学——格局、过程、尺度与等级[M]. 北京:高等教育出版社,2000:17

③ http://baike.baidu.com/view/1682336.htm

质的区分往往是相对的。

基质的划分与尺度有关，是相对的，在研究城市景观时，城市周边的自然景观成为它的基质，而在研究一个街区时，往往以整个城市作为其基质。在景观上具有相同肌理，在土地使用性质上具有相同功能，在土地开发强度上具有相同密度，在建筑外观上具有类似风格，并且有一定面积，与周边类似区域具有良好的连通性的这样一些区域，我们认为是景观基质。基质的变化直接表现了城市功能和结构的变化，最具有时代性与地域性，中世纪时期城市的景观基质与现代城市的景观基质是截然不同的，新疆的城市与江南城市的景观基质也有区别。景观基质由于其具有的普遍性和基础性，往往成为我们解读一个区域人文本质的地方。

2）景观斑块的人文生态分析

斑块泛指与周围环境在外貌或性质上不同，并具有一定内部均质性的空间单元。应该强调的是，这种所谓的内部均质性，是相对于周围环境而言的[①]。对于人文生态系统而言，斑块可以是商业区、历史街区、火车站、公园或湖泊等。因此，不同的斑块的大小、形状、边界以及内部均质程度都会表现出很大不同。

城市中的景观斑块都是在人文因素的作用下形成的，可以分为：①次生自然景观斑块：是在人工干扰下残存下来的半自然的景观片段，如湖泊、山丘、公园、绿地等；②干扰斑块：局部性干扰造成的小面积斑块，如各种待建或正在建设的工地；③人工斑块：人为建设而成的景观斑块，如工厂、居住区、商业中心等，这类型斑块是城市中大量存在的。

城市景观中斑块面积的大小、形状及数量对人文生态多样性和各种生态过程发生影响。生态学研究表明，一般而言，物种多样性随着斑块面积的增加而增加；维持种群存活和生态系统完整性都需要一定的面积，斑块面积越小，越容易受到外界干扰的影响；大的斑块内部环境相对稳定，有利于对生境敏感的物种的生存，为对环境资源需求量大的物种提供核心生境和躲避所，保存了更多的物种，能维持更近乎自然的生态干扰体系，在环境变化的情况下，对物种灭绝过程有缓冲作用；小型斑块可以作为物种传播以及物种局部灭绝后重新定居的生境和踏脚石，从而增加的景观连接度，为许多边缘种、小型生物类群以及一些稀有种提供生境；在面积相同的情况下，几个小面积的斑块可能比一个大型的斑块具有更多的物种，多个小型斑块可以增加景观生境的异质性，降低种内和种间竞争，减少某些干扰和入侵，给边缘种提供更多的生境[②]。

生态学中对于斑块面积与生物多样性的研究对于人文生态系统的相关研究具有重要的借鉴价值。以城市中的亚文化群落斑块为例，亚文化群落的生存需要一定的面积，面积越大，群落中的人群类型越多，经济结构越丰富，文化多样性提高，更有可能保存更多的文化信息。许多亚文化群落在城市主流文化的大环境中处于相对弱势，而一定面积的亚文化斑块则是亚文化群落抵抗外界干扰，保持自身特性的庇护所。多个小型的亚文化斑块可以增加景观的异质性，特别是具有一定连接度的几个小型亚文化斑块，有利于文化交流和文化传播，为城市人文生态多样性和景观的稳定性做出贡献。从上面的分析可以看出，对于亚文化群落而言，一定面积斑块—较大面积斑块—若干小型斑块—具有一定连接度的若干

① 邬建国.景观生态学——格局、过程、尺度与等级[M].北京：高等教育出版社，2000：17

② 邬建国.景观生态学——格局、过程、尺度与等级[M].北京：高等教育出版社，2000：26

小型斑块，它们的生境在逐渐优化，这个模型的建立为我们在城市规划和景观规划中对亚文化群落的保护的底线和理想模式提供了依据。

斑块的形状对生态效应也有一定的影响。一般来说，斑块形状越规则，也就是边缘长度与面积的比例较小，有利于保蓄物质、能量和物种；而松散的形状，也就是边缘长度与面积的比例较大，这样的斑块易于促进斑块内部与外部环境的相互作用[①]。在城市人文生态系统中，居住斑块是一种内向型的斑块，居住者一般希望较少的外部干扰，因此规则的外部形状是较理想的形式；而商业斑块则正好相反，商业活动希望与外界有尽量多的接触面，以得到更多的交易机会，因此商业斑块的边缘可采用松散的形状，为了增加边缘长度，甚至可以采用折线形式。这里举了一个浅显的例子加以说明，实际上斑块形状和边界特征对人文生态过程的影响是多样而复杂的，有待更深入的实际研究。

3）景观廊道的人文生态分析

廊道是指景观中与相邻两边环境不同的线性或带状结构[②]。常见的廊道包括道路、河流、输电线路、人工规划的生态廊道等。廊道重要结构特征包括曲度、宽度、连续性、组成内容及其与周围斑块或基底的相关关系等。

廊道的主要功能有：①传输通道，如城市中的道路是人员、物资流通的主要通道，而河流等自然廊道则是水生动植物传播、运动的主要通道；②过滤和阻抑作用，如道路对人员、动植物个体、物质及能量穿越时的阻截作用，河流对两岸人口、经济、文化交流的阻碍作用等；③生境，较宽的廊道可以为生物活动提供环境，有的甚至可以产生新的群体、经济活动，甚至文化，例如道路两侧繁华的商业活动，道路两侧专门为过境人员提供洗车、食宿等服务的商业活动，铁路两侧和高架桥下的空地为流动人口提供的居留环境。

廊道结构特征与功能有密切关系。以道路廊道为例，曲折的道路降低传输效率，因此，道路选线时，在可能的情况下一般会采用直线形式，但弯曲的道路增加了廊道与周边环境的接触面积，有利于边缘产业的生存。一般来说道路越宽，传输能力越强，但道路越宽，对道路两侧生境的割裂和阻隔就越明显，通畅和隔离在交通廊道中是一对矛盾，是我们在城市规划中需要权衡利弊的一个重要问题；连续的道路传输能力较强，但对穿越廊道的阻隔作用也更强，现代道路为了加强运输能力常常减少道路交叉，甚至如高速公路用护栏做成全封闭的廊道，在保证了交通快速畅通的同时，对周边环境的割裂和阻滞作用十分明显，考虑到这些问题，青藏铁路在修建时预留了许多生态廊道，减少了对环境的干扰，其生态效应有待时间考验。道路内部环境一般是单一而均质的，道路环境的讨论主要集中在道路边缘环境上，丰富的边缘环境可以吸引过境人流，对廊道与周边环境的经济、文化交流是有利的，一方面提高了廊道周边地区的经济活力、增加了信息来源，另一方面为过境人流提供了便捷的服务，有些市镇发展对过境交通经济的依赖性非常大，但无疑过多的交流将降低廊道的运输效率。

从上面的分析可以看出，道路廊道的传输作用和阻抑作用是一对矛盾，反映在具体的道路结构中，道路的直曲、宽窄、连续或断裂、单调或丰富影响着道路传输通畅或不通畅，对周边环境的阻抑或大或小。具体到城市道路规划中，道路通畅和阻抑实质上是追求效率的工具理性和追求交流与和谐的价值理性之间的矛盾。因此，在道路规划中，在保证交通流

①② 邬建国.景观生态学——格局、过程、尺度与等级[M].北京：高等教育出版社，2000：17

量的同时应尽量减小对周边环境的阻隔。

相互交叉的廊道形成网络,使廊道与斑块和基质的相互作用复杂化。道路、河流、绿化带都可以形成网络,此外,输电线、油气管道、沟渠、铁路、动物行走的路线等也可以形成网络。网络具有一些独特的结构特点,如网络密度(单位面积的廊道数量)、网络连接度(廊道相互之间的连接程度)以及网络闭合性(网络中廊道形成闭合回路的程度)①。

不同的网络相互交叠,但极少有多用途廊道的存在,原因是物体或物质的移动方式不兼容。马、汽车、天然气只有在自己的网络线上才能良好地运行。这使得廊道占据了较大的面积。在城市道路规划中,我们采用空间整合的方式使多种运输在同一网络上进行,例如城市道路平面上整合了机动车、非机动车和行人交通;上方是轻轨铁路交通;道路下方的市政管沟中集合了水、电、气、电信等资源、信息的流通;道路两侧的绿化带为动植物迁徙、新鲜的空气和水汽提供了通道。这种复合的网络减少了对城市用地的侵占,减少了对环境的扰动,做到了效益和生态兼顾。

凯文·林奇认为廊道是人移动的路径,是人观察环境的通道,各种环境要素沿着廊道布置,并与它相联系,因此,廊道是景观意向中占据控制地位的因素②。视觉廊道是景观分析中重要的元素,它包括由日常行走移动而获得的景观感知廊道,还包括为某些标志性的或有特殊价值的景观留下的视线观察的空间,这些景观有可能是历史建筑,如古塔、楼阁;也可能是自然景观,如山峰,湖泊等。还有利用自然廊道形成的景观视廊,如河流、林带等。视觉廊道对于观赏优美的景观有着重要的价值,特别是对于一些历史形成的视觉廊道,如从苏州拙政园看北寺塔,由于富含历史意味,而尤其应予以保护。遗产廊道是拥有特殊文化资源集合的线性景观,通常带有明显的经济中心、蓬勃发展的旅游需要、老建筑的适应性再利用、娱乐及环境改善③。河流、峡谷、道路、铁路等线性的遗产都可能成为遗产廊道,因其本身就是文化、经济、人口等流通的通道,因此在保存的文化信息上具有特殊的价值,并且其本身也可以成为一种景观廊道。

3.2.3 经济是城市景观结构形成的基础和动力

一定时期的城市景观总是由当时的经济技术水平所决定的,经济是城市发展的基础,也是城市景观形成和演变的基础和主要动力。生产力水平、生产方式、产业结构、经济流通、分配方式、消费结构都深刻地影响着城市景观,如产业革命对于欧洲城市景观的巨大影响。大量学者研究经济规律对城市空间和景观的影响,新古典主义经济学指出,自由市场经济的竞争状态下的区位均衡过程是空间发展的内在机制,新马克思主义分析了价值规律和劳动力再生产方式对景观格局和分异的决定性作用④。科学技术的进步提供了人类建设城市的技术手段,重大的技术革命将带来生产力和生产方式的革命,继而引发城市景观的演变,例如交通技术的革命使城市的景观尺度发生根本变化。技术发展还带来了结构技术、建筑材料、施工技术以及设计理念的革新,直接影响到建筑形式、空间组合,甚至

---

① 邬建国.景观生态学——格局、过程、尺度与等级[M].北京:高等教育出版社,2000:31

② [美]凯文·林奇.城市的印象[M].项秉仁,译.北京:中国建筑工业出版社,1990:42

③ 王志芳,孙鹏.遗产廊道——一种较新的遗产保护方法[J].中国园林,2001(5)

④ 段进.城市空间发展论[M].南京:江苏科学技术出版社,1999:48

城市的整体景观。例如钢筋混凝土的普遍运用、高层结构技术的发展都使现代城市景观迥异于传统城市。经济和技术为城市景观的形成提供了基础和手段，是城市景观格局发展演变的重要推动力。下面我们重点分析土地极差效应与土地区位对城市景观结构的影响。

1）土地级差效应与景观圈层格局

从经济角度分析，城市空间构成的重要因素土地成为主要的研究对象。一定面积的土地，在经济活动中必然产生地租，位置不同地租也不同。这种位置级差地租的客观存在，导致了土地价值的差异。根据这种差异，由李嘉图(D. Richardo)创立，阿朗索(Alonso)加以发展，形成了不同地价的城市区位图。按照这个理论模式，离城市中心越近，盈利越高。使城市区位与经济价值直接相连，这是一种土地竞争机制的结果[①](图 3.3)。

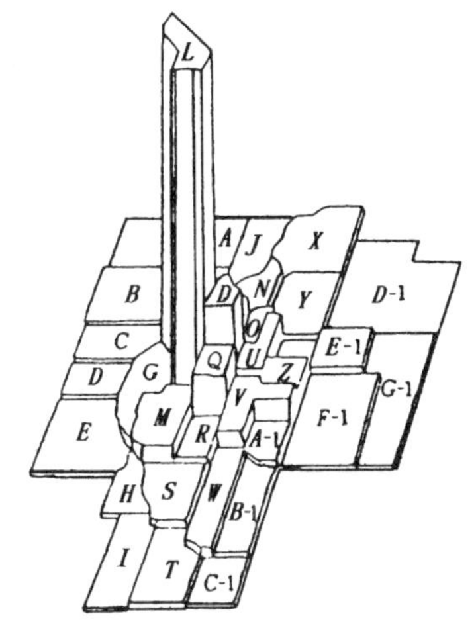

图 3.3　丹佛市地价立体图

基于地租地价理论，支付租金能力高的产业位于城市中心部位，其余是批发业和工业以及住宅区。由于土地区位的便捷性不同，获得的产业利润相异，因此地价不同，这时造成各种功能空间分布不同的主要原因(图 3.4、图 3.5)。

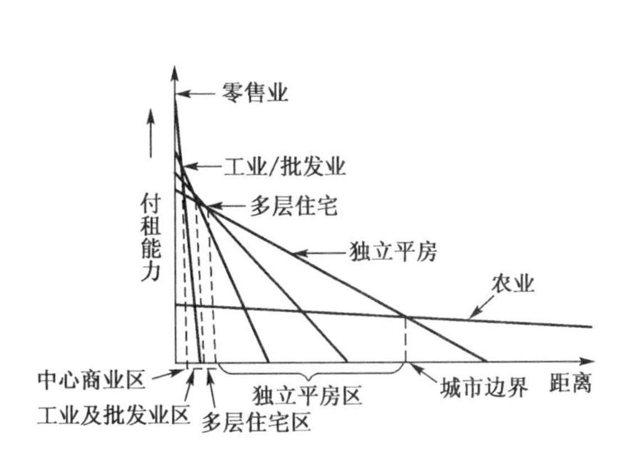

图 3.4　竞标土地利用模式

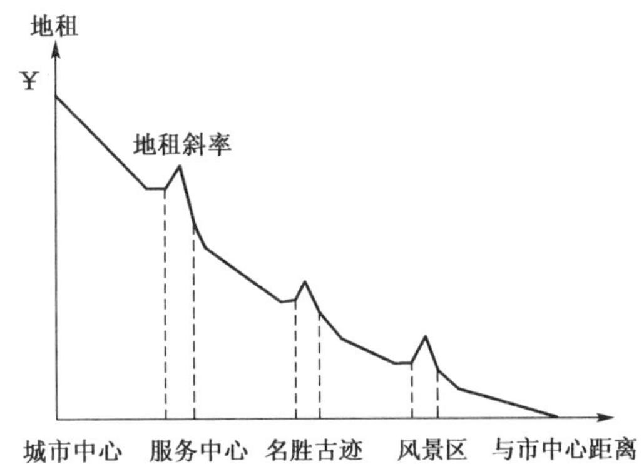

图 3.5　社会资本对地租斜率的影响

这种圈层式格局不仅反映在功能布局上，还反应在景观形态上。最典型的是随着地租由中心区向郊区的递减，地块的开发动力也在递减，土地开发强度逐渐下降，在景观上即使建筑高度与建筑密度逐渐下降，呈现中心区建筑高度、密度最大，向郊区方向，随着距离的增加，高度密度逐级递减的景象。这种土地使用的经济规律圈层式格局是结构、功能和形态三方面的统一体。

2）区位理论与景观功能分区

区位理论是关于人类活动的空间分布及其空间中的相互关系的学说。具体地讲，是研究人类经济行为的空间区位选择及空间区内经济活动优化组合的理论。区位是指人类行

① 段进. 城市空间发展论[M]. 南京：江苏科学技术出版社，1999：80

为活动的空间。具体而言,区位除了解释为地球上某一事物的空间几何位置,还强调自然界的各种地理要素和人类经济社会活动之间的相互联系和相互作用在空间位置上的反映。区位就是自然地理区位、经济地理区位和交通地理区位在空间地域上有机结合的具体表现。区位主体是指与人类相关的经济和社会活动,如企业经营活动、公共团体活动、个人活动等。区位主体在空间区位中的相互运行关系称为区位关联度。区位关联度影响投资者和使用者的区位选择。一般来说,投资者或使用者都力图选择总成本最小的区位,即地租和比较成本总和最小的地方①。

影响区位主体分布的原因称为区位因子,从区位理论的角度看,即特定经济产品在那里比别的场所用较少的费用生产的可能性。区位因子对于生产者而言,是由于场所不同表现出其生产费用或利益的差异。除了地租是各种经济活动共同的区位因子外,不同功能的经济活动在区位选择时考虑的经济因子有所不同,例如零售业为主的区位用地选择除了受空间距离的影响外,还与顾客分布、交通可达性以及历史文化背景有关;而对于工业为主的区位用地主要考虑的区位因子则是运输成本、劳动力因素、原料和市场因素等。

由于相同经济活动在区位选择时受相似的区位因子的影响,在决策上常常会做出相似的选择,因此相同的经济活动常常会在区域上有聚集现象,在城市中形成不同的经济功能区。在相同经济功能的空间聚集与不同经济功能的空间分离的共同作用下,形成了城市中的功能分区,例如商务区、工业园区、批发商业区等,造成了城市中的景观功能在空间上的分异。

区位理论从本质上重视人类的决策结果,而这个结果依赖于决策者对信息量的占有以及决策者的信息利用能力。空间结构的形成及其演化是与特定区域社会经济背景相联系的,受着自然、社会、经济等多方面因子的制约。进入信息时代以来,随着信息、知识等要素对社会经济系统的渗透,空间结构开始处于一种新的成长环境,并面临着新的影响要素的制约与作用。

基于区位理论,芝加哥学派运用生态学观点对社会空间差异进行研究。由于所采用的关键变量的不同,学者们各自得到了不同的城市空间模型。伯吉斯(E · W. Burgess)运用社会和土地的统计,得到同心圆式的城市空间模型;霍伊特对不同的房租进行分析,提出城市地域扇形理论;而哈利斯和乌尔曼的多中心学说则反映了美国城市职能分散化和郊区中心的核心作用。这些理论都通过某些社会、经济因子的研究来分析城市空间分异的原因和结果②(图 3.6)。

人文生态系统由于执行不同功能而形成的城市景观空间差异也是城市中的普遍现象,其中主导功能所占据的空间成为景观结构中的基质,而次要的功能所占据的空间则形成了景观结构中的斑块。由功能分区形成的不同景观斑块在城市中有规律地分布,是城市景观结构的一个重要特征,是我们分析城市景观结构时常用的切入点。

在土地级差效应和区位选择等经济规律的影响下,城市景观功能分区显著,类似的经济功能聚集在一定的空间范围内,并在空间占有和景观形态上呈现出一定的规律。城市景观功能分区明显呈现斑块状特点,土地开发强度与建筑高度由中心向边缘呈环状递减,是

① http://baike.baidu.com/view/1220096.htm

② 段进.城市空间发展论[M].南京:江苏科学技术出版社,1999:38

环状加斑块的景观格局。

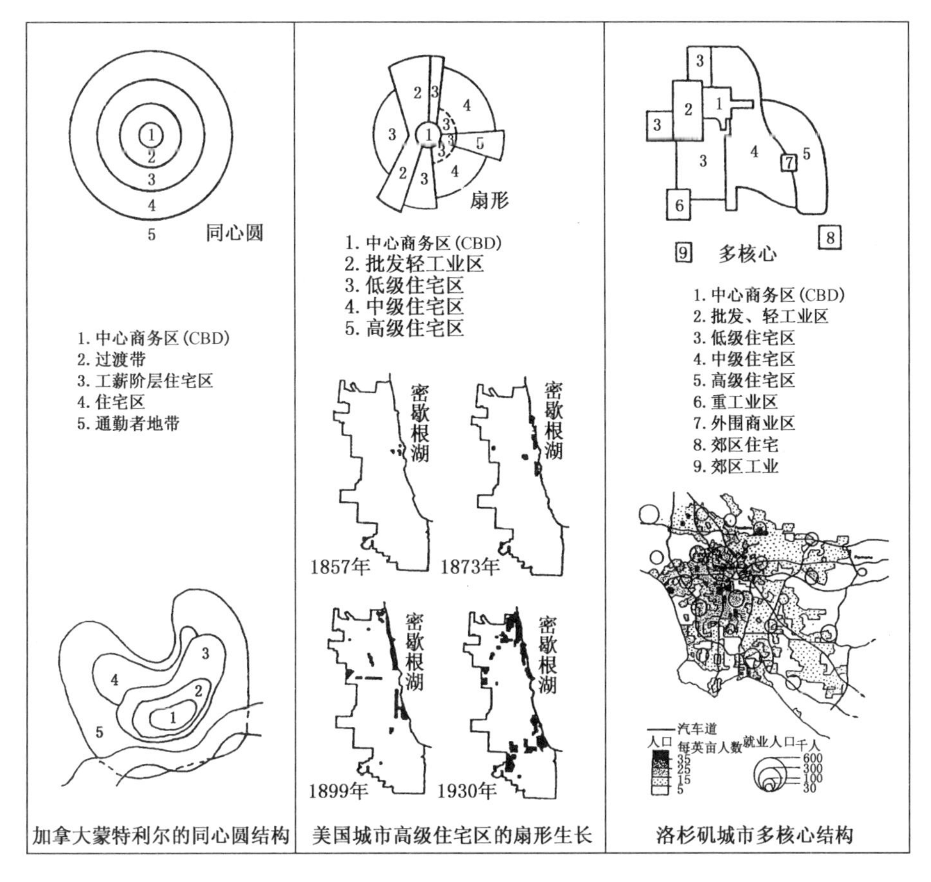

图 3.6 三种城市空间模型

现代主义的功能分区思想使分区理论直接指导城市空间规划，对城市景观影响深远①。适当的功能空间的分异可以集中整合有限的资源，产生聚集效应，有利于城市的发展；并且，将对人体有害的工业区与居住区隔离开来，保证人们的身体健康与居住安全；同时，功能分区简化了城市空间景观结构，使城市景观更易于理解，便于规划管理。但为了追求清晰的分区，片面强调景观空间结构的经济效益而牺牲了城市的有机结构，过于分隔的功能空间给生活带来了诸多不变，特别是工作与居住空间的隔离。这些新城市没有考虑到城市居民人与人之间的关系，结果使城市生活患了贫血症，在那里城市建筑物成了孤立的单元，否认了人类的活动要求流动的、连续的空间这一事实(马丘比丘宪章)②。并且过分清晰的功能分区使景观结构过于简单而无趣。

我们认为一个人文生态结构良好的区域，虽然也存在基于经济区位选择的不同功能的

---

① 勒·柯布西耶在1920年代的“现代城市”设想中提出城市的四大功能为居住、工作、游憩和交通，认为城市规划应有明确的功能分区，并在1925年巴黎中心区改建“伏瓦生规划”方案中将城市分为三个区：中心区、商业区、行政区。柯布的这一思想在1933年CIAM第四次大会拟定的《雅典宪章》中体现出来。参见：张京祥. 西方城市规划思想史纲[M]. 南京：东南大学出版社，2005：115

② 同济大学建筑城规学院. 城市规划设计资料集(一)总论[M]. 北京：中国建筑工业出版社，2003：23

空间分异，但这种影响分异结构的原因并不是唯一的，应该在各种社会、文化、政治结构因素的综合作用下形成的有机结合。城市景观也呈现丰富复杂的有机状态，显示着城市发展不同结构功能和时间阶段的痕迹，这种有机的空间功能的分异是城市健康发展的空间表征。

3.2.4 社会是城市景观结构的人文背景

社会因素也是塑造城市景观的重要动因，景观是一定社会关系和社会秩序在物质空间上的反映，景观不仅被人所塑造，也塑造着生活在其中的人。一切社会活动都是在一定的景观背景中进行的，社会阶层、教育水平、政治权力、经济能力、性别、族群等社会因素决定了人与景观的关系。而城市景观以多样的方式影响着人们的行为，这些方式通常是以视觉美学为主要目标，而设计者所未曾预料的。亨利·列斐弗尔认为特定的社会文化是景观意义的源头，空间环境之所以有意义，具有怎样的意义，以及该意义的作用如何在人的行为环境中得以体现，均受到特定文化及由此形成的脉络情景的影响。人的行为、人与人之间的关系、人与环境的关系是景观产生的社会源头，社会因素对景观的影响是持久而缓慢的，尤其在历史悠久的传统城市中，社会因素对景观形成的作用是我们分析景观时不可忽视的方面。

社会分层是社会结构中最基本和最重要的部分，直接影响着城市景观结构，下面我们从社会分层来研究城市居住景观的分异，而另一个重要的社会因子——性别对城市景观形态的影响，我们将在第7章中详细论述。

1）社会分层

社会等级在动物界中相当普遍，指的是动物种群中各个动物的地位具有一定的顺序的等级现象①。人类社会中同样存在等级分化，社会分层是各类人的结构性的不平等，人们由于在社会等级制度中的地位不同而有着不同的获得社会报酬的机会。处于同一阶层的人有着相似的生活机会，或者说，从其社会提供的机会中受益的可能性相似②。人类社会使用一系列特殊标准来区分它们的成员——其中包括阶级、种姓、宗教、种族、语言和其他许多特征。实际上社会分层总会转化为社会不平等，而这种不平等最显著地体现就是在空间占有的差异上。

人类社会阶层的实质也体现为一种支配与被支配的关系，但其成因与表征要复杂得多。在现代社会理论中，阶层是指按一定标准区分的社会群体，根据不同的理论和不同的研究目的，也有不同的划分标准和方法。马克思认为阶级是一定历史时期的产物，是随着剩余产品和生产资料私人占有而产生的，划分阶级的主要标准是生产关系中的财产关系。德国古典社会学家M.韦伯认为，一个社会具有经济、政治、社会三种基本秩序，所以就产生了根据财富收入、权力和社会声望区分人群的三种基本的分层系统。英国古典经济学家亚当·斯密认为，进入工业社会以后，工资、利润和地租是一切收入的三个最初来源，社会上

① 社会等级形成的基础是支配行为，社会等级优越性还包括优势者在食物、栖息地、配偶选择中均有优先权，这样保证了种内强者首先获得交配和生产后代的机会，从动物种群整体而言，有利于种族的保存和延续。引自：周凤霞. 生态学[M]. 北京：化学工业出版社，2005：55

② [美]伊恩·罗伯逊. 社会学[M]. 黄育馥，译. 北京：商务印书馆，1990：301

形成工人、资本家和地主三个主要阶级。英国当代著名社会学家 A. 吉登斯认为社会根据三种“市场能力”划分为三种阶级，即掌握生产资料的市场能力的上层阶级、具有教育和技能的市场能力的中产阶级、具有体力劳动的市场能力的下层阶级①。一些社会集团总是会通过一些程序，将获得某种资源和机会的可能性限定在具备某种资格的小群体内部，为此，就会选定某种社会或自然属性作为排斥他人的正当理由。社会分层制度的核心，是在为人与人之间，以及人与资源之间的关系建立起秩序。划分阶层的标准有很多，如生产资料的拥有、财富和收入、组织权力、社会声望、知识技能、受教育程度、社会网络关系、消费水平、信息资源占有、职业等等。例如，陆学艺主要依据职业特征将目前中国社会分成十个阶层②。

社会阶层是社会结构的一种层级关系，不同社会阶层对资源的获得与支配能力有所区别，采用国际上通用的测量贫富差距的“基尼系数”方法③，数据显示，中国现阶段的收入差距已超出了的合理范围，属于贫富差距较大的社会结构，并且这种状况是在较短的时间内形成的，造成的社会波动更大。从社会结构上看，目前中国社会是“金字塔”结构④，经济地位比较低的农民和其他体力劳动者占人口的多数，少数人拥有多数的财富⑤，缺少强大的中间阶层，存在社会不公，有社会冲突的隐患⑥。社会下层的比例过大，贫富分化严重，已经成为中国社会面临的一个非常严酷的现实⑦。

这种社会结构必然地反映到城市景观空间结构中，其产生的直接影响是造成了城市居住景观的空间分异，甚至空间隔离。

2）居住景观分异

空间位置是一种重要的城市资源，城市中不同的区域在价格、交通、环境、服务设施上存在差异，空间资源的差异是社会生态位分离的基础。由于不同人群所处的社会生态位不同，他们对空间的利用和占有存在一定的差异。特别在居住区域的选择上，这种差异表现得尤为明显。居住是城市最大的人文生态功能，在城市中居住所占据的空间范围最大，在景观上常常成为城市景观中的基质。由于社会阶层、文化背景以及历史原因等使不同居住区的居住主体有所不同，在景观上也出现某种差异，居住格局对景观结构的影响也不容忽视。

居民在进行居住区位选择时，首先是根据自己的收入水平来决定可支付的住宅价格；

---

① 李培林，李强，孙立平，等. 中国社会分层[M]. 北京：社会科学文献出版社，2004：3，6，17

② 这十大阶层是：国家与社会管理层、经理阶层、私营企业主阶层、专业技术人员阶层、办事人员阶层、个体工商户阶层、商业服务人员阶层、产业工人阶层、农业劳动者阶层和城市无业、失业和半失业人员阶层。参见：陆学艺. 当代中国社会阶层研究报告[M]. 北京：社会科学文献出版社，2002

③ 根据世界银行的数据，改革以前，我国城乡居民人均年收入的基尼系数是 0.33，改革以后不断攀升，1988 年达到了 0.38 的水平，1994 年达到 0.434，1997 年为 0.457 7。

④ 从社会学的角度看，社会各群体之间的关系表现为社会结构，是一种垂直的分层结构，从形态上可分为“金字塔型”社会结构，“纺锤型”社会结构等。“纺锤型”结构的社会拥有大量的中间阶层，绝对富裕和贫穷的人口较少，是一种稳定的、理想的社会结构。

⑤ 1997 年由国家统计局等六部委联合进行的城镇生活调查结果显示，占总调查户 8.74%的富裕家庭拥有 60%的金融资产。

⑥ 李强教授认为中国现处于更为严峻的“倒丁字型”社会结构，即处于社会下层的农民和其他一些体力劳动者占了全部就业者的 63.2%，其他各阶层形成一个大体上是“立柱”的形状。

⑦ 李强. 从社会学角度看“构建社会主义和谐社会”[EB/OL]，2005，http//www.sociology.cass.cn/shxw/shfz/t20051206_7622.htm

其次是根据自己的需求和偏好选择具体的区位。影响人们做出选择的主要因素是在住宅总价格一定的条件下，如何在“便利”和“舒适”的选择中获得最满意的居住效用。择居行为不仅是对居住场所的选择，而且是对工作场所、生活场所的综合选择。居住区位的含义不仅是指居住场所和位置，还指该场所与位置所处的经济环境、生态环境以及人文环境，如这一场所或位置在城市中的经济地位、交通状况和环境条件等。对于居住区位的选择，是在经济、环境等相关要素背景条件下的选择，即居住区位场势的选择[①]。居住区位是居民对其居住场所的选择，其区位主体是居住者。居民的生态位、社会属性、行为偏好等，必然会影响他们对居住区位的选择。

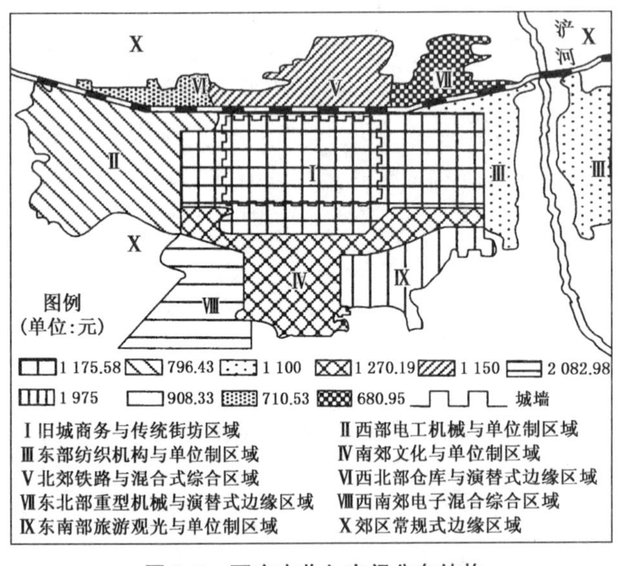

图 3.7　西安市收入空间分布结构

不同社会阶层对空间的使用和占有存在显著差别。不同社会阶层基于不同的社会、经济、文化背景的居住区位分化现象更加明显，居住分异与居住隔离现象也更加突出。城市居住空间分异是由于城市土地的稀缺性，居民为了获取更为有利的居住空间区位而依据其社会经济地位和生活习惯等进行择居活动所形成的居住空间中同质居民相互聚集、异质居民相互排斥的现象，不同经济收入的人群在空间分布上呈现一定的规律性(图 3.7)。不同居住区域的生活质量也呈现一定的差异性，并且往往与经济收入的空间分布呈现某种关系(图 3.8)。

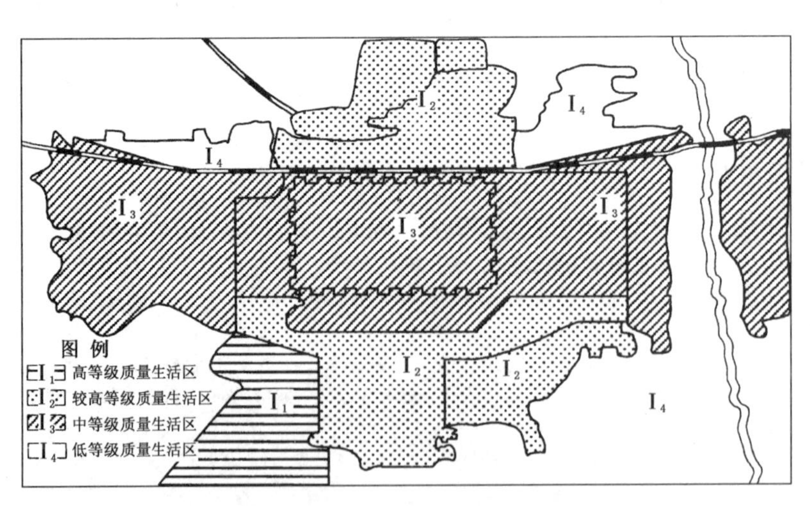

图 3.8　西安市各类生活空间质量(感知)等级

① 段汉明. 城市的生态场势与居住区位[M]. 北京：科学出版社，2006

居住区既具有特定的地理范围，又是生活在其间的居民的心理认同空间，还是城市居民的心理认知区域。从空间范围的角度分析，居住区是以居民居住内容为实体的宏观聚集分布，居住分布包含着城市发展不同阶段所产生的居民之间（社会—经济—文化距离）的分异梯度。居住社区是以社会最小单元（家庭）为基本单位所组成的社会空间，内含社会成员之间的阶层、等级、文化、社会活动以及社会关系；从人对城市空间感应的角度分析，居住社区是居民能感应—认知出的社会空间，不同居住社区人们对生活—文化的认识上存在差异；而反映相同居住社区的人们在外在行为具有相对一致性特征①。

不同人群或社会阶层对居住地的邻里品质、公共服务设施以及与其他职能空间的邻近性的衡量标准有所不同，低收入阶层追求与就业地的邻近，而高收入阶层则重视自然环境、邻里品质等，居住地选择也更为自由，从而通过有意识的居住空间选择，在不同区位的居住空间中呈现居住阶层的分化，即居住分异。由于居住分异现象的客观存在，在居住空间建设规模上，不仅具有地价引起的建设密度及用地强度差异，而且存在因居住人群的差异引起设施、规划布局、住宅形式等方面的差异。城市的居住空间结构反映出城市机能的一种平衡以及秩序与效率的状态和水平。

从居住景观分析，优势阶层可以使用风景优美、交通便利、设施齐全、建筑质量较高的居住区，而弱势阶层的居住景观则与之相反；从使用空间的范围而言，优势阶层可使用的空间范围更大，可到达的距离也更远。从不同阶层人群对城市意向的描述可以看出，层次越高的人对城市的感知越全面、越丰富，这与其可达范围的大小有着直接的关系（图 3.9）。居住分异是社会分化的空间体现。社会分化是一种客观现象，只要个体存在诸如智力、体力、性别、知识与教育层次、职业、职位、家庭背景等生理、心理和社会经济背景的差异，就必然会导致对社会资源的利用以及社会流动机会的不均衡分配，由此形成社会群体内的分化。这种社会分化的空间表征就是能力与机会相似的人群会占据相近的空间区位，并在景观上呈现出某种特征。这种空间分异更多地体现了不同社会等级的人群在城市空间占有方面的不公平性，是阶级分化与贫富差异在景观空间的体现。现代城市中由社会阶层差异引起的空间隔离现象日趋明显，这种差异的无限扩大将引发大量社会问题，因此，如何通过对空间资源的相对均衡的配置来调控社会各阶层的贫富差距是我们面临的一大课题②。

造成居住分异的原因除了社会阶层分异外，政府的相关政策和开发商的经济利益也是主宰住房空间分布的重要原因，从二者的作用方式来看，社会阶层分异是内因，而后者是外因。一方面，居住空间隔离分化是现代社会市场经济发展的必然结果，它有利于改变计划经济时期城市居住空间均质化、平均分布、功能失调的格局，体现土地的经济价值。另一方面，居住空间隔离分化是城市空间分配的不均衡，是社会各阶层在城市居住空间分配中竞争的结果，也是市场经济中集体消费生产的结果。需要看到的是，这种空间上的隔离和分化一定程度上造成不同阶层居民在空间资源使用上的过大差异和由此引发的生活、工作等机会的不平等，同时空间的不平等也会进一步造成阶层之间差异的扩大和阶层矛盾的激化，而上述结果对转型期的中国社会和谐发展无疑是有害的③。

---

① 王兴中，等.中国城市生活空间结构研究[M].北京：科学出版社，2004：21

② 毕凌兰.城市生态系统空间形态与规划[M].北京：中国建筑工业出版社，2007

③ 田野.转型期中国城市不同阶层混合居住研究[D].北京：清华大学，2005：41

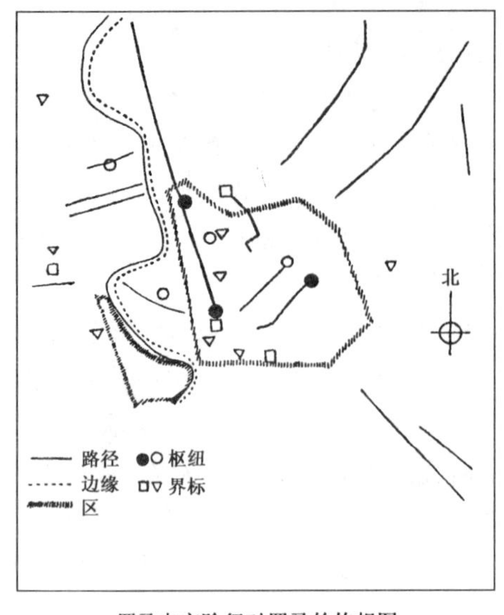

罗马中产阶级对罗马的构想图
(Francescato and Mebane, 1973)

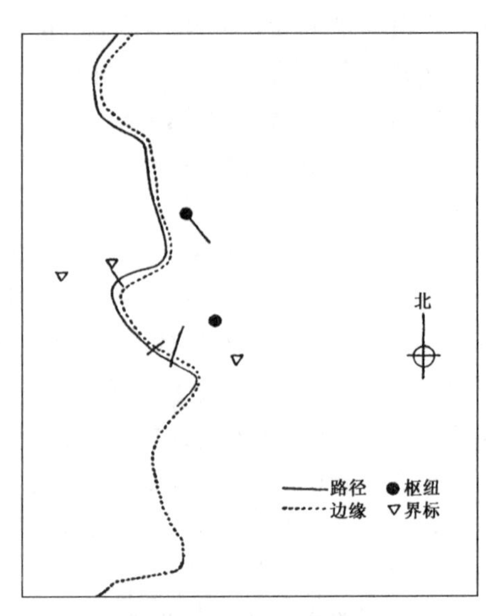

罗马下层阶级对罗马的构想图
(Francescato and Mebane, 1973)

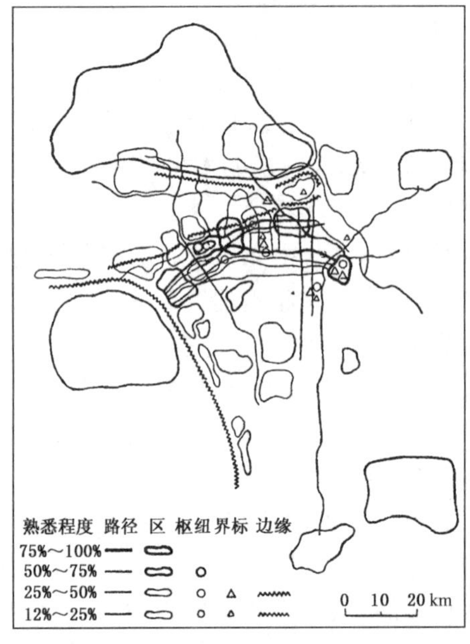

居住在韦斯伍德的白人对洛杉矶的构想图
(Orleans, 1973)

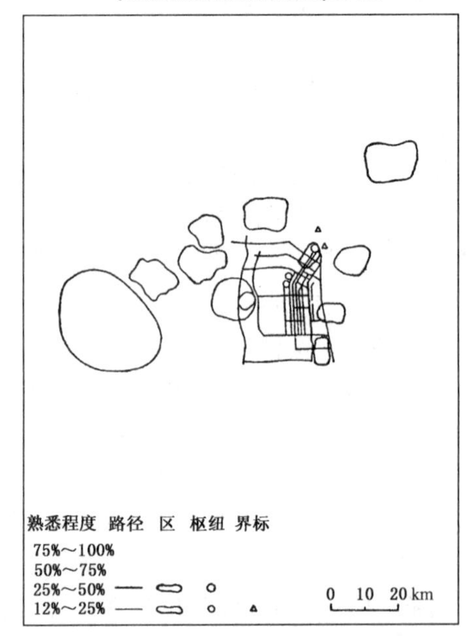

居住在艾瓦廊的黑人对洛杉矶的构想图
(Orleans, 1973)

图 3.9　不同阶层人群的城市意向图

社会分层结构影响下的城市景观分异是城市中自发形成的景观现象，是自发的空间利用规律。空间使用上的分异有利于空间使用效率的提高，也使居住景观更加丰富多样，但是也要注意居住空间过度分化而引发的各种问题。

3.2.5　文化是城市景观结构的精神内核

城市景观是人类文化的结晶，其形成与发展的过程是与作为内在动力的人类文化分不开的。文化有其特定的文化系统或体系，有一定的结构与格局，文化的结构与格局影响着城市景观。人类文化包括了人类创造的一切精神财富，是世界观、价值观、人生观、道德、信仰、习俗、知识、艺术、文学等的综合体。它通过影响人的思维方式、价值判断、行为标准而在城市景观建设与发展过程中发挥作用[①]。文化是城市人文生态系统的内核与深层结构，对景观的影响是深刻的、潜移默化的。

文化差异也是造成景观分异的一大原因，这种文化差异除了文化教育程度外，更重要的是宗教信仰、基于地缘的地域文化、基于民族的族群文化等等，基于文化差异而形成的特殊人文生态系统有民族聚居区、同乡聚居区等。在这些系统内部，成员有着相似的文化认同，同质性较高，与其他区域的差异性较大，是城市中较为特殊的人文生态群落。许多亚文化群落有着悠久的历史，在现代城市空间构架中仍然可见其痕迹，在人们的意识以及城市的物质景观形态中都不可能轻易消除。这些亚文化斑块在景观上呈现为异质性景观斑块，成为城市景观结构的重要组成部分。在第6章中我们将详细探讨城市回族亚文化群落和它的景观形态变迁。

1）集群与领域性

集群与领域性是亚文化群落形成的内在原因。与生物学中的集群相似，人类的集群也是人类适应环境的一种重要特征[②]。人类集群的一般原因是对付外在压力和合作的需要，共同对付外在压力、寻求安全感和互相支持是人类结合成群体的重要原因。合作的需要是指人们在满足各自需要时可以互补，当个体靠自己的力量不能达到目标时，他会寻求与他人合作，而这种合作的经常化就会成为群体。群体的凝聚力是群体成员之间互相吸引并整合为一体的力量，它是不同个体结合成群体的基本要素和内在机制[③]。

生物的领域是指由个体、配偶或家族所占据并积极保卫不让其他成员侵入的空间[④]。人类的领域性与之相似，指的是个体或团体暂时或永久地控制一个领域，这个领域可以是一个场所或物体，当领域受到侵犯时，领域拥有者常会保卫它[⑤]。

领域性行为通常与群体的内聚性有关，这种内聚性体现在四个方面：①防卫，为了对抗主流阶层的歧视和对立，群体内部倾向于聚居于一个可以回避周围敌意社会的空间区域；②支持，与防卫功能紧密联系，群体内部成员之间的各种支持，包括事业、友谊或血缘关系等等；③维护，群体维持其独特文化传统的发展和延续；④攻击，空间聚居为群体和社会的对抗准备了条件。攻击包括合法的行为，如通过民意代表左右城市居住政策，也有非法和

---

① 侯鑫. 基于文化生态学的城市空间理论研究——以天津、青岛、大连为例[D]. 天津：天津大学，2004：63

② 生物学中的集群是指同一种生物的不同个体，或多或少都会在一定时期内生活在一起，从而保证种群的生存和正常繁殖。集群现象是生物适应环境的一种重要特征，在自然种群中普遍存在。集群生活的生态学意义主要有以下几个方面：①有利于提高捕食效率；②可以共同防御敌人；③有利于改变小生境；④有利于某些动物种类提高学习效率；⑤能够促进繁殖。引自：周凤霞. 生态学[M]. 北京：化学工业出版社，2005：53

③ 群体凝聚力的发展一般表现为三个层次：首先是人际吸引，即群体成员由于共同的兴趣、愿望或共同的目标而相互了解、共同活动，形成相互之间的认同；第二是群体规范的形成与遵从；第三是成员把群体的目标自觉地作为自己的目标，把群体规范内化为自己的行为准则。引自：王思斌. 社会学教程[M]. 北京：北京大学出版社，2003：114

④ 孙儒泳. 基础生态学[M]. 北京：高等教育出版社，2002：100

⑤ Edney(1974)认为领域性包括实质空间、占有权、排他性使用、标记、个人化和认同感等，还有控制、支配等。参见：徐磊青，杨公侠. 环境心理学. 环境知觉和行为[M]. 上海：同济大学出版社，2002：107

暴力的行为[①]。领域性行为的作用可分为两方面，一是认同感，二是安定和家的感觉。领域性是群体意识和群体行为在空间上的反应，各种人和群体都有领域性行为，而弱势群体、亚文化群体由于内聚性倾向更强烈，这种领域性行为也更为突出，这是形成亚文化聚居区和亚文化景观的原因之一。

2）亚文化景观

少数群体、弱势群体与亚文化群体是区别于多数群体、强势群体与主流文化群体的边缘人群，他们在与多数、强势和主流的对抗过程中需要内部的统一与团结，因此他们集群的现象非常明显。集群是弱势群体和亚文化群体内部精神与文化交流的需要，也是传承文化和自我实现的需要。弱势群体与亚文化群体集群现象在空间上反应为对一定领域的占有，从上面的分析可知弱势群体与亚文化群体的领域性行为更强烈，而一定空间领域对于弱势群体和亚文化群体的生存与发展具有重要意义，维持与保护弱势群体和亚文化群体的领域是人文生态思想的体现，是保护文化多样性、维护社会公平的需要。

城市中有某种共同特征的人群在一定空间范围内的聚集，常常形成亚文群落。例如单位社区、少数民族聚居区、流动人口聚居区、高档住宅区等。共同的职业、民族、文化、宗教信仰、共同来源地、经济地位等等，都可以构成亚文化群落的主体，这些共同点的存在可以促进人们的相互交流，增强相互认同。同时，有的亚文化群落还有着自己的行为规范和道德准则，群落成员自觉地以此来约束自己的行为，并以群体的目标作为自己的目标，这种亚文化群落的组织性更强，其异质性特征也更加明显。

亚文化群落内部因为具有较强的认同感，另一方面，也具有较强的排他性，在空间使用上，亚文化群体的领域性更为显著。对领域控制和占有的标志常常构成亚文化景观的元素，例如城市中的回族群落，清真寺、清真餐饮店、穹顶、拱券窗、黄绿的店招、白帽、头巾、经堂语言，所有这些物质的、非物质的元素都暗示着这个区域的独特性。这样的场所氛围增强了回民的归属感和领域感，而对于外来者则起到了明确的告知这里是回民区域的信息，在行为和心理上都应尊重回族的风俗传统。而另一些亚文化群落（强势群体）的领域划分则更加明显，如单位、高档住宅区等亚文化群落甚至以围墙作为自己领域划分的手段，将自己和他者的空间截然分隔，成为亚文化景观的一个典型案例。对所属领域高强度的防卫是和领域资源的稀缺性相关联的，这些亚文化群落也造成了城市景观隔离的极化现象。

亚文化群体是人文生态系统中不可或缺的组成部分，为系统带来了多样的文化基因，是系统平衡与可持续发展的基础。同时，亚文化群体形成的景观是城市景观多样性的源泉，对于景观的稳定与发展具有重要价值。

政治也是影响城市景观结构的重要因素，政治体制、意识形态、政治制度等都自上而下地对城市景观结构产生深刻影响。由于这些是通过国家权力机构强力保证与推行的，因此影响力度极大，常常在较短的时间内剧烈地改变城市景观结构，因此成为影响城市景观结构的一个显性因素。其中政治制度是影响城市景观结构的控制性因素，关于政治制度对城市景观形态的影响在第 4 章中有详细论述。

综上所述，城市景观结构与格局的表象之下，有其形成与发展的深层动因，经济技术、政治制度、社会文化是景观的内在逻辑和组织规律。单纯地从某一方面研究景观生成的原

---

① 田野.转型期中国城市不同阶层混合居住研究[M].北京:清华大学出版社,2005:16

因都会得到片面的结果，城市是经济、政治、社会、文化在自然地域上的重叠，从人文生态的角度综合地分析景观的格局与动因，可以帮助我们更全面、深刻地理解城市景观形态的结构与格局。

3.3 景观形态变迁的人文生态规律

3.3.1 景观形态变迁与人文生态群落演变

1）人文生态群落演替的概念和相关理论

（1）人文生态群落演替的概念

任何一个人文生态群落都不会静止不变，而是随着时间的进程，处于不断变化和发展之中。人文生态群落的演替是指在群落的发展变化过程中，群落人文结构由低级到高级、由简单到复杂、一个阶段接着一个阶段，一个群落代替另一个群落的演变现象。人文生态群落的演替既包括自然演替，如人由生到死的自然发展以及群落随季节随时间的自然更替；而更重要的是人文的演替，包括文化的兴衰、制度的更迭、经济的发展等等，这些发展与演替对人文生态群落的影响是最为关键的。

不同的依据可以划分不同的人文生态群落的演替类型：依据演替的时间可分为迅速演替和长期演替。迅速演替是在较短时间内，如几年内发生的演替，如人类的开荒种地，可以在一年甚至几个月的时间内将原有的森林或草地生态群落演变为农田生态群落；长期演替需要经历几十年，甚至几百上千年时间，大部分人类群落都是经历了漫长的历史时期逐步演变发展而来的，如城市中的某些历史街区等；依据起源地性质可分为原生演替和次生演替，原生演替是指在自然的原生地上发生的演替，人类在原生的草原、农田、森林上发生的人文生态群落演替；次生演替是指在原有人文生态群落上发生的演替现象。依据基质性质可分为农村人文生态群落演替和城市人文生态群落演替等；依据演替的动态可分为灾难性演替和发展性演替，灾难性演替是指由于战争、自然灾害等造成的演替，发展性演替是指人文生态群落在未受到破坏的情况下自然发展而成的演替现象；依据演替主导因素可分为内因演替、外因演替，内因演替是人文生态群落内部成员活动的结果，外因演替是由环境条件变化所引起的演替过程。

（2）人文生态群落演替顶级理论

顶级是人文生态群落演替达到稳定的状态。随着人文生态群落的演替，最后出现一个相对稳定的群落，该群落是一个围绕着一种稳定状况波动的群落，成为人文群落演替的顶级。演替顶级概念的中心点就是群落的相对稳定，这有赖于群落组成、结构、功能的稳定。群落演替顶级理论包括复杂程度和适用范围依次增加的相似顶级说、多元顶级说和顶级格局说。

相似顶级说是指在环境及社会因素相似的区域内，演替的终点都是一个相似的、单一的、稳定的、成熟的、优势人群可以很好适应环境的人文群落。只要该地域的各种环境和社会因素不发生急剧改变，这种顶级状态将一直存在，其他新的人群很难取代现有的优势人群。也就是说，在一个条件相似的区域内，只存在一个潜在的顶级人文群落，在这一区域内，只要给予充分的时间，最终都能发展到这种人文生态群落。相似顶级说可以解释一些现象，如在不同城市的相似地段会出现相似的稳定的人文生态群落，城市的中心区、郊区总是具有某种一致性的景观特征。但这种一一对应的解释方法对于复杂的人文群落与区域环境的关系而言可能显得过于简单。

多元顶级说是指受到区域位置、环境、文化、社会关系等多种因素的影响，在一个区域中，会相继产生不同的稳定的人文群落或顶级群落，这也就是说，在一个区域内存在一个顶级人文群落，但并不排除在相似区域中存在其他的顶级人文群落。简而言之，任何一个地区的顶级人文群落都可能是多个的。因此，任何一个人文群落，只要被任何一个或多个复合因素稳定控制相当长的时间而表现出稳定状况，都可以认为是顶级人文群落。它所以维持不变，是因为它和稳定的环境之间实现了高度协调。这个理论考虑了群落环境的多种可能性以及历史的延续性和偶然性，可以解释某些相似度很高的环境却没有出现相似的人文群落，或者表现出显著的景观差异。

顶级群落格局说，是在多元顶级说基础上的发展。由于环境和社会的显著差异及干扰，各区域中的人文群落必然产生某些差异，从整体上看，顶级人文群落是一个各种相对稳定的群落的相互交织的连续体，是不同人群以自己的方式对独特环境格局中的因素进行独特反应的综合体现，也就是说，顶级人文群落格局与环境格局相协调，在一个地区可以同时存在若干差异明显的顶级人文群落①。这一理论的适用性非常广泛，建立了城市人文生态群落顶级格局与人文及自然环境格局的联系，可以解释城市中人文群落及其景观既多元，但又有一定内在联系的实际状况。

人文生态群落演替达到顶级，是人文生态群落发展到一定程度后达到相对稳定的状态，这里的稳定既包括社会结构、人口结构、经济发展、政治环境、文化思想的稳定，也包括物质环境、空间范围、景观形态的稳定。顶级状态是人文生态群落演变的一个过程，在达到顶级后，群落还将继续发展，或者在干扰下衰退，甚至演变为另一种群落形态。人文生态群落演替的顶级理论为我们研究人文生态群落的稳定状态提供了规律。

2）人文生态群落演替过程的景观形态变迁

人文生态群落的演替是指一个人文生态群落开始形成到被另一个人文生态群落代替的过程，从时序上大致可分为人文生态群落发展的初期、盛期和末期。以城市边缘的一个新工业开发区为例，开发区的用地之前是农业生态群落，开发区开始建设时，最早进入的是建设工人，进行道路、管线、建筑的建设，农田的面貌在很短的时间内被道路、厂房所取代。建设基本完成后，工业开发区的生产人员逐步进入该场地，工业生产替代了原来的农业生产，更多的人进入这个区域。随着这些生产人员到来的还有他们的家人，于是为这些家庭服务的各种服务设施建立起来了，住宅楼、商场、集市、学校、医院、体育场、俱乐部等等。该区域的人群结构日益复杂，各种年龄、职业的人聚集到了这里，逐渐形成了一个新兴的工业人文生态群落。在这个人文生态系统形成的初期，环境是新的，尚待完善，人口年轻化，开发区内的产业的经济效益逐渐显露，一切都呈向上发展的趋势。随着系统的进一步发展，人口结构达到一个较稳定的状态，建设也相对缓慢下来，整个系统呈现一种稳定的缓慢发展阶段。在经历了几十年，甚至上百年后，由于生产的发展，该区域的产业已经落后于时

---

① 人文生态群落演替的顶级理参见：周凤霞. 生态学[M]. 北京：化学工业出版社，2005：76-77

代，经济衰退，建筑破旧、环境萧条，人员失业，大量人口离开该地寻求更大的发展，而另一些移民开始进入这一区域，一些低档次的服务业取代了过去的商业，这个生态系统在逐渐衰败。然而由于城市的发展，这个原来位于城市边缘的区域成为城市中的用地，土地价值提升，这一区域吸引着新的资本投入，原来的工业厂房被经济利润更高的综合商业、写字楼、高级公寓、宾馆所替代，环境被整治一新，较好的建筑与标志物被保留下来，作为地域文脉的见证。原来区域中的人口被迁移出去，该场所新的人群是与之相匹配的高收入人群。于是一个新的人文生态群落又诞生了。

人文生态群落就是这样周而复始，重复着它的兴衰，逐步向前发展。有的人文生态群落由于巨大的力量而中止了这个过程，如火山掩埋的庞贝城，生态环境恶化而消失的楼兰古城以及毁于战火的吴哥城，大部分人文生态群落在前者的基础上或废墟上继续发展，形成了我们现在的城市形态。中国现在许多城市正在进行的旧城更新和城市改造就是人文生态群落更替过程的表现。这一过程随着经济的发展、城市的发展以及人口的更迭，还将继续下去，继续塑造着我们景观形态，也使城市景观处于不断变化更替的状态。

人文生态群落演变每个阶段的景观特征有所不同，动荡和简单是人文生态群落发展初期最显著的特征。表现为组成人文群落的人群类型与数量变化较大，人群的结构不稳定，分化情况经常发生，群落的物质环境与景观也处于不断变化之中，整个系统呈上升的发展趋势。此时的人文群落成员相对简单，结构较为清晰。景观变化的速度快，虽然存在方向不明确、稳定性差等问题，但总体上丰富度不断上升。

在人文生态群落发展的盛期，群落中各人群组成已基本稳定，人群各自有自己的生存空间和享有一定的资源；人文群落结构已经成型，人群的分化已经完成，人文群落显示出自身特点；人文群落中形成了较稳定的社会关系，群落物质环境建设已臻完善，呈现出具有一定特色的稳定的景观形态。

人文生态群落发展到末期，往往出现经济衰退、环境恶化现象，群落中有能力的人群开始外迁，这又创造了新的机遇使得新的外来人口可以进入这一区域，该人文群落的人口构成开始变化，原有的群落结构和环境特征逐渐衰退，开始孕育下一个人文生态群落的发展，这一阶段的物质景观也相应地从停滞、封闭、单调向凋敝、败坏转化。

需要指出的，并非所有的人文生态群落都完整地经过三个阶段的循环。在外力的干预下，人文群落的景观形态可能会出现中断或跳跃式的发展。

3.3.2 景观形态演替的人文生态动因

人类有选择、适应、改造和破坏环境的能力，对人文生态群落中的各种关系起着促进、抑制、改造和重建的作用，人类这些主观能动的行为对人文生态群落的演替产生了重要影响，控制着群落演替的方向和速度，常常成为人文生态群落及其景观演替的决定性因素。

1）人文生态内因和外因

作为城市人文生态系统的一个组成部分，群落的演替往往同时受到群落内部群落关系及其需求变化的影响，以及外部人文环境变化的影响。

由于人的主观能动性，人类总是在改变自己所居住的环境，使之更有利于自己的生存。人文生态群落内部群体主观能动的行为是人文生态群落演替的内因。特别是人文生态群落中的优势人群，他们有能力使群落内部的环境向他们所期望的方向发展，其需求对环境变化起着主导作用。例如一个中产阶层为主的居住区，居民会要求环境整洁、安静、安全，并会一致抵制对整体环境质量产生不利影响的商业和其他产业的进入，对非中产者的迁入也持抵制态度，他们的这些行为可以保证中产阶层在这一群落中的优势地位，并可以决定群落的环境依照他们喜好发展。

群落内部群体关系的变化也会引起群落的演替。人文生态群落形成的初期，人群之间的关系会因对有限资源的竞争而紧张化，竞争能力强的人群得到较充分的发展，竞争能力弱的人群则逐步退缩，被边缘化甚至排挤到群落之外。即使处于成熟、稳定状态的人文生态群落，在外界条件剧烈刺激下，也可能发生群落内部人群数量、类型和社会关系重新调整的现象，使人文生态群落人文特性及其有所改变。

尽管我们通常认为使事物发生改变的内因大于外因，但在人文生态群落的演替中，外界条件的变化是一个非常重要的因素。外部政策和资金对某一区域的支持或抑制是该地区人文生态群落发展或衰退的重要因素；城市规划也是影响人文生态群落演替的重要因素，城市规划会对城市各区域的发展制定目标和限制，有时甚至会改变某些地块的用地性质，使这些区域的人文生态群落发生剧烈的演变；周边环境的变化也会成为人文生态群落演替的诱因，如周边地块的开发性质、道路的修建、市政设施的改善等等，都会使地区内部和外部的各种因素发生改变和调整，从而影响到人文生态群落的本身，有时这种变化剧烈时甚至会导致人文生态群落发生根本的演变；外来人口可以改变人文生态群落的社会结构，在外来人口比例增加到一定程度时可能导致人文生态群落中各人群相互关系的重新调整。其中，外来人口对人文生态群落文化和景观演替有着重要的影响，将在后面详细阐述。

2）经济、政治、文化、社会动因

影响人文生态群落演变的动因除了从内因与外因来分析外，还可以从另一个角度研究，我们从人文生态环境的组成因子，经济、政治、文化与社会四个方面来进行分析。

经济因子在人文生态群落的演化进程中占据了决定性地位，不同经济发展水平对人文生态群落演替和景观的变化产生不同影响。人类每一次生产力革命都带来了经济的大发展，如产业革命带来资本主义经济的发展，推动了城市化进程，彻底改变了千百年来形成的城市传统面貌，在短短百余年，甚至几十年间形成了现代城市景观。社会生产力推动了经济发展，也带来了城市人文生态系统的演变和景观的改变。经济发展的速度和周期决定了城市景观演变的速度和周期。城市景观的演变并非是一个匀速过程，而是存在着加速期、减速期和稳定期三种变化状态，不同的发展时期，城市景观演变的速度、特征、方向和形式表现出很明显的周期性特征。这种周期性特征是随着经济发展的波动而变化的，当经济处于高速发展阶段时，带来实际收入水平和城市建设投资的增加，促使了景观的加速演变，反之则导致城市景观演变的停滞。在经济发展速度的周期性决定了城市景观演变速度的周期性同时，经济发展的周期性变化也决定了城市空间扩展形式的周期性更替①。

政治因素对人文生态群落的影响主要表现在各种制度性措施上，而政治制度又是建立在一定的生产体制、一定的经济基础之上的。政治制度的一致性、稳定性是城市人文群落稳定、景观演变稳定的重要原因之一。而制度的变革也常常导致人文群落与景观的剧烈演

---

① 侯鑫.基于文化生态学的城市空间理论研究——以天津、青岛、大连为例[D].天津：天津大学，2004：80

变。制度对景观形态的影响将在本书的第4章中进行论述。

文化是城市景观的灵魂，拉普卜特认为，特定的社会文化是空间意义的基础与渊源所在，空间环境之所以具有意义、具有怎样的意义以及该意义的作用如何在人的行为环境中得以体现，均是受到特定文化及由此形成的脉络情境所决定的。文化是景观的深层结构，深层结构实际上是一系列抽象的、具有普遍意义的形式规律，它存在于任何实际空间的概念中。群落文化的变迁必然带来景观的演变，这一点在人类各个历史时期都有所反映。

社会结构的变化也是导致景观演变的原因之一。社会与文化结构的变化周期相对较长，是比较稳定的人文结构，对景观的影响不如经济和政治因素那样明显和剧烈。然而，社会与文化结构是人文生态系统中最核心、最基本的结构，是系统的灵魂，它们对景观的影响是深刻而普遍的，在研究景观演变的过程中不能忽视社会与文化因素的影响。

3）人口流动对群落及景观演替的影响

人类在不同地域间的迁徙改变了当地人文生态群落的结构，是群落形成和发展变化的重要原因。人类的自主行为能力较强，为寻求新的生存空间，人类会不断向新的区域迁徙。原始人类流动的主要目的是为了获得更多的食物和更安全的居所。现在，人类流动的目的和方式发生了巨大的变化，而追求更美好生活的最深层的动力没有改变。人类流动的主要原因是获得更好的生存条件，因此，不同地域拥有不同的生活和生产资源是引发人类流动的最重要的原因。

人口流动带来了不同人群、不同文化的交流，对人文生态系统的发展是有利的，文化的进步、社会的发展都离不开交流与促进，而人口流动则是交流的主要载体。历史上的人口大迁移常常与经济和文化的发展和繁荣相联系，是促进人文生态群落发展的有力因素。

人口的流动受迁移经济性的影响较大，包括迁移实际距离、心理距离、迁移地的吸引力等等。距离是影响人口流动的最重要的因素，人口流动到一个新的地区可能性随着距离的增大而下降，随着交通便利程度的增加而增加。心理距离实际上是文化的认同，人们更愿意流向属于同一文化类型的大城市，这使得他们更容易适应新的环境。迁移地的吸引力主要是指流向的城市可提供的就业机会、生活条件、文化环境和社会环境等。人口流动有其规律可循，这对于城市规划有着极其重要的参考价值。

中国现阶段人类流动的主要形式是农村人口向城市的迁移，这是生产力水平发展到一定阶段的必然结果，也是城市化的必经之路。人口的城乡流动深刻地改变了城市和农村的社会结构与物质形态，对于城市的影响尤为显著。为了容纳更多的人口，城市正以前所未有的速度扩张，新的城市区域不断建成，新的人文生态群落也随之形成。农村流动人口对城市人文生态群落的影响还表现在对既成群落的改变，形成了流动人口聚居的老城中心及城乡结合部城中村，改变了当地的人文状况。流动人口为城市带来了源源不断的劳动力资源和新鲜的活力，为城市发展提供了强大的动力①。同时，城乡间人口流动为农村带来了较大的经济收入，并使得农村的思想观念、文化结构发生较大的变化，成为消除城乡差别的一个重要的手段，也是保持整体经济平衡和社会安定的重要措施。然而，由于中国现行的户籍制度，造成城乡二元壁垒依旧存在，阻碍了人口的城乡自由流动，农民进城工作但户籍上仍然属于农村，不能真正成为城市市民，这使得大部分流动人口无法在城市定居，而是如候

① 吴明伟，吴晓. 我国城市化背景下的流动人口聚居形态研究——以江苏省为例[M]. 南京：东南大学出版社，2005

鸟一般在城乡间迁徙,成为中国城乡人口流动的一大特征。

现代人文群落中的流动性比传统人文群落有较大的提高,流动带来了外来人口、外来文化以及外来的经济形式,对系统原有状态造成干扰,流动性增加是传统人文群落遭受外来人口入侵、发生演替的重要指标。侵入城市人文群落的初期,外来人口往往在和本地人口之间的竞争中处于劣势,所以他们一般会自动回避这种不利竞争,放弃优势的空间及社会资源,即选择区位和环境较差的地点居住,选择劳动强度较大、劳动环境较差、危险性较高和薪酬较低的行业工作,他们在城市中最早渗入的是各人文群落之间的边缘,在城市的概念上是城乡结合部,在社区或者群落的概念上是社区边缘或群落之间的廊道——街道两侧。因此,这些区域往往是经济活力高的地区,景观上除了车流量、人流量大,商业繁华外,重要的特点是往往聚集了各地特色的小型餐饮和服务业,多样性明显高于一般城市地区。

3.4 城市景观形态发展的人文生态调控

3.4.1 相关理论研究

1) 文化多样性

文化多样性理论的思想来源之一是生物多样性理论。生物多样性是地球生命经过几十亿年发展进化的结果,由于生物多样性的内在价值,和生物多样性及其组成部分的生态、遗传、社会、经济、科学、教育、文化、娱乐和美学价值,以及生物多样性对进化和保护生物圈的生命维持系统的重要性,保护生物多样性成为全人类共同关切的问题[①]。

与生物多样性类似,文化多样性对于人类社会平衡与发展所具有的价值也日益为人们所重视。文化多样性指各群体和社会借以表现其文化的多种不同形式。这些表现形式在他们内部及其间传承。文化多样性不仅体现在人类文化遗产通过丰富多彩的文化表现形式来表达、弘扬和传承的多种方式,也体现在借助各种方式和技术进行的艺术创造、生产、传播、销售和消费的多种方式[②]。

文化多样性增加了每个人的选择机会,它是发展的源泉之一,它不仅是促进经济增长的因素,而且还是享有令人满意的智力、情感、道德精神生活的手段。每项创作都来源于有关的文化传统,但也在同其他文化传统的交流中得到充分的发展。人类的共同遗产文化在不同的时代和不同的地方具有各种不同的表现形式。这种多样性的具体表现是构成人类的各群体和各社会的特性所具有的独特性和多样化。因此,各种形式的文化遗产都应当作为人类的经历和期望的见证得到保护、开发利用和代代相传,以支持各种创作和建立各种文化之间的真正对话。文化多样性是人类的共同遗产,应当从当代人和子孙后代的利益考虑予以承认和肯定[③]。

---

① 生物多样性公约参见:http://biodiv. coi. gov. cn/fg/hy/05. htm

② 保护和促进文化表现形式多样性公约,2005 年 10 月 20 日联合国教育、科学及文化组织第三十三届会议通过。资料来源:联合国教科文组织官方网站:http://unesco. org/zh/

③ 世界文化多样性宣言,联合国教科文组织 2001 年 11 月 2 日第二十次全体会议根据第 IV 委员会的报告通过的决议。资料来源:联合国教科文组织官方网站:http://unesco. org/zh/

文化多样性是客观存在，每种文明和文化都是在特定的地理环境和特定的人群中产生和发展的，它不仅包括语言文字、文学艺术，还包括生活方式、价值体系、宗教信仰、工艺技能、传统习俗等极其丰富的内容。一个社会中存在着多样性文化，这本身就具有内在价值。不同文化被看做是人类创造力和成就的独特形式的博物馆，而让文化消亡就要丧失某些具有内在价值的东西。尊重多样性，就是尊重文化的异质性。尊重和保护文化的多样性就必须确保属于多元的、不同的和发展的文化特性的个人和群体的和睦关系和共处。主张所有公民的融入和参与的政策是增强社会凝聚力、民间社会活力及维护和平的可靠保障。因此，应建立与文化多样性这一客观现实相应的一套民主制度，以确保对文化多样性的保护具有更广泛的法律约束力。应以政治制度的形式来对抗那些忽视、同化、奴役不同文化、不同民族的企图，将多元文化的道德关怀上升到制度的层面。

捍卫文化多样性是伦理方面的迫切需要，与尊重人的尊严是密不可分的。它要求人们必须尊重人权和基本自由，特别是尊重少数群体和土著人民的各种权利。任何人不得以文化多样性为由，损害受国际法保护的人权或限制其范围。文化权利是人权的一个组成部分，它们是一致的、不可分割的和相互依存的。每个人都应当能够用其选择的语言，特别是用自己的母语来表达自己的思想，进行创作和传播自己的作品；每个人都有权接受充分尊重其文化特性的优质教育和培训；每个人都应当能够参加其选择的文化生活和从事自己所特有的文化活动，但必须在尊重人权和基本自由的范围内[①]。

文化多样性是社会可持续发展的源泉。如同生物多样性是一个关系到生命在地球上续存的根本问题，文化多样性是一个关系到人类文明续存的根本问题。2002 年 9 月，在联合国约翰内斯堡"可持续发展首脑会议"上，法国总统希拉克提出，文化是"与经济、环境和社会并列的可持续发展的第四大支柱"。会议宣言指出，文化多样性是人类的集体力量，在可持续发展思想体系中具有重要价值。文化多样性对于人类来讲就像生物多样性对于维持生物平衡那样必不可少。每一种文明和文化都拥有自己的历史精神和人文传承，有独特的美丽和智慧。美国人类学家博克说："多样性的价值不仅在于丰富了我们的社会生活，而且在于为社会的更新和适应性变化提供了资源。"一种文化如同一种基因，多基因的世界具有更大的发展潜力[②]。

文化多样性对于人文生态系统的生存与发展具有重大意义，是系统平衡与可持续发展的源泉。因此，需要运用文化多样性理论对人文生态系统进行研究。正如前文强调的那样，人是通过文化改造世界的，城市这样的人工生态系统中的所有景观都可以被认为是具有文化内涵的景观，只有保持文化的多样性，才能保证景观的多样性。

2）人文生态平衡

生态平衡的概念是指一定的动植物群落和生态系统发展过程中，生物与生物之间、生物与外界环境之间通过相互制约、转化、补偿、交换等作用而达到的相对稳定的平衡阶段[③]。

---

① 世界文化多样性宣言，联合国教科文组织 2001 年 11 月 2 日第二十次全体会议根据第 IV 委员会的报告通过的决议。资料来源：联合国教科文组织官方网站：http://unesco.org/zh/

② 刘堂．城市旅游的文化内涵以及开发管理策略——国际经验[J]．商场现代化，2007(498)

③ 由于外界环境调节的变化会引起生物形态构造、生理活动、化学成分、遗传特征和地理分布的变化，生物必须不断调整自己以建立新的平衡，因此生态平衡总是动态的。引自：辞海编辑委员会编．辞海[M]．上海：上海辞书出版社，1988

人文生态系统平衡指的是共同生活的人群通过竞争、协作、排斥、共生等相互作用而形成人文群落及其环境间相互牵制的稳定整体；在稳定状态下群落的人群组成和各人群的数量变化都不大；群落出现的变化实际上都是由环境的变化，也就是干扰所引起的。与自然生态系统的平衡不同，人文生态系统的物质、能量和信息的输入量远大于输出量，只有在更大的范围内才能达到平衡，从而使得系统的结构和功能长时间处于稳定状态。实际上人文生态系统中的人群始终处在不断地变化之中，群落在环境干扰下不断地抵抗和恢复，通过自我调节，保持原有的稳态或进入更高的平衡状态，这种平衡是一种动态的相对的平衡，而非静态的绝对的平衡。

在一个相对平衡的人文生态系统中，人类群体最终可以达到最高和最合适的数量级，此时各种人群彼此适应，相互制约，从而得以进行正常的生产和生活。因此人文生态系统的人文群体的多样性丰富，系统结构趋于复杂，系统功能不断优化，就成为衡量人文生态系统生态平衡的主要指标或即系统表征。人文生态平衡状态主要表现出以下几个特征：①系统的政治、经济、社会结构完善；②系统中经济各部门相互协助、制约，就业稳定，系统资源的输入与输出保持一定比例的均衡，系统的总生产量和消费量保持在一定水平，供需关系保持稳定；③系统的政治关系稳定，制度健全、机构完整，各种权力主体相互制衡，对整个系统的管制有序而持续；④系统的社会稳定，中间阶层力量壮大，民间社会团体的组织协调功能得到彰显，各种社会矛盾没有被激化，群体呈现多样性特征，各种社会群体公平、共生、和谐发展；⑤系统的文化传承、文化创新、文化多样性以及文化稳定性都得到体现；⑥人文生态系统是一个开放的系统，系统需要大量的信息、能源和物质的输入使系统得以保持高度有序的结构与功能；⑦系统外的自然环境保持稳定，系统对自然环境的扰动控制在可承受的范围之内，相应地，系统的外部景观也保持动态稳定的状态。

3）景观的稳定性

景观的稳定与人文生态系统的平衡有着内在的联系，景观稳定性是一种有规律的绕中心波动的过程，是指一个系统对干扰或扰动的反应能力。景观的稳定性可以从两个方面来理解，一种是从景观变化的趋势看景观的稳定性，另一种是从景观对干扰的反应来认识景观的稳定性。景观无时无刻不在发生着变化，绝对的稳定性是不存在的，景观稳定性只是相对于一定时间和空间的稳定性；景观又是由不同组分组成的，这些组分稳定性的不同影响着景观整体的稳定性；景观要素的空间组合也影响着景观的稳定性，不同的空间配置影响着景观功能的发挥①。

一般来说，景观的抗性越强，也就是说景观受到外界干扰时变化较小，景观越稳定；景观的恢复性越强，也就是说景观受到外界干扰后，恢复到原来状态的时间越短，景观越稳定。事实上，景观可以看做是干扰的产物，景观之所以是稳定的，是因为建立了与干扰相适应的机制，理论上讲，在干扰经常发生，而且有一定干扰规律下形成的景观稳定性最高。

人们总是试图寻找或是创造一种最优的景观格局，从中获益最大并保证景观的稳定和发展，事实上人类本身就是景观的一个有机组成部分，而且是景观组分中最复杂、最具活力的部分，同时景观稳定性的最大威胁恰恰是来自于人类活动的干扰，因而人类同自然的有

---

① 余新晓，牛健值. 景观生态学[M]. 北京：高等教育出版社，2006：142

机结合是保证景观稳定性的决定因素[①]。

4）可持续发展

1987 年联合国世界环境与发展委员会主席，挪威首相布伦特兰夫人在《我们共同的未来》报告中，将“可持续发展”定义为：“既满足当代人的需求，又不对后代人满足其自身需求的能力构成危害的发展。”[②]这一概念最初是针对环境的可持续发展而提出，现在已经成为整个人类社会的共同目标。

自然生态系统可持续发展的三个基本原则同样适于人文生态系统：①持续性原则。人类的政治、经济和社会发展必须维持在人文生态系统资源和环境承受能力的范围之内，以保证发展的持续性。②共同性原则。人类生活在同一地球上，地球的完整性和人类相互依存表现了人类根本利益的共同性。文化危机和经济发展的全球性表现了人类所遇到的历史挑战的共同性、人类努力的共同性和人类未来的共同性。③公正性原则。为了当代人和后代人的利益，保护和利用社会文化及自然资源的公正性。可持续发展不仅要求代际公正，即当代人的发展不应当损害下一代的利益，而且要求代内公正，即同一代人中一部分人的发展不应当损害另一部分人的利益[③]。

在社会学研究方面，可持续发展理论以社会发展、社会分配、社会公正、利益均衡等作为基本内容，其集中点是力图把“经济效率与社会公正取得合理的平衡”，作为可持续发展的重要指标和基本内涵。这方面的研究以联合国开发计划署的《人类发展报告》（1990—1996 年）以及其衡量指标“人文发展指数”为代表[④]。

借鉴王如松先生对自然生态系统可持续发展的研究，我们把人文生态系统的可持续发展也归结为“循环再生、协调共生、持续自生”三个方面[⑤]。人文生态系统中的再生不仅指资源、产品和废物的循环再生，还指人类的再生与经济的循环和文化的创新，不断产生新的文化要素和新类型，保持文化的活力和生命力；人文生态系统中的共生是指人和人之间，以及各种群的和谐共处，是各民族、性别、年龄、宗教间的和谐共生，共生是指不同文化之间的相互补充和支持，是不同经济形式、各种政治形式和各种意识形态之间的和谐共生，即要保持人文生态的多样性、相互促进、共同发展；人文生态的自生是指社会文化的传承，保持、延续而不至灭绝。

景观是人类及其文化活动的产物，因此人文的再生也必然带来的景观的再生，即景观形态的不断发展更新，人文的共生带来景观的多样性，人文的自生自持也将带来景观的自持，即景观应该具有一定的稳定性。因此，理想的城市景观形态是具有一定的稳定性，保持活力、不断更新且多样、丰富的。城市景观规划设计应在保持稳定性的基础上不断发展，并保持其多样性，即小规模渐进式景观更新，如此才能避免一次性设计和实施带来的单一性，而保持其多样性。

---

① 余新晓，牛健值. 景观生态学[M]. 北京：高等教育出版社，2006：145

② 中文版见：联合国世界环境与发展委员会. 我们共同的未来[M]. 王之佳，等，译. 长春：吉林人民出版社，1997

③ 聂兰生. 21 世纪中国大城市居住形态解析[M]. 天津：天津大学出版社，2004：92

④ 人类发展指数的相关内容参见联合国发展计划署（UNDP）官方网站：http://hdr.undp.org/en/

⑤ 王如松，赵景柱，赵秦涛. 再生、共生、自生——生态调控三原则与持续发展[J]. 生态学杂志，1989(8)

3.4.2 城市景观形态发展的人文生态调控

1）群体关系调控

通常情况下，人文生态系统中的人口数量与结构变化总是呈现出一定的规律，这是因为如同自然生态系统一样，在人文生态系统中也存在着对群体的调控机制①。虽然人类总体数量呈不断上升的趋势，但各群体的数量总是保持在一定水平达到某种平衡，不会出现无限增加的情况，群体内部及外部对数量有自发的调节功能。但是人文生态群体的调节因素中自然环境的影响力大为减小，各种人文因子的影响凸显而出，如经济、文化、政治等因素。

在自然界，种群间的调节通常是通过捕食、寄生和竞争等方式进行调节，在人文生态群体间既存在竞争，也存在协作。这很大程度上是由于从生物学上人类其实属于同一种群，而同一种群中很少有捕食和寄生现象出现。芝加哥学派的研究者在1930年代在社会学研究中引入竞争、入侵、合作等生态学概念，研究人类行为与地域空间的关系，开拓了一个新的研究视野，现在我们研究剥削、竞争与协作在人文生态系统平衡调控中的作用。人文生态群体间的竞争、剥削与协作的关系直接影响到群体对空间使用和占有的方式，形成了具有特点的景观形态。

(1) 剥削

剥削是指占有他人的劳动而不给予公平的或相当的报酬，这是在对立阶级中发生的常态，根据马克思的政治经济学，剥削的根源是生产资料的所有者对劳动者部分劳动的无偿占有。在资本主义社会中资本家对无产阶级剩余价值的无偿占有就是剥削的典型代表。剥削伴随着私有财产而诞生，它是人类间最冷酷的关系之一，它使得财富在某类人群中集中，使不同人群对生产、生活资料的占有不均，产生社会层级关系和不公平现象。在阶级社会中，剥削是客观存在的人群间的相互关系之一，剥削使社会群体分化为两大对立阶级，这也是阶级社会的主要社会结构。剥削不仅使社会分化为两极，也使各种资源的占有情况分化为两极，同样的，剥削者与被剥削者所占有的景观资源也呈现两极分化的局面。以中国古代封建社会最后一个都城北京为例，供皇帝及封建官僚构成的剥削者使用的紫禁城占据城市中央，拥有风景最好的南海、中海、北海和景山，规划宏伟、建筑高大、金碧辉煌。供市民和手工业者等被剥削者居住的广大地区则只有外海一处自然景观，街巷密集、建筑低矮，景观资源的两极分化明显。由于当代中国已经消灭了剥削阶级，景观的调控更多的是不同阶层的，表现在竞争和协作关系。

(2) 竞争与协作

自从达尔文在《进化论》中提出“物竞天择，适者生存”，竞争就成为研究生物间关系的重要课题。生物界的竞争是指生物体之间由于食物、栖息场所或其他生活条件的矛盾而斗争的现象，竞争既存在于种间也存在于种内。人类也存在为争取更好的基本生活条件而竞争的现象，但大多数情况下人类的竞争抽象为一种力量的对比，是一种努力促使自己能够

---

① 在自然生态系统中，通常种群数量在自然控制之下维持在一定范围之内，从而使种群在生物群落中与其他生物成比例地维持在某个特定的水平上，这种现象叫种群的自然平衡。在自然生态系统中，种群数量通常受到环境中的各种因子所调节，如天气、水分、食物、污染状况、其他生物等。引自：周凤霞．生态学[M]．北京：化学工业出版社，2005：50

处于领先地位或优势地位的过程。竞争使得生物不断向更完美的方向进化,也使得人类社会不断发展进步,在这个层面上而言,竞争是一种有利的调节手段。适度的竞争可以使人文生态系统处于一种动态的平衡中,保持一种相对稳定的状态。群体间竞争的性质可分为竞争排斥与竞争共存,在人文生态系统中同时存在,而竞争共存的现象更多一些,它使得众多的人文群体可以共同分享一个空间,在资源配置更具效率,在景观上表现为多元丰富。排斥性竞争使不同人文群体发生分化,特别是在生存空间上的分化,这种分化有利于各种人群共同使用有限的空间资源,同时,这种空间分化必然导致了景观上的分异。

生物间的协作是指两种生物相互作用,双方获利,但分离后仍能独立生存。因此,协作是一种互惠互利的关系,同样,协作可以发生在群体内部,也可以发生在群体之间。相互协作促成了高度发达的人类的出现,也促进了复杂的人类社会的产生。协作是人类间最常态的相互关系之一,从原始人类的协作狩猎到现代企业间复杂的协作关系,协作是人类克服各种困难,实现更高目标,不断发展的重要手段。人类群体之间以协作为常态,才可能出现相对统一、连续的城市景观形态,才可能保持景观的稳定性,否则将可能导致景观的隔离、分裂和剧烈变化。

(3) 入侵

生态入侵是指某种生物进入适宜其栖息和繁衍的地区,种群不断扩大,分布区逐步稳定地扩展,改变当地生态环境的过程①。最早将生态学中“入侵”这一概念引入城市研究的是20世纪初的芝加哥学派,R. D. 麦肯齐认为就像植物群落中更替现象的后果一样,在人类社区中所出现的那些组合、分隔、结社等,也都是一系列入侵现象的后果。入侵现象主要分为土地利用形式变化和土地占有者更迭两类。

在麦肯齐研究的基础上,结合我国目前的实际情况,可以将与城市规划相关的人文生态系统入侵现象归结为以下几类:①城市规划调整导致土地性质改变,如将城内原有工厂用地置换为居住,或将原有居住用地变更为商业用地;②大型公共事业的修建,如道路、公园、医疗教育文化设施、市政工程设施的建设和改造等;③经济发展导致土地价值上升,建筑费用下降,使得土地使用者发生变化,最终导致新的功能的出现,城中村是这类现象的典型;④新的经济实体的进入,如大型公司、跨国集团的设立会引起当地社区剧烈的变化;⑤土地开发集团的影响,住宅或商业开发通常会导致周边地块价值的提升,并逐渐侵蚀周边土地,导致整个区域性质的改变;⑥此外,前面论述的外来人口的大量涌入也是入侵的一种类型。这些入侵现象不但会带来社会人文生态的调整,而且往往带来大规模的基础设施、建筑和景观建设项目,使得区域城市景观在短期内发生较显著的变化。

在近代中国还有一类不可忽视的入侵现象,即殖民入侵。这种入侵是伴随着西方帝国的坚船利炮而强行输入其政治、经济、文化等,同时,这种入侵直接导致了许多中国传统城市形态的深刻改变,其最显著的表现就是城市中租界地的出现。租界是中国城市中一块特殊的区域,从人口、语言、行为、生活方式、经济制度、管理措施到道路规划、建筑形式、市政设施上都与其他地方有着巨大的差异,产生了明显的分隔现象。近代的殖民入侵干扰了中国城市自主现代化的过程,使许多城市呈现出不平衡发展的畸形状态,但也在一定程度上带动了中国城市的现代化。在景观方面,不但出现了上海外滩、汉口外滩等标志性的租界

① 周凤霞.生态学[M].北京:化学工业出版社,2005:52

地近代建筑景观，而且使得现代市政观念、技术、设施，连同其建筑样式一起传入中国，在某种程度上促成中国城市景观形态的近代转型。

2）系统平衡控制

（1）正反馈和负反馈

生态系统普遍存在着反馈现象。当生态系统中某一成分发生变化的时候，它必然会引起其他成分出现一系列的相应变化，这些变化最终又反过来影响最初发生变化的那种成分，这个过程就叫做反馈。反馈有两种类型，即负反馈和正反馈。

负反馈是比较常见的一种反馈，它的作用是能够使生态系统达到和保持平衡或稳态，反馈的结果是抑制和减弱最初发生变化的那种成分所发生的变化。例如在城市经济体系中，由于消费量增加，使得产品由于求大于供而价格上涨刺激生产更多的产品，产品数量增多后，反过来导致供大于求使得商品价格下降，刺激消费量增长。这种互为消长的循环使人文生态系统保持在一定的稳定状态，有利于系统的生态平衡。

正反馈作用与负反馈相反，即生态系统中某一成分的变化所引起的其他一系列的变化，反过来不是抑制而是加速最初发生变化的成分所发生的变化，因此正反馈的作用常常使生态系统远离平衡状态或稳态。在人文生态系统形成的初期系统环境的变化有利于人群数量的增加，因而有利于系统的发展。例如华人移民进入美国后，在城市中的一定区域聚集，并改变这一区域的环境，使其类似于中国的街区，这里熟悉的环境和社会网络吸引了更多的华人聚居，在正反馈作用下形成了“唐人街”，一个成熟的华人移民的人文生态系统。但是正反馈往往具有极大的破坏作用，并且它常常是爆发性的，所经历的时间也很短。以此次的金融危机为例，美国的次贷危机导致了全球范围内的需求滞涨，中国的出口加工产业受到冲击，而作为中国经济增长的引擎长三角和珠三角地区则首当其冲。有“世界工厂”之称的广东小城东莞的外向型加工企业受冲击最大，大量企业降薪、裁员、倒闭，这个原本流动人口占 70%以上的城市一时间人去楼空。企业倒闭、民工大量返乡、城市服务业萧条、城市房租下滑，经济危机在传递的过程中不断放大，深刻地影响到每个普通人的生活，使东莞市的人文生态系统在强烈的扰动下失去平衡。

人文生态系统是一种具有反馈控制功能的自我调节系统，它能自动调控并维持系统自身结构与功能的稳定性，从而达到保持系统的生态平衡。然而，任何人文生态系统都有一个“生态阈限”，一旦超过这个阈限值，系统的自动调控功能便会降低以至消失，从而生态平衡失调，系统中的人数减少，生产量下降，物质、能量、信息的流动发生障碍，由此造成连锁反应，最终导致生态系统衰退直至系统崩溃。

（2）抵抗力和恢复力

抵抗力是人文生态系统抵抗外来干扰的能力。抵抗力与人群的特性及系统发育的阶段状况有关。个体的人对环境因子的适应性越强，人类群体多样性和文化多样性越高，系统发育越成熟，系统抵抗外干扰的能力就越强。例如自然形成的旧城居住区生态系统中，人类群体类型多样，结构复杂，社会网络丰富，系统中保存了大量历史文化信息，在其形成和发展的漫长的历史时期里，系统经历了无数的外来干扰，系统抵抗干扰的能力强于工人新村一类单一的居住生态系统，后者在企业破产等干扰下可能会立刻失去平衡。

恢复力是指人文生态系统遭到外干扰破坏后恢复到原状的能力。恢复能力主要是由人文群落特征和系统结构决定的。一般而言，系统形成的时间越短、系统结构越简单，其恢复能力就越强。如一个新建工业园类型的人文生态系统在遭受破坏后恢复的速度要比历史街区类型的人文生态系统要快得多。而后者在遭到破坏后要恢复到原来的社会、经济结构，文化积淀和空间景观，几乎是不可能的。

对于人文生态系统而言，抵抗力和恢复力是一对矛盾，抵抗力强的系统其恢复力一般较低，反之亦然。历史街区类型的人文生态系统虽然抗干扰能力较强，但系统一旦被破坏后，其恢复能力极弱，在对这类系统进行改造更新时应注意系统的这种特性，不能对系统进行破坏性的干扰，以免造成不可恢复的损失。

(3) 自主力

人类不同于其他生物的特点在于其可以用掌握的文化科学技术改造系统环境，使之更适于人类的生存和发展。人类的主观能动性在人文生态系统生态平衡的调控中也发挥了重要的作用。人为的干扰常常是人文生态系统变迁的主导因素，并且危及自然生态系统的平衡。但随着人类认识能力的提高，对生态平衡的关注越来越多，从而能主动地利用自身能力调节系统的生态平衡，像保护物种多样性一样保护文化多样性，达到人文生态系统的平衡，并促进人与自然的协调发展。人类社会发展至今，积存起来的智慧、生产和科技能力可以毁灭地球、毁灭自身，也可以设计出协调自身与环境关系的发展方案。因此，我们在城市及其景观规划设计中，应该在充分发挥人的自主力的同时，注意通过人的自主力坚持科学的世界观和可持续的发展观，并以此实现价值理性对工具理性的约束(参见本书第 4.5.2 和 4.5.3 节)。

3) 适度干扰调控

干扰是“能够引起生态系统结构和功能发生突然变化，使之从一种平衡的条件下发生位移的、不寻常的无规律的事件”(Karr,1984)[①]。干扰是系统发生演变的原因，对系统生物多样性的维持具有重要作用。

在人文生态系统中，人类群体的多样性是系统平衡的重要指标，在没有外界干扰的情况下，人文生态系统中的群体类型由少到多逐渐发展，随着系统的演进，优势群体逐渐占有更多可能的空间，并排斥其他亚群体，因此，人文生态群体发展到顶级状态后，群体类型呈下降趋势。然而，这只是一种理想状态。事实上，人文生态系统一直处于被不断地干扰之中。当这种干扰超过了一定的范围，严重破坏了人文生态系统的结构，超出了系统自我恢复能力，导致系统无法返回平衡状态，继而导致系统的功能性障碍，使系统面临彻底崩溃。

适度干扰有利于人文生态系统的平衡，可以抑制优势人群的过度发展，缓解群体间的竞争，有利于多种人群的共生，增加人文生态系统的多样性，加大系统的镶嵌性，从而强化系统抵抗干扰的能力，增加系统的稳定性。

根据干扰的影响范围可分为局部干扰、全面干扰；根据其影响时间的长短可分为瞬间干扰和长期干扰；根据其发生的频率可分为随机干扰和规律性干扰；从干扰的性质可分为自然干扰和人为干扰。一般而言，人文生态系统面临的干扰主要是人为干扰，人为干扰一直主导着城市人文生态系统的发展演变。并且，随着人类科学技术水平的提高，人为干扰的广度、强度和深度也在加大，在提高对人文生态系统的调控效率的时候，也存在着过度干扰、破坏人文生态系统稳定的危险。

---

① 毕凌兰. 城市生态系统空间形态与规划[M]. 北京：中国建筑工业出版社，2007：107

目前，我国正处于政治、经济、社会体制全面转型的时期，以政府行政的“有形之手”推动各项改革，如单位制度、住房制度的改革，大规模的城市规划和旧城更新等等，这些都是对城市人文生态系统的人工干扰。由于这种干扰打破原来的城乡二元体系，打破了计划经济和单位制度对生产力和人性的桎梏，城市人文生态系统的经济、社会活力大大增加，人民生活质量和精神面貌都有很大的提高，城市景观也从改革之前的闭塞、萧条乃至停止而变得繁荣、开放和日新月异。

但事物都是两面的，体制转型对城市人文生态系统的干扰虽然总体上增进了经济、社会的活力，但由于对文化遗产、弱势群体等人文生态敏感问题的关注和保护不足，产业调整、住房改革、城市更新等过程中的许多“一刀切”的措施虽然可能对整个人文生态系统中的大部分群体属于具有积极意义的适度的人工干扰，但对于这些敏感的人文群体和要素而言，则属于过度干扰，使得许多文化遗产和少数民族群落的生存受到威胁，这直接导致城市人文生态系统的文化多样性、景观多样性受到损失。对城市景观而言，虽然出现了大量争奇斗艳的新建筑、日新月异的新文化，但这些形式多样的文化和景观却是一种全球化的同质文化，但城市中的历史文化街区、少数民族聚居区日渐消失，传统文化艺术后继乏人，这就造成了城市景观的“千城一面”及其文化根基的动摇。

群体关系调控与系统平衡控制都属于人文生态系统内部的调控手段，适度干扰调控是从人文生态系统外部对其进行影响。对于人文生态系统而言，内部调控保证了系统平衡和发展，而外部调控有时促进了系统的平衡，有时反而成为破坏系统平衡的主要原因，并且外部调控常常强有力地干扰和影响人文生态系统的发展，成为人文生态系统演变与发展的主要动因。因此，外部调控是我们常采用的影响人文生态系统的手段，通过影响人文生态系统进而影响城市景观形态是我们研究的一个方面。其中政治制度、经济因素、城市规划等对人文生态系统及城市景观形态的调控能力是最为显著的。

3.4.3 城市景观形态的可持续发展与人文生态的关系

1）持续自生与景观的稳定性

自生是生物自我繁殖的一种能力，是物种延续的重要环节。人文生态系统也是自组织、自复制的系统，具有自我调节和自我维持的自生机制，其组成分子的持续自生和持续互动行为造成人文生态系统的存在与延续。持续自生既是个体的自生，也是经济、社会和文化的自生，是整个人文生态系统的自生，持续自生是系统延续的重要手段，也是人文生态系统可持续发展的基础。

人文生态可以简单分解为人类生态和文化生态两个方面。人类生态的自生首先是指人精神和肉体的自持，即维持个体的肌体和精神健康。人类的自生包括生命的繁衍，是生物意义上的再制造。而人类的成长过程就不仅是生理上的成熟，而更重要的是心智的成熟。这个成长需要教育的参与，包括科学文化教育、社会化教育等。教育是人类自生的关键环节，它将一个生物意义上的人培养成为具有一定技能、社会教养的社会意义上的人，成为人类文化的传承者，人文生态系统的一个组成因子。文化的自生是文化的自我延续，文化是一种自生自发的有机的、动态的系统，它不是由人有意识地、为某一特殊目的而设计出来的，而是自发形成的。所谓文化自生性，指的是文化作为一种具有价值指导功能的因素，其自身所派生出来并具有持续推动作用的积极力量，这种因素往往以潜在的需求作用于外部事物并引导其朝着预设的方向发展[①]。文化的持续的推动力是可持续发展的积极动力。

文化具有遗传力和记忆力，文化的遗传和记忆是通过人和文化的物质载体来传承的，人对文化的传承是通过教育。文化的物质载体中很重要的就是人类创造的各种建筑物、街道、社区、城市，这些载体所表现出的外貌就是景观。可以说景观是人类文化的重要载体，文化的自生性也在景观中表达出来，即是景观的稳定性。景观一旦形成就具有一定的稳定性，而人类对景观持续一贯的行为是保持景观稳定性的关键，特别是人类对景观有意识的维护和保持。一个持续而悠久的文化所造成的景观必然是具有连续性、一贯性和稳定性的。

2）协调共生与景观多样性

共生原本是一个生物学概念，是不同生物密切生活在一起。现代生态学把整个地球看作一个大的生态系统，生物圈内各类生物间及其与外界环境间，通过能量转换和物质循环密切联系起来，即“共生”[②]。协同学的创始人哈肯(Hermann Haken)指出，一个由大量子系统组成的系统，在一定条件下，由于子系统间的相互作用和协作，这个系统会形成具有一定功能的自组织结构。共生是不同种的有机体或子系统合作共存和互惠共利的现象。其结果，所有的共生者都大大节约了原材料、能量和运输，系统也获得了多重效益。共生者之间差异越大，系统的多样性越高，共生者从中受益也越多。因此，单一功能性的土地利用、单一经营的产业、条条块块式的管理系统等，由于其内部多样性很低，共生关系薄弱，生态经济效益并不高。共生导致有序，这是生态控制论的基本原理之一[③]。

协调共生是不同人群、不同文化、不同经济形式、不同政体的相互影响、相互补充和相互支持，和谐共处，共生带来的景观的多样性和丰富性。

经济共生是经济全球化的必然产物，日益紧密的经济交流与协作将不同经济体制、不同经济发展水平的国家、地区和经济实体联系成一个整体，互通有无、互利合作成为常态。利用地区差异和地区优势在世界经济体系中寻求发展的位置，资源、技术、资本、劳动力、市场都成为经济共生的因子。经济共生常常成为促进地区经济发展的强劲动力，如欧美市场对中国产品的需求，促进了中国制造业的外向型发展，对中国整体经济发展带来极大影响。经济共生促发了相互间的依存关系，是世界和平与稳定的基础。

随着美苏两级化政治格局的解体，世界政局逐步向多元化方向发展，不同政治体制、不同意识形态的国家和地区间的交流与对话日益增多，甚至出现“欧盟”这样一种超国家间政治和政府间政治的政治共生现象。政治的共生需要民主与法制的支持，需要权力制衡和制度的完善。求同存异、共同发展成为全球政治的大趋势。

社会的共生是人与人之间的共生，是社会组织间的共生，也是文化的共生。城市社会是一个异质元素并存的场所，城市为多元文化并存提供了宽容的环境和发展的土壤，不同的性别、年龄、民族、信仰、阶级、职业、文化构成了不同的人群和团体，这些异质人群和异质团体间有着不同的文化、利益冲突和相互竞争，但这种竞争是以共生为前提的。美国芝加

① http://wangboguangyuan.spaces.live.com/blog/cns! E35DF6A58E4551F7! 613.entry

② http://www.hudong.com/wiki/

③ 王如松，赵景柱，赵秦涛. 再生、共生、自生——生态调控三原则与持续发展[J]. 生态学杂志，1989(8)

哥学派认为“共生是支配城市区位秩序的最基本因素之一”。日本学者井上达则强调,“我们所说的‘共生’,是向异质开放的社会结合方式”①。社会文化的异质共生也带来了城市空间和景观的异质共生,是景观多样性形成的一个重要原因。

景观多样性是指不同类型的景观在空间结构、功能机制和时间动态方面的多样化和变异性。人文生态系统的协调共生促进了景观的多样性的形成,政治共生为景观多样性提供了组织和制度的保障,不同经济功能和社会功能的共生也反映到景观之中,社会文化异质性带来了景观空间的分异,各种人文生态异质因子的共生是景观多样性的深层原因。共生理论引入到建筑设计和城市规划中,直接影响了城市景观的演变。日本建筑师黑川纪章的共生思想不仅将建筑与生命相联系,而且使共生哲学涵盖了社会与生活的各个领域。人文生态系统的协调共生有利于景观多样性的生成,而景观多样性对于景观的稳定性有着直接的关系,可以说协调共生是景观可持续发展的直接动因。

3) 循环再生与景观形态更新

自然生态系统中的物质是循环利用的,从生产者—各级消费者—分解者—无机环境,物质的多重利用及循环再生是生态系统长期生存并不断发展的基本对策。为此,生态系统内部必须形成一套完善的生态工艺流程,物质在其中循环往复,充分利用②。在人文生态系统中,不但资源利用是高输入、低利用、高废弃的单向度使用,社会文化也在对传统的背弃中走着线性发展的道路。由于缺乏循环再生机制,城市面临限入环境污染、资源短缺、社会文化贫乏的困境中。随着可持续发展理论的提出,循环再生思想得到重视。循环论的思想也是认识论的一个重大突破。它要求我们既要抛弃传统的有始终、有因果和有源汇的单目标线性思维方法,又要抛弃人是宇宙的中心和进化的终极的观念。同时,它使我们认识到:必须把自己、把城市乃至整个人类社会放进一个更大的系统范围中去,因为我们只不过是这个更大的循环圈中的一部分而已。

人文生态系统中的循环再生是指经济的循环再生,资源再利用,环境保护;文化的再生,文化不断创新,不断产生新的文化要素和新类型;以及城市更新,景观形态的不断更新。

循环经济,本质上是一种生态经济,它要求运用生态学规律而不是机械论规律来指导人类社会的经济活动。循环经济倡导的是一种与环境和谐的经济发展模式。它要求把经济活动组织成一个“资源—产品—再生资源”的反馈式流程,其特征是低开采、高利用、低排放。所有的物质和能源要能在这个不断进行的经济循环中得到合理和持久的利用,以把经济活动对自然环境的影响降低到尽可能小的程度。自从1990年代可持续发展战略以来,发达国家正在把发展循环经济、建立循环型社会看做是实施可持续发展战略的重要途径和实现方式③。

文化的再生是在文化传承基础上的创新,给传统文化注入新的生命。法国社会学家布迪厄(Pierre Bourdieu)的文化再生产理论提到文化最根本的特点就是它的自我创造性,也就是文化生命有其自我超越、自我生产、自我创造的特征,也更显示出文化的自我更新能力④。传统文化是在历史发展过程中不断传承与更新的结果,文化变迁的关键在于促成文

①② 王如松,赵景柱,赵秦涛.再生、共生、自生——生态调控三原则与持续发展[J].生态学杂志,1989(8)

③ http://www.cnr.cn/home/column/kf/xh/200506020358.html

④ 布迪厄的文化再生理论引自:高宣扬.布迪厄的社会理论[M].上海:同济大学出版社,2004

化自身发展的良性循环,是文化的自我更新。文化再生给文化注入了持久的生命力,使人类社会在继承的基础上不断发展进步,这种文化的自觉与自主也是人文生态系统区别于其他自然生态系统的重要原因之一。

城市更新也是循环理论的现实应用与发展。从生物学角度来看,再生或复生指的是失落或损伤组织的重新生长,或者是指系统恢复原状。对于城市来说,城市更新是用全面及融会的观点与行动来解决城市问题,寻求一个地区在经济、体制环境、社会及自然环境条件上的持续改善。从西方城市"清除贫民窟—邻里重建—社区更新"的发展脉络可以看到,指导旧城更新的基本理念也从主张目标单一、内容狭窄的大规模改造逐渐转变为主张目标广泛、内容丰富,更有人文关怀的城市更新理论。吴良镛先生的"有机更新"理论的核心思想是主张按照城市内在的发展规律,顺应城市肌理,从而达到有机秩序。从物质环境的更新到经济、环境、社会与自然全面的有机更新,城市更新也进入了可持续发展的时代。

人文生态系统的再生是经济、社会、文化的全面的再生,它导致了系统环境,也就是城市景观的相应变化。城市景观更新过程是相对漫长的修复过程,是循环再生思想在城市物质层面上的表现,是更深层的循环经济、文化再生与城市更新的直接表现。景观的再生是景观的历时性和共时性的共同产物,景观既保存了过去的历时信息,同样会刻上现代的印痕,在继承的基础上实现景观的自我更新,实现城市景观的可持续发展。

3.5 小结

通过系统、等级、尺度、组织和结构功能等横断理论,我们可以发现人文生态与城市景观形态之间确实存在一定的互动关系,并且这种关系是可以被认知、掌握与合理运用的。

运用景观结构相关理论和基质—廊道—斑块语汇分析城市景观结构的人文生态动因,认为经济是城市景观结构形成的基础和动力,社会自下而上持续稳定地影响着城市景观结构,文化是城市景观结构的精神内核,政治制度自上而下地控制城市景观结构的发展,城市景观结构正是在各种人文因素共同的作用下形成的复杂体系。

景观形态变迁有一定的人文生态规律,人文生态群落演替每个过程所呈现的景观形态是不同的。需引起重视的是在人文生态群落的演替中,外部因素的影响力常常大于内部因素,而经济、政治、文化和社会因素从不同侧面共同影响着景观形态的演替。

城市景观形态的发展与人文生态也有密切的关系,人文生态的持续自生与景观的稳定性,人文生态的协调共生与景观的多样性,人文生态的循环再生与景观形态更新都有对应关系,城市景观形态的发展方向可以通过人文生态方法进行合理调控,使其朝向和谐、稳定与可持续的方向发展,这也是本书研究的目的与意义之一。

4 制度对城市景观的影响

城市是一个包括自然、经济、社会三大类各种生态因子的复杂生态系统，这些生态因子分布于城市地域空间上，并叠加而共同构成了城市的景观形态(图 4.1)。城市生态系统是一个复杂的动态系统，然而各生态因子在空间上的分布绝不是无序而杂乱的，相反，它遵循着一定的法则，最重要的法则之一就是“制度”。虽然制度本身也是一种生态因子，但是，正如图 4.2 所示的那样，它在城市生态系统中扮演着组织者的角色，它约束着人们行为及其相互关系，规范着人与环境的关系，也构建了城市景观形态的人文法则，对城市景观形态具有控制性的影响力，有一定的研究价值。我国当前正处在经济、社会、文化和社会制度全面转型时期，制度的变革对城市景观形态造成了极大的影响，这一研究具有一定的现实意义。因此，本章从制度的分析出发，期望揭示我国城市景观形态形成和变迁的原因。

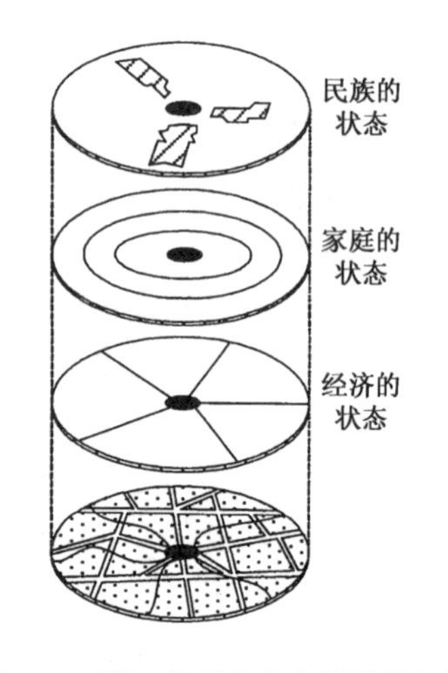

图 4.1　影响景观的人文因子叠加图

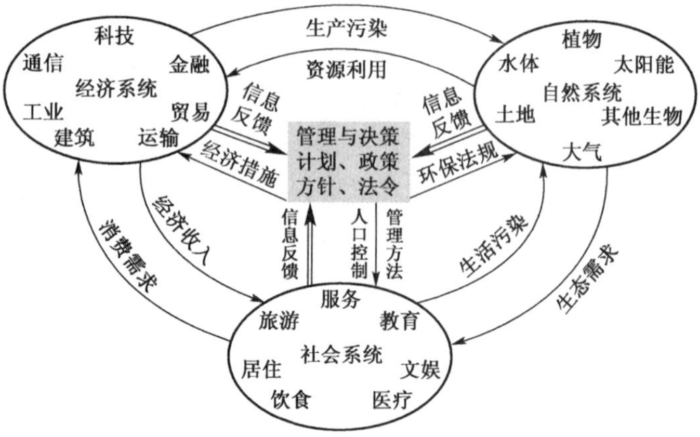

图 4.2　城市生态系统的构成

4.1　制度与城市景观形态

4.1.1　制度的定义及分类

古代汉语中，“制”有节制、限制之意；“度”有尺度、标准之意。顾名思义，“制度”即节制(人们行为)的标准，即《辞海》中“制度”的第一定义：“要求成员共同遵守的、按一定程序办事的规程”[①]。中国从古至今都重视制度在国家社会管理中的作用。战国时期的著名改革家商鞅在《商君书》所说：“凡将立国，制度不可不察也，治法不可不慎也，国务不可不谨也，事本不可不抟也。制度时，则国俗可化而民从制；治法明，则官无邪；国务壹，则民应用；事本抟，则民喜农而乐战”[②]。我国改革开放的总设计师邓小平同志也说过：“制度好可以使坏人无法任意横行，制度不好可以使好人无法充分做好事，甚至会走向反面。”[③]

国际上，当前对于制度本身的研究已经成为一门显学，有着种种的定义和分类。美国制度学派先驱之一凡勃仑认为，制度是大多数人所共有的一些“固定的思维习惯，行为准则，权力与财富原则”[④]。美国经济学家丹尼尔·W.布罗姆利认为制度是“影响人们经济生活的权利和义务的集合。这些权利和义务有些是无条件的，不依靠任何契约；既可能是、也可能不是不可剥夺的……这样一个制度系统可以用社会学和社会人类学用语描述成一个角色系统或地位系统”[⑤]。新制度主义者安德鲁·斯考特给出了制度的明确界定，他指出：“社会制度，指的是社会的全体成员都赞同的社会行为中带有某种规律性的东西，这种规律性具体表现在各种特定的往复的情境之中，并且能够自行实行或由某种外在权威施行之”[⑥]。这个定义指出了制度在执行方式上的性质差异，一种是自觉施行的制度，另一种是需要强制实施的制度，已经暗含了对制度的分类。

制度的分类有着多种不同的维度，其中新制度经济学的主要代表人物道格拉斯·C.诺思的观点影响最广。他认为，“制度是一系列被制定出来的规则、守法程序和行为的道德伦理规范”，主要有正式规则（约束）和非正式规则（约束）两种形式。正式规则是指人们有意识创造的一系列政策法则，包括政治规则、经济规则和契约，以及由这一系列的规则构成的一种等级结构，从宪法到成文法和不成文法，到特殊的细则，最后到个别契约，它们共同约束着人们的行为。而非正式规则则是人们在长期交往中无意识形成的，具有持久的生命力，并构成代代相传的文化的一部分。一般来说，非正式规则包括对正式规则的扩展、细化和限制，是社会公认的行为规则和内部实施的行为规则，如价值观念、伦理规范、道德观念、风俗习性、意识形态等。尽管非正式规则的一个主要作用是去修正、补充和研拓政治规则，然而它却是制度变迁连续性和路径依附性的基础，同时也是相同正式规则下经济发展绩效差异的根源[⑦]。

其他对制度的分类角度还有很多，如按照制度指向的行为客体可将制度系统或制度结构分为个人的、类别的、地位的、群体的、商业的、系统的制度等各类制度，也可按制度指向

① 辞海编辑委员会.辞海[M].上海：上海辞书出版社，1988

② 高亨.《商君书》注释[M].北京：中华书局，1974

③ 出自邓小平同志《党和国家领导制度的改革》的讲话(1980年8月18日)，转引自人民网邓小平纪念馆：http://cpc.people.com.cn/GB/69112/69113/69710/4725553.html

④ 凡勃仑是美国制度学派先驱之一，他首先将制度问题纳入科学研究，开创了对制度进行系统的逻辑实证研究之先河。引自：袁峰.制度变迁与稳定——中国经济转型中稳定问题的制度对策研究[M].上海：复旦大学出版社，1999：8

⑤ 陆益龙.户籍制度——控制与社会差别[M].北京：商务印书馆，2004：125

⑥ 袁峰.制度变迁与稳定——中国经济转型中稳定问题的制度对策研究[M].上海：复旦大学出版社，1999：10。其他定义还有：W.艾尔斯纳认为，制度是一种决策或行为的规则，后者在此控制着“往复多人情境中的个人活动”。保罗·布什认为，某种制度，则可以被定义为一系列由社会限定的相关行为类型。新制度经济学的主要代表人物道格拉斯·C.诺思认为，“制度是一系列被制定出来的规则、守法程序和行为的道德伦理规范”。

⑦ 袁中金，王勇.小城镇发展规划[M].南京：东南大学出版社，2001：41

的不同行为领域分为政治制度、经济制度、法律制度、分配制度、生产制度等[①]，还可以按照个人/社会、强制/非强制将其如图4.3划分为不同层级。因此，制度的分类本身没有一定的标准，根据不同的研究目的可以从不同的维度将制度分为不同的层次或类别。

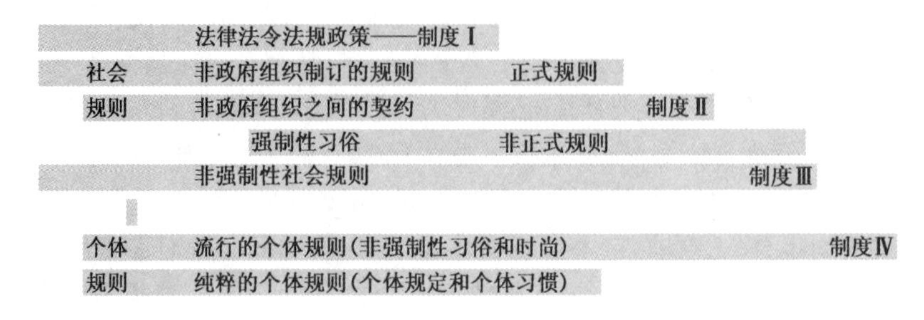

图4.3 制度层级图

4.1.2 不同制度类别与城市景观的关系

本书是在人文生态的视野下对城市景观形态的研究。制度是人文生态系统中的重要法则，在很大程度上影响着自然、社会、经济等各种人文生态因子在空间的分布及其叠加而成的城市景观形态，但正如前文所述，制度本身包括许多的层级，不同层级的制度对于城市景观形态的影响有作用形式和直接/间接、长期/短期、强/弱、正式/非正式的区别，所以，本章据此将制度不完全地划分国家制度、城市制度和非正式制度三类(表4.1)，以探讨其对城市景观形态的影响。

表4.1 制度类型与城市景观的关系

类别	制度形式	正式程度	作用范围	典型作用方式	影响程度
国家制度	国家方针、政策、法律、法规	正式	国家	从所有制、土地、户籍、民族、住房等宏观调控社会经济发展	宏观间接
城市制度	城市规划、管理政策和公共决策	正式	城市	通过规划建设行为直接塑造城市实体景观空间形态	中观直接
非正式制度	价值观、宗教信仰、伦理道德、风俗习惯	非正式	个人	限定或引导个体的选择行为影响微观城市景观	微观直接

1) 国家制度对城市景观形态的宏观调控

国家制度是指国家制定的方针政策和法律法规，如政治体制、所有制方式等根本制度和人口、民族、土地、环境政策等，是一种由国家机构强制执行、在全国城乡范围内具有普遍约束力的正式制度，通过调控土地、人口、资金、住房等资源在国土范围内的总量和空间配置来完成国家发展目标，从而在宏观上决定城市的社会经济发展模式，并进而间接地影响着城市的景观形态。由于国家制度的宏观性、强制性和相对稳定性，它对城市景观形态的影响是根本性的、长期的。国家制度包括政治制度、经济制度、文化制度和社会制度，从方

① 顾自安. 制度的分类[EB/OL]，http://www.chinavalue.net/Article/Archive/2005/12/13/16184.html，2008-12-2

方面面对城市发展和人的行为建立了正式的、强制性的规则，具体内容非常丰富。本书仅抽取国家制度中对城市景观形态最具调控作用的土地制度（见 4.2 节）、户籍制度（见 4.3 节）、单位制度和住房制度（见第 5 章），对其历史变迁和现状问题进行研究，分析其对城市景观形态的影响。单位制度和住房制度具有高度的关联性，且涉及国家制度、城市制度和非正式制度的方方面面，故合为第 5 章，重点探讨其和城市景观变化的关系。

2）城市制度与城市景观形态的直接塑造

城市制度可以认为是在一定国家社会经济制度下建立起来的、规范城市内人与空间基本关系的城市规划、管理政策和公共决策，它们是“反映特定的意识形态，同时也是城市建设方面的政策及方法框架，它使城市在一定的政治—经济制度下为人们生产、生活的效益最大化地提供空间保障”[①]，也通过城市建设、市容管理等方式直接地塑造了城市景观形态。一些重大的公共决策，如道路桥梁等基础设施的建设、世博会等重大活动的开展、文明城市的创建等也会直接影响城市景观形态，甚至在一夜之间改变城市面貌。由于我国城市化处于高速发展阶段和强势政府的特色国情，城市制度对城市景观形态的影响往往直接且立竿见影，并且容易受到政府领导更迭的影响而缺乏应有的稳定性。在本章中，笔者重点探讨城市总体规划、大型基础设施、大型活动和政府运动对城市景观形态的影响。

3）非正式制度对城市景观形态的微观影响

非正式制度是如价值观念、伦理规范、道德观念、风俗习性、意识形态等社会公认的行为规则和内部实施的行为规则，往往属于文化的范畴。它虽然不具有强制力，但对正式规则起到重要的“修正、补充和研拓政治规则，……是制度变迁连续性和路径依附性的基础”，同时也是相同国家制度、城市制度等正式规则下城市经济绩效差异的根源[②]。非正式制度主要通过对个人行为的作用而在微观上影响城市景观。由于价值观、宗教[③]、风俗等非正式制度使个体行为具有某种一致性，故而也会成为影响城市景观形态的一股强大的洪流，形成相同的国家制度、城市制度下城市景观形态的差异。在我国当前社会转型的关键时期，尤其应该强调非正式制度对城市景观形态的影响，如秉持正确的价值观和可持续的科学发展观，继承中国文化传统中的精华的审美理念和朴素的生态思想，以民族文化、地方文化、历史文化遗产来赋予城市景观特色，避免千城一面。

4）城市景观对制度的反馈影响及其滞后性

城市景观形态的变迁也会对制度产生一定影响。例如 1960 年代由于环境和生态危机引发了第一次全球性的环境运动，从 1962 年蕾切尔・卡逊《寂静的春天》的发表到 1972 年在瑞典斯德哥尔摩召开了联合国人类环境会议，标志着人类对环境问题的觉醒；1992 年联合国环境与发展大会在巴西里约热内卢召开，会议提出了可持续发展的战略；2005 年 2 月 6 日，《京都议定书》正式生效，这是人类历史上首次以法规的形式限制温室气体排放。景观环境问题越来越深刻地影响着各国政府相关政策的制定和全人类的思想行为方式。城市历史景观和文化遗产的保护也经历了类似的历程，现代主义城市及其景观带来的各种问题

① 董卫. 城市制度、城市更新与单位社会——市场经济以及当代中国城市制度的变迁[J]. 建筑学报，1996(12)

② 袁中金，王勇. 小城镇发展规划[M]. 南京：东南大学出版社，2001：4

③ 除了少数政教合一的国家外，宗教是一种非正式制度，通过影响个人的观念、意识、价值判断来规范个体行为的非强制性规则。

触动和影响了人们对历史文化遗产的保护意识及其相关制度的诞生。

需要注意的是，制度在人文生态系统中居于核心地位，对城市景观形态起着全面的、控制性的影响，而城市景观环境及其形态对制度的影响局限在反馈的层面。通常只有在景观环境恶化至危及人类的生存或其他重大政治、经济目标的实现时，才会触发制度自身的变革，即我们通常所谓的"先破坏，再保护(恢复)"、亡羊补牢现象。鉴于这种反馈滞后的现象，我们应该在制度的制定阶段就重视其对城市景观形态和生态环境的全面的影响分析，在现有的重大建设项目环境影响评估的基础上，预估和考虑制度对城市景观形态的影响，从而使制度适应和引导景观环境向合理的方面变化，并防范可能的不利影响。

4.2 国家土地制度与城市景观形态变迁

土地是城市发展最重要的生产要素之一，是人文生态系统中最重要的物质因子之一，更是城市景观的主要物质载体。土地制度有广义和狭义的概念之分。广义的土地制度是指包括一切土地问题的制度，是人们在一定社会经济条件下，因土地的归属和利用问题而产生的所有土地关系的总称(包括土地所有制度、土地使用制度、土地规划制度、土地保护制度、土地征用制度、土地税收制度和土地管理制度等)[①]，而本章主要研究的是土地的所有制度、使用制度和国家管理制度，即狭义的土地制度，它们通过对土地所有权的划分方式、土地使用功能、强度和使用方式的调节而对城市景观形态产生了具有基础性和决定性的影响。

4.2.1 古代土地制度与城市景观形态变迁

"普天之下，莫非王土；率土之滨，莫非王臣"(《诗经・小雅・北山》)，土地对于中国古代农业社会至关重要，它不仅是最重要的生产要素，更是国家统治的象征，所以历朝历代都将土地制度视为立国之本。土地制度史上的每一次变迁，都有其深刻的政治、经济因素，也都必然影响到附丽于土地上的城乡景观形态。

1) 井田制与早期城市空间景观形态

我国城市的雏形开始于商代[②]。根据成书于春秋战国间的《周礼・考工记》记载，周王城即已表现出了成熟的空间规划："匠人营国，方九里，旁三门，国中九经九纬，经涂九轨，左祖右社，面朝后市，市朝一夫"(图 4.4)。这一时期所实行的土地制度为井田制，它在商代已经出现，到西周时期得到全面推广，是因土地被划成"井"字形而得名。根据不同的记载，各国的井田规划并不完全一致。一般是以百亩(约合今 31.2 亩)作为一个耕作单位，称为一夫或一田，即一个农夫所受的耕地，纵横相连的九田合为一井。在标准的井田中间，有排灌水渠系统，称作遂、沟、洫、浍、川，与之相应的道路系统称作径、畛、涂、道、路，纵横在井田上的道路称作阡陌[③](图 4.5)。

---

① 黄祖辉.城市发展中的土地制度研究[M].北京：中国社会科学出版社，2002：2

② 李德华.城市规划原理[M].北京：中国建筑工业出版社，2001

③ 董鉴泓.中国城市建设史[M].北京：中国建筑工业出版社，2004

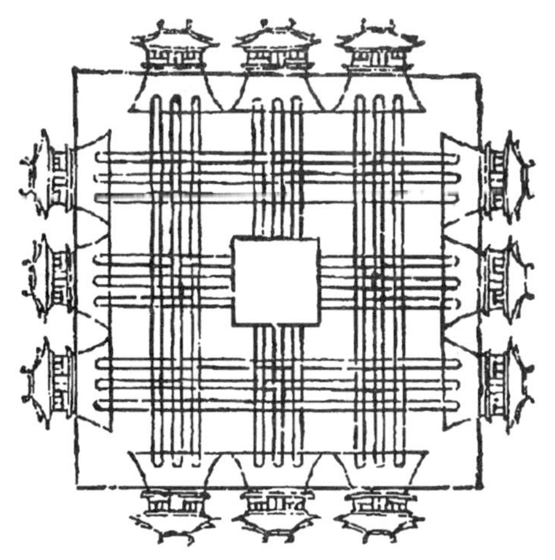

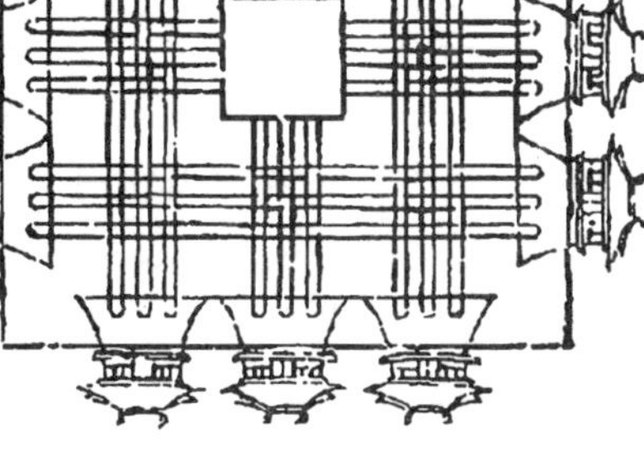

图 4.4 《三礼图》中的周王城图

图 4.5 井田制图

两相比较,《周礼·考工记》中记述的王城形态显然与"井田制"的土地制度有关。"国中九经九纬"以及更次一级的道路就像田中的阡陌一样把城市划分为不同等级的"井"字,相套组合成方格网平面,"市朝一夫"则意味着井田的基本单位——"夫"成为作为城市用地的基本单位①。由于后代对"周礼"的推崇,城防的城墙壕沟和城内闾里或里坊整齐的方格网划分形式,构成了中国古代城市的基本空间和景观形态特征。

2）土地私有制确立与宋后城市景观的转变

唐、宋间,中国古代城市的规模和景观形态产生巨大的转变,一是城市的规模(城墙内面积)在早期呈现由小到大的发展趋势,至唐代达到顶峰,宋以后又大幅缩减(表 4.2)。二是起源于春秋时期而一直沿用的闾里制和里坊制在宋代彻底解体,以方格网道路两侧封闭的坊墙构成的城市景观转变为繁华的街市景观。根据笔者的研究,正是这一时期土地制度的私有化变革带来了上述城市景观形态的转变②。

表 4.2　中国历代都城尺度比较

时代	都城	城墙折算长宽(m)	主干路宽度(m)	人口	每平方公里人口(人/km²)
东周	王城	2 890×3 300	18		
西汉	长安	5 500×5 500	40～50	300 000	10 000
东汉	洛阳	4 200×2 700	10～40		
唐	长安	9 721×8 651	60～120	>1 000 000	12 000
北宋	汴梁	5 500×5 000	40	>1 100 000	>40 000
南宋	临安	9 500×3 000	15～25	1 300 000	>45 000

① 张宏.性、家庭、建筑、城市:从家庭到城市的住居学研究[M].南京:东南大学出版社,2002

② Xinjian Li. Municipal Infrastructures in Urban History and Conservation[A]//International Conference on East Asian Architectural Culture[C]. Kyoto: Takahashi Yasuo, 2006:525-531.

续表 4.2

时代	都城	城墙折算长宽(m)	主干路宽度(m)	人口	每平方公里人口(人/km²)
元	大都	6 600×7 400	28		
明	南京	5 500×6 500	30	>1 000 000	>28 000
清	北京	7 000×8 500	28	>1 000 000	>17 000

唐以前的土地制度历经先秦时期的井田制、秦国爰田制、汉代公田制、曹魏的屯田制、西晋的占田制、北魏至唐代的均田制，除了秦等短暂时期的土地私有制度外，基本是以“授田”为核心的土地公有制，即土地由国家所有并按照一定的标准分配给农民耕种，城市居民也按照一定的标准分配居住用地，土地通常都不能买卖。早期的城市中居民较少，每户均能享有“五亩之宅、十亩之园”的宽敞用地，庭院中常常种植瓜果蔬菜①。由于公有土地分配一直保持着类似“五亩之宅”的标准，城市的平面尺度就随着城市人口的增长而不断累加扩大。至唐代，长安城的人口已经超过了 100 万，而城市规模已经大到超出了步行的尺度，以致城南的部分里坊长期荒芜。

中唐以后，土地买卖限制逐步放松，土地私有制日益占优势，并终于在唐末宋初完成了由国家分配土地向土地自由买卖和契约化的转变，土地私有制度正式确立。农村“水无涓滴不为用，山到崔巍犹力耕”，城市土地同样得到了充分利用。土地私有使得城市土地的价值得到体现，用地开始紧缩，城市规模大幅缩小而人口密度急剧增加。宋代确立的土地私有制一直延续到新中国成立，尽管城市人口仍在增加，但其面积再也未能达到唐代的规模。故而，清末顾炎武在《日知录》卷十二《馆舍》中仍在感慨“予见天下州之为唐旧治者，其城郭必皆宽广”。

唐宋间土地私有制的确立同样带来了里坊制的终结。里坊制是指用道路将全城分割为若干封闭的方形的“里”作为居住区，商业与手工业则限制在一些定时开闭的“市”坊中，“里”和“市”都环以高墙并设官吏管理朝启夕闭，这无疑是与城市土地公有，不能买卖，亦不能改变其用途相始终的。但土地私有制确立后，居民可以自由买卖自有土地并决定其用途，商业、手工业不再被限制在“市”内，而是可以自由分布于城市各处。所以，笔者认为，从生产力的角度我们可以认为是商业和手工业的发展冲破了坊墙而导致了里坊制的解体(图 4.6)。而从制度和上层建筑的角度看，则是土地私有制的确立最终从制度上终结了里坊制，使得里坊制规整而封闭的城市景观形态转变为我们可以在《清明上河图》画面中见到的繁华开放的街市景观(图 4.7)，由于土地私有制一直延续到近代，这种街市景观形态一直到清末都没有本质的变化。

需要指出的是，尽管制度变迁的背后必然有生产力发展的推动，但对于我国古代帝王自上而下、中央集权统治下的封建社会城市景观形态变迁而言，制度层面的分析往往比生产力的分析更为直接和有力。

---

① 王贵祥.“五亩之宅”与“十家之坊”及古代园宅、里坊制度探[A]//东南大学建筑学院.东亚建筑文化国际研讨会优秀论文集[C].南京：东南大学出版社，2004：323-331

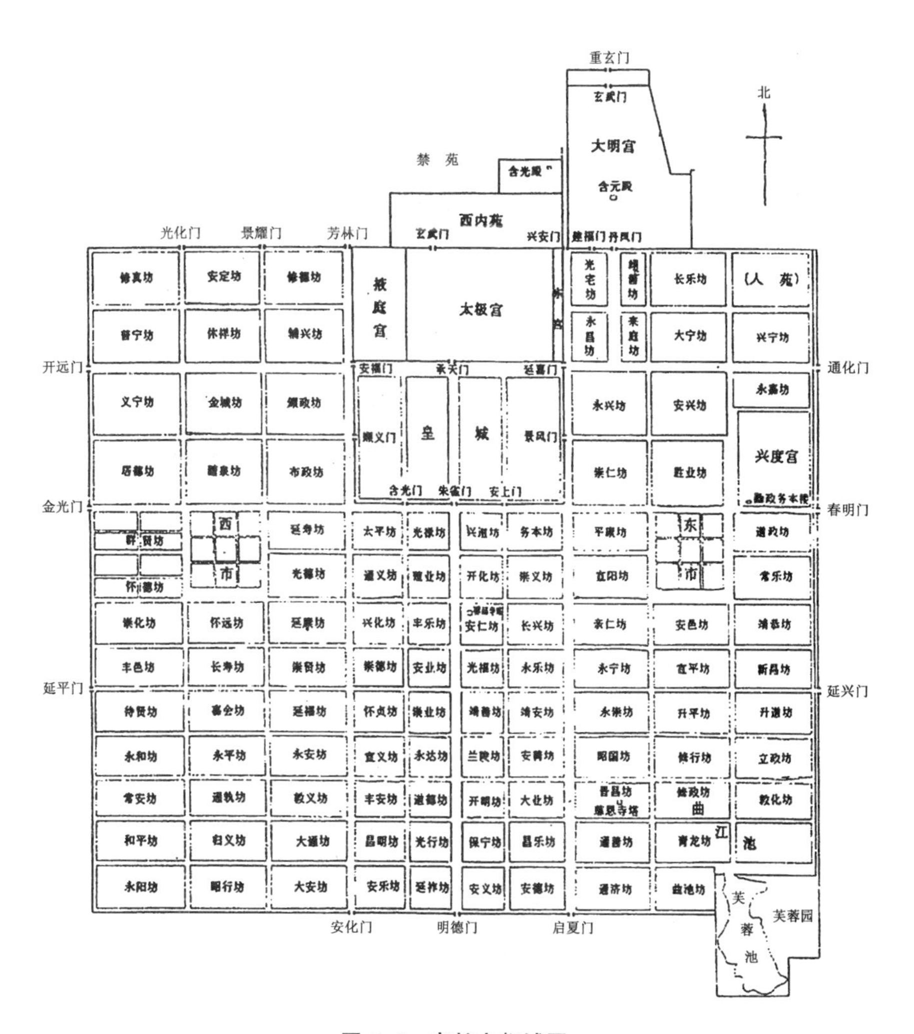

图 4.6　唐长安都城图

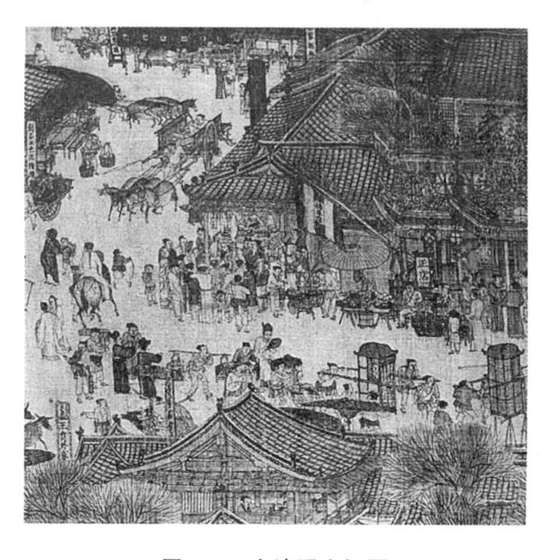

图 4.7　宋清明上河图

4.2.2 土地制度与现代中国城市景观形态变迁

1）传统土地无偿使用制度与粗放型城市景观

新中国成立以后，随着社会主义制度的确立，城市土地便纳入计划经济的轨道，城市土地以行政划拨、无偿使用的方式替代过去的有偿使用。在相当长的时期内，我国城市土地使用制度是一种无偿的、无流动和无限期的使用制度。这种土地配置制度，土地管理部门分配土地的时候并不依据土地市场的供求关系和土地的潜在价值，而仅仅考虑土地的征用补偿和拆迁补偿。1954—1984年间，中国城市土地是被排除在市场经济交易之外，任何形式的土地交易都是违法的。国家将土地无偿拨给使用者，实行的是一种绝对性质的行政划拨政策，城市土地利用配置只不过是基建投资计划过程中的附属品，完全忽视城市的地租规律、价值规律和市场机制。某种意义上，中国城市土地使用制度总体上呈现出划拨配置的行政性、使用的无限期性、土地使用的无偿性以及土地使用权的无流动性四个主要的特征[①]。在高度集权的计划经济体制与政治环境背景下，无偿划拨的土地使用制度给城市建设带来了诸多负面影响，造成了粗放的城市景观：城市功能结构不合理、城市无序扩张、土地使用效率低下。

(1) 空间区位行政化和景观的均质化

在土地无偿划拨使用的制度下，城市土地区位价值规律无法体现，城市中心与郊区的土地在价值上没有任何区别，不同功能的城市用地区位完全由政府决定而非通过市场选择，形成了计划经济时代特有的空间区位行政化和景观均质化现象。

空间区位行政化是指各用地单位获得土地的空间区位和面积与该单位的行政级别和规模密切相关，级别越高、规模越大的单位越容易获得更好的土地，有些中央直属单位甚至可以越过地方政府直接申请用地。因此，城市的空间结构既非以城市整体布局功能的完善为目标，也不受级差地租等商品经济规律的调节，大量政府行政用地、军事用地等集中在城市中心区，形成了一种特有的行政化、单位化的等级空间结构。这种行政化的空间结构迥异于西方城市依据土地级差效应的圈层结构，各类行政意义上的单位（而非用地功能意义上的单位）成为划分城市土地的基本单元，内部生产生活功能相对完善，但一般封闭而不对城市开放（参见第5章），使用功能和开发强度较少受到经济杠杆和城市规划的影响，因而出现了一种中国计划经济时代特有的均质化城市景观形态，商业区、居住区、工业区之间，城市中心和一般地区之间并没有明显的景观差异，建筑形象也刻意地强调整齐划一和简洁朴素（图4.8）。

图4.8 1985年丁蜀镇的均质景观

(2) 结构失衡与城市景观的泛工业化

改革开放前，国家在宏观决策上偏重于城市基础工业的建设，以外延方式促进经济增

① 张京祥，罗震东，何建颐.体制转型与中国城市空间重构[M].南京：东南大学出版社，2007:56

长，用较短的时间为我国工业现代化打下了坚实的基础，保证了新中国成立初期的稳定和发展。但在1960年代后，由于特殊的历史原因，上述宏观政策趋于教条和僵化，在指令性计划和土地无偿划拨制度的支持下，造成城市(尤其是大城市)中土地利用结构失衡，工业用地比例过高且效用低下[①]，并在城市景观上表现出泛工业化的倾向。

在当时重生产轻生活政策的导向下，大城市划拨用地的构成比例以工业用地为主体，其他职能空间按计划作为工业的辅助配套，因此而形成的城市空间结构中各职能空间的用地比例、区位分布和结构配置不尽合理。城市工业用地水平过高，通常占城市总用地的30%以上，远高于工业发达国家的水平(英国14%，美国10%)[②]。在“有利生产、方便生活”的原则下，居住、商业等其他生活职能均依附于生产用地，住房按计划进行实物分配，就近形成各单位的居住区及商业区，呈现出一种以工业用地为主的不均衡的多功能混合状况。

不但城市边缘散布着各类大型工业区，城市内部和老城中也见缝插针地分布着大量的中小型工业企业，城市景观呈现出泛工业化的倾向。缺乏有效控制的各类工业建筑扰乱了原有的城市结构和空间肌理，并给基础设施和生态环境造成极大压力。特别在“把消费城市改造成生产城市”的建设方针的指导下，一些著名风景旅游城市如杭州、苏州、桂林也建设了许多工业项目，为追求工厂密布、烟囱林立的“现代化”工业景象而破坏了原有的历史建筑和文化遗产，对城市特色造成了很大的影响。

(3) 用地铺张与限制性空地景象

在传统的土地制度下，土地资源配置是有计划、按比例地安排的，但这种由中央宏观决策机构对社会一切经济活动进行决策的制度，往往因为信息庞杂且缺乏市场真实的反馈信息，很容易导致信息失真和决策失误，引起土地资源配置的失效。由于缺乏合理的经济判断尺度相制约，因此不仅在建设用地的数量上无法正确估计而导致土地浪费，而且造成城市无序扩张、土地利用结构失衡和空间布局紊乱[③]。

由于土地是无偿、无限期使用的，单位和部门通过行政划拨方式，取得土地长期使用的收益权，这种收益权并非一定通过货币形式实现，而是通过占有或使用土地以获得某种效用和满足来体现。有学者指出：“有收益权而无控制权的人就不会去考虑资源损耗的代价，而会去拼命追求收益；有控制权无收益权的人就不会认真去改进控制方法而提高效益。这样的结果是资源利用的低效率”[④]。单位和部门拥有土地的收益权，必然有多要地、要好地的倾向；而国家虽然拥有土地的产权和控制权，但由于并不能获得直接利益而缺乏有力的管理措施，这就造成了城市建设用地的使用效率低下。

一方面，从1958—1986年28年间，全国各项建设用地增加6.11亿亩，即平均每年新征用耕地2 180万亩[⑤]。另一方面，各类城市都不同程度地存在先征后用、多征少用、征而不用等土地浪费的现象。据广州市1982年对城市用地情况的调查，市内闲置空地(被单位征用和占据、不对城市开放的闲置空地)占总用地的19%[⑥]。沿街是高大的单位围墙，围墙内是

---

① 艾建国.中国城市土地制度经济问题研究[D].武汉:华中农业大学,1999:84

② 聂兰生.21世纪中国大城市居住形态解析[M].天津:天津大学出版社,2004:27

③ 艾建国.中国城市土地制度经济问题研究[D].武汉:华中农业大学,1999:59

④ 肖耿.产权与中国的经济改革[M].北京:中国社会科学出版社,1997

⑤ 张京祥,罗震东,何建颐.体制转型与中国城市空间重构[M].南京:东南大学出版社,2007:56

⑥ 刘薰词.建国后城市土地使用制度的建立和历史评价[J].财经理论与实践,2000(4)

稀稀拉拉的厂房和大片的菜地和空地，这就是计划经济时代我国城市中普遍存在的限制性空地的典型景象。

(4) 土地收益低下，城市景观建设缓慢

传统土地使用制度下地租或地价与利润、利息、税收混为一体，从而使国家与企业之间的收入分配关系和渠道相脱离，城市建设资金无法实现良性循环，最终造成城市基础建设的长期短缺。计划配置生产关系使城市不存在土地市场，也没有一个促进土地流动和调整土地用途的有效机制，土地难以由最佳经营者来使用，土地经济效益极为低下。长期以来的无偿使用也导致城市土地所形成的超额利润逆向流入到使用者手中，据统计，国家每年流失的国有土地收益约在 200 亿[①]。

传统土地无偿使用制度的弊端在于其几乎杜绝了土地市场经济调节功能发挥的可能性，导致土地使用效率与土地实际使用价值相背离。就城市空间的发展而言，既无法利用经济杠杆——地租的级差效应来调控城市空间的发展方向，同时又缺乏足够的土地使用费用以提升城市空间结构发展的效益。因此，这种僵化的使用制度造成了严重的低效利用、土地分配不公平性、城市基础服务设施和城市开发熟地严重短缺等问题[②]。城市由于缺少土地收益，加之国家经济总量有限，城市建设和维护的资金严重不足。1980 年代以前的中国城市整洁有序但发展迟缓，景观更新速度缓慢，外观陈旧而缺乏活力。

2) 土地制度改革后的城市景观形态变化

1978 年的改革开放揭开了中国以市场为取向的大规模的政策和法律建设的整体经济体制改革的序幕。中国土地使用制度的改革以向外资企业征收土地使用费为开端，经过一系列的法规和政策、制度的演替(表 4.3)，形成了土地国家所有制和集体所有制并存、行政划拨和有偿出让供地方式并存的“双轨制”。土地有偿使用制度的建立，客观上为中国城市提供了一种促进土地合理使用、高效配置且结构合理的手段和机制。而行政划拨制度在涉及国家和公共利益的特殊用地中得到延续，也对发挥社会主义的优越性、维护国家利益和社会公平起到了保障作用。但在中国向市场经济体制转型的复杂背景下，土地使用制度的二元模式在实际操作中仍然存在着种种的漏洞和弊端，使得中国城市普遍呈现出内部结构优化调整和外延高速扩张并存，在大大改善城市空间发展格局和景观形态的同时，也不断呈现出新的问题。概括而言，这一时期的土地制度改革对城市景观形态的影响主要有四个方面：①土地结构优化、使用效率提高后城市景观结构的圈层化；②以土地为导向的郊区化带来的城市边缘异质性景观；③“土地财政”带来的人文生态和景观失稳；④城市景观的改善和分异并存。

(1) 结构优化、效率提高后的圈层式景观

中国城市土地制度改革引入市场经济运行机制，土地有偿使用和使用权的市场化使得城市土地价值的级差效应显现出来，土地因其区位差异而产生了土地价格和开发成本的差别，并因而带来用地性质、开发强度和相应城市景观的差异。在土地这一最重要的经济杠杆作用下，原有的均质化用地和景观迅速发生变化，土地利用效率大大提高，并形成围绕城市中心区(单中心或多中心)、以用地区位优势度为基础的圈层式景观。

---

①② 张京祥，罗震东，何建颐.体制转型与中国城市空间重构[M].南京：东南大学出版社，2007：56

表 4.3 改革开放后中国城市土地使用制度相关法规条例的变迁

时间	法规名称	土地使用制度相关条款综述
1982 年	《中华人民共和国宪法》	第十条:城市土地属于国家所有。农村和城市郊区的土地属国家所有或集体所有。国家为公共利益的需要可以依法征用土地。土地不得侵占、买卖、出租或非法转让
1979—1983 年	中外合资企业经营和建设用地的三部相关法规	包括 1979 年《中外合资经营企业法》、1980 年《关于中外合资经营企业建设用地暂行规定》和 1983 年《中外合资企业实施条例》,开始向外资企业征收土地使用费,是改革开放后土地有偿使用的开端
1988 年	《中华人民共和国宪法》修正案	国家依法实行国有土地有偿使用制度。土地所有权不得侵占、买卖、出租或非法转让。土地的使用权可以依照法律的规定转让
1988 年	《中华人民共和国土地管理法》	国家依法实行国有土地有偿使用制度。土地使用权可以依法转让。有偿使用和使用权转让的具体办法由国务院另行规定
1990 年	《中华人民共和国城镇国有土地使用权出让和转让暂行条例》	国家按照所有权与使用权分离的原则,实行城镇国有土地使用权出让、转让制度。单位和个人可依法取得土地使用权并进行土地开发、利用、经营,使用权可转让、出租、抵押或者用于其他经济活动
1994 年	《中华人民共和国城市房地产管理法》	在延续宪法和土地管理法对所有权和使用权分离、有偿使用和使用权转让等规定的基础上,进一步限定了采用划拨方式的四种特殊情况
1998 年	《中华人民共和国土地管理法》	第 54 条也做出了与《城市房地产管理法》一致的限定

在市场经济调节下,城市土地功能发生了大规模的置换,不同的城市职能逐渐置换到适合自身需求和能力的区位并产生一定的空间集聚效应。在土地制度、环境政策和城市规划的共同调控下,原来散布城市各处的工业用地不断被第三产业和居住功能所替代,城市功能空间格局不断优化,原有的泛工业化的均质城市景观也发生了结构性的变革。

景观圈层化的核心一般为城市中心区,由于人员密集、交通便利、信息和资金高度密集,土地价值最为高昂,只有经济效益高的商务、商业活动才能承受,因此在市场的选择下,该区域逐渐形成城市中心商务或商业区,在景观上呈现出明显的高层高密、商业化和国际化趋势,与城市其他区域的景观差异明显。首先由于土地价格和开发成本的高企,城市中心区的土地开发强度较大,空间的拓展从地面向空中再向地下,形成地上高层高密、地下四通八达的空间景观。其次由于大量商务活动的开展,车辆人员川流不息,资金、信息、物资往来频繁,霓虹闪烁,建筑、环境和社会景观上都呈现出浓重的商业性。最后,由于充足的资金能力和商业能力展示的需要,城市中心区也是新技术、新材料、新风格集中展示的区域。由于当前西方发达国家引领着世界从商业奢侈品到建筑技术、建筑艺术的潮流,所以追求潮流的中心商务、商业区域的景观也呈现出以对模仿国际范式为主的国际化趋向,也正是在这个意义上,土地商品化、功能的过度商业化以及因此而对国际范式的模仿是我国各城市景观“千篇一律”的根源所在。

(2) 土地导向的城市蔓延和边缘景观突变

城市土地有偿使用制度的确立,使城市新增土地和转让土地走入批租制的轨道,建立了城市用地自我约束机制和城市土地市场,市中心区和外围郊区的土地优势和潜能得到相当程度的体现,直接推动了中国城市空间结构的演化,如城市中心高地租、高地价的推力使大量城区工业企业通过用地置换而迁至外围地区。城市边缘地区土地的低地价和所有权二元交错的特点成为引发中国大城市郊区化蔓延的直接原因，也成为1990年代后期中国城市新区开发、空间拓展和优化的初始动力之一①。

比较中外城市蔓延形成机制最大的不同就是欧美国家的城市蔓延归结于汽车革命的"交通导向"，中国的城市蔓延则归结于城市土地制度缺陷的"土地导向"。过低的地租对城市边界不仅未起到应有的调节限制作用，反而产生了一定的牵引作用，也就是说，土地这一基础性经济要素成本低于市场正常水平，导致了土地要素替代或土地依赖经济增长模式的形成和城市的低成本快速扩张②。

城乡二元土地结构在城市近郊区的交错，也是造成城市快速蔓延并滋生种种问题的主要原因之一。我国土地市场主要由所有权属于集体的农村集体土地和所有权属于国家的城市国有土地市场构成，具有典型的二元结构特征。根据我国《宪法》，城市国有土地可以进行使用权的出让、转让，而农民集体土地不可直接进入市场，必须经过国家征用程序，在相关土地规划指导下才能将土地从农业用地转变为建设用地性质。换言之，城市建成区的土地单一地属于国家所有，农村地域的土地基本属于集体所有，而唯有城市边缘地区（城乡结合部或城市近郊地区）两种所有制形式的土地在时空上相互混杂交错，城市边缘区的集体农用地可以通过征用而转为城市建设用地，土地权属关系不断发生着复杂、频繁的变化。由于城郊农地征地制度在某种程度上带有土地行政划拨的意味，故而其征用成本较低，在增加土地开发经济价值的同时，也存在着巨大的寻租空间，诱导开发商及政府行为扭曲，更人为地加大了土地市场的投机性③。

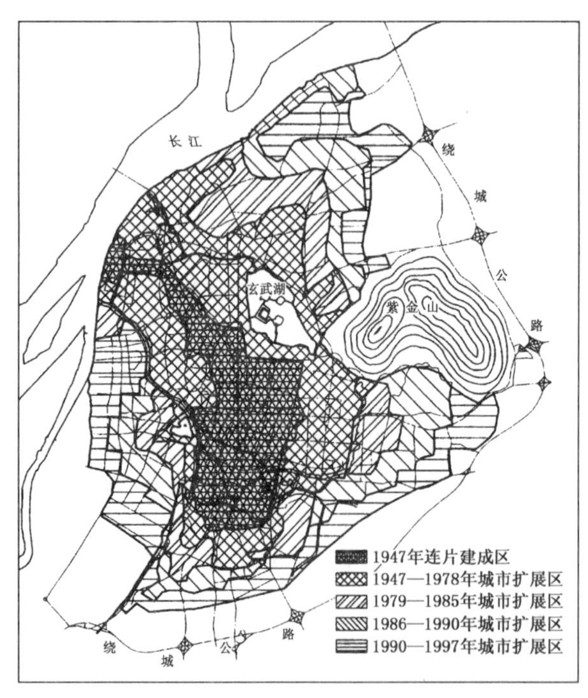

图 4.9　南京建设用地增长示意图

在二元土地结构中农地征用为建设用地的制度条件下，受土地有偿使用带来的城市郊区的边缘区位和低地租的推动，土地导向使城市边缘不断向外蔓延，边缘地区的空间演化变现得极其强烈而急速。大规模城市新区、工业开发区的开辟，大型商品化住宅区的成片开发，大学城、科技园的建设，都导致城市边缘用地结构和景观形态发生着急速的质变，原来的郊区变成城市，而郊区外的乡村又成为新的郊区，城市圈层式的扩张趋势愈演愈烈。如南京市1985—1994年的10年之间城郊建设用地年均增长3.4 km^2，到1997年南京城市建设用地已激增至144 km^2（1978年南京城市建设用地为102 km^2，19年之内增加了42 km^2）（图4.9）。这期间南京的主要用地量变化都集中在城郊各类用地（尤其

① 张京祥，罗震东，何建颐. 体制转型与中国城市空间重构[M]. 南京：东南大学出版社，2007：57

②③ 陈鹏. 基于土地制度视角的我国城市蔓延的形成与控制研究[J]. 规划师，2007(3)

是居住用地和工业用地)，说明内城主要是集中于内部结构的调整与优化，城镇用地的增长主要是通过城郊集体土地向城市建设用地的流转而实现的①。

值得注意的是，尽管相关法规对行政划拨土地做出了严格的限制，但超出法定划拨供地范围拨地的情况依然常见，市场化方式供应的土地面积在所有供地面积中所占比重还没有超过半数。据有关研究，一方面80%以上的城市存量土地属于行政划拨；另一方面，新增的城市建设用地也有大量属于行政划拨土地，2002年全国以招标、拍卖、挂牌方式出让的土地只占有偿使用面积的15%，2003年也只达到33%(张传玖，2004)②。

通过划拨方式取得的土地，由于缺乏市场机制的利益刺激和约束作用，其开发使用往往呈粗放型、平面化，忽视了内涵式的集约开发和利用，城市空间处于低效利用的状态，不但造成了城市景观尤其是郊区景观的粗放和杂乱，更为日后城市空间结构的调整优化埋下了更大的隐患。

(3)“土地财政”和城市人文生态与景观失稳

“土地财政”是近年来出现频率极高的一个新词，是指一些地方政府主要依靠土地收入来维持地方开支。在我国现行分税制财政体制下，地方的财权和事权不相匹配，地方政府必须使预算最大化，才能够保证足够的财力来满足其产生政绩、发展经济、提供包括良好城市景观在内的各类公共产品和服务。当前，地方政府能够使预算最大化的途径不是很多，扩大土地收入是其中最重要的一项。一方面是因为在现行税制下，与土地有关的收入，如城镇土地使用税、房产税、耕地占用税、土地增值税、国有土地有偿使用收入等，是属于地方可独享的收入来源③；另一方面是因为我国土地供给存在着行政划拨与协议出让并存的二元模式，市场真正能调控的范围和力度均极为有限，城市土地利用实际上仍主要由政府行为所控制。因此，通过地方政府可控制的土地划拨和出让来扩大地方可支配的收入④，为城市化和工业化进程中市政基础设施及公共服务提供资金，“土地财政”成了地方政府的不二选择⑤。由于我国尚未建立物业税制度，“土地财政”主要是依靠增量土地创造财政收入，也就是说通过卖地的土地出让金来满足财政需求。

如果说我国土地有偿使用制度的建立，在为城市提供“自我复制”的财力从而加快其开发建设的同时，也产生了以土地为目标的逐利动机，那么我国现行土地制度中的缺陷则大大强化并扭曲了这种动机。地方政府集集体经济主体和行政主体双重身份于一身，为了获取增量土地带来的高额的财政收入，一方面在郊区大规模圈占集体土地后转为城市建设用地，出让作开发区、工业区、大学城和居住区，另一方面热衷于在城市中心进行旧城改造、土地整理后进行招拍挂以提升土地价值。由于大规模圈地和土地出让的主要目的是为了招

---

①② 张京祥，罗震东，何建颐. 体制转型与中国城市空间重构[M]. 南京：东南大学出版社，2007：63

③ 社论. 求解土地财政之困[N]. 第一财经日报，2009-3-20

④ 1994年实行分税制财政体制以后，属于中央财政的收入包括：关税、海关代征消费税和增值税，消费税，中央企业所得税，地方银行和外资银行及非银行金融企业所得税，铁道部门、各银行总行、各保险总公司等集中缴纳的营业税、利润和城市维护建设税，车辆购置税，船舶吨税，增值税的75%部分，证券交易税(印花税)94%部分，个人所得税中的利息所得税，利息所得税之外的个人所得税中央分享的部分，海洋石油资源税。属于地方财政的收入包括：营业税，地方企业所得税，利息所得税之外的个人所得税地方分享的部分，城镇土地使用税，固定资产投资方向调节税，城镇维护建设税，房产税，车船使用税，印花税，屠宰税，农牧业税，农业特产税，耕地占用税，契税，土地增值税、国有土地有偿使用收入，增值税25%部分，证券交易税(印花税)6%部分和除海洋石油资源税以外的其他资源税。

⑤ 李佳鹏，丁文杰. 地方“土地财政”：政府“生财之道”走入死胡同[N]. 经济参考报，2008-11-20

商引资和获取城市建设资金以提升政绩，使得城市中许多大片出让土地的用途、性质，整体脱离城市规划与管理，建设用地扩张几近失控。

据统计，1985—2000 年间中国城市建成区以年均 5%～9%的速度扩展，年均扩展速度为 850 km^2，沿海发达城市的扩展速度则更为明显[①]。仅 1992 年—1993 年，全国设立县级以上开发区达 6 000 多个，占地 1.5 万 km^2，比当时城市建设用地总面积还多出 0.16 万 km^2[②]。与之相对应，据统计，1992—2003 年全国土地出让金累计达 1 万亿元，一些地方的土地出让金已经占到财政收入的一半，有的作为预算外收入甚至超过了财政收入，成为各地政府进行大规模城镇建设的主要资金来源。国务院发展研究中心的一份调研报告也显示，在一些地方，土地直接税收及城市扩张带来的间接税收占地方预算内收入的 40%，而土地出让金净收入占政府预算外收入的 60%以上[③]。

显然，这种主要依靠"土地财政"建立的城市经济发展模式是不可持续的，并使得城市的人文生态和景观长期处于动荡和失稳的状态。一方面，这会刺激地方政府的卖地冲动并推动房价高涨，另一方面，为了将几十年后的公共财政收入提前进账而大量出让土地，必然导致城市可利用土地资源枯竭，威胁未来的公共财政收入，是一种典型的"寅吃卯粮"的不可持续的做法。事实上，进入 21 世纪后，许多沿海大中型城市都面临着用地紧张，甚至"无地可供开发"的窘境[④]。

从城市人文生态的角度看，城市大规模的土地整理和开发使得被拆迁居民和失地农民的数量猛增，而土地价值、房价和生活成本的连锁高涨又使得被拆迁居民和农民难以回迁，原有的相对稳定的社会结构在短时间内被强制性打散重组。加之一些开发商和政府机构在拆迁、补偿等方面的不规范操作，常常导致矛盾激化的群体事件，影响社会稳定。

处于城市中心的历史城区由于区位优势极高，且建筑密度低、建筑质量相对较差，拆迁成本低，土地开发的经济利润极高。许多开发商为了攫取这一高额利润，往往置历史文化保护而不顾，采取种种手段取得旧城地块的改造开发权，打着改善旧城面貌，一年一个样，三年大变样等旗号，大片拆除历史城区、历史街区和有文化特色的旧城区，使得城市的历史遗存消失殆尽，文化特色荡然无存。

具体到城市景观形态，一面是城市在数百上千年历史演进中形成的丰富多样、富于文化意味的景观形态被迅速扰动、破坏乃至消灭，古色古香、各具特色、尺度近人的街巷、建筑景观被全新的、千篇一律的、高大的现代城市景观所取代。另一面，从城市中心到郊区，到处是拆迁或新建的工地，临时的脚手架、各式的施工围挡、施工机械，还有尘土、噪声几乎已经成为城市景观和人们生活的一部分，整个城市就是一个巨大的工地，城市景观处于激烈的动荡之中。

(4) 城市景观的改善和分异并存

如前文所言，城市土地的有偿使用使政府获得大量土地出让金，短期内聚集了大量资金，可以用来进行城市基础设施建设和旧城更新，解决了长期以来城市建设资金短缺的难

---

① 张京祥，罗震东，何建颐. 体制转型与中国城市空间重构[M]. 南京：东南大学出版社，2007:59

② 陈锋. 改革开放三十年我国城镇化进程和城市发展的历史回顾和展望[J]. 规划师，2009:29(1)

③ 李佳鹏，丁文杰. 地方"土地财政"：政府"生财之道"走入死胡同[N]. 经济参考报，2008-11-20

④ 张京祥，罗震东，何建颐. 体制转型与中国城市空间重构[M]. 南京：东南大学出版社，2007:59

题，使城市面貌在二十多年间发生了巨大的变化。客观而言，进入21世纪以来，在可持续科学发展观的推动下，城市土地开发方面尽管仍然存在许多问题，但其程度有所缓解。对比1980年代土地改革前的中国城市，当代城市物质景观环境的总体改善是不可否认的事实，主要表现在以下几个方面：①道路、市政等基础设施容量增加、设施更新；②环境污染、公共卫生状况得到极大改善；③道路、广场、绿地、公园、水滨等公共景观空间大幅度增加；④重视城市景观的规划设计，美化、亮化程度提高；⑤居住区引入了景观设计的概念，居住环境得到较大的提升。

土地有偿使用在为城市景观的改善奠定经济基础的同时，也带来了城市居住的空间隔离。城市居住空间隔离是由于城市土地的稀缺性，居民为了获取更为有利的居住空间区位而依据其社会经济地位和生活习惯等进行择居活动所形成的居住空间中同质居民相互聚集，异质居民相互排斥的现象[①]。在土地有偿使用和住宅商品化政策影响下，城市空间结构在经济效益的驱动中逐渐调整。一方面，城市中不同区位的地价差异影响并逐步改变着城市空间结构的总体格局，同时也在客观上作用于城市居住空间分布和不同区位居住空间的建设模式；另一方面，居民择居行为的群化作用，将前所未有地影响着城市居住空间的区位选择、分布格局、建设模式以及与居住空间相关的公共设施配置、交通方式、就业布局等，出现高档的门禁社区和破败的边缘社区并存的居住分异景象[②]。

表现在景观上，高档的门禁社区一般拥有较为中心的城市区位或优美的周边环境，社区内部建筑年代较新、造型美观，绿化率高，还有经过精心设计的中心绿地和景观环境设施，公共服务设施齐备，有着专门的封闭式物业管理，安全性和舒适性较高。破败的边缘社区往往分布在周边环境杂乱的城郊结合部，社区内部各时期建筑混杂，但多为质量不高、未经专门设计的简易建筑和大量临时搭建的棚屋，一般较为拥挤而缺乏公共空间和绿化景观，由于此类社区多为自发形成的外来务工人员和本地贫困人口的聚居地，没有专门的物业管理，卫生环境和治安状况较差。数量最多的是介于二者之间的1980—1990年代建设的大量的城市居住区，因居民大多为同质性较高的城市工薪阶层，且往往具有较为松散的物业管理或行政管理，所以已经形成了一定的基于地缘的社会网络，小区景观较为稳定。建筑多为行列式分布的多层单元住宅建筑，虽稍显陈旧，但因经过一定的规划设计，且绿化树木大多已经成形，小区总体景观环境和卫生状况尚可，虽不设门禁但往往有围墙等明确的边界，社会治安状况较好。

从景观生态上而言，土地有偿使用后带来的城市景观的分异实际上是不同权力和财力对土地使用能力的差异，这体现了土地使用商品化、市场化的一面，因此出现了高档门禁社区和破败的边缘社区等景观斑块。但由于我国土地国有和社会主义制度整体上的优越性，城市的景观基质主要还是1980—1990年代形成的居住小区，具有较好的景观稳定性，尚没有造成严重的社会和景观分异。在未来的土地制度改革中，既要克服"双轨制"造成的土地资源浪费等市场失灵的状况，也要防止完全市场化带来的社会不公和土地景观过度分异的现象，通过土地和住房保障制度将景观分异控制在安全的限度内，以维护社会公平和稳定。

---

① 田野.转型期中国城市不同阶层混合居住研究[D].北京：清华大学，2005：16

② 聂兰生.21世纪中国大城市居住形态解析[M].天津：天津大学出版社，2004：30

4.3 国家户籍制度改革与城市景观形态自组织

改革开放以来，我国城市逐渐进入了高速城市化的阶段，城市景观形态也随之发生着日益深刻的变化。从我国国情和发展的实际历程来看，推动这些变化的固然有看不见的经济之手，但看得见的“制度之手”则起到更为重要的作用①。以我国城市化的历史进程为例，历史上长期实行的中央集权制对城市化的过程产生了巨大的影响。新中国成立以来，对城市化最直接起作用的一项政策是城乡二元户籍管理制度，该制度在城乡之间筑起了一道壁垒，严重阻碍了城市化的建康推进。改革开放以来，国家陆续出台了一系列向市场化体制转变的制度，重要的变革方面除了上文提到的城市与农村土地使用制度改革，还包括户籍管理制度、住房制度等等，这些制度变革都从不同方面影响或推动了中国的城市化发展，并进而从宏观上决定了城市景观形态的组织机制。

4.3.1 城乡二元户籍制度和制度性的景观差异

1) 城乡二元户籍制度

“户籍制度”，是指与户口登记和管理相联系的行为规则、组织体制和政治经济法律制度以及相关政策的综合②，它属于一种次级社会制度，对社会关系特别是城乡关系有着重大的影响。从1958年到1983年，我国户籍制度严格地将城镇户口与农村户口加以区分，户籍身份对个人及社会的流动性起着较大的限制作用，同时将户口与权力（招生、招工、就业、公费医疗等）以及稀缺资源（粮食、副食品供应、住房等）的分配相结合，严格控制农村人口进城，使农村人口留在农村，不能分享城市资源。其实质是户口控制与国家土地、资金、产品等计划资源控制相结合，通过三个剪刀差，压低农产品价格、压低农民工劳动力价格、压低农业土地价格而获取资源；以压低百姓生活水平，特别是农民的生活水平而获得发展资金，支持城市，特别是重工业建设。这种从户籍、土地、经济等制度上对农村的剥夺造成了城乡资源分配的不公，农村和城市的基础建设投入殊异，其景观差异越来越显著，呈现出一种制度化的、截然分立的城乡二元景观格局(图4.10)。

图4.10　1985年宜兴城郊和城区的景观分界

2) 城乡景观的制度性差异

与农村户口相对应的是集体土地所有制，住房以农民自行出资在原有宅基地上翻建、新建为主，多为未经专门设计的一层平房，为数不多的公共建筑主要为学校和基层政府的

① 借用经济学的概念。在现代市场经济的发展中，市场是“看不见的手”，而政府的引导被称为“看得见的手”。为了克服“市场失灵”和“政府失灵”，人们普遍寄希望于“两只手”的配合运用，以实现在社会主义市场经济条件下的政府职能的转变。

② 陆益龙．户籍制度——控制与社会差别[M]．北京：商务印书馆，2004：5

办公用房以及仓库、猪舍等农业生产用房，也以一层为主，在建筑形式上也只是民居在水平方向间数的扩充。由于没有固定的基础设施建设经费，道路以狭窄土路为主，水电和医疗教育设施缺乏。在整体上，除个别集镇外，大多数农村建筑低矮且分散，仍基本保持着农业社会的景观特征。

城市以国有土地为主，并由政府根据计划直接划拨用于城市基础设施和机关、企事业单位的建设。城市有专门用于基础设施和各系统单位住房建设的财政经费，尽管在计划经济时代经费并不充裕，但仍建设了以马路为主的城市道路和基本的市政基础设施系统。城市经过专门的规划设计，并有着较为齐备的各类公共空间和公共建筑，所有建设项目都由政府或单位实施，一般经过专门的设计，高度较高、体量较大、形式相对丰富。在总体上，我国改革开放前的城市景观已经初具工业化时代的景观特点。

由于户籍和土地制度的阻隔，我国城市空间的扩展速度十分缓慢，直到1985年，城市范围和新中国成立前及民国时期的城市范围变化不大，少量的新增城市用地主要是近郊区的工业企业单位及与之配套的家属生活区(图4.11，图4.12)。尽管在城市内部，土地划拨和单位制度导致了均质化的城市景观，但城市和郊区的边界却较为明确，在景观上也有着显著的城乡分野(参见图4.10)。从人文生态的角度而言，由于制度的壁垒，城市与农村之间没有联成一个有机的生态系统，城乡之间缺乏人员、资金、物资、能量、信息的自由双向流通，不但城市、乡村这两大生态群落内部缺乏必要的多样性和活力，本应最具活力的群落边缘——郊区也因为制度的壁垒而没有起到应有的缓冲、交流的作用，城市和乡村景观既存在制度性的巨大差异，也有发展滞缓、僵化单调的共同特征。

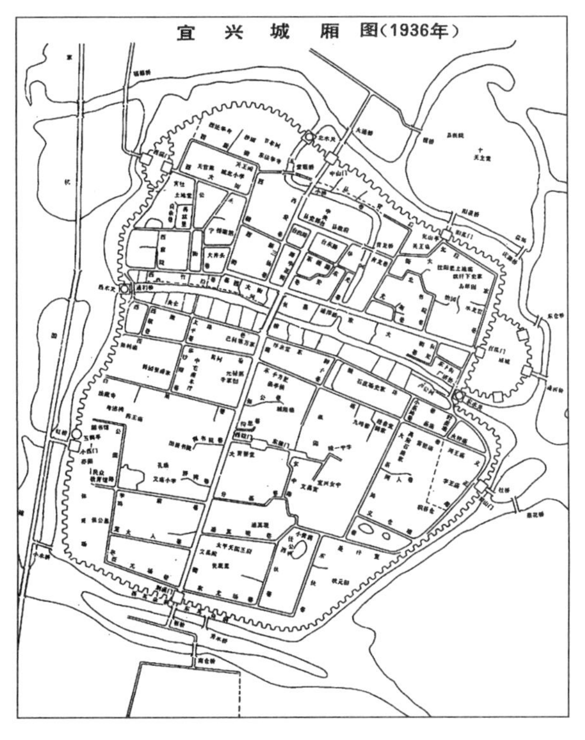

图4.11　1936年宜城城厢图

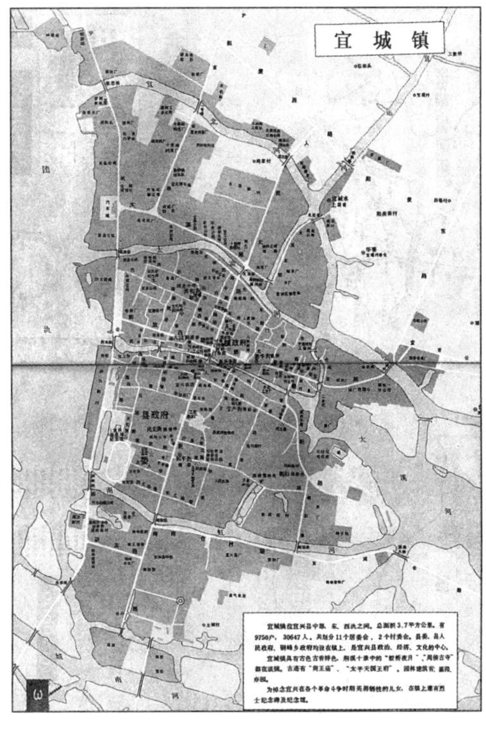

图4.12　1985年宜城地图

4.3.2 户籍制度变革和城市异质景观的自组织

1）户籍制度改革和生态系统内的人员流动

从1984年开始，我国逐步开始放松了城市户籍人口流动的管制，首先允许农民自理口粮到县城以下的集镇落户务工经商，并下发了《关于农民进入集镇落户问题的通知》等一系列文件。随后各地又试验推行符合一定条件的农村人口可以直接进入城镇的户籍制度改革，使符合条件的农民顺利成为正式的城镇人口。此后，我国在户口制度上又取消了所谓的城市人口与农业人口之分①。户籍制度的改革打破了城乡生态系统中最主要的壁垒，尽管依附在户籍制度上的教育、医疗、社保等一系列制度改革尚未完全展开，但至少人员已经可以相对自由地流动。

区域发展的不均衡所造成的系统势能是人口流动的外部拉力。地理位置、经济水平、社会发展、环境质量和政策制度等方面显示出来的地域差异或相对综合优势，即为该系统的势能，它实质上是区位势能在该系统中的一种特殊表现形式。东南沿海地区发展水平大大高于中西部地区，城市发展水平大大高于广大的农村，这种发展的不平衡形成了强大的势能，拉动人口由中西部地区流向东南沿海，由农村流向城市。农村经济体制改革解放了农村生产力，农业生产效率的提高也造成了农村劳动力的剩余，这是造成农村人口向城市流动的内部的推力。此外，在城市化过程中，城市占用了大量农业用地，迫使这些土地上的农民流向城市，改变原有的生产、生活方式，这是人口流动的又一个外部因素。

2）流动人口入侵与城市人文生态的自组织

人口流动是国内外的普遍现象，但“流动人口”却是我国特有的概念，是我国现行户籍制度的产物，是指离开了户籍所在地到其他地方居住的人口。改革开放以来，大量农村剩余劳动力进城务工、经商，1992年在城市的外来农民工4 600万，1994年增加到6 000万。此后，农民工的数量每年以800万～1 000万的速度增加。2005年国家统计局发布的全国1%人口抽样调查数据显示，我国流动人口的规模已达1.47亿，其主体是从农村转移出来的剩余劳动力。

尽管对以1958年《中华人民共和国户口登记条例》为代表的传统户籍管理制度本身的改革已使人口流动并居住于其他城市成为可能，但是与传统户籍制度相挂钩的教育、医疗、住房等社会保障和福利分配制度的改革仍然滞后，长期城乡差异形成的社会观念对农村户籍身份的歧视难以根除，流动人口在空间上难以继续户籍所在地的社会福利，在制度上又不能享受实际居住城市的社会福利②，在社会身份上无法得到实际居住城市市民的认同③，

---

① 张京祥，罗震东，何建颐.体制转型与中国城市空间重构[M].南京：东南大学出版社，2007：24

② 以南京市住房制度为例，具有社会保障性质的，政府补贴的廉租房和经济适用房的申请和分配都直接与户籍挂钩，没有本市户口的人不具备申请资格。《南京市廉租住房保障实施细则》第八条，申领租赁补贴和保障性购房补贴的家庭应同时具备三个条件，其中第一条就是“具有本市市区城镇常住户口满5年”；《南京市经济适用住房管理实施细则》第二十九条，低收入住房困难家庭申请购买经济适用房时应具备三个条件，第一条为“具有本市市区城镇常住户口且满5年”，国有土地上的被拆迁家庭申请购买经济适用房需符合四个条件，第一条为“具有本市市区城市常住户口”（南京市人民政府文件，宁政发〔2008〕116号，http://www.njfcj.gov.cn/zcfg_show.asp? nav_type=1&id=186）。具有福利保障性质的廉租房与经济适用房都只针对本市的低收入家庭，将流动人口排除在外，无法分享这一社会资源，无法便宜地在城市中租住或购买住房，这意味着流动人口只能通过住房市场租用或购买住房，大大增加了居住成本。类似的与户籍制度相关的社会福利保障制度还有义务制教育、医疗保障、养老保险、失业保险等等。

③ 陆益龙.户籍制度——控制与社会差别[M].北京：商务印书馆，2004

所以流动人口无论在社会和心理结构、居住形态和物质景观上都成为难以完全融入城市的异类。

从人文生态视角来看，流动人口进入城市人文生态系统是一种入侵现象，是一种异质人群进入一个新的适宜的生境中，数量不断增加，分布区域不断扩张的一种生态学现象。农村流动人口对城市的入侵和一般生物群落的入侵现象有所不同。首先从人文生态区位上，城市人口客观上具有更高的生态位而为优势群体，而以农民工为主体的流动人口是生态位较低的流动人口，尽管在客观上表现为侵占物质空间和资源的入侵，但在主观意图和客观能力上都不具备取而代之的破坏性；其次由于制度上阻碍了流动人口融入城市人口的过程，且流动人口的数量过于庞大，城市生态系统短期内难以将其同化。所以，流动人口大军虽然带来了“民工潮”[①]、基础设施供给紧张、市民和民工之间的就业竞争和社群隔离[②]等问题，但同时也带来了廉价的劳动力与服务业和经济的繁荣，还带来了各地区各民族的特色产品、语言、服饰等多样文化景观。在总体上仅仅使城市人文生态系统产生了一定的波动，在并不十分剧烈的入侵、竞争、协作、排斥、同化、隔离等复杂的生态过程之后，城市人文生态系统通过其自组织达到新的、比以前更加稳定、更加丰富的动态平衡，流动人口则聚集为具有异质性景观的大小不同的斑块，并相对集中分布在城内的城中村和城乡结合部的生态交错带。

3）城中村和城乡交错带景观形态的制度分析

流动人口聚居地的位置一般位于城市中的城中村和城乡交错带上。城乡交错带是指城市和农村两大生态系统的生态交错带，这一地带在生态学上具有边缘效应，指斑块边缘部分由于受两侧生态系统的共同影响和交互作用而表现出与斑块内部不同的生态学特征和功能的现象[③]。在生态和物质、社会景观上，城乡交错带都具有与城市和农村不尽相同的小环境。受到城市的辐射，具有便利的道路交通和水、电、通信等基础设施；特殊的地理位置使其成为城乡资金、物资、能源、信息、人口流动的通道，拥有许多发展的机会；依托城市的技术与市场，又有农村的便捷的劳动力资源，这里的乡镇企业也异常活跃，经济、文化发展很快；社会结构也由于人口流动的加速而发生变化，既有城市化的发端，又留有乡村的景观和社会特征；这里是城市与农村管理的过渡地带，在目前各项政策法规尚不健全的情况下，存在许多管理上的空白，这也为该地带的多元发展留下了空间；特别是农村集体土地使用制度以及农村住房制度的特征，使自主建房和房屋出租具有合法性，使流动人口的居留拥有了物质空间。因此，流动人口比较容易在城乡交错带找到适宜居住的生境，也成为流动人口主要的聚集地。如北京市农民工居住的地区分布，城区占 9.1%，近郊区占 55.9%，远郊区县占 35.0%[④]。

---

① “民工潮”的提法最早出现在 1989 年。这一年，由于春节铁路客运出现了前所未有的拥挤状况，因此诸多媒体开始引用这个词——“民工潮”来了。春运被誉为人类历史上规模最大的、最具周期性的人口大迁徙。在短短 40 天左右的时间里，中国交通运输部门要把 20 多亿人次的旅客运个来回，成为世界上独一无二的全民大流动。寒风中彻夜排队买火车票的长长队伍，火车站广场几万人聚集的壮大景象，车厢里只有立足之地的拥挤状况……构成了中国城市化进程中的独特景观。

② “社群隔离”即社会群体隔离，是指由于不同社会群体之间存在社会心理距离而导致社会群体间隔阂和疏远的现象。引自：叶青．城市低收入流动人口居住设计研究[D]．上海：同济大学，2005

③ 余新晓，牛健值，等．景观生态学[M]．北京：高等教育出版社，2006：46

④ 张建伟，胡隽．居者有其屋：农民工市民化的落脚点[J]．求实，2005(9)

城中村是我国特有的二元土地制度的产物①。在快速推进城市化进程中，一些距城较近的村庄被包入城市市区的城市建设用地范围内，但仍保持其集体土地性质、农村经营体制和以村民委员会为组织形式的农民聚居社区性质，是地处市区的农村。由于"城中村"区域国有土地和集体所有的土地使用权并存且二者在效能上差距很大，国有土地使用权人可直接按市场价进入市场，而集体土地要先经过征地，再按照远低于市场价的价格标准交由政府处理。利益上的刺激与诱惑，使得集体土地使用权人不再安分于土地使用的各种规范之中，突破了原规则，寻找与国有土地使用权对等的利益，这就导致了"城中村"存在的大量土地利用违法、违规的现象：①大量没有任何规划与建设部门的批准的违章违规建筑；②大量乱占、乱圈地现象；③非法租赁土地；④以土地入股开办各种实业；⑤用集体土地抵押贷款；⑥用集体土地进行非法的房地产开发、经营等。

由于"城中村"集体土地的边缘性、稀缺性、区位性、固定性、多样性、复杂性以及相比较于国有土地使用权的低廉性，它拥有旺盛的需求市场，成为低端的商业、服务业和加工业的聚集地，居住主体除少数失去土地、靠房租为生的原有居民外，更多的则是以农村进城务工人员为主的流动人口。城中村低廉的租房价格、良好的区位、便利的交通、丰富的就业机会以及与农村相近的生活环境吸引了大批流动人口聚居，在许多经济发达地区，城中村内流动人口的数量大大超过了当地居民的数量，成为主要的居住者。由于大量的流动人口对城中村出租房的需求大大增加，城中村中的原住民在原有宅基地或侵占公共用地上见缝插针建起高楼，以获得更多的出租面积，获取更多利益，城中村的景观环境在近二十年中发生了巨大的变化。由于农村集体土地宅基地制度限制，城中村仍然保持着'一户一栋'的农村住房的基本特征②，但在高度上远远超出了1～2层的传统农村住宅而普遍达到3～7层，往往满铺宅基地，建筑间的间距极为狭窄，出现了大量的"连体楼"、"握手楼"景观。由于城中村通常因保持着集体土地性质和村民委员会的管理机制而被排斥在城市规划③和城市管理之外，普遍存在着用地功能混杂无序、基础设施配套短缺、防灾和治安隐患突出的问题，在景观上表现为街巷拥挤、建筑错杂、质量简陋、风格低俗，但又充满活力的低水平繁荣景象。

4）异质景观斑块在社会生态学上的意义

从人文生态学角度来看，城乡交错带和城中村的存在有其特殊的价值和意义。城乡交错带和城中村在物质景观上与城市其他区域有着很大的差异，在社会构成和组织关系上也与其他区域迥异，在生态学上都是异质性斑块。

异质性是景观生态学研究的主要内容之一，主要指景观内部资源或性状的时空变异程

---

① 根据《中华人民共和国土地管理法》第2条规定："中华人民共和国实行土地的社会主义公有制，即全民所有制和劳动群众集体所有制。"土地所有权状态依据《中华人民共和国宪法》第10条、《中华人民共和国土地管理法》第8条规定，具体划分为"城市市区的土地属于国家所有"，"农村和城市郊区的土地，除由法律规定属于国家所有的以外，属于农民集体所有；宅基地和自留地、自留山，也属于集体所有"。《土地管理法》第63条规定，农民集体所有的土地使用权不得出让、转让或出租。也就是说，集体土地不能被抵押，不能进行非农建设，必须先由政府对其征地，改变成建设用地。从1987年开始推行土地有偿使用制度、土地作为特殊商品开始进入市场以来，国有土地进行评估后，就可以直接经过中介单位进行拍卖了，而集体土地要先经过征地，再按照相关法律规定价格标准（而非市场价）交由政府处理。

② 郑碧强，张叶云.城市化进程中"城中村"改制若干问题分析[EB/OL]，http://www.mca.gov.cn/article/mxht/llyj/200801/20080100009436.shtml，2008-10-2

③ 传统上，城市规划只是对城市建设用地的规划，而不考虑农村和城中村。2005年《城市规划法》改为《城乡规划法》后，进入城乡统筹规划，这一现象得到缓解。

度，是由于环境要素的时空差异及各种自然和人为干扰作用的时空不均匀所产生的，是景观最基本的结构特征。城市本质上就是一个异质系统，正是因为异质性才形成城市内部和外部的物质流、能量流、信息流和价值流，才导致了城市景观的演化、发展与动态平衡。由于城市的不断演变，物质、能量的不断流动和转化，干扰的不断发生，使得城市景观永远也达不到均质性的要求。

城乡交错带和城中村是在城市化空间扩张过程中残留在城市内部或边缘的暂未被城市吞没的乡村景观斑块，是城市中的异质性斑块。在当前我国低水平城市化的背景下，城中村发挥了巨大的生态调节作用。一方面，由于城市中尚有大量的低收入居民和外来务工人员，他们需要城中村相对较低廉的服务和消费场所，即城中村使得城市中的低收入人群得以生存。另一方面，城中村吸纳的大量的外来务工人员为城市提供了相对廉价的劳动力，他们在刺激了城市经济繁荣的同时，平抑着城市总体生活成本。可以说，在我国当前的经济和城市化水平下，发达地区的城中村现象是必然存在的，它既是生态流流动的结果，也为城市生态结构提供了特殊的具有平抑调节作用的异质斑块。这些斑块内的人群生活依赖于城市而存在，而城市也依赖他们的工作而发展，这就是一种典型的生态共生关系。

在景观尺度上，城市景观异质性是城市景观要素组成和空间结构上的变异性和复杂性的体现。景观异质性布局是景观结构的重要特征和决定因素，而且对城市景观的功能及其动态过程有重要的影响和控制作用，决定着城市整体生产力、承载力、抗干扰能力、回复能力，决定着城市景观的多样性。由于景观的空间异质性能增强城市对干扰的扩散阻力，缓解某些灾害性压力对城市景观稳定性的威胁，并通过景观系统中多样化的景观要素之间的复杂反馈调节关系使系统结构和功能的波动幅度控制在可调节的范围之内[①]。城乡交错带和城中村等异质性景观斑块的形成，是城市生态系统在现阶段制度下因应大量外来人口入侵的自组织反应。制度壁垒使得外来人口难以享受与城市居民同等的福利，在经济上、社会关系上难以融入城市居民社区。城中村和城乡交错带等异质景观斑块为他们提供了适合的生境，提高了城市的生产力；同时也使这些对城市而言具有异质性的人群相对聚居，减少了它们对城市的干扰，维持了城市的稳定。因此，景观异质性有利于景观的稳定，尽管表面上看来城乡交错带、城中村的异质景观好像是杂乱无章，但这种状态和交替恰好缓冲了城市化过程中城市景观的剧烈性变化，而使城市趋向一种动态稳定的状态。

生物共生控制论的异质共生理论认为，异质性、负熵和反馈可以解释生物发展过程中的自组织原理，增加异质性和共生性是生态学和社会学整体论的基本原则[②]。因此，在现阶段城市化和经济发展确实需要大量外来务工人员的基本认识下，一味地强调城中村和城乡交错带对城市治安和市容市貌带来的负面影响而通过行政手段去消灭城中村既不公允，也不可能。我们应该认识到，城中村的存在是现阶段经济发展水平和制度体系造成的，强制拆除、驱散等行政手段只会使城中村从一处转移到另一处。当城乡人口制度和社会观念的壁垒打破，或城市居民生活水准高到不需要廉价劳动力，或农民收入提高而不必进入城市谋生时，城中村现象才会彻底消失。换言之，在现阶段的城乡差别、城市化和城乡经济发

① 余新晓，牛健值，等. 景观生态学[M]. 北京：高等教育出版社，2006：36

② 余新晓，牛健值，等. 景观生态学[M]. 北京：高等教育出版社，2006：101

展水平下，城中村和城乡交错带是城市为了自身发展而选择的最佳的生态和景观自组织形式，我们能做的一面是经济发展和制度改革，一面是承认城中村和城乡交错带等异质景观斑块在现阶段的合理性，进而通过加强管理和社会援助，逐步改善其社会和物质景观。

4.4 城市制度对景观形态的直接塑造

城市制度可有广义和狭义之分。广义的城市制度是指“发展主体在观念特别是行为实践中，对城市本质、结构、功能、意义、价值等的规则性确认”①。城市制度的发展主体是特定城市的全体市民以及代表市民对城市进行管理的城市政府，其适用的空间范围为特定城市的市区及其辖区，是在遵守国家制度的前提下，根据城市自身的特点而制定的经济制度、政治制度、文化制度、环境制度、生活制度的统一体，既包括正式制度，也包括非正式制度，对城市起着选择与确认、规范与整合、约束与激励、塑形与示范的作用，是“城市发展的核心构架”②。

狭义的城市制度可以理解为“城市建设方面的政策及方法框架”，它是“一定政治—经济制度在特定城市空间的形成及发展过程中具体表现”③，是为人们生产、生活的效益最大化提供空间保障的城市规划、城市管理和公共决策等一系列正式制度，对城市的空间和物质景观形态起着直接的塑造作用。

本节以狭义的城市制度为主要对象，研究城市规划对城市景观形态的塑形作用、城市管理对城市景观形态的规范作用、公共决策对城市景观形态的刺激作用。

4.4.1 城市规划制度对城市固定景观的塑形作用

美国国家资源委员会从学术的角度将城市规划界定为“一种科学、一种艺术、一种政策活动，它涉及并指导空间的和谐发展，以满足社会与经济的需要”④。我国国家标准《城市规划基本术语标准》则从管理的角度定义城市规划是“对一定时期内城市的经济和社会发展、土地利用、空间布局以及各项建设的综合部署、具体安排和实施管理”。在本书中，笔者强调城市规划是一项对城市景观起直接塑形作用的城市制度。

城市规划首先是一项制度，是受到《城乡规划法》授权的包括规划编制、审批和实施管理制度的一系列正式制度，“任何单位和个人都应当遵守经依法批准并公布的城乡规划，服从规划管理”（《城乡规划法》第九条）。其次，城市规划是一项城市制度，由城市人民政府（总体规划）及其规划主管部门（详细规划）组织编制，并只适用于该城市规划区，而不具备国家层面的效力，即“城市规划是城市政府意志的具体体现”，而“城市政府的主要职责是把

---

① 陈忠. 城市制度：城市发展的核心构架[J]. 城市问题，2003(4)

② 指对多样城市存在（包括城市形态、功能、结构、文化、精神及城市人员的行为、意识等）的选择与确认；城市制度将无数的独立个人，多样的生产、生活方式，多样的文化价值观念的规范、整合；城市正式制度通过监督、处罚、惩罚，非正式制度通过注视、漠视、窥视、不搭理等形式的强制约束和以奖励、接纳等有形或无形方式的激励；对城市软、硬件形象的塑造和对欠发达城市和地区的示范。引自：陈忠. 城市制度：城市发展的核心构架[J]. 城市问题，2003(4)

③ 董卫. 城市制度、城市更新与单位社会——市场经济以及当代中国城市制度的变迁[J]. 建筑学报，1996(12)

④ 同济大学建筑城规学院. 城市规划资料集(一)总论[M]. 北京：中国建筑工业出版社，2003：5

城市规划好、建设好、管理好"[①]。最后,城市规划是"城市建设的基本依据"[②]"城市、镇规划区内的建设活动应当符合规划要求"。(《城乡规划法》第三条)根据我国现行的以"两书一证"(项目选址意见书、建设用地意见书、建设工程规划许可证)为主体的规划实施制度下,城市物质景观中的固定元素[③]在理论上完全是由城市规划所决定或批准。因此,城市规划制度对城市景观中的固定要素起到了决定性的塑形作用。为表述方便,本节从总体规划、控制性详细规划和修建性详细规划,以及由规划部门负责的建设工程方案审批四个层次来阐述规划制度对城市景观从宏观到微观的影响。

1) 总体规划城市对总体空间景观的格局构建

城市总体规划的主要任务是:综合研究和确定城市性质、规模和空间发展形态,统筹安排城市各项建设用地,合理配置城市各项基础设施,处理好远期发展与近期建设的关系,指导城市合理发展[④]。《中华人民共和国城乡规划法》第十七条规定,城市总体规划的内容应当包括城市的发展布局,功能分区,用地布局,综合交通体系,禁止、限制和适宜建设的地域范围,各类专项规划等,其中,规划区范围、规划区内建设用地规模、基础设施和公共服务设施用地、水源地和水系、基本农田和绿化用地、环境保护、自然与历史文化遗产保护以及防灾减灾等应列入强制性内容。

城市总体规划的规划范围以城市规划区为主体并覆盖整个市域,规划期限一般为 20 年,并对城市更长远的发展做出预测性安排,具有整体性和长期性。因此,尽管城市总体规划的各项内容[⑤]对城市景观形态的影响各有侧重,但都表现为宏观性的格局建构(表 4.4)。概括而言,总体规划对城市景观格局的建构主要体现在五个方面:

(1) 在区域生态系统背景下构建城市景观单元的生态位、景观类型和边界特征;

(2) 通过用地功能区划构建各功能景观类型的比重和空间分布;

(3) 直接构建城市控制性景观要素(道路、水系、绿地、中心区等)的空间格局和形态;

(4) 保护城市稀缺性自然和人文景观资源,保护自然和人文生态的多样性和可持续性;

(5) 从城乡统筹、环境保护、市政设施、抗震防灾、技术经济等方面保障景观的稳定和更新。

表 4.4 总体规划的主要内容对城市景观形态的塑造作用

	总体规划的主要内容	对城市景观形态的塑造
1	城镇体系规划	确定城市作为一个景观单元在区域景观生态系统中的生态位
2	城市性质	根据区域系统中的职能定位确定城市各类职能用地及其相应景观类型(工业景观、商业景观等)的比重,并影响整体景观特征

① 王国恩.城市规划管理与法规[M].北京:中国建筑工业出版社,2004:76

② 同济大学建筑城规学院.城市规划资料集(一)总论[M].北京:中国建筑工业出版社,2003:5-6

③ 固定景观与半固定景观定义参见:[美]A.拉普卜特.建成环境的意义——非语言表达方法[M].黄兰谷,译.北京:中国建筑工业出版社,2003

④ 同济大学建筑城规学院.城市规划资料集(一)总论[M].黄兰谷,译.北京:中国建筑工业出版社,2003:48

⑤ 总体规划的主要内容参见:同济大学建筑城规学院.城市规划资料集(一)总论[M].北京:中国建筑工业出版社,2003:48

续表 4.4

	总体规划的主要内容	对城市景观形态的塑造
3	城市发展方向	确定城市景观单元边界拓展的时空顺序
4	人口、用地规模和规划区范围	确定城市景观单元的人口容量、空间边界和基本形状
5	功能分区	确定城市内部不同用地功能及其相应景观类型的空间分布
6	市、区中心位置	确定城市内部结构区位和圈层式景观的中心位置
7	城市对外交通系统和主要交通设施	确定城市景观单元与区域内其他景观单元间进行人员、物资交通的廊道及其终端的位置
8	道路交通系统	界定空间景观形态框架,同时是内部各景观单元间物质流交换的主要廊道,是城市景观中具有格局控制和促进作用的先锋性要素
9	市政和公共设施系统	实现用地功能及其景观的基础,公共设施也常是重要的景观节点
10	河湖水系格局和治理目标	对城市景观的显性要素—水体的生态系统、空间分布和形态控制
11	城市绿地系统	对城市景观的显性要素—绿地的生态系统、空间分布和形态控制
12	城市环境保护和污染防治	控制城市景观的环境品质
13	人防、抗震、防灾目标和格局	保障城市及其景观系统的安全、稳定和可持续
14	风景名胜、文物古迹和历史街区等历史文化保护	保护城市稀缺的自然和人文景观资源,保护自然和人文生态的多样性和可持续性
15	旧区改建和用地调整原则步骤	保证景观稳定性的同时进行景观更新的方法步骤
16	城、郊统筹和基本农田绿地保护	确定城市作为景观单元的环境生态安全
17	综合技术经济论证	校核城市景观发展目标的技术经济可行性
18	近期建设规划	确定近期城市景观更新的内容和步骤

2)控制性详细规划对地块景观的边界控制

控制性详细规划是以总规和分区规划为依据,详细规定建设用地的各项控制指标和其他规划要求,作为规划管理的依据,并指导修建性详细规划。控制性详细规划对城市景观形态的塑造作用主要表现在对规划地块景观的边界控制,即虽不直接决定城市道路、建筑等的空间形体和外观,但规定了城市景观的空间形体的尺度取值边界及其景观属性的变化范围边界。具体而言包括以下几个方面:

(1)通过对道路红线、后退红线距离控制城市主要的开放景观——道路、广场的平面尺度边界,并通过确定联系道路与地块的交通出入口位置和两侧地块的用地性质、容积率等指标,从而确定道路的空间尺度、沿路地块的景观类型和主要景观面。

(2)通过规定各地块的建筑类型控制规划地块的景观类型。控制性详细规划详细规定各地块内不同使用性质的用地边界,规定各类用地的适建、不适建或有条件允许建设的建筑类型。不同的建筑类型往往对应着不同的建筑景观类型,既有固定景观层面的约定俗成的体量空间的差别(如中小学校一般为多层而少高层等),更有半固定景观层面上招牌、装饰等外观的差别,以及使用方式的不同而带来活动和行为等文化景观的差异。

(3) 通过地块指标限定建筑景观的空间边界。控制性详细规划规定各地块的建筑高度、建筑密度、容积率、绿地率等控制指标,规定交通出入口范围、停车泊位、建筑后退红线距离、建筑间距等要求,实际是对建筑景观的空间边界的尺度和几何属性进行限定。

(4) 提出体量、体型和色彩要求,以在建筑类型和景观空间边界的限定之外,进一步控制其空间景观意向,使之与其在城市中的文脉、建筑类型和城市景观发展目标相符合。

(5) 控制性详细规划还包括确定工程管线走向、管径和工程设施用地边界,确定相应的土地使用和建筑管理规定,二者分别在物质基础和管理制度上保证了对规划地块的景观边界控制得以实现。

3) 修建性详细规划和专项城市设计对景观的形体塑造

修建性详细规划是以控制性详细规划为依据,对建设计划已经明确的城市重要地区,往往也是在功能上、形态上和景观上都需要进行整合的地区(如城市公共中心和居住小区),进行具体安排和规划设计,用以指导各项建筑和工程设施的设计和施工。修建性详细规划在建设条件分析及综合技术经济论证的基础上,对建筑、道路和绿地等的空间布局和景观进行详细控制,通过总平面图、沿街立面图等一系列具体图纸直接塑造城市建筑景观的体量和形状,并以此为基础进行工程管线、竖向设计并估算工程量、拆迁量和总造价,分析投资效益。

随着公众对城市景观环境的日益关注,为了塑造城市的空间形象和景观风貌,使其具有整体性和独特性,专项城市设计越来越成为城市规划制度的重要组成部分。专项城市设计主要针对城市空间形态和景观风貌的重要方面,制定如高度分区、公共开放空间、街道景观、街道小品设计、广告招牌或城市照明等方面的专门性原则[①]。对具有稀缺性、敏感性和标志性景观的地区,如传统风貌街区、滨水地区、城市中心区等还要通过总平面设计、沿街或沿河立面地区制定更为详细的城市设计原则,详细控制城市景观的形体塑造。

4) 建设方案审批对城市固定景观的审定

建设方案审批是我国城市规划制度中建设工程规划管理的一个重要内容,其目的有四个方面:保证建设工程符合城市规划要求;保障城市公共利益;优化城市景观环境;综合协调相关矛盾[②]。《中华人民共和国城乡规划法》第 40 条规定,在城市规划区内"进行建筑物、构筑物、道路、管线和其他工程建设……应当向城市、县人民政府城乡规划主管部门……申请办理建设工程规划许可证"。尽管建设工程规划管理的程序和操作要求存在不同地区和不同规划,但一般均要经过建筑设计方案送审,建设单位按照审定的建筑设计方案完成施工图设计后,才能向规划管理部门申请建设工程许可证[③](图 4.13)。除了建设工程外,城市园林绿化工程设计根据规模和类型由各级人民政府建设(园林)行政主管部门负责审批,也须"经审批同意签署书面意见后,方可施工"[④]。由于城市景观中的道路、建筑物、构筑物、绿

① 总体规划的主要内容参见:同济大学建筑城规学院.城市规划资料集(一)总论[M].北京:中国建筑工业出版社,2003:56

② 王国恩.城市规划管理与法规[M].北京:中国建筑工业出版社,2004:112

③ 王国恩.城市规划管理与法规[M].北京:中国建筑工业出版社,2004:117-118

④ 江苏省建设委员会[苏建园(1993)358 号].江苏省城市园林绿化工程设计审批办法[S],1993

化等固定景观的设计方案均需经过城市建设(规划、园林)主管部门的审定,而最终的实施也必须与设计方案相吻合,因此可以认为城市固定景观的形态由城市建设审批制度最终审定。

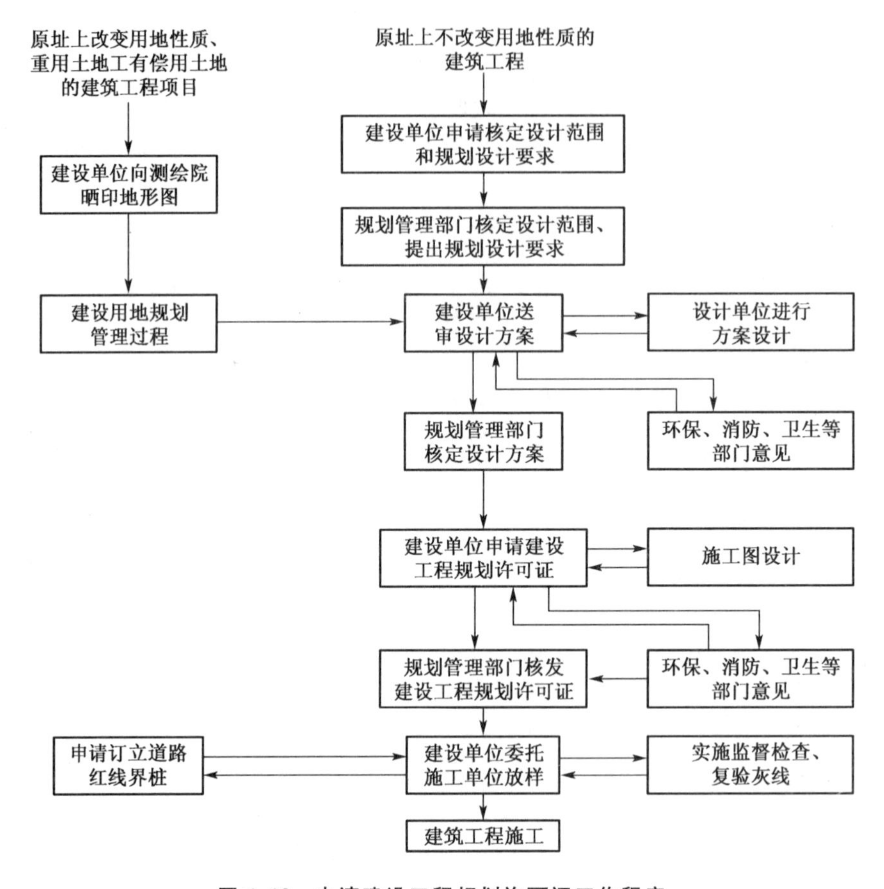

图 4.13 申请建设工程规划许可证工作程序

综上,我国的城市规划制度对城市景观形态的控制贯穿从总体规划到建设方案审批的全过程,从制度上塑造了城市景观中固定要素的形态。

4.4.2 城市管理制度对半固定景观的规范作用

城市管理有广义、中义和狭义的分别。广义的城市管理即建制市政府依据法律和法规,对其管辖的行政区域内所发生的政治、经济、社会、军事、科学、文化、教育、人口和社会治安等各项事务实施管理的行为;中义城市管理指城市政府对城市规模、设施系统的开拓以及城市功能发展完善过程的管理行为,包括城市规划、城市建设以及狭义的城市管理三部分;狭义城市管理指城市政府对建成区内市政设施和城市环境容貌等城市公益性载体的使用状态和使用方式的综合性管理行为[①]。

广义和中义的城市管理制度中,本书前面所讨论的土地、户籍、城市规划制度与城市

① 吴念公. 现代城市管理概论[M]. 长沙:湖南人民出版社,2000:10

景观的关系最为密切，单位制度、民族制度对景观的影响也将在后面章节进行讨论。本节主要研究狭义的城市管理制度，约略相当于各地城市管理局（或城管局、市容管理局）的职权范围，包括“市容市貌、环境卫生、园林绿化、市政设施、路灯照明、道路交通等方面的养护和管理”①，它们对于我国城市景观，特别对半固定景观都具有十分显著的规范作用。

1）我国城市管理体制对半固定景观的规范

城市的半固定景观要素包括“家具、窗帘及其他陈设的布置和类型，花木、古董架、屏帷及服装，直至沿街设备、广告牌示、商店橱窗陈列、花园布局和草坪装饰以及其他城市因素”，它们能够相当迅速而容易地加以改变，因而往往比固定特征因素表达更多的意义。拉普卜特认为，“大多数人都是迁入现成的环境，其固定特征因素很少改变。虽然所作的特定选择已表达了某种意义，他们往往倾向于形成一种符号并属于自己的环境”②。由于半固定特征因素比固定特征因素更少受到规范、法令等的制约，也更容易根据使用者的要求而改变，因此往往成为人们自我表达的工具，一方面表现为丰富的景观现象和文化意义，另一方面也可能出现景象杂乱丑陋、内容肮脏不伦等有碍观瞻的问题，或者肆意侵占道路等影响公共利益和安全的问题，因而世界各国城市都对城市半固定景观有一定的管理和约束机制。由于我国土地国有制度和政治及文化传统中对秩序、纲伦等的高度重视，对于半固定景观的制度规范尤为严苛。

首先在法规体系上，有从国家层面的 1987 年《城市容貌标准》、1992 年《城市市容和环境卫生管理条例》到省级层次的《江苏省城市市容和环境卫生管理条例》到《南京市市容管理条例》、《天津市城市管理规定》等一整套法律法规体系，对城市的“道路、建筑物、公共设施、园林绿地、环境卫生、广告设置、各种标志、贸易市场、公共场所等的有关城市容貌（城市容貌标准）”的详细的规定。在管理和执行机构上，我国各城市均设有市容管理局等市容行政主管部门（以下简称市市容主管部门）负责全市市容管理工作，并有集市容环境卫生、规划、绿化、市政、环境保护、工商、公安、交通方面行政执法职能于一身的城市管理行政执法局（城管局）负责具体的行政执法。在这一制度体系下，几乎所有的城市半固定景观要素都处于制度化的规范管理之下。

2）半固定景观管理的整洁与多元化

中国城市景观一方面是缺乏管理与设计的混乱和复杂，另一方面是管理下的整齐和单一。长期以来，我国城市管理的主要目标在于“加强城市市容和环境卫生管理，创造整洁、优美、文明的城市环境，保障人民身体健康”（江苏省城市市容和环境卫生管理条例，2003），除了追求文明、健康外，对城市景观的追求主要在于整洁、优美，这两个目标在一定程度上决定了我国城市景观，尤其是半物质景观的形态。

在江苏省城市市容和环境卫生管理条例的每一分项中，“整洁”都是必不可少的标准。“整洁”，顾名思义即为整齐和洁净。洁净是保障市民健康的需要，但将“整齐”作为城市容貌和景观的标准，则仍停留在要求个体服从集体的工具理性价值观与现代主义审美的层

① 天津市人民政府令[津政令第 52 号]. 天津市城市管理规定[S]，2012

② 固定景观与半固定景观定义参见：[美]A. 拉普卜特. 建成环境的意义——非语言表达方法[M]. 黄兰谷，译. 北京：中国建筑工业出版社，2003

面，不符合当代尊重个性、鼓励多元的生态思想。事实上，一个充满活力的生态系统必然是丰富而多元的，其景观也不可能是整齐划一。我国著名的《清明上河图》，正因其店铺、招牌、摊点、活动的多种多样才体现了宋东京汴梁城的“繁”华景象。被誉为香港灵魂的最繁华的商业街弥敦道、世界金融中心曼哈顿，其街景同样也是极为丰富多样的。而我国著名的南京湖南路商业街中最繁华的狮子桥美食步行街的街景，相形之下就缺乏景观上的丰富性和多元性(图 4.14～图 4.16)。

图 4.14　香港弥敦道街景

图 4.15　纽约曼哈顿街景

在当前大规模城市环境整治中，由于时间紧迫，对整洁的要求成为简单的操作“一刀切”，过于强调规范化而造成了多元化的损失。如近年沿海各城市盛行的住宅“平改坡”运动，在让居民免受渗漏之苦，增加城市“第五立面”景观的同时，也存在着简单的“一刀切”倾向，不同时期、不同风格的平顶旧住宅都增加了同样的屋顶，加剧了城市景观的单调[①](图 4.17)。南京等地的街巷整治有效地改善了基础设施和环境卫生条件，但在统一店招等方面也存在过度强调位置、尺寸、材质的统一，而使得街巷景观的多元性不足。

图 4.16　南京湖南路街景

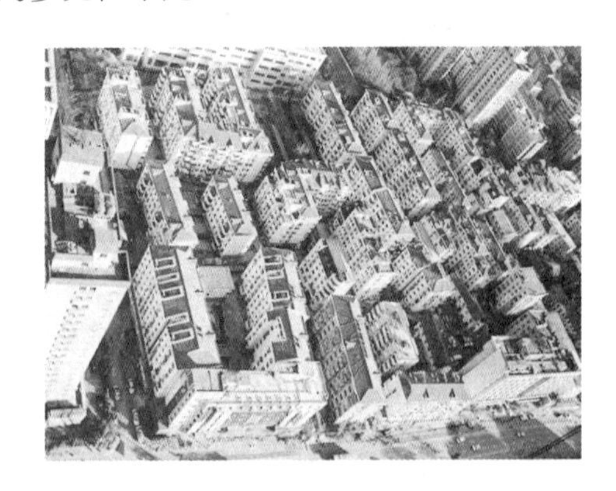

图 4.17　南京小区出新和“平改坡”

3) 城市美化管理与人文生态

我国城市管理制度的主要目标是创造整洁、优美、文明的城市环境，而在实际的操作中，对“优美”的理解偏重于视觉上的形式美，而不是社会人文的和谐美，即主要追求“美观”

① 刘炎迅. 市民专家共议南京“平改坡”[N]. 南京晨报，2005-09-24

而不是"美好"。尽管许多城市管理者如百年前的欧美城市美化运动[①](City Beautiful Movement)的倡导者一样,认为规则、几何、古典和唯美主义的城市形象在改善城市物质环境的同时也会提高社会秩序及道德水平。但事实上,城市形象在本质上是城市自然资源条件和社会经济发展水平的外在表征,如果一味从形式上的规整和美观出发去管理城市,其结果往往是削足适履,不仅给城市居民生活带来不便,更会使低收入居民和外来人口等弱势群体的生境遭到破坏,造成城市人文生态的失稳。

例如,我国许多城市的市容管理都规定,主要街道两侧和重点地区建筑物的顶部、阳台外和窗外不得吊挂、晾晒和摆放物品[②]。阳台晒衣物诚然不利于街景的整洁美观,但在目前我国经济发展水平和居住的实际状况下,阳台晾晒常常是迫不得已的选择,并且利用太阳能晒干衣物较经济、健康、环保,整洁美观与居民的实际需求间存在一定差距。

拆除违章建筑是我国城市管理的重要内容,对于防止违章建筑侵占公共交通空间、减少建筑安全隐患起到了重要的作用。但有些拆除的行动值得商榷,例如无锡市为了保证某论坛召开时的整洁市容而拆除全市1241个因区级政府机构越权审批而"违章"的报刊亭、便民亭(冷饮亭、杂货亭、修锁、修车亭),给市民的生活造成了不便,也中断了以困难居民为主的经营者的生计[③]。近年来,我国城市管理部门对小摊贩占道经营的管理之所以频频引发激烈的公共事件,除了行政执法方式的粗暴,最根本的问题在于其执法所依据的现行城市管理法规制度片面追求城市形象,而没有充分考虑到我国当前大量的城市低收入居民和进城务工农民的生存需求,缺乏必要的人文生态关怀。

4.4.3 城市公共决策对景观形态的刺激作用

城市公共决策,是指以城市行政机关和社会公共事务管理机关为主体的,在进行公共事务管理和内部管理中的目标设计、方案抉择活动,它虽然不像法律法规和规划等制度具有长期的法定效力,但其实施一般由行政机构主导,对于城市各类资源的调配具有一定的强制力,故而本书也将其纳入正式制度的范畴。

城市公共决策的客体十分广泛,包括城市政府依法开展的经济和社会发展计划、政府预算、经济工作和城乡建设、教育、科学、文化、卫生、体育、计划生育、民政、公安、司法、行政和监察等各方面的行政决策,包括城市公共事务的方方面面。每一项公共决策都决定了一定时段内某些特定类型的城市资源的配置方式,而许多与城市发展目标和土地、规划、建设方面的公共决策则会对城市景观形态产生直接的影响。比如,城市在扩大土地供给方面的决策将刺激房地产开发的数量和空间位置,从而影响城市景观更新的速度和形态。城市地铁、过江大桥、机场等大型交通基础设施的建设决策会影响设施周边及沿线的土地开发,甚至可能影响城市空间景观格局的变化。创建卫生城市、园林城市等城市建设目标的决策,申办奥运会、世博会等特大型活动的公共决策,更会在短期内对城市景观形态产生全面的影响。可以说,城市规划和管理制度对城市景观形态具有长期的、相对稳定的塑造作用,而公共决策对城市景观形态的影响主要表现为一定时段内的刺激作用。

---

① 城市美化运动的发展见4.6.4节。

② 如杭州市城市市容和环境卫生管理条例第二十六条。

③ 江苏无锡市强拆1241个报刊亭,市民无法买报[N].现代快报,2009-02-25

1）土地供给决策对城市景观形态的影响

前文提到，我国目前的土地供给制度是行政划拨和有偿出让供地并存的“双轨制”，而在同样的“招拍挂”制度下，具体每年土地供给量的多少及其地块区位的选择则是城市土地和规划部门公共决策的内容，直接决定着具体地块的景观变迁，并可利用其刺激作用对城市景观格局进行指导和控制。

以土地资源稀缺的香港为例，与前文我国“土地财政”下大量性供地造成的城市低密度无序夸张相反，香港以科学预测为依据限制居住用地供给量，使得居住用地供给量通常处于“理论上的够用”的状态。多个开发商在利益的驱动下对有限居住用地的竞争以及政府对地价底价的控制，刺激着居住用地的地价保持市场机制作用下的合理价位。定量的居住用地供给避免了土地的盲目开发和住宅的无序建设；而市场机制下的高地价使城市职能在地域空间结构上产生明显的分化，不仅促使居住空间在地价作用下的再分布，同时也决定了香港居住空间建设的高层高密度的景观特征①。

2）城市创建决策对城市景观的刺激

在当前我国的政绩考核体制下，城市政府都十分重视“卫生城市”、“园林城市”、“文明城市”等各类城市荣誉的评比活动，在日常的行政工作之外，创建某某城市往往是城市政府年度工作的中心目标。由于政府的重视，创建工作往往投入巨大的人力物力，甚至可能调整既定的城市规划，从而在短时间的内迅速改变城市某一方面的景观面貌。

图 4.18　南京市绿地系统规划图

如南京市从 2005 年开始创建“全国绿化模范城市”，经过短短两年的时间，市区新增绿地 2000 多万 m^2，相当于大半个钟山风景区的面积。城市绿地的空间分布迅速优化，达到了市区内任意一点 300 m 半径内就有一处面积不低于 3 000 m^2 的公园、广场或街头绿地，建成区绿地率 41.3%，绿化覆盖率 45.5%，人均公共绿地达 13 m^2，城市绿地景观的形态得到了显著改善(图 4.18)，甚至缓解了城市夏季持续高温，使得南京这一著名的“三大火炉城市”在 2007 年凤凰卫视“凤凰气象站”中国新“火炉”城市排行榜上落后到 10 名开外②。

国家相关部委组织各种形式和内容的城市创建评比活动，其目的是为了设立一个较高的目标，以鼓励和推动各地城市建设工作向着更高的目标而努力。对地方城市而言，创建

① 聂兰生. 21 世纪中国大城市居住形态解析[M]. 天津：天津大学出版社，2004：76

② http://nj.jschina.com.cn/gb/jschina/nj/node20882/userobject1ai1698036.html#

工作可以在短时间内统一思想，集中力量办大事，处理平时难以解决的问题，如道路和市政管网的修缮、违章建筑的拆除、环境卫生的治理等等，对于改善城市人居环境起到了十分积极的作用。

但不可忽视的是，由于创建评比具有时间限制，部分城市存在着急功近利、做表面文章甚至弄虚作假的问题。如为了迎接卫生城市的检查，部分城市不从根本上改善居民生活卫生和景观环境，只在短期内对建筑立面进行粉刷“出新”，由于缺乏足够的时间精心设计和施工，除了施工质量不能保证外，往往对许多历史建筑的外观造成不可挽回的改变，城市景观虽然焕然一新，但如同涂满白粉的假面般单调、缺乏生气和历史感。更有甚者，以“绿漆荒山”为绿化，用围墙和广告牌遮挡脏乱差的城市角落。因此，只有秉持正确的政绩观和发展观，才能使城市创建工作对城市景观产生良性的刺激作用。

3）特大型活动决策对城市景观的刺激

申办世界奥林匹克运动会、世界博览会、全国运动会等特大型活动，在提高城市的知名度、推动城市经济发展等方面具有十分显著的刺激作用。由于申办大型活动往往存在激烈的竞争，各申办城市会在城市基础设施、活动场馆、接待设施乃至空气质量、环境保护等的既有条件和目标承诺方面展开激烈的竞争，因此在申报成功后往往会对城市软硬件设施和景观环境的建设产生非常规的巨大刺激和跨越式的推动作用。

特大型活动对城市景观的巨大影响可以追溯到 1893 的芝加哥世博会。为庆祝哥伦布发现美洲大陆 400 周年，芝加哥需要举办这一国际盛会，作为一争办城市获得国会批准，并将该市南部的一片沼泽开发作为世博会的场地，Daniel Burnham 被指定为项目的负责人，这是自 1851 年伦敦世博会后的第十五届备受欢迎的国际最大型的盛会。Burnham 邀请全美著名的建筑师和景观设计师参与工作，其中包括美国景观设计之父 Olmsted。这是一个多学科、多专业的综合队伍。他们决定这次世博会放弃以往舞台式临时性做法，而是建设“永久性的建筑——一个梦幻之城”，并将其风格统一在古典主义的基调上，使城市景观形象得到了巨大的改善，最终使芝加哥巴洛克式的世博会取得了巨大的成功。以此为契机，专栏作家 Mulford Robinson 呼吁城市的美化与形象改进，并倡导以此来解决当时美国城市的物质与社会脏乱差的问题，并由此美国乃至世界范围内掀起了备受争议的“城市美化运动”[①]。

在我国，随着改革开放后的国门的敞开，越来越多的大型国际活动在我国展开，其中最重要的，也是对城市景观形态的推动作用最大的无疑是 1990 年的北京亚运会和 2008 年北京奥运会。北京亚运会之前，北京的城市格局还是以从永定门到鼓楼的一根长达 7.7 km 的“全世界最长，也最伟大的南北中轴线”（梁思成语）为核心，向四方均衡发展的城市格局，三环外都是荒郊。1990 年亚运会在场馆选址时，首次冲破了中国传统单位制度下总政大院在空间上的阻隔，将传统中轴线由 7.8 km 向北延伸到到 13 km，极大地改变了城市的空间景观形态，城市北部地区得到了迅速的发展，从普通的城市边缘区发展成为第一个成规模的高档居住区。2008 年奥运会的选址依然是在传统中轴线上继续向北延伸，通过奥林匹克场馆、奥林匹克公园的新建和永定门的复建，北京中轴线达到了 25 km，北部地区完成了新

① 俞孔坚，吉庆萍. 国际“城市美化运动”之于中国的教训[J]. 中国园林，2002(2)

的空间景观形态的嬗变[①](图 4.19)。

除了城市空间的拓展和大型基础设施的建设外,为了实现在绿化美化方面对国际奥委会的承诺,北京市的生态景观环境得到了极大的改善,林木绿化率达到了 51.6%,山区林木绿化率达到了 70.49%,京石高速等“五河十路”两侧建成了 2.5 万 hm^2 绿化带,城市绿化隔离地区建成了 1.26 万 hm^2 林木绿地,三道绿色生态屏障基本建成,城市中心区绿化覆盖率达到 43%,自然保护区面积占全市国土面积的 8.18%,极大地改变了北京的生态环境,经过多年的努力,北京申奥时向国际奥委会承诺的 7 项绿化美化工作指标已全部兑现。在非物质景观方面,传统文化和民族艺术也得到广泛的普及和展示,城市市民的人文意识、生态意识和文明程度也得到了极大的提高。“天更蓝、水更清、城更美”,北京城市景观的这些可喜的变化都是得益于奥运会的刺激和推动[②]。

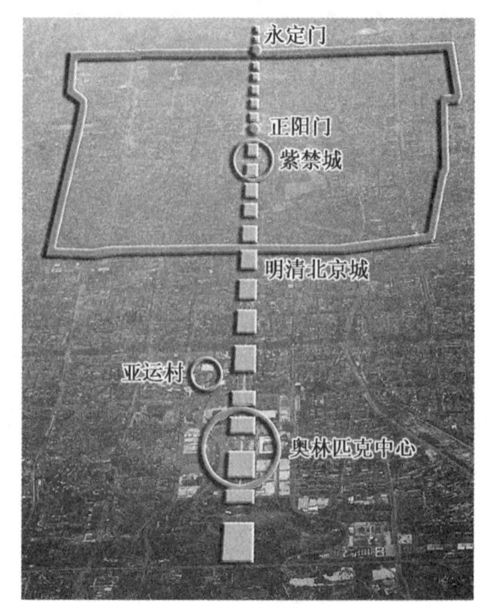

图 4.19 北京的中轴线

4.5 非正式制度与城市景观形态

非正式制度是指价值观念、伦理规范、道德观念、风俗习性、意识形态等社会公认的行为规则,它们往往属于文化的范畴而不具备强制力,但确能使个体行为具有某种内在的一致性,成为某种最终影响到城市景观形态的文化内核,形成相同的国家制度、城市制度和自然环境下城市景观形态的差异。非正式制度的范围十分广泛,本节主要讨论我国传统文化观念对传统城市景观形态的影响,以及影响当代我国城市景观建设思想和最终形态的价值观、现代观,并在此基础上讨论我国当前城市美化运动的不足,探讨可持续的景观建设原则。

4.5.1 传统文化观念对传统城市形态的影响

文化价值观念构成生活方式和社会行为的准则。在未受到现代工业和规划思想的影响之前,传统文化价值观对于我国传统城市的景观形态具有极大的影响,其中最具影响力的传统文化观念主要包括:①天圆地方和天人感应的宇宙图式;②强调伦常秩序的整体审美;③顺应自然的风水理论。

1) 天圆地方和天人感应宇宙图式

“仰观乎天,俯察于地”是中国古人观察认识世界的基本方法,天圆地方说就是中国早期的宇宙图式,天人感应的认识论则将天象与人类社会的图景紧密相连。

---

① 贾冬婷.中轴线——从亚运到奥运的心理轴线[J].三联生活周刊,2007(45)

② 王玲.为了让天更蓝、水更清、城更美,全面实践“绿色奥运”[N].经济日报,2008-7-14

天圆地方的世界观使方形成为人类居住空间的理想模式，从深层文化意识上奠定了中国方形城市的理想形态[①]。天人感应的认识论，使古人通过对天空中日月星宿运动的观察和联想，产生了以黄道、四象、二十八宿为基础的年、月和四季的时间概念，也产生与青龙、白虎、朱雀、玄武、紫微宫等星宿相对应的东、西、南、北、中的地理方位概念，形成了与十二星宿相对应的十二州星野，这些与"金木水火土"五行生克、阴阳术数、色彩等结合，形成了中国文化的浓烈的普遍联系和象征主义传统。所谓"在天成像，在地成形"，其意义的表达往往决定了城市景观的形态。

都城中如汉长安城"城南为南斗形，北为北斗形"而被呼为斗城，未央宫内亦有白虎、朱雀、玄武、苍龙之名；隋大兴城建城不仅斟酌地势，将太极宫至于乾位，又以承天、朱雀等命名。地方城市中，如明代宿迁为避黄河水患而在马陵山趾另筑圆形新城，其意"取裁用圆，像太阳也"[②]。明代改筑重庆城，"城周十八里、建十七门"，以象征九宫八卦[③]。此外，无锡、泰兴等大量的传统城市在城墙轮廓、城门开启位置上刻意地模仿有长寿意味的龟形，以求城池稳固和长治久安，也是城市景观形态中象征主义的表现。

2）顺应自然的风水学说

风水学说是在天人感应的象征主义认识论和物我一体的自然观、环境观的基础上形成的我国顺应自然、利用自然、改造自然的传统城市和建筑景观设计理论。天人合一、天人感应的中国古代哲学思想，认为人是自然的组成部分，人与自然是平等的，应取得一种和谐的关系。风水学说包括气、阴阳、四灵、五形、八卦、术数、命理等十分庞杂的内容，本身也有"形势宗"、"理气宗"等诸多流派分野。其中，形势宗更注重自然环境的审辨，包括生态与景观诸多因素的讲究，原其所起，即其所止，专注山川形势及其构成要素的配合，少有无稽拘忌，因而成为风水的主流，也日益受到国内外学者的重视[④]。

风水学说对我国城市景观形态的影响可以大概概括为三个方面：

(1) 对城镇和建筑基址选择的影响。"负阴抱阳，背山面水"是风水学说中城镇和建筑选址的理想图式，背山既可抵挡冬日寒流，又利于防御，且有缓坡避免淹涝之灾。面水可迎纳夏日凉风，又便于生产生活用水，更有运输流转之利。这一具有科学性的理想图式造就了我国古代具有景观生态学意义的山水城市意向。

(2) 影响城市的城墙、街巷和建筑格局。风水学说通过对龙、砂、水、穴等的考察和权衡，在确定选址的同时也决定了城市布局中的座向方位、四至关系、中心所在、格局大小、街巷走向等因素[⑤]。城镇中建筑的方位选择、平面格局、入口位置，以及建筑物之间的相对关系都受到风水学说的影响。

(3) 催生了具有风水地形补充作用的标志性景观建筑物和建筑装饰物。当城市风水意向不十分理想时，可以通过植树、挖池、局部堆山等改造局部小环境的手段，或通过建造具

---

①③ 段进. 城市空间发展论[M]. 南京：江苏科学技术出版社，1999：41

② 潘谷西. 中国建筑史(第四版)[M]. 北京：中国建筑工业出版社，2003：80

④ 朱光亚. 古今相地异同//王其亨. 风水理论研究[M]. 天津：天津大学出版社，1992：239

⑤ 戚珩，范为. 古城阆中风水格局：浅释风水理论与古城环境意象//王其亨. 风水理论研究[M]. 天津：天津大学出版社，1992：59

有风水塔、文笔塔、楼阁、牌坊等体量巨大的标志性建筑物以藏风聚气、完善山水景观之效①。在建筑中，当受到土地利用和经济条件制约而无法取得理想的朝向、位置和格局时，则往往通过一些具有降福除灾作用的照妖镜、“泰山石敢当”、神龛等建筑装饰物来弥补。

正如李约瑟所言，“在许多方面，风水对中国人民是有益的。……虽然在其他一些方面十分迷信，但它总是包含着一种美学成分，遍中国的农田、居室、乡村之美，不可胜收，都可藉此得以说明”②。

3) 强调伦常秩序的整体审美

强调维持系统整体和谐的伦常秩序是中国古代社会文化心理结构的重要特征，在天人合一、物我一体的自然系统中强调时空和阴阳秩序，在四海一统、家国一体的社会系统中强调等级纲常和人伦秩序。相应地在城市和景观审美中以合乎伦常秩序、利于整体和谐的“善”来统率形式上的“美”和技术上的“巧”，其对城市景观形态的影响主要表现在以下几个方面：

(1) 强调内聚和谐的内聚性：古代半封闭的大陆环境、以家庭为单位的农业国家的国情造成了古代中国文化的内聚性格，从早期仰韶时期的姜寨遗址，到相当于商代的三星堆遗址，以及后来的城市、住宅、园林等多数地区的建筑群，大都以院落空间形式呈现，负阴抱阳的风水说也强调内聚和围护，直到现代单位大院、住宅小区，以围墙为标志的内聚性仍然是中国城市景观形态的一大特征。

(2) 强调祖制和正统：中国文化的早熟加强了文化源头的魅力和权威，建立在血缘联系与祖先崇拜上的宗法制度进一步强化了祖制的威力，中国历史上的营造坛庙宫室城池的活动中充满了对祖制的考察与推测，倾向于沿袭前代规制和技巧，而不合祖制的创新形式往往被视为非正统的“奇技淫巧”，这是我国城市景观形态在漫长的古代社会中保持稳定的文化原因。

(3) 强调中心、秩序、等级和统一：中央集权的国家体制和嫡长制的宗法制度都强调中心、秩序、等级和统一，城市和建筑在院落空间的基础上形成以中心和中轴线对称均衡、等级明晰、秩序井然的理想模式(图 4.20～图 4.22)。往往尊者面南居中，两侧建筑按照尊卑有序、内外有别的原则以南北向中轴线对称均衡布置，其方位、体量、色彩、装饰图案乃至名称等均含有伦理秩序和纲常等级的意味，而对伦常秩序的遵守是中国古代城市中心突出、和谐统一的整体美的根源。

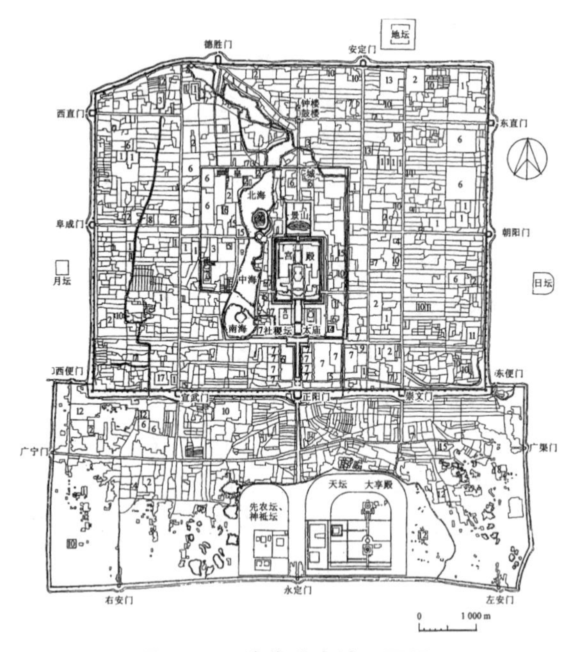

图 4.20　清代北京城平面图

① 尚廓. 中国风水格局的构成、生态环境与景观//王其亨. 风水理论研究[M]. 天津：天津大学出版社，1992：29；[日]郭中端，等. 风水：中国的环境设计//王其亨. 风水理论研究[M]. 天津：天津大学出版社，1992：277

② 李约瑟. 中国之科学与文明//王其亨. 风水理论研究[M]. 天津：天津大学出版社，1992：273

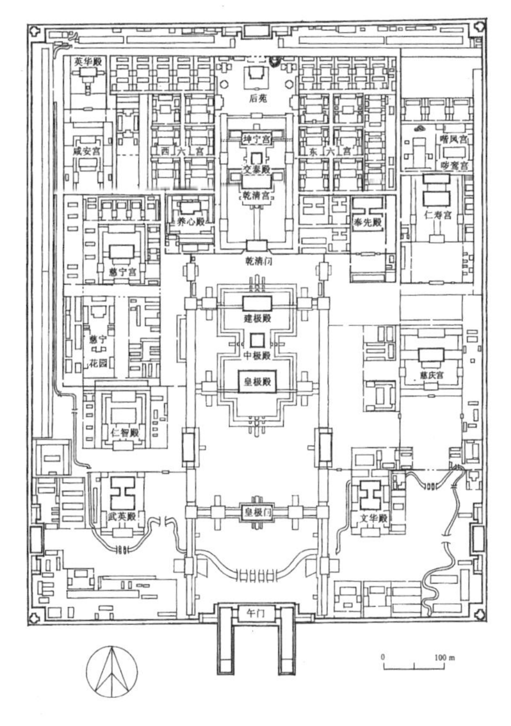

图 4.21 明代紫禁城平面图

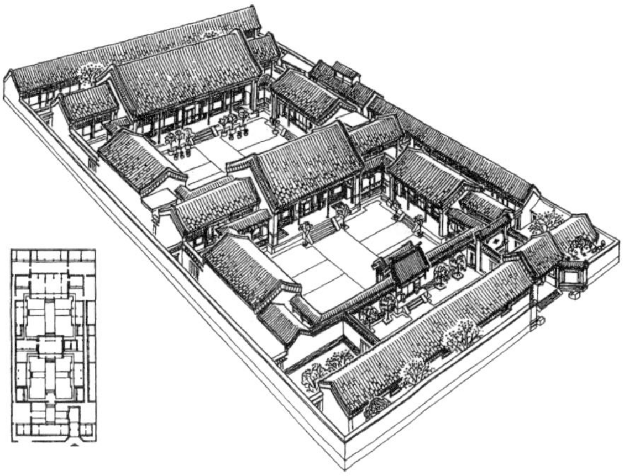

图 4.22 北京的四合院

4.5.2 现代化观念和“现代化城市景观”

中国近几十年的城市化进程，也是中国城市景观变化最剧烈的时期，这一时期的城市景观演变从外到内都体现出城市政府、建设者和市民对现代化这一宏大主题的理解和追求。不可否认，现代技术的进步使得我们得以享受先进的城市基础设施和建筑设备带来的生活便利。然而，当中国城市普遍实现了所谓的“现代化”城市景观时，人们发现“宏伟的横平竖直格局，空旷宽大的快速路和整齐漂亮的高层群”①的背后也存在着铺张浪费、千城一面和破坏传统文化遗产等种种问题。为什么“城市现代化建设”的良好愿望会导致城市景观的单调甚至异化？我们可以直观地批评决策者“以高楼大厦、大马路为主的现代化”②观念错了，更应该探究其“现代化”观念的实质。

“现代化”的概念是目前国内外社会科学界研究的热点，虽没有公认的完整定义，但一个基本的共识是，其内涵应包括物质、制度和人口三个基本面③。到目前为止，我国从政府官员到公众的“现代化”观念仍停留在 1990 年代以前“经典现代化”的范畴，认为“从农业经

① 张建伟，胡隽.居者有其屋：农民工市民化的落脚点[J].求实，2005(9)

② 原北京市规划局局长刘小石先生曾说，“为什么有人就喜欢修大马路呢，这是因为在他们的眼中大马路、立交桥、高楼大厦是现代化的标志。……要通过‘旧城改建’把一座历史名城改造成为以高楼大厦、大马路为主的‘现代化’城市，就是观念错了。这样的‘现代化’，实际上是‘西化’。采用这种以拓宽道路来解决交通问题的措施其实并非真心致力于解决交通问题，其所着重的乃是大马路显得‘气派’、宏伟的艺术效果”。引自：文爱平，刘小石，意在笔先.源流兼治——规划专家刘小石谈北京旧城交通解决方案[J].北京规划建设，2005(5)

③ 汪伊举.现代化与现代性——历史·理论·关系[J].学海，2006(5)

济向工业经济、农业社会向工业社会、农业文明向工业文明转变的历史过程就是现代化"①，并且打上了深深的"社会主义现代化"的烙印，是"具有明确政治经济导向的赶超过程，……对发展目标的选择过于功利化和物质化"②。在城市建设上的外在表现，就是追求现代化的物质成就（如高楼、大马路等）甚于制度、人口方面的成就（如规划、公众参与、文化遗产保护等的制度和意识），而所谓"现代城市景观的参照物就是欧美大城市，高架桥、玻璃幕墙、霓虹灯、川流不息的车流，这些景象甚至成为科幻儿童读物里未来发达社会的基本景观模式。现实中的城市建设也表达了类似视觉追求，城市建筑和道路设计、城市定位和功能划分无不折射出欧美式城市景观在中国城市化过程中的霸权式影响，只不过这样的影响不是别人强加，而是主动接受"。

这种刻意模仿欧美城市景观的所谓"现代化"景观建设，因无视城市历史文脉而破坏历史文化遗产，因不顾经济社会实际而铺张浪费，并因大批量的机械模仿而千城一面。实际上，欧美城市的现代化景观本身对于高楼大厦为主的城市景观和资本主导的城市化，一百多年来始终不乏质疑的声音，摩天大楼曾被称为"空中的棺材"，也有学者认为这种利益导向的城市化，会严重毁坏稳定的价值观，为此反对高层建筑的过度使用。

4.5.3 价值观的影响：工具理性和价值理性

尽管我国许多城市建设中视欧美城市及其现代化景观为圭臬，但实际上形成欧美城市现代化景观的现代化过程本身也存在着价值观的偏差。现代化的哲学思想基础是脱离宗教权威的理性（Reason）。马克思·韦伯将"现代化过程……看作是合理化的过程"③，他继承康德的理论理性和实践理性二分的概念④，将（合）理性二分为工具理性（Instrumental Rationality）和价值理性（Value Rationality）。价值理性是人自身本质的导向，是人对于价值问题的理性思考，并使自身的行为服务于他内在的某种对义务、尊严、美、宗教、训示、孝顺，或者某一种"事"的重要性的信念⑤。工具理性是人作为主体在实践中为作用于客体，以达到某种实践目的所运用的具有工具效应的中介手段。工具理性借助于人的思维、观念、运算、操作等实践过程确认工具（手段）的有用性，从而追求物的最大功效，为实现人的某种

---

① 何传启．什么是现代化[EB/OL]．http://www.cas.ac.cn/html/Dir/2002/08/21/4717.htm，2007-10-20，引自中国科学院官方网站，作者为中国科学院中国现代化研究中心主任，文中与"经典现代化理论"相对的是包括"后现代化"和"第二次现代化"的"新现代化理论"。

② 罗荣渠．现代化新论——世界与中国的现代化进程[M]．北京：商务印书馆，2006：517-519

③ [德]尤尔根·哈贝马斯．交往行为理论：行为合理性和社会合理性[M]．曹卫东，译．上海：上海人民出版社，2004：209

④ 理性原是一个哲学概念，最早由柏拉图提出，公元前2世纪的哲学家潘勒修斯将其二分为理论理性和实践理性，18世纪末康德也按照潘勒修斯的见解，将理性分为理论理性与实践理性。理论理性把人的认识分为感性、知性和理性三个阶段，理性是认识的最高阶段，是人心中具有的一种把握绝对的、无条件的知识，超越一切经验之上。实践理性是指实践主体的意志，即规定道德行为的"意志"的本质，是一种伦理的范畴，强调人的主体性，成为反封建、反宗教神性的启蒙运动的重要理论基础，为资产阶级革命作了思想革命。引自：冒从虎，张庆荣，王勤田．欧洲哲学通史（下）[M]．天津：南开大学出版社，1996：140-167

⑤ [德]马克思·韦伯．经济与社会（上卷）[M]．林荣远，译．北京：商务印书馆，2006：106

功利而服务①。价值理性与工具理性的统一是理性的最高目标，不断验证“人是人的最高本质”②。

资本主义社会在发展工业现代化的道路上，工具理性与机器化大生产相适应，其追求有用性、追求物的功效最大化的天性迎合了社会对于技术、物质财富和生产力的渴求，在极大提高了资本主义生产力和富裕程度的同时，也抛弃了价值理性的约束而取得了统治地位，甚至意识形态化，对人的情感、道德、行为产生控制，形成了以力量、新奇、秩序、速度、效率为特征的审美旨趣，并日益影响国家政治、经济生活的走向。因此西方工业社会尽管取得巨大的经济、技术成功，但同时也导致了社会伦理和人文精神等价值理性的迷失和对工具理性的失范，导致了环境污染、资源耗竭等不可持续的问题。反映在城市建设上，过度追求技术经济价值和宏伟、规整、新颖的景观形态，而忽视人居的舒适和历史景观遗产的保护。1970 年代，西方逐渐过渡到后工业社会，正是在对工业社会上述问题的人文主义反思产生了西方可持续发展的思想，社会目标由经济增长转向人类幸福，强调以人为本，尺度的亲切、使用的舒适、视觉的丰富、历史的保护、文化的多元成为城市景观形态的关键词。

反观我国，客观上经济发展仍然处于工业化的高速发展期，主观上既未能延续我国传统的价值观，也未能吸取西方工业社会价值理性缺失的教训，工具理性渗透到了社会制度和城市的方方面面，并且与强有力的国家机器和公有化制度结合，使全社会表现出严重的功利性，“看得见的”经济增长速度成为发展的指导方针。具体到城市景观建设上，功利化的政绩观和官员考核制度使决策者好大喜功、炫奇斗富，为追求城市面貌“一天一个样，一年大变样”而热衷于建造大广场、大公园、景观大道等城市美化运动。审美上崇尚技术先进、新颖、宏伟、规整和速度，无论是邀请国际著名设计师设计还是简单地模仿欧美现代化城市，宽阔笔直的高速路、蛛网般的立交桥、标新立异的高层建筑、火树银花的城市亮化、规整的景观绿化，乃至迅速提高的地价房，成为部分决策者追求的现代城市景观，而基于价值理性的生态可持续和历史文化保护、居民经济承受能力和生活舒适度、社会的和谐、景观的稳定性和多样性目标在发展的“硬道理”面前却显得软弱无力。

4.5.4 科学发展观与当代城市美化运动

城市景观的变迁是城市发展的外在表征，发展观的偏差也往往影响到城市景观形态。由于前述的工具理性主导和现代化观念的偏差，我国过去长期奉行的是经济增长至上的发展观，存在着急功近利地追求工业和经济发展而忽视城市经济社会和文化的全面协调发展。改革开放以来，城市形象逐渐成为影响招商引资、经济发展和官员政绩的重要因素，以打造城市景观面貌、提升城市形象为主要目标的中国当代“城市美化运动”席卷大江南北。

“城市美化运动”(City Beautiful Movement)的根源可以追溯到欧洲 16—19 世纪的巴黎重建、维也纳环城景观带等巴洛克城市设计，而作为一种城市规划和设计思潮，则始于 1893 年美国芝加哥的世博会，在 20 世纪初的前十年影响美国、加拿大的各大城市，随后主导了菲律宾、澳大利亚、越南、摩洛哥、印度等殖民地国家的城市建设，并最终在 1930 年代大独裁统治下的欧洲大行其道。Robinson 等城市美化运动的倡导者希望通过强调规则、几

---

① [德]马克思·韦伯. 经济与社会(上卷)[M]. 林荣远，译. 北京：商务印书馆，2006：107

② 马克思名言，即指人本身的生存与发展、幸福与完善，应成为每个人和人类社会的根本目的。参见：李淮春. 马克思主义哲学全书[M]. 北京：中国人民大学出版社，1996：42

何、古典和唯美主义来创造一种城市物质空间的形象和秩序，来创造或改进社会秩序，恢复城市中由于工业化而失去的视觉的美和生活的和谐。但其空间秩序先行的城市设计程序，后来被城市建设决策者（甚至是独裁者）的极权欲和权威欲、开发商的金钱欲及挥霍欲，以及规划师的表现欲和成就欲所利用而偷换了其良好的本意，把机械的、形式美作为主要的目标进行城市中心地带大型项目的改造和兴建，并试图以此来解决城市和社会问题。这种脱离社会、经济、文化和物质基础的某种形式美必然是表面的、涂脂抹粉式的美，将其通过行政权威而强加于城市功能之上的做法，已经被欧美城市发展历史证明是错误的①。

当代中国与百年前的欧美具有不同的政治和社会基础，但在快速城市化和经济增长、急于改善城市景观面貌、城市行政力量的强势等方面是十分相似的，加之没有正确的科学发展观的引导，在城市景观建设中出现了新的“城市美化”运动。根据俞孔坚等的研究，与历史上的城市美化运动相似，中国当代的“城市美化”运动的典型特征也是唯视觉的美而设计，为参观者或观众而美化，唯城市建设决策者或设计者的审美取向为美②。

城市美化运动表现在城市景观建设的方方面面。如从北方大都市到南方小城，从三峡库区迁址新建的小城到有数千年历史的古城，许多城市都为建设纪念性和轴线性的“景观大道”而大兴土木。大道强调宽广、气派和街景立面装饰，竭尽“城市化妆”之能事。但这样尺度宽广、看似美观的景观大道往往粗暴地破坏了城市原有的肌理结构和传统风貌，大量拆迁居民，耗资巨大。许多景观大道还是机动车干道，两侧集聚了大量的标志性公共建筑，功能单一，效率低下，造成居民使用不便③。

再如遍布大江南北广大城市的“中心广场”、“文化广场”、“世纪广场”、“市民广场”等各种城市广场，许多是为广场而广场，其目的是为了展示和炫耀，以大为美，以空旷为美，以不准上人的大草坪为美，以花样翻新、繁复的几何图案为美，以大理石和抛光花岗岩铺地为美，很少考虑市民的休闲和活动需要；有的广场位于城市中心地带，不仅投资巨大，且因大量搬迁历史街区内的居民而破坏文化遗产，影响社会结构的稳定，使城市的整体有机性受损；而大量的城市广场只重视宏伟的构图而缺乏场所性和地方性特色，实际是对城市历史文化形象和地方精神的污染④。

其他如在城市河道的治理和“美化”中，不采取生态环境保护和文化休闲的综合措施，而以单一的“美化”、卫生和防洪等目标对其进行填没、覆盖、切断和衬砌；为美化而兴建纪念性、机械性和形式化、展示性的不对公众免费开放的公园和绿地；为城市亮化而规划大量景观照明，浪费电力资源并造成城市夜晚的光污染；为所谓的美化和四季有绿有花而大量引种景观植物，不但造成浪费，而且可能带来生态危机。

所幸的是，我国政府及时地意识到转变发展观的重要性，从 1993 年开始提出了促进中国经济、社会、资源和环境相互协调的可持续发展战略目标⑤，到 2003 年中共十六届三中全会明确提出了“坚持以人为本，树立全面、协调、可持续的发展观，促进经济社会和人的全面发展”，科学发展观已经成为我国“新阶段党和国家事业发展全局出发提出的重大战略思想”⑥，城市景观建设中的上述种种弊端可望逐步得到纠正。

---

①～④ 俞孔坚，吉庆萍. 国际“城市美化运动”之于中国的教训[J]. 中国园林，2000(2)

⑤ 刘培哲. 可持续发展理论与中国 21 世纪议程[M]. 北京：气象出版社，2001

⑥ 新华网. 新华资料：科学发展观[EB/OL]，http://news.xinhuanet.com/ziliao/2005-03/16/content_2704537.htm. 2007-8-1

4.6 小结

制度是人文生态因子之一，它作为人文生态系统的组织和规范者，约束人们行为及其相互关系，规范着人与环境的关系，成为构建城市景观形态的人文法则，对城市景观形态的形成与变迁的影响力极大。

正式制度与非正式制度对景观的作用不同，国家制度从所有制、土地、户籍、住房制度等方面宏观调控社会经济发展，对城市景观形态的作用是宏观的、间接的，但对景观的影响力巨大而深远；城市制度通过规划建设行为直接塑造城市实体景观空间形态，直接影响城市景观形态，是我们引导城市景观形态发展的主要调控手段之一；非正式制度通过限定或引导个体观念和行为影响城市景观，对城市景观形态的影响是微观、持久而稳定。

总体而言，正式制度对城市景观形态的控制和影响力大，是一种自上而下的外部影响因素，常常在极短的时间内迅速改变城市景观面貌，是城市景观形态演变的最重要的因素之一，因此在正式制度的制定与执行时要综合考虑其对人文生态和城市景观形态造成的影响，使制度更加科学合理。非正式制度通过影响人的观念与行为来影响城市景观形态，是一种自下而上的内部影响因素，它是景观形成与发展演变的基础，包含着景观形态深层的精神文化内核，是维持城市景观稳定与和谐的最重要的因素之一，因此，保护和维持非正式制度的稳定和渐进式的发展对保持和促进城市景观形态的稳定发展有重要的意义。

制度是调控城市景观发展的重要手段之一，其中以城市制度的调控力最为显著，城市规划制度、管理制度和公共决策都可以直接塑造、规范和刺激城市景观形态，使城市景观形态朝向预期的方向发展。城市规划及景观规划对城市景观的空间格局、功能、形体方面有直接的控制作用，而规划对城市人文生态系统也产生了极大的影响。目前城市建设过程中出现的诸多问题，许多是因为在规划过程中片面关注物质形态的审美需求和经济发展，而忽视了社会、文化等各种人文生态因素造成的。因此，在规划设计过程中应综合考虑规划制度的制定对人文生态系统以及城市景观形态的影响，合理利用规划制度来调控景观形态朝向稳定和谐与可持续的方向发展。

5 单位群落与城市景观形态的变迁

单位制度是我国在一定历史时期中特有的城市组织管理的基本制度，在近 30 多年间，单位构成了中国城市经济体系、政治管理和社会组织的基本单元，单位也成为城市空间的基本组成要素，直接影响着城市景观系统的结构与形态。单位在城市中大量而普遍地存在，因此对城市景观的影响也是广泛而深刻的。单位本身具有人文生态群落的全部特征，并因其是在一系列特定的正式制度规范下而形成的人文生态系统，有一系列自上而下的管理制度和管理机构，与其他自然形成的人文群落相比，单位群落具有正式性特征。由于特殊的历史原因，单位成为国家对城市进行行政管理、经济生产和社会组织的基本单元，对城市运行与发展起着举足轻重的作用，而其多重职能复合也成为单位群落的一个特征。由于单位群落兼具政治、经济、社会、文化等多种人文生态功能，是多种人文生态因素综合影响城市景观形态的典型案例，

在相当长的时期里，单位生态系统曾经是中国城市组成的最重要的因素，深深地影响了几代人的生活，并在城市景观形态上留下了深刻的烙印。改革开放以来，随着政治经济体制改革的深入，计划经济体制向社会主义市场经济体制转化，单位制度发生了一系列变革，单位群落也随之发生急剧变化。大量单位的解体导致了社会结构和城市景观形态的激烈振荡，单位用地更新成为城市景观规划实践中的常见问题，对其中的社会和景观问题的相关性进行分析和反思，有助于通过规划实践实现人文生态和谐和景观的稳定与可持续发展。

5.1 单位的概念、分类及发展

5.1.1 单位制度的概念及特点

1）单位制度的概念

新中国成立后，随着全国范围的社会主义改造的基本完成和公有制的确立，国家对城市各种组织进行了大规模的调整，几乎全部的城市组织均被纳入政府的行政管理系统。单位体制就是在那个时代背景下形成并延续至改革开放后的一种社会组织和管理体制，是传统计划经济条件下国家进行社会资源分配和实现社会控制的主要工具。所谓单位制度，即指中华人民共和国自 1949 年以来为了管理公有体制内人员而设立的组织形式。中国的单位制度，由于复杂而深远的历史原因，具有政治、经济与社会的三位一体功能。从组织学角度看，单位是国家管理公有体制内人员的组织形式，它的组织元素以公职人员（拥有公职、享受社会主义福利承诺、包括干部与工人）为主体，按照一定的宏观结构，形成国家权力均

衡机制的基本细胞。从经济学角度看,单位一直是控制国家经济命脉、保障和容纳文化与物质生产力的重要实体。从社会学角度来看,单位是标志城乡区别的社会集团,是城市生活的核心,它决定了人们的职业、身份、消费能力、价值观念、人生经历、行为方式乃至社会地位的高低①。

2) 单位制度的特点

单位制度具有一些自身特点:第一,单位制度不是一个单独的制度,而是与当时中国的一系列制度密切相关的,包括人事制度、分配制度、住房制度、福利保障制度、教育制度、医疗制度、养老制度等。这些制度相互依存,构成了单位组织与管理的制度体系,将单位中的每一个个体牢牢地控制在单位体制之中。第二,单位制度的影响面非常广泛。在1950年代单位制度形成之后的30多年间,城市中的经济生产完全由单位承担,政治管控也具体到每一级单位,社会成员都属于某一个单位,游离于单位之外的个体生存都将面临困难,单位成为城市经济、政治与社会的基本组织单位。第三,单位制度具有很强的稳定性。在很长的时间内发挥着从高度集权的中央政府,到每一个分散的个人之间的枢纽作用。通过一系列主流意识形态和价值观,建立起一些稳定的行为规范,使每个单位成员的思想和行为都保持一定的一致性,从而保证单位、社会,乃至国家的统一和稳定。第四,单位制度的影响具有一定的延续性。随着改革开放,单位制度发生了一系列变革,但其影响力依然广泛而深远,许多社会稀缺资源仍旧只有通过单位才能获得,单位对社会的稳定和经济的发展仍然具有重要的作用,单位的重要性仍不容忽视。

5.1.2 单位群落的概念、分类及其特征

1) 单位群落的概念

单位群落是指聚集在一定区域内的所有人群结成多种社会关系和社会群体,从事多种社会活动所构成的社会区域生活共同体,单位群落是兼有经济、政治、社会功能的多功能的综合体。单位群落建立在单位组织基础上,有一定的地域,有共同的经济基础,有共同的意识形态和政治组织,有共同的社会生活和文化,居民对单位的归属感和认同感很强。在单位组织内,个人和单位的关系由于资源主要由单位垄断性分配的机制而变得异常紧密,再加上受"单位办社会"潮流的影响,个人的社会关系和社会生活主要集中在单位内部。因此,和一般意义上的城市群落不同,单位群落具有以下显著特征:单位群落具有正式性、自我封闭性、稳定性、自我完善性。在过去的中国,单位是既能最大效益地安排生产和生活,又能把居民的家庭和社会生活以及政治管理结合在一起的一种空间组织,表现在物质空间上往往是一个封闭完整的大院,而单位正是以大院的形式成为了城市用地空间结构中的基本单元②。单位群落包括了中国社会有机体的最基本的内容,是现代中国宏观社会的缩影。我们研究的是单位群落的景观特征、景观的演替及其与城市景观间的相互关系等。

2) 单位群落的分类及其特征

(1) 按单位群落的性质

在传统政治经济体制下,中国的单位隶属于不同的政府职能部门,如行政体系一样,不

---

① 杨晓民,周翼虎.中国单位制度[M].北京:中国经济出版社,1999:3

② 任绍斌.单位的分解蜕变及单位大院与城市用地空间的整合[J].规划师,2002(4)

同的单位有不同的级别，不同性质、不同级别的单位的职能、规模、权力、社会生活和景观特征也不尽相同。单位按性质分为机关单位、事业单位和企业单位。相应地单位群落也可以分为机关单位群落、事业单位群落和企业单位群落，不同性质的单位群落在景观形态上呈现出一定的特征。

机关单位群落：机关单位指党政机关（含司法、立法、行业总会和军队组织）和其他权力机构，其中，党特指中国共产党，权力机构指全国各级人民代表大会等。机关单位群落是以机关单位为主体形成的具有办公、居住及相应的后勤服务功能于一体的人文生态群落。机关单位的工作人员一般不多，相应地机关单位群落的规模也不会太大；机关单位作为权力机构，与城市的关系非常密切，因此机关群落在地域上一般位于城市内较为中心的位置；机关单位掌握的各种权力使它们在占有和分配城市资源方面具有优势，这种优势也反映在空间景观形态上，机关单位群落的整体环境相对较好，建筑质量较高，后勤服务配套完善；由于机关单位在城市组织结构中的重要地位，机关群落的主要办公建筑常常建设等级较高，特别是政府大楼，常常成为一个城市景观的标志。

事业单位群落：1984 年《关于国务院各部门直属事业单位编制管理的试行方法（讨论稿）》中表述为："凡是为国家创造或改善生产条件，从事为国民经济、人民文化生活、增进社会福利等服务活动，不是以为国家积累资金为直接目的单位，可定为事业单位，使用事业编制。"各类学校、文化团体、研究院（所）、医院、出版社、气象台（站）等机构都属于事业单位[①]。事业单位群落即是以事业单位为主体的包括附属居住、服务等其他功能的人文生态群落。事业单位群落具有两个特点：一是群落成员以脑力劳动者为主体，群落的功能输出以知识产品为主要，是知识密集型的人文生态群落，其成员一半以上由专业技术人员（知识分子）构成，具有干部身份。二是群落组织具有强烈的行政属性，尽管事业单位是独立的基层组织，只接受行政部门的领导和管理，"只存在规模大小和轻重之分，没有权力大小之分"，然而，单位成员固定的身份制度和相关的福利待遇使得事业单位的行政级别不可避免地保留下来。事业单位群落是城市中主要的文化输出者，由于其成员对相关专业知识、技能的掌握，可以提供专门的服务，如医疗服务、文艺演出、教育等。这些专门化的群落职能使得群落在城市功能中具有不可替代性。而在景观形态上，这些单位群落往往也具有符号性的特征，如我们从建筑外观和标志上就可以很容易分辨医院、影剧院、学校等。

企业单位群落：企业单位是指由行政部门领导的，从事具体物质生产的，为国家直接创造利润和积累资金的独立机构[②]。企业单位群落是以生产、流通等经济功能为主体的，包括了生活、服务等多种功能的人文生态群落。企业单位群落具有两个主要特性：一、群落在组织结构上政企不分，企业本身不具备真正的决策权，没有独立财产的法人产权。二、群落具有社会稳定和经济发展的多重目标，经济效益并非其唯一的组织目标。相应地，企业单位群落在景观上也具有一定的特征：首先，企业单位群落由于有大面积的生产区，在景观上呈现的异质性较强，如石油化工、发电厂、水泥厂等工业厂房在形式、材料、结构上都与普通民用建筑差别很大。其次，企业单位群落对资源、交通、市场等要素有较大的依赖性，企业单位群落在地缘上需要与这些要素接近，因此在地域分布上呈现相似企业单位群落在某种生

① 杨晓明，周翼虎. 中国单位制度[M]. 北京：中国经济出版社，1999：39

② 杨晓明，周翼虎. 中国单位制度[M]. 北京：中国经济出版社，1999：38-40

产要素所在地的空间聚集。最后，在重视城市生产功能的时代，作为唯一的生产功能的企业单位群落在城市中的地位非常重要，是每个城市着力发展的群落，常常在城市中占有较大的空间，甚至超过商业、服务业，成为城市中占地面积仅次于居住用地的城市功能群落，对城市景观格局的影响巨大。

(2) 按单位群落的规模

我国国家统计局《统计上大中小型企业划分办法》(2003 年)，根据企业“全部从业人员年平均人数”、“主营业务收入”和“资产总额”三项指标来划分企业规模。不同行业的企业规模划分标准不同，特大型企业的划分标准通常是按照年生产量和生产用固定资产原值等。在这里为了统计和比较的方便，采用了其中两项标准进行划分，即单位规模划分以“固定资产值”和“全部从业人员年平均人数”为主要指标：特大型单位全部从业人员年平均人数 10 000 以上，资产总计 10 亿元以上；大型单位全部从业人员年平均人数 2 000～10 000，资产总计 4 亿～10 亿元；中型单位全部从业人员年平均人数 200～2 000，资产总计 4 000 万～40 000 万元；其余为小型单位。机关和事业单位没有盈利性质，可以参照企业规模划分标准。

单位的规模决定了单位群落的规模，对单位群落规模的研究主要基于下面几点原因：第一、单位规模的大小与地域空间有直接的对应，在类似的单位中，大型单位群落的地域范围通常比小单位群落的范围大；第二、单位群落规模越大，其群落的组织结构越复杂，其功能也越完善，景观也越丰富，群落的自生和自持能力越强，群落的稳定性也就越高；第三、单位规模的大小决定了单位对城市资源控制能力的大小，以及单位权力的高低，通常规模越大的单位行政级别越高，对资源控制能力越强，更有可能脱离城市行政管制而实行自我管理，成为自成一体的相对独立的人文群落。

(3) 按单位群落与城市的关系

按单位群落与城市的关系可以分为，城市型单位群落、城区型单位群落、街区型单位群落和组团型单位群落(图 5.1)。

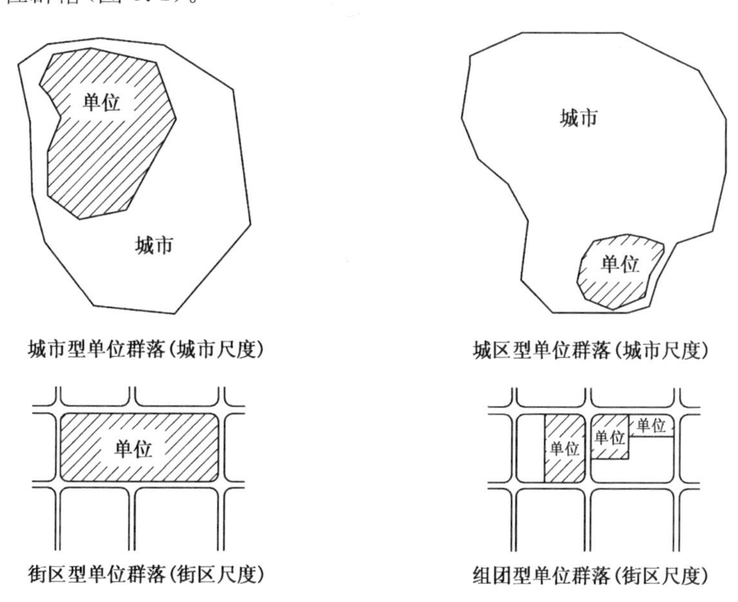

图 5.1　单位群落与城市的关系

城市型单位群落:城市型单位群落指的是整个城市基本上由一个单位构成,城市人口中有40%以上的劳动力以直接或间接方式在同一个单位从事某种资源或产品开发、生产和经营活动的城市[①]。如大庆(石油)、大同(煤炭)、铜陵(铜矿)、十堰(汽车)、攀枝花(钢铁)、仪征(化纤)等。

在我国,城市型单位群落的形成一般与原有的工业基础、赶超型的增长目标、国外封锁和战争压力,以及传统计划经济体制和国民经济布局结构等有着直接的关系。在矿产、能源集中的地区建设了一批单一产业性城市,这些城市许多分布在交通不发达、人迹罕至的边远地区,整个城市的存在与单位有着必然的联系。城市型单位群落是工业化进程中的一种普遍现象。资源的天然禀赋是导致资源型城市单位群落产生的初始原因,而工业化内在的集中趋势,则是促进产品型城市单位群落发展的基本因素。因此,城市型单位群落的一个典型特征就是,城市的兴衰往往与资源的可开采储量和产业在经济结构提升过程中的市场竞争地位密切相关。

城市型单位群落一般具有以下几方面的特点:第一,单位的地域范围与城市地域范围高度叠合。单位的空间结构就是城市的空间结构,单位与城市在空间和景观上几乎是重叠的。这是由于在强单位的压力下,城市几乎没有发展的空间,单位成为城市空间构成的绝对主体。第二,企业功能与城市功能的高度同构和混合。在过去相当长的时期,企业功能就是城市功能,企业实际上管理着城市。随着经济体制改革的深入,这种高度同构的现象虽已有所改变,但由于长期以来国有企业自身已形成了庞大的自我服务体系,因而城市提供的公共产品一时还很难替代企业的社会功能,反过来又导致城市功能发育迟缓。第三,城市经济结构单一。资源型城市以资源开采为主,产品型城市以单一产品生产为主,使得这些城市的经济发展对偏畸的经济结构过度依赖。由于国有经济过于集中,非国有经济的发展空间相对狭小,使得这些城市经济结构自我调整的弹性很小。第四,资源的渐趋枯竭、资源开采收益的下降或产品市场的不景气,会直接影响城市的发展;如果这一现象是一种不可逆转的趋势,城市就有可能进入持续的衰退。特别重要的是,由于经济结构的单一性和调整弹性很小,随着城市经济不景气,而出现的剩余劳动力很难在城市内向其他部门转移,从而使就业难及其所带来的一系列社会矛盾相当集中地表现出来[②]。

城区型单位群落:受新中国成立初期国家经济战略的影响,许多城市都安置了国有大型、特大型企业。1957年5月,全国设计工作会议要求:“今后尽量利用中等城市,有些城市考虑只放一两个工厂,这样不仅分布均匀一些,而且可以不必急于进行城市规划和规模大的城市建设。”这些大型、特大型国有企业,它们的规模要么是没有大到一座城市的程度,要么是规模特别大,但地处特大型城市内,占据城市的一个城区。这一现象一度在我国大型、特大型城市中非常普遍。如重庆钢铁公司与重庆市大渡口区,吉林石化股份有限公司与吉林市龙潭区,中国一汽集团与长春市的绿园区。这些单位规模少则几万人,多则十余万人,功能配套齐全,完全是一个市辖区的概念,如吉林石化股份有限公司,除了生产机构以外,还有医院、影剧院、商业区,甚至还有自己的大学,如吉林化工学院,尽管学院已划归国家部

---

①② 重视单一产业性城市的可持续发展[N].人民日报,2000-1-11,上海环境热线 http://www.envir.gov.cn/info/2000/1/111359.htm

委管理,但是毕业的学生几乎全部分配到吉化工作①。这些单位群落内部配套服务设施完善,可以满足单位职工的基本生活需求,单位取代了大部分的城市的功能。在管理上,城区型单位群落由于行政级别高、规模大,城市对他的管理权有限,这些单位具有较大的自主性。在经济上,城区型单位群落常常是所处城区的主要经济生产单位,也是城区主要的经济来源,因此在经济上占有绝对的控制权。

街区型单位群落:对于一些大型或特大型单位,人口规模一般在几千或1万人以上,占地几公顷,甚至上百公顷,它们占据了城市的一个或几个街区。由于规模大,自我配套齐全,具备基本的自我生存调节能力,成为大城市中的小社会。它们具有人文生态群落的全部功能,单位员工的基本生产、生活可以不依赖单位群落外的城市,能够在单位群落内部解决。从群落的概念上来看,除了人口与用地规模外,更重要的是它们具有人文生态群落的所有基本内容,按照我国的通常概念,它们有独立的公安派出所,有独立的医疗机构,有到中学一级的教育文化机构。如位于重庆市沙坪坝区的重庆嘉陵集团,集团本部占地2 km^2,总资产近50亿元,本部及子公司从业人员16 000余人,拥有自己的派出所、医院、文化娱乐设施和子弟学校,完全是一个社区意义上的单位。社区级单位群落的另一类典型案例是各大规模的高校,如位于南京市东南大学的文昌桥校区,占地约600亩,学生及教职工人数1万多人,拥有自己的医院、附属学校、文化娱乐和体育设施②。街区型的单位群落形成了群落独特的文化氛围,并在景观上呈现出该群落独有的特征。

组团型单位群落:大多数中小型单位人口只有几百上千人,通常占据街区的一个部分,成为组团型单位。这些单位人口和用地规模都不大,虽然有一些生活服务设施,但无法形成配套完善的单位群落,群落内部功能不完善,单位职工的生活起居还部分依赖城市提供,因而与城市的关系密切。在一味注重城市生产功能的年代,城市中见缝插针地安排了大量这样的中小型单位,成为一种普遍的空间和景观的构成单元。

单位性质、规模和与城市的关系三者间有一定的相关性,一般而言,级别越高的单位规模越大,更可能成为城市型或城区型单位,与城市在空间上也越隔离,人文生态上也更可能稳定自持,景观上也更具特性,也就是景观的异质性。这些大型和特大型的单位一般为企业单位,也包括一些综合性大学等事业单位。

5.1.3 单位的起源与发展

有学者认为,单位的起源可以追溯到新中国成立前战争年代的根据地时期的制度建设与创新。当时的革命根据地在重重封锁的局势下,一方面要革命,另一方面还要集中力量从事生产自给。这种在战争年代具有再生能力的组织,在某种程度上可以看成是具有单位性质与功能的雏形③。

1949年新中国成立以来,中国单位的发展大致经历了三个阶段:1950年代是单位形成时期。新政府为了尽快稳定与控制社会,发展国民经济,在完善国家行政制度体系建设的同时,在单一经济体制下单位经济得到初步发展,单位逐步形成;1960—1980年代是单位繁

---

① 谭文勇.单位社区——回顾、思考与启示[D].重庆:重庆大学,2006:33

② 谭文勇.单位社区——回顾、思考与启示[D].重庆:重庆大学,2006:34

③ 谭文勇.单位社区——回顾、思考与启示[D].重庆:重庆大学,2006:5

荣与发展的时期。国家对社会的控制力得到更进一步的加强，单位从党、政、军等机关、事业系统迅速扩展到国营、集体企业领域，单位得到繁荣与发展，进入全盛时期；1980 年代到上世纪末，随着改革开放的推行，市场经济体制的逐渐建立与完善，单位逐渐萎缩与分化。

1）单位形成期

1949 年以后，我国城市经历了又一次重大的制度变革，这一变革奠定了近半个世纪以来，城市建设的思想与物质基础，这是一次疾风暴雨般的以意识形态革命为动力的，自上而下的、激进的变革①。社会主义制度的确立，意识形态上以马克思主义为指导方针，从财产所有权的方式来看，社会主义公有制体现的是一切财产归国家或全民集体所有，彻底消灭了资产阶级；分配体制上实行按劳分配原则。这种超理想化的社会模式将个人与集体、国家的关系推向一种全新的境地，个人的命运与集体的命运息息相关，个人必须融入于集体、依附于集体，否则会陷入孤立与边缘化的境地。所以说，社会体制的模式从根本上为单位的确立提供了理论支撑。

新中国成立初期国家通过单位对城市行政管理的建立是统治与稳定社会的需要。20 世纪上半叶中国大地上战乱不断，长期的战乱使城市经济的发展遭受毁灭性的打击。新中国成立初期，新政府面临的是大量的失业人员和恶性的通货膨胀局面，稳定社会、重建社会秩序成为政府的头等大事。一方面，政府通过对企业单位的资源控制以达到对社会总资源调控分配。另一方面，通过单位对“单位人”的控制达到对社会成员的控制。新中国成立前纯经济学意义上的生产企业在国有化和单位化后成为城市社会的组织细胞——单位。特别是 1950 年代以来，在变“消费性城市”为“生产性城市”的城市建设方针下，众多以单位为形式的工业企业在城市中大量布局，单位无论从组织形态还是在空间形态上都成为城市的基本单元。

特别是在“三大改造”和“大跃进”运动之后，在单位体制以外的城市就业人口已经所剩无几，绝大多数社会成员都找到了归宿，成为有“单位”的人。随着单位制度，如人事制度、户籍制度、教育制度、粮油供给制度、人员选拔制度等不断地完善，单位组织在不断地扩展，单位也由最初的工作地点逐步变成了一个个相对封闭和独立的社会共同体，也就是说，单位成为真正意义上的基层社会组织。国家通过吸收和清退社会成员进出公有体制的办法牢牢控制了社会资源的运行，并且采取了一系列措施防止社会资源的自发流动②。当社会上的各种就业场所逐一被纳入计划经济体系后，单位社会就形成了。在社会不太稳定、资源短缺的社会现实下，国家通过单位制度的建立，有计划地控制社会资源的调配与分配，一度取得了良好的效果，经济在短时间内得到恢复和发展，社会安定团结③。随着“一五计划”（1953—1957 年）的完成，特别是通过前苏联援建的 156 个建设项目，中国现代化开始步入快速发展阶段，这也是中国单位体制形成的标志。从历史上看，建国以来单位体制在全国城市范围内的普遍确立，堪称是中国有史以来规模最为巨大的“空间重组”，这既包括城市“地理空间”的变化，也包括社会关系和社会控制体系的重构。这些变化是与共产主义运动

① 董卫.城市制度、城市更新与单位社会——市场经济以及当代中国城市制度的变迁[J].建筑学报，1996(12)

② 杨晓民，周翼虎.中国单位制度[M].北京：中国经济出版社，1999：84

③ 谭文勇.单位社区——回顾、思考与启示[D].重庆：重庆大学，2006：11，12

伟大的理想和目标直接地联系在一起的[①]。

2）单位发展期

1960—1970 年代，中国单位体制得到强化与发展，单位成为城市的基本构成单元。政府把所有的社会资源集中到自己手中，断绝了城市其他社区自行发展的可能性。政府把自己掌握的资金最大限度地投入了直接生产部门，而不愿向城市基础建设和生活福利事业投资，这就必然要导致"单位办社会"，以填补"政府空位"。单位已不仅仅是单纯的管理机构或生产企业，变得越来越封闭与独立，俨然是城市中的一个个小社会。单位体制中人事任免制度使得个人与单位间的关系变得更加紧密，单位间的人才流动很少发生。一般人一旦进入单位，很少有机会离开。由于实行计划经济，由国家做后盾，单位一经组建，一般不会因经营原因倒闭或解体。这样一来，单位实际上至少是表面上成为一个非常稳定的社会，人们既不用担心失业，也不用担心养老，他们相互认识，彼此熟悉。

3）单位的衰退

改革开放后，国家的主要任务已不在于阶级斗争了，而是转移到发展经济，提高人民生活水平上来。传统的计划经济模式逐渐被市场经济所取代，单位体制受到冲击与挑战，单位群落也面临萎缩甚至瓦解的局面。1970 年代末、1980 年代初，国家放弃和部分放弃了一些社会资源的独占和直接支配，因而体制外的"自由流动资源"产生和发展起来。个体、私营、中外合资、外资独资企业从无到有、从小到大地发展壮大，与国有和集体企业三分天下。这些企业按照市场经济的游戏规则运作，在国家法律法规的框架下，以追求自身利益最大化为目标。职工与企业主是员工与雇主间的雇佣关系，员工与企业的人身依附关系没有那么紧密了。同时，企业员工的衣、食、住、行、生、老、病、死等社会事项都交由社会处理，员工的家属子女与企业无关。这样，单位体制外的组织彻底摆脱了单位体制的束缚，获得了蓬勃发展。

到 1990 年代末，受到个体、私营、中外合资、外资独资企业的冲击，大批国有企业陷入困境，许多企业资不抵债，事实上已经破产，失业和"下岗"职工数量庞大，单位体制已成为经济和社会发展的桎梏，在国家鼓励国有企业转制、变卖、破产的政策下，大批企业单位面临着巨大变革。在单位体制改革中，将集政治、经济、社会功能于一体的单位变成单纯具有经济功能的现代企业，单位原有的牢固的组织关系开始松解，个人对单位的依赖性弱化。在单位自身的变革与各种经济形式的外部压力下，单位群落逐渐萎缩，面临解体。

5.2　单位群落的人文生态意义

单位群落是在特定的计划经济的历史背景中产生的组织形式，曾经是中国城市经济、政治、社会和文化的基本的，甚至是唯一的组成单元，深刻地影响着几代中国人的生活，也影响了中国城市人文生态系统。单位群落是在一系列正式制度的管控下形成的一种人文生态群落，它具有其他自然形成的人文群落所没有的特征，是集经济、政治、社会和文化功能于一体的综合性的群落，是我们研究综合性人文生态因素对城市景观形态影响的典型案例。

---

① 田毅鹏."典型单位制"的起源和形成[J].吉林大学社会科学学报，2007(7)

5.2.1 单位群落的综合性

单位群落在功能上集政治功能、经济功能、社会功能和文化功能于一体，是一个综合的、有机的整体。政治、经济、社会、文化一体化是传统单位群落一个最显著的人文生态特征。

1）单位群落的政治功能

新中国成立初期，社会动荡不安，国家急需建立稳定的社会秩序，沿用根据地时期的经验，将党的机构设置到每个单位中，使单位成为政治管理的一级分支，然后通过单位配置有限的资源，将城市人口完全置于单位的管理之下，这样简单而迅速地完成了对城市的有效控制。因此，无论是行政单位、经济单位或事业单位，都存在两套体系，一套是正常的经营管理体系，如工厂有厂长、车间主任，公司有总经理、部门经理，城市人民政府有市长、区长；另一套是执政党的体系，各性质的单位都设有总书记、支部书记。从强调政府对社会物质资源和社会成员的掌控角度来看，党的体系的重要性肯定要强一些，在新中国成立初期整合全社会的过程中起了决定性作用①。在社会资源总量依然相对不足的前提下，国家在资源占有方面的强大势能使单位组织仍保持着很强的政治特征和统治工具特征②。

单位作为一种特殊的组织形式和社会调控体系的构成要素，是在当代中国社会和政治生活制度化、结构化的过程中诞生的。单位作为国家调控体系的基本单元，既是国家政策的最终落实者，又是整个政治体系的支撑者和资源的最终分配者。从组织学角度看，单位是国家管理公有体制内人员的组织形式，它的组织元素以拥有公职、享受社会主义福利承诺的公职人员为主体，包括干部与工人，按照一定的宏观结构，形成国家权力③。从政治职能角度看，作为政治组织，单位必须遵循严格的行政等级制度。在行为上对上级负责，在运作中以竖向为主，横向为辅。这样形成了一个纵向的政治职能的结构，使政治管控简单化，上级、下级间的命令与反馈可以便捷地传达。在各种组织制度尚不健全的时期，这种职能体系无疑是具有效率的。但是，在这种以纵向为主的政治职能体系中，不同体系、部门之间缺乏正常的联系沟通，而政治职能又需要社会的横向联系，需要各体系、各部门的统筹运作，因此，这种纵向的政治职能结构不利于政治职能的充分发挥。

计划经济体制和整个社会主义的传统模式是以经济生活、政治生活、社会生活、文化生活等领域的高度行政化来实现的④。在革命与战争时代，在外部的国际环境极其紧张的年代，在生产力极其落后的时期，传统单位模式的行政化运作对于新生社会主义国家的生存与发展、国家工业化物质基础的奠定、社会秩序的维护与稳定等，都发挥了极其有效的积极作用。而且，这种积极作用又总是这样或那样地掩盖了或抵消了旧模式、旧体制的缺陷与副作用。因而在特定的时期内，单位的政治功能是必要而有效的，然而，在经济与社会发展到一定程度后，这种严格的政治管控将严重束缚经济与社会的发展。

2）单位群落的经济功能

随着社会主义制度的确立，以马克思主义为指导方针，将传统的消费性城市改造为生

---

① 谭文勇．单位社区——回顾、思考与启示[D]．重庆：重庆大学，2006：42

②③ 何亚群．从单位体制到社区体制——建国后我国城市社会整合模式的转变[J]．前沿，2005(4)

④ 徐永祥．社区发展论[M]．上海：华东理工大学出版社，2001：78

产性城市，成为社会主义经济建设的主要方面。而企业单位正是承担这一功能的经济实体。企业单位是组织生产、流通的经济实体，具有经济功能，这也是企业单位群落最基本的职能。企业单位是控制国家经济命脉、保障和容纳文化与物质生产力的重要实体。在新中国成立初期，国家集中力量建设了一批工业企业，特别是重型工业，对恢复国民经济、保卫国家安全、维护社会稳定起到了重要作用。

然而企业单位并不是完全意义上的独立的经济实体，单位不具备法人资格。企业单位的主要人事安排由上级主管部门任命，企业单位的生产任务、生产材料来源和产品销售也由上级部门统筹安排。企业单位本身的经济功能只局限在生产范围中，在流通领域的功能几乎完全丧失。因此，企业单位的经济功能是一种不完全的功能。在社会资源极度匮乏的时期，这种对资源、产品的统筹安排可以最大限度地调控社会资源，起到了稳定社会和集中生产的效果。然而，随着生产力水平的提高、经济的恢复，这种对企业单位经济功能的束缚就成为阻碍单位经济发展的因素。

3）单位群落的社会文化功能

所谓“社会功能”，是指社会结构及其构成要素、社会组织以及社会成员之间人际关系等在社会变迁、社会运动过程中的现实能动作用，包括社会结构整体对诸要素、社会组织和社会成员个人等的制约作用、促进作用以及需求的满足，也包括社会诸要素、社会组织与社会群体、社会成员个人等对社会结构的稳定与社会进步的现实能动作用。正是这些现实的能动作用，维持了社会的稳定，推动了社会的进步与发展。对“社会功能”主要有以下三种理解或视角：一是立足社会成员需求的满足程度，考察社会制度、组织、文化等的作用和功能，即把“满足需要”作为界定社会功能的尺度；二是立足人们的社会关系，考察容纳于此种关系之中的人际交往的行动、行为的功能；三是立足社会的结构，考察构成社会结构的诸要素的功能以及诸要素相互作用而产生的整体性功能[①]。

对单位群落社会功能的分析正是基于这三个方面。在计划经济体制下，个人需要的一切资源几乎都由单位分配，在单位内部相对集中的空间内形成了一整套的服务体系，单位取代了社会的大部分职能，承担了本单位职工的住房、医疗、教育、养老等职责，满足了单位成员的基本需求。单位和社区在城市地理空间上的高度重合，这种重合所带来的直接后果便是单位的多元化功能取代了社区功能，出现了典型的“单位办社会”格局。从社会交往与行动的角度看，单位成员是在一个相对封闭的社会空间内展开其互动关系的，更易形成浓郁的单位群落的氛围。从社会结构上来看，单位群落在社会结构和社会功能整体性的基础上体现着社会主义的优越性。“一五”期间，在建立重点工程的同时，中国开始模仿前苏联模式，在建立厂房的同时，建立职工生活区。这固然有生活便利方面的考虑，但更为重要的思考是职工住宅应该是社会主义制度优越于资本主义的原则体现。这种工业社区的组合模式为“单位办社会”格局的形成，提供了基础性空间条件。浓郁的单位氛围使得这一空间具有明显的封闭性，体制性的限制使得其员工无法走出单位的辖区，缺乏社会流动。同时，单位的封闭性自然带来“排他性”。从摇篮到坟墓的社会福利保障体制使得“单位人”充满了一种优越情结，人们也不愿意轻易离开单位空间。地理空间组织行为往往具有很强的历史继承性，在计划经济体制下，通过职工代际间的传递和影响，使得单位形成了具有独特意

① 徐永祥．社区发展论[M]．上海：华东理工大学出版社，2001：89

义的“社会空间”[1]。

传统模式下的社会主义国家，在计划经济体制下，依赖单一的行政构架来保障经济发展战略和社会稳定发展的实现，用政府行政力量来统摄工业、农业、商业、教育、科学、文化、卫生等各行各业，统摄农村、城市及基层社会的社区，由此必然混淆国家、市场、社会三者之间的应有界限，并且在计划、政府的权威下排斥分属于市场与社会的各类组织职能、功能的专门化。将各种职能综合于单位之中，使单位成为代理政府行使这一切权力具体机构，单位除了自身职能外，还承担了许多政治控制、社会管理、社会福利、社会保障和社会服务等政府与社会部门的职能，从而成为具有行政、经济和社会等多元功能的相对独立又小而全的“小社会”。计划经济下这种“政企不分”、“政社合一”的组织结构和组织职能，直接导致各类组织自身应有职能的弱化和组织功能的畸形发育，各类利益和资源都集中在政府和单位之中，社会的各种功能极度萎缩。

5.2.2 单位群落的稳定性

稳定性是单位群落的又一个明显的人文生态特征，具体表现在经济基础、组织结构和精神文化三个方面。

1）经济基础的稳定性

在计划经济体制下，单位的生产计划与销售任务都由国家相关部门统一规划，产品不对路或产品滞销都不由单位承担经济责任，单位的生产收入上交国家，而单位建设和单位福利所需资金又由国家划拨，单位不是一个真正意义上的自负盈亏的经济实体。在没有特殊的情况下，单位不会破产、倒闭，而会一直存在下去，单位自身具有极强的稳定性。

单位所需的一切资源都由国家相关部门统一划拨，包括土地、资金、技术、各种生产和生活资料，这些资源在单位内部积淀下来，成为单位自身的经济基础。这种资源统一划拨的制度使企业单位在资源占有上具有优势，成为企业单位稳定发展的经济基础。并且级别越高、规模越大的企业单位越有可能得到更多的资源，因而这些企业单位经济的稳定性也相对更强一些。然而，在经济水平尚不发达的时期，这种资源占有的优势也只是低水平的和相对的。

2）组织结构的稳定性

在计划经济时期的中国，国家掌握着社会的各种资源，国家通过单位向社会成员分配社会资源。社会成员要生存下去，必须依附于某一具体的单位，一旦游离在单位之外，生存将受到挑战，因此，单位员工和单位之间有着强烈的人身依附关系，单位员工与单位间的这种依附关系使单位呈现出“超稳定性”。其次，建立在“工资制”上的单位制度体现了所谓“平均主义”的社会主义公有制的优越性，员工一旦进入单位，便成为“单位的人”，获得了“铁饭碗”，不管是干得多还是少，也不管是干得好还是糟，与个人所得无关。如无特殊原因，单位不会开除职工，单位职工也很少离开单位，即使退休了，仍然属于单位退休员工，就连他们的子女，成人后大多数也在本单位工作。因此，一旦进入单位，几乎就可以一辈子属于它。单位职工流动性很小，具有超强的稳定性。第三，单位组织结构是职业关系、亲属关

---

① 田毅鹏.“典型单位制”的起源和形成[J].吉林大学社会科学学报，2007(7)

系和朋友关系等多重社会关系的综合体，是典型的熟人社会。错综复杂的社会关系的交织也增强的单位群落组织的稳定性。

3）精神文化的稳定性

单位群落的成员拥有共同的意识形态，是在马克思主义思想指导下，为了共同的社会主义事业而组织到一起来的群体，这 共同的精神基础构成了单位群落精神文化的基调。单位成员在生产过程中的分工合作，不仅使他们在生产活动中组织在一起，同时形成了一种建立在共同劳动基础上的认同，这种认同对于群落共同的精神文化的形成常常是非常重要的。由于单位群落的政治—经济—社会功能的同构特征，单位通常既是生产和工作的场所，又是生活和社会交往的场所，政治上的上下级关系、经济上的分工合作关系和社会上的亲友同事关系相互重合，群落成员之间的行为互动频率相当高，这对于产生共同的精神文化是有利的。同时，单位作为一个功能综合体，非常重视单位文化的建设，单位群落中常常拥有自己的影剧院、图书馆以及各种文化体育设施，拥有自己的文化队伍，并定期举行文化活动。在文化匮乏的时代，单位群落的这些文化设施和文化活动是非常令人羡慕的，也常常成为单位精神文化最外显的部分。上述的各种因素导致了单位群落精神文化的稳定性，并成为单位群落内部凝聚力的主要来源。

5.2.3 单位群落的亚文化特征

1）共同的地域归属

单位群落具有一定地域范围，与普通的人文生态群落相比，单位群落的地域空间由于是生产工作空间、居住空间和生活空间的多重叠加，因而具有更强的地域归属感。单位群落的生产和工作功能是最显性的，因而生产和工作的空间是群落空间组成中最重要的部分，常常成为群落景观的标志，我们所说的化工厂单位群落、大学单位群落或政府机关单位群落，都是以它们的工作生产功能来命名的。单位的住宅区通常紧靠工作区，较小规模的单位群落中，生产和居住甚至在一个大院之中，在空间上生产与居住的联系非常紧密。通常单位群落中还有为其成员服务的后勤服务区，如食堂、医疗设施、幼托设施、澡堂、商店、市场等，为职工及其家属提供基本的生活服务。这些服务空间与居住、生产空间联系在一起，使单位群落的地域空间上附着的功能、组织与行为异常丰富，在文化和景观上都有别于其他的人文生态群落，我们称其为单位亚文化群落。

2）多重身份的叠加

作为亚文化群落，群落成员也具有一定的特征。首先单位群落中的主要成员是单位职工，他们在共同的工作中结成了工作关系。由于单位组织关系的不同，有单位领导、普通职工的身份差异；由于从事不同的工作，有管理干部、技术干部和工人的身份差异；由于技术的传承，有师傅和徒弟的关系等。其次，单位制度将人们的社会交往很大程度上限制在单位群落内部，一方面，由于人们的社会地位、生活待遇、受教育程度以及生活方式等等都与单位高度相关，单位群落内部的交往关系更容易使交往者产生“共同语言”；另一方面，单位群落内部生活的自足性，也大大降低了人们在单位群落外部开展社会交往的内在需求①。

---

① 揭爱花. 单位：一种特殊的社会生活空间[J]. 浙江大学学报(人文社会科学版)，2000(10)

在许多单位，职工共同居住在单位提供的住房里，一些大的单位还拥有相对独立和封闭的生活大院，单位职工相互之间朝夕相处，人们在工作和生活中所接触和交往的对象，绝大部分都是本单位的人。单位职能的复合性与生活福利的自足性，造成了单位群落成员工作世界与生活世界的重叠。甚至工作中的上下级关系也常常带到生活之中，单位的行政领导也通常成为生活中的社会权威。此外，单位群落内完善的社会服务，几乎涵盖了普通人从出生到死亡的全部需求，许多人在单位医院出生、在单位附属学校接受教育、在单位工作、在单位退休、死后在单位开追悼会，同学、朋友、同事、亲人都集中在单位群落中，人的一生的轨迹在单位群落的空间中完成其轮回。这种身份关系的高度重叠，使单位群落成为一个高度互动的熟人群落，个人在此几乎毫无私密性可言，单位群落成员身份的多重叠加也是其区别于其他人文群落的重要特点。

3）共同的意识形态和文化

单位群落拥有共同的意识形态，在共同的生产工作中、共同的社会生活和共同的文化生活中形成了深厚的文化认同，这一点将在 5.3.2 节分析。由于这种文化认同建立在如此广泛的基础之上，使得单位群落呈现出独特的亚文化景观，它不仅体现为空间格局、建筑形式、装饰倾向等物质景观层面，还体现在文化追求、服装特色以及语言词汇等非物质景观方面。共同的意识形态和文化是单位亚文化群落的精神内核，并在外观上也呈现出亚文化群落景观的异质性。

4）个体对组织的依附性

许多研究单位社会的学者都认为，中国社会是由一个个横向闭合的单位组织构成的。社会资源最终都要沉淀到单位组织中并陷入一种非流动性的状态。单位对社会成员的控制权力和对资源的分配权力使得单位对其成员拥有极大的控制力。首先，单位通过对生活、生产资料，住房、教育、医疗、养老等资源的控制来达到对其成员的控制，个人只有通过单位才可能获得这些资源。没有单位，个人几乎无法生存。单位对稀缺资源的控制是导致个体对单位依赖性的根源。而这些资源的多少与优劣又与单位的级别与规模相关，级别越高、规模越大的单位可调控的资源也越多、越丰富，单位成员可获得的福利待遇也越高。在传统社会，单位的好坏往往决定了个人生活的优劣，因此，进入一个好的单位是大多数个体的追求。其次，单位是作为个人安身立命的空间出现在当代中国人的生活世界之中的。单位是个人社会化的唯一通道，是人生价值在社会中扩展的原点①。单位包含了个人社会生活的全部，单位也成为个人社会身份的代表，在介绍个人身份时，单位归属往往比个人信息更具说服力。单位在个体生活中的重要地位也是形成个人对单位的依附性的重要原因。最后，单位组织全方位地介入个体生活，在个体生活中充当家长的角色，形成浓厚的家族氛围。各种家庭问题、情感问题都依赖单位组织来协调解决，单位不仅为个人提供生活保障，还提供了精神关怀。这种充满人情的单位组织特征，也是个体对组织形成情感依赖的原因之一。个体对单位群落强烈的依附性使得群落具有强大的凝聚力和超强的稳定性，这也是单位成为亚文化群落的原因之一。

---

① 建军."跨单位组织"与社会整合:对单位社会的一种解释[J].文史哲,2004(2)

5.3 传统单位群落景观形态特征及其对城市景观的影响

传统单位群落是构成城市人文生态系统的基本组成单元，也是城市景观的基本构成元素，它对城市空间结构及景观形态造成了极大的影响，并一直持续到现在。

5.3.1 单位群落的空间结构特征

1）单位在国家范围内的时空布局

就国家范围内单位群落的时空布局而言，1960 年代中期，国际局势日趋紧张，为加强战备，逐步改变我国生产力布局，在靠山、分散、隐蔽的原则下，建设的重点实施了由东向西转移的战略大调整。在 1964 年至 1980 年长达 16 年、横贯三个五年计划的三线建设中，国家在中西部地区 13 个省和自治区投入了 2 052.68 亿元巨资，建起了 1 100 多个星罗棋布的大中型工矿企业、科研单位和大专院校，建成成昆、滇黔、川黔等 10 条铁路，其中一部分后来被称为西部脊柱[①]。三线建设对中国单位布局产生了极大的影响，初步改变了中国东西部经济发展不平衡的布局，是近代中国产业和科技力量的一次大的时空转移，形成了中国可靠的西部后方科技工业基地，对西部的工业经济、城市建设、道路交通等方面产生了巨大影响，在较大程度上加快了这些地区的现代化进程。但也存在着规划投资综合平衡不够、配套建设跟不上、布局过于分散、盲目追求高速度、轻重工业比例失调等问题，导致了西部产业后继乏力，特别是改革开放后，出现了部分单位迁出三线地区的情况。由三线建设的案例可以看到，国家的政策和制度可以导致全国范围内产业布局的时空大调整，这种战略大调整在均衡东西部经济发展水平的同时，也在不少方面违背了经济发展的规律而造成了许多遗留问题(图 5.2)。

2）单位在城市中的空间结构特征

单位群落在城市中的空间分布特征表现为：①按单位的职能特征分区分布：行政类和商业类单位集中分布在市中心部，工业类单位广泛分布在城市中心的边缘部到近郊的范围，而文、教、卫等单位则集中于特定的区域内。②按单位空间规模圈层分布：占地面积大的自己完备型单位一般远离市中心，分布于城市边缘或近郊区内；而占地面积小的外部强依存型单位则相对集中在市中心及其周边地区[②]。③类似功能的单位由于对区位和资源的共同需求而有同类聚集的现象，这种聚集现象在企业单位中表现得最明显。

单位群落的空间分布特征使单位群落的景观结构也呈现出一定的结构特征：①城市中心区建筑密度较高，呈现出较明显的商业景观；②城市边缘或近郊的大型单位形成独立的异质性景观斑块；③城市中工业用地比例较高，工业景观斑块夹杂在城市居住景观基质中，成为城市景观的主要代表；④由于各个单位的高度重复的建设，每个单位所呈现的景观差异不显著，整个城市景观的均质性较强。

单位群落与城市的关系类似于生物学中细胞与有机体的关系，细胞的结构与组织方式决定了生物有机体的形态与功能。单位群落是构成城市系统的基本单元，像细胞一样构成

① 揭开三线建设神秘的面纱[EB/OL]，中国社会科学院网站 http://www.cass.net.cn/file/2005062834281.html

② 任绍斌.单位的分解蜕变及单位大院与城市用地空间的整合[J].规划师，2002(4)

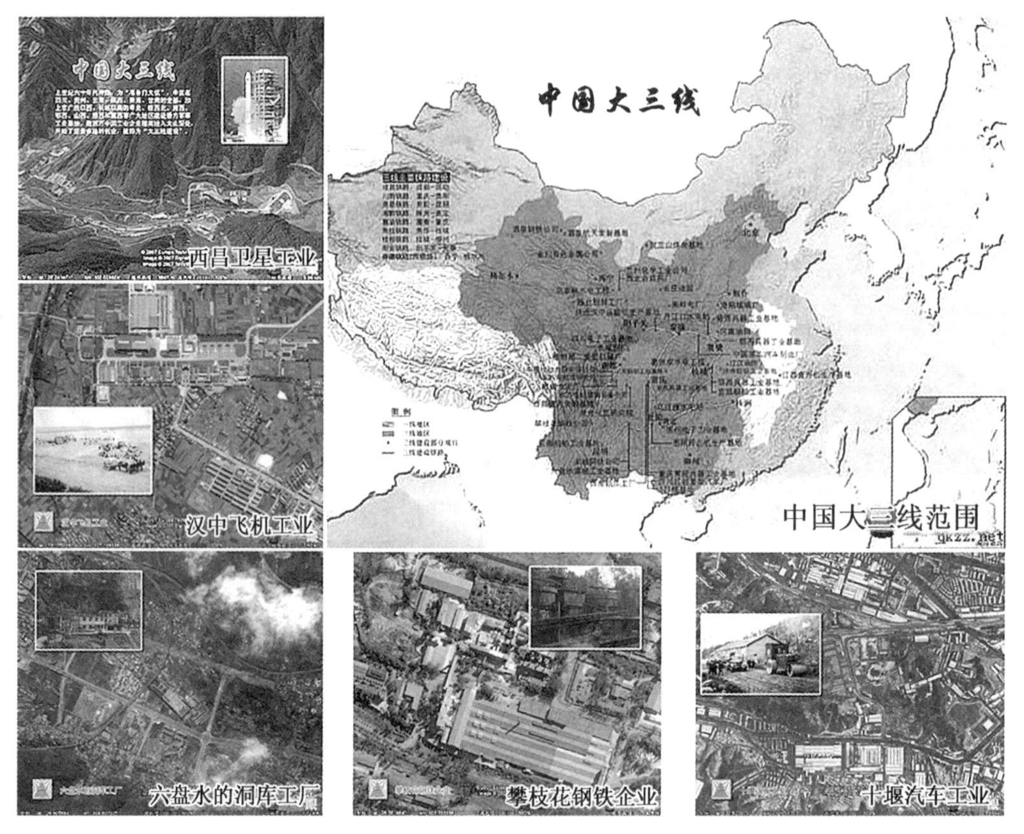

图 5.2 中国三线建设

了城市有机体。每个细胞有类似的结构，都由生产办公、居住和后勤服务组成。单位细胞类型缺少多样性，导致城市有机体各部分功能分工不明确，使城市活力下降。各单位细胞边缘由围墙等介质与外界分隔，这种封闭隔离的细胞较少与外界环境交流，成为自成一体的小世界。单位细胞之间的细胞间质由道路和城市开放空间组成，它们起着各细胞间联系与交流的作用，但在这种封闭隔离的状态下，细胞间质的作用得不到发挥(图 5.3)。由于单位细胞自身结构与组织方式的特点，导致城市有机体整体上呈现均质、分散以及机体功能效率低下等众多特征。

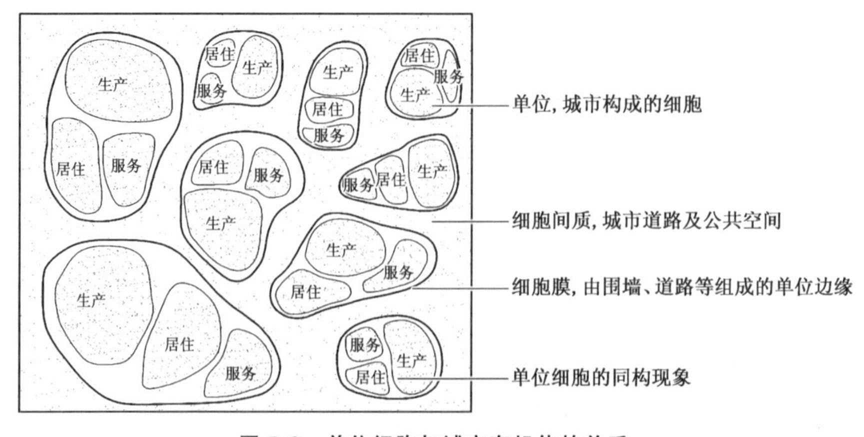

图 5.3 单位细胞与城市有机体的关系

3）单位内部空间结构特征

单位群落内部空间结构特征有:①一般单位都有明确的功能分区。一般单位群落都由生产办公区、居住区和后勤服务区等几个部分组成,由于缺少统一的规划,这些分区的边缘具有较大的随机性。不同的功能区所呈现的景观形态各不相同,生产办公区有大片的厂房和办公楼,由于工艺流程的需求,有的厂房在外观上呈现出独特的面貌,如水泥厂的高炉、发电厂的高压输电架等,常常成为单位群落景观中最引人注目的元素,也成为群落景观的标志(图 5.4)。居住区主要由住宅建筑组成,尺度体量上都较小,在计划经济时代,住房标准普遍偏低,单位间的居住景观没有很大的差异。后勤服务因各单位建设能力的不同而在配套和景观上呈现较大差异,级别高、规模大的单位一般拥有更完善、建设质量更高的后勤服务设施。并且,作为单位内部资源,后勤服务设施一般只提供给本单位人员使用。这种对内部资源的保护造成了服务资源的重复建设,在资金有限的情况下,决定了这种重复建设是低水平的。这也是造成城市景观均质化的重要原因,在后文将展开分析。②单位群落中的建筑缺乏统一规划,布局杂乱。单位内的建筑一般是在相当长的时期内逐步建设的,因此常常可以看到各种时期、各种体量、各种建设质量的房屋并存的景观。③土地闲置现象严重。单位征地时一般尽量多征地、征好地,圈地后多年不建设的情况很多,土地利用效率不高。这一现象将在后文展开论述。

图 5.4　扬子石化厂区

5.3.2　单位群落的景观形态特征

1）独立性、完善与封闭

中国城市存在着两套管理体系,一套是从中央到省、市、县各级政府的行政管理体系,一套是从中央各部委到下属单位的单位组织体系,两套体系各自向上级所属机构负责,彼此间联系较少。单位作为一个政治组织,它必须遵循严格的行政制度,在行为上对上级负责,在运作中以竖向为主。政治、经济与人员的联系都局限在这一竖向系统内部,而与横向单位以及城市的联系很少。这使得单位组织在城市中的独立性非常强,在行政上不受城市的管制,在功能上极少与其他单位交流。城市是一个复杂的综合体,城市的建设与管理要从全局总体考虑,而各单位作为一个封闭独立的组织,很难也不可能有这样全面的考量,通常是以本单位的局部利益为重,有时不惜损害城市的公共利益。由于行政上的独立性,单位常常排斥城市正常的社会化分工和管理,城市正常运行受到阻碍,而城市政府又难以对其进行管理和约束。通常是单位的规模越大、级别越高,城市对其管理的阻碍也就越大。这种封闭式的管理使得单位群落更象一个独立的社会,并且越独立的单位与外界的交流就越少,也就越封闭,在文化和景观上也越容易呈现异质性。

在前文已经论述过单位群落是政治、经济、社会功能的复合体,功能结构的完善使得群落成员的需求可以内部解决,减少了与外界联系交流的机会。“麻雀虽小,五脏俱全”是单位群落建设所追求的目标之一。这是因为，其一，各个单位都要为职工提供良好的服务，尤其是在整个社会商业经济不发达、物资较为匮乏的时代，职工生活在相当程度上依赖于本单位所提供的社会服务。所以，许多单位都有一个颇具规模的后勤部门，专门承担供给方面的工作。其二，不同的单位所属系统不同，有不同的财政来源，而每个单位的预算都是严格地以其专业特点、职工人数等因素制定的，所以各个单位不愿也无力以自己的服务设施去为其他单位的人员服务，在此情况下，"小而全"就成为人们所追求的一个建设目标[①]。功能结构的完善性是组织结构独立性的物质结果，也是形成景观空间封闭性的直接原因。

单位群落最显著的建筑特征是那些围绕着它的高墙。单位围墙清楚地表达了单位相对于所处城市的独立地位，同时也标识着一种社会空间，使封闭空间内的人具有强烈的地域归属感[②]。院落围合是单位群落最典型的景观。中国传统上围墙被用来划分社会空间，使用围墙这种简单的建筑要素，就可以将不同的社会限定在不同的空间领域中。传统的围墙院落是限定领域感的手法，大到城市、小到家庭，无不使用这种建筑语汇。院落是具有高度象征意义的空间形态。单位群落也采用围墙围合的院落这一形式来有效地使社会关系集中的形态有序化。围墙的建立意味着对单位资产责任和权力的清楚划分、单位作为独立的社会—经济空间单元的确立，意味着社会—空间隶属关系明确的"单位人"的出现。这种状况似乎表明了一个社会生物学原理，即如果一个单位社会本身的独立性越强，也就意味着它越封闭，而使城市整体的商业经济更不发达；反之，社会化程度越低，就会使单位越要从内部完善自己，从而越加封闭[③]。这种封闭性使城市各个单位间的用地空间相互割裂，职能上缺乏有机联系，从而造成城市用地空间混乱、景观杂乱而失去整体性。

2）理想城市模型与单位景观乡村化

中国单位群落反映出一种混合系统的思想，这既是空想社会主义者的理想城市模型的发展，又是自给自足的传统乡村社会的现代翻版。

从乌托邦到花园城市，而至理想的共产主义城市[④]，激进的社会改革者都试图通过建立理想的城市模型来改良社会，解决实际存在的社会问题。而这些理想城市的模型无不是一种结构与功能的混合系统，将生产、生活、休闲等功能集中在一个特定的空间中，涵盖个人从出生到死亡的所有生命过程，使幼有所依、老有所养，满足个体各个方面、各个时期的全部社会需求；消除阶级、贫富、教养等一切差别，最大限度地体现社会公平；大家共同劳动、合理分配，创造个人和群落发展的共同的经济基础；在物质空间上，各种功能建筑或分区完善，可以满足群落成员的基本需求。这些理想城市模型不断地被人们所实践，而对这些理想原则贯彻得最彻底的，无疑是中国的单位群落。

混合系统的另一个重要思想来源是中国传统的自给自足的乡村社会模式，在生产力水平较低的时代，男耕女织，自给自足曾是大多数中国人的理想图景。而这种持续了千余年的理想模式也潜在地影响着现代中国人的思想。单位群落封闭的空间形态、小而全的功能设施、紧密互动的熟人社会、严格管控的组织体系，这一切无疑是传统乡村社会的翻版。现代单位群落在进行现代化生产的同时，在组织形态、社会结构和景观形态上都呈现出一种

---

① 郭湛．单位社会化，城市现代化——浅谈单位体制对我国现代城市的影响[J]．城市规划汇刊，1998(6)

② 柴彦威，陈零极，张纯．单位制度变迁：透视中国城市转型的重要视角[J]．世界地理研究，2007(12)

③④ 董卫．城市制度、城市更新与单位社会——市场经济以及当代中国城市制度的变迁[J]．建筑学报，1996(12)

乡村化倾向。这种倾向在景观上具体表现为土地使用的割据性、规划布局的随机性、建设的水平化以及景观单元的封闭性。

3）管控方式与单位景观传统化

对人身的严密控制是中国传统社会的一个特征。因为中国是一个农业大国，只有将人民与土地紧密地联系起来，才能保证国家的税收与政治的稳定。历史上从里坊制到保甲制所采用的都是一种“双重控制”的方法，对城乡人民进行管理。即户籍等级和从业许可，前者为行政控制，后者为职业控制①。单位制度继承了中国传统社会的管控方式，通过对就业和户籍的双重控制达到对社会的全面管理。单位既是个人就业的工作场所，又是他的户籍所在地，是他生活的场所。这样，将城市的政治管理、经济生产和社会生活都整合到单位群落中，简化了城市结构，使之便于控制和管理。并通过单位制度和户籍制度严格控制单位间和地区间人员流动，使城市处于一种静态的、简单的综合状态之中。

围墙围合的单位群落与传统城市中的里坊有异曲同工之处，以此为地域单元对人口、经济进行管制，并使社会活动限定在一定的空间范围之内，在空间景观上呈现出围合、封闭、内向的特征。这种严格的、简单的管控方式不利于经济流通和社会交往，因此传统城市在发展到一定阶段后，必将打破围墙，将个体融入到更复杂、丰富的城市生活中去。对于单位群落同样如此，当经济和社会发展到一定水平之后，单位这种严格的双重控制将受到挑战，单位群落各种功能低水平的简单综合也难以满足个体的需求，这将是一个从需求到制度的全面的变革，必将深刻地影响城市景观。

5.3.3 单位群落对城市景观形态的影响

1）单位群落的独立性与城市景观的无序

（1）单位用地割据

传统私有制观念导致土地国有制的概念含混不清。当政府将土地无偿划拨给单位以后，土地便实际上由单位永久使用，成为其“私产”，各项土地权益，如使用权、处置权等，多由单位掌握。城市规划、管理部门很难从城市整体的角度对单位的土地进行再安排，这实际上降低了城市土地的使用效率。不同单位归属不同系统，城市地方部门难以对其进行统一管理，导致单位之间各自为政。在计划经济体制下，绝大多数单位都属于国家所有，分别由中央或地方政府有关部门管理，无偿使用国有土地似乎理所当然，有关土地权方面的问题一直未引起人们的注意。改革开放发展到今天，整个社会经济机制正由单一的中央计划经济向多元的社会主义市场经济转变。随着国民经济的高速增长，整个社会的商业化程度大为提高，又由于多年来人口膨胀及城市建设滞后的双重压力，我国大多数城市从整体到局部都面临着结构调整和大规模的更新与改造。在这种形势下，以单位为主体进行的城市建设，只立足于满足各单位自身的眼前利益，不考虑城市整体的人口调整、基础设施建设、商业及文化网点的布局等等，难以满足城市发展的宏观及长远利益，因而在整体上形成很大浪费。另外，单位对土地的实际占有也造成城市土地使用的无序和浪费，给城市结构调整，特别是基础设施和道路建设带来困难。

---

① 董卫.城市制度、城市更新与单位社会——市场经济以及当代中国城市制度的变迁[J].建筑学报，1996(12)

(2) 单位内部交通对城市交通的阻隔

根据我国现有的城市道路设计要求，城市干道间距 700～1 200 m，小城市的干道间距也达到 500 m。在计划经济时代特有的土地划拨制度下，道路间的地块可以方便地划拨给各个单位。而每个单位又是一个小社会，内部的活动自成一体，内部的路网一般不允许非本单位车辆随意利用，造成了城市支路不断被大型单位封闭，从而改变为单位内部道路。但是，每个单位大院内部产生的交通又都由稀疏的城市路网承担，实际上形成了单一的干道网系统构成的城市路网系统，这就形成了计划经济国家特有的城市路网—街区结构：宽大路—大街廓—稀路网①。这样的城市路网难以满足交通发展的需要，然而由于单位用地的阻隔，加密城市路网和进行支路网规划均难以进行，改善城市交通障碍重重。

改革开放以来，随着国民经济的高速发展，城市建设量大大增加，各城市都面临着大规模的城市更新和改造，城市道路、市政基础设施建设量很大。然而单位用地割据一直是现在城市规划建设的一大难题，特别是一些大型单位，往往占据了城市中的一个或数个街区，这些单位规模大、级别高，城市政府难以对其管理约束，这些单位土地的置换或征购都是非常困难的。城市统一规划的道路系统在这些大型单位用地前只有改道绕行，城市道路网的正常肌理因这些单位用地地块发生突变，变得稀疏凌乱，大大降低了城市道路交通的效率。

(3) 城市规划的失控

单位专业职能发挥的广度与深度也同其政治地位、性质级别密切相关。以城市管理为例，规划部门是城市建设管理的重要机构，但是它必须遵循单位体制的种种要求，必须在单位体制的某一位置中才能发挥作用。这就决定了它对其他级别较高单位的影响有限，如某些单位的内部建设就可以绕过规划部门进行②。一方面，单位内部的规划建设城市规划部门不能完全控制；另一方面，城市规划常常受到单位用地割据的阻碍，特别是道路、市政管线等城市基础建设，单位内部与城市整体难以协调建设，给日后的城市发展带来很多弊端；此外，城市进行公共建设时如需征用单位土地也会受到阻碍，并且级别越高的单位越难以协调。

(4) 单位群落封闭的边缘对城市人文生态及景观的影响

由于单位通常用围墙等形式界定群落的范围，因此，单位群落的边缘通常呈封闭状态。与单位内部多种功能、多种行为的多样性相比，单位的边缘常常是单调隔绝的。从第 3 章人文生态交错带和边缘效应理论中可知，开放的边缘有利于不同的人文生态群落间资源、人员和文化的交流，更有可能产生新的功能和新的景观形态，因而具有文化多样性的特征。这种活跃的边缘，有利于整个人文生态系统的平衡与稳定，并造成了丰富多样的人文景观。而单位群落封闭的边缘阻碍了这种交流，因此不可能具有边缘效应，对城市的人文生态的多样性缺少贡献。同样地也阻碍了外部的资源、信息、人员进入单位群落，减少了干扰的同时也失去了大量因交流而带来的发展机会。由于单位群落在城市中大量存在，这种单位群落边缘区人文生态多样性的丧失也是普遍的，因此对城市人文系统具有整体的影响。单位群落通常是由城市道路所分隔和联系的，道路沿线一个又一个封闭的单位群落给道路景观

---

① 赵晓凡."大院意识"在开发商承建社区重的延伸——我国城市微观交通和土地使用模式综合研究[D].大连：大连理工大学，2006

② 郭湛.单位社会化，城市现代化——浅谈单位体制对我国现代城市的影响[J].城市规划汇刊，1998(6)

造成了极大影响，形成了以围墙为主要元素的单调无趣的景观形态。在改革开放以前，空旷的大马路与线状的围墙构成了城市的主要景观意向。

2）城市功能失衡与城市景观均质化

（1）单位群落自持与城市整体功能失衡

如前所述，在计划经济时期，所有社会资源都集中在政府，政府又将资金最大限度地投入生产部门，而城市基础设施和社会福利事业的投资极少，这直接导致了“单位办社会”，以填补“政府空位”。单位自成一体，成为城市空间构成的基本单元，各单位内部设施较完善，可以满足本单位职工的基本生活需求，弱化了对城市公共设施的依赖性。这些服务设施都具有福利性质，出于对内部资源的保护，通常只为本单位职工服务，不提供给社会或其他单位成员使用，低水平服务设施大量重复建设。城市公共设施投入的资金非常有限，建设和维护的力度不够。在物资匮乏的年代，可流通的商品很少，市民购买能力极低，各种商业服务中心的使用频率低，城市中各种商业中心、服务中心功能退化。这种制度使城市成为一个行政管理、物资生产和分配的中心，但难以形成一个贸易中心，这使整个社会经济处于一种低水平的循环状态中①。此外，在变消费性城市为生产性城市的指导方针下，城市中具有生产功能的工业单位的数量大大增加，商业、服务业单位相对减少，城市第二第三产业用地比例失调，城市商业中心功能弱化，城市整体功能失衡。

（2）城市景观均质化

单位群落对城市景观的重要影响之一就是造成城市景观的均质化。首先，单位群落造成了旧城中心的消解。20世纪中叶以前，我国大部分城市仍保持着传统的结构特点：建筑密度高、肌理清晰、结构紧凑、中心区商业发达等等。而单位的出现首先改变了社会的构成，将原有的社会服务职能纳入单位内部，基本消灭了市民阶层的文化娱乐、商业服务体系。同时城市的迅速蔓延，也带动了各元素向周围疏散，表现出较强的离心倾向，在一定程度上消解或抑止了旧有的城市中心②。商业中心消解导致城市中心区景观特征不显著，城市各区域功能的均质化导致景观均质化倾向。其次，城市中单位群落在数量和占地面积上都占据一定优势，单位群落成为城市景观重要的构成单元，而各单位群落间景观差异较小，这直接导致城市景观均质化的形成。第三，单位群落内向式的格局使群落边缘与外界保持封闭与隔离状态，通常单位群落以城市道路来划分边界，即单位群落的边缘紧邻城市道路。单位群落边缘的景观是从城市道路上所观察到的最直接的景观区域，街道景观又是构成人们对城市视觉印象的最直接、最重要的因素。大量而普遍的单位群落的边缘景观构成了城市街道景观的主体，而单位群落边缘以围墙为主要元素的封闭的景观形态也就成为城市景观形态的主要特征。因此，城市景观的主要元素是用围墙围起来的封闭的单位大院，院内是色彩单调的厂房、办公楼和多层住宅楼，院墙之外是宽阔的城市道路，车辆、行人都不多。城市建设的整体水平较低，房屋质量不高，城市总体上呈现相对隔离、均质的空间特征。

3）传统单位群落和城市居住景观

居住是城市的主要功能，居住用地面积在城市用地总面积中占绝对优势，由住房分布、住房建设造成的城市居住格局和居住景观是城市景观形态的最重要的组分。由于居住景

① 董卫．城市制度、城市更新与单位社会——市场经济以及当代中国城市制度的变迁[J]．建筑学报，1996(12)

② 郭湛．单位社会化，城市现代化——浅谈单位体制对我国现代城市的影响[J]．城市规划汇刊，1998(6)

观在城市景观中分布最广，具有面积上的优势性、空间上的连续性和对城市整体景观的巨大影响力，因此常常成为城市景观的基质，是城市景观的背景。因此，对居住景观的研究是必要的和不可缺少的。

新中国成立后，随着公有制经济的确立，人民成为社会的主导群体，消除了阶级差异，在城市规划中以社会主义公平性取代了原有的封建皇权和资本主义的等级差异。尤其反映在住房上，在福利住房制度体制下，住房主要由国家和单位无偿提供，由单位亚群落组成城市居住地理构架，原有的居住分异逐渐被内部均质化、结构稳定、相互独立的单位居住空间所取代。单位对城市居住格局和居住景观的影响是普遍而深刻的，因此，我们从传统单位群落出发，研究其与城市居住景观的关系以及发展演变。

(1) 福利性住房制度

住房制度包括住房所有制、住房使用制度和住房管理体制三个部分。1950 年代初至 1970 年代末，我国实行的是由国家、单位统包的供给式的福利分房制度，住房具有非商品性。在单一的计划经济模式下实行福利性的住房实物分配制度与低租金制度，住房建设资金来源于政府财政和单位福利基金，产权归属国家所有，个人不承担住房建设投资的责任，享有所租赁公房的无限期使用权①，住房管理与维修由国家和单位相关部门负责，个人不承担房屋维护的责任。

福利性住房制度最大限度地体现了社会主义的公平性，使每个社会成员都能够以极低的租金获得住房。在新中国成立初期资源匮乏、社会动荡的局势下，这种福利性住房对于缓解城市居住差异矛盾、解决城市居民严重缺房少房的状况、缓解社会矛盾、体现社会主义的优越性、调动市民积极性等方面无疑具有积极意义。然而，片面强调住房的社会性，而忽视住房的商品性也造成了许多消极后果，这点将在后面予以分析。

(2) 职住结合的城市居住格局

计划经济时期，城市住房由国家和单位统一分配，公房几乎是唯一的住房来源。单位是住房建设、分配与管理的主要实施者，住房建设土地由国家统一安排。出于便于管理、节约成本和方便生活的考虑，政府分配土地时常常采取邻近原则，将单位的住宅用地与生产、办公用地结合在一起，形成职住结合的格局。在 5.4.3 节中已经论述，职住结合的混合功能空间模式是理想城市模型与传统社会模式的现代传承，这一空间格局形成的背后既有着制度、经济的因素，又有着对精神与理想的追求。

单位群落中职住结合的空间形成一个工作—生活的综合体，人的基本活动和基本需求在一个有限的空间地域中解决，形成一个紧凑的多功能复合单元。并且由于单位群落的相对独立性与封闭性，各个单元之间在空间上也是相对隔离的。这种职住结合的复合单元成为城市的基本组成元素，每个单元都有类似的结构，都由生产办公部分、居住部分和后勤服务部分构成。这种同构的单位群落像细胞一样充斥在城市的各个空间，细胞间由道路分隔与联系，共同构成了城市这个有机体。

职住结合的另一个影响是加强了单位成员社会联系。单位居住区的居民同质性高，人员流动性小，工作中的同事与居住中的邻里角色重叠，生产—居住空间重叠，形成了一种以单位为联系的特殊而稳定的熟人社会。由于当时居民住房面积普遍较小，许多必要的生活

---

① 郑也夫. 城镇住房制度改革的思考[J]. 政策指南，1997(2)

功能只有转移到公共空间中，例如公共食堂、浴室、厕所、俱乐部等等，这些公共设施由居民所属的单位或政府提供，居民对这些公共设施的依赖性较强，这样，一方面增加了居民对单位的依赖性，另一方面，居民的部分生活行为转移到这些公共设施中进行，增加了相互交往的机会，容易形成紧密的社会联系。

(3) 住房低水平的平均主义

在福利性住房体制下，个人支付的住房租金很少，不能维持房屋的基本维护与管理。住房建设资金不能形成良性循环，成为一种纯粹的财政性支出，投资建成的住宅越多，支出的维修费和管理费以及住房补贴也越多，财政所背负的包袱也越重。政府和企业在资金不足的情况下对住房的维护捉襟见肘，房屋破损情况比较普遍。政府和单位财力不足，无法大量建房，这种制度导致的直接后果就是住房的建设量很少，建筑质量不高，住房成套率小，居民住房水平很低。据资料记载，1949 年，我国城镇住房拥有量为 5.19 亿 m^2。1949—1978 年，我国城镇住宅竣工建筑面积共 5.32 亿 m^2，平均年城镇住宅投资不足 GDP 的 1%。以至到 1978 年时，城镇人均住宅面积低于 1949 年，多数城镇居民处在缺房的状态中①。

在这种住房制度影响下，传统城市居住空间的社会阶级结构已经消失，城市内部基本不存在由经济地位或收入差异所导致的城市空间阶级分化现象②。住房的均质化程度高，虽然不同性质的单位的住房条件有差异，不同级别的个人的住房标准也不同，但这些差别都非常小，城市住房整体上呈现均质状态。住房由政府和单位根据个人的级别、工龄、家庭人口等条件统一分配，在居住中最大限度地体现社会主义的公平性。

在新中国成立初期生产力水平较低、物质极度匮乏、社会动荡的情况下，这种平均主义的福利性住房体制对解决当时城市住房问题、保持社会安定方面起到了一定的作用。但随着经济的发展，这种低水平的平均主义住房制度越来越不能满足人们日益增长的物质需求。此外，计划经济下的福利性房屋分配制度完全抹煞了住房的商品特性，住房投资没有回报，无法形成住房建设资金的良性循环，给政府和单位背上了沉重的负担，违背了经济规律，也阻碍了经济的发展。

4) 单位与城市扩张

(1) 单位是城市扩张的主要原因

在变“消费性城市”为“生产性城市”的城市建设方针下，众多以单位为形式的工业企业在城市中大量布局，这种强烈的用地需求致使城市在原有基础上向外迅速扩展。以北京为例，在 1949—1966 年间的扩展中，工业单位企业数量快速膨胀，城市空间开始突破围墙，呈现出摊大饼的基本态势；1965—1976 年间，因政治原因城市扩张速度放慢，新增、扩建和改建的工业企业大多是对建成区内原有空地的修补和填充；1976—1988 年间，随着社会的转型和体制的转轨，城市建设活动由政府独揽向各种社会力量共同参与转化，城市空间扩展的动力呈现多元化。但在 1988 年前，单位仍然是影响城市空间演化因素中最为重要的部分。单位数量的膨胀和外资企业的进入使得摊大饼的空间格局继续恶化③。

---

① 郑也夫.城镇住房制度改革的思考[J].政策指南，1997(2)

② 吴启焰.大城市居住空间分异研究的理论与实践[M].北京：科学出版社，2001：59

③ 柴彦威，陈零极，张纯.单位制度变迁：透视中国城市转型的重要视角[J].世界地理研究，2007(12)

（2）单位用地的无偿使用是城市扩张的内因

传统单位用地一般由政府无偿划拨，单位可以无限期地占用土地，成为土地的事实所有者。在这种土地制度下，土地的商品价值被压抑。由于缺少商品价值驱动下的土地竞争机制，单位不需要为土地付出资金，只需要向相关部门申请就可能获得土地。在这种形势下，单位为了内部利益，申请多占地、占好地成为一种普遍现象。单位对土地的需求缺乏有效的制约是导致城市扩张的重要原因。单位往往对占有的土地缺乏规划，土地结构不合理、土地使用效率低下的情况非常普遍，并使得城市整体结构和使用效率上也出现这些问题。

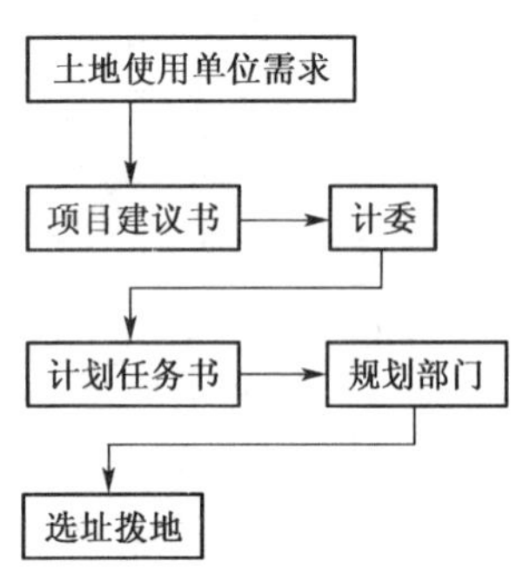

图5.5　土地划拨程序示意图

从土地划拨的程序上来看（图 5.5），单位是土地的实际需求者，单位向计委提交一份投资申请和用地申请，对土地用途、建设规模等有实际的预测。计委是土地建设项目的决策者，依据国民经济计划所确定的投资规模、各种建设项目的优先次序，以及在计划年度中可以筹集到的投资资金来决定是否批准申请。计委对建设项目有一定的否决权，但无法深入了解每个建设项目的土地需求是否合理。一旦投资项目得到批准，用地申请也就得到认可，用地规模根据投资项目与占用土地面积的某种技术比例确定下来。计委将计划任务书下达到城市规划部门，城市规划部门则根据事先制定的规划指标确定选址意见，然后将意见提交给当时隶属不同政府部门的土地管理机构，由土地管理机构按规划部门确定的位置和面积，负责征地拆迁，组织安排各种费用的征收和补偿，以及办理与权属变更有关的手续，规划部门负责建设的选址和土地划拨[①]。在这一过程中，规划部门的权力往往得不到体现，很多高级别的单位越过城市规划部门直接获得土地进行建设，城市规划在缺少相关法规约束和经济利益驱动的情况下，常常成为一纸空文。

土地管理部门分配土地的时候并不依据土地市场的供求关系和土地的潜在价值，而仅仅考虑土地的征用补偿和拆迁补偿。由于在一个城市中征地补偿和拆迁补偿标准相同，不存在地段上的差异，因而，企业一般就近选址[②]。从土地的宏观控制上来看，无论是计委还是城市规划部门，都难以有效地控制城市建设土地，单位在土地划拨这一程序中占有较多的主动权。土地宏观控制的无力直接导致城市呈现以单位为主体的自下而上的发展趋势，进而导致了城市混乱、分散局面的形成和城市的无序扩张。新中国成立以后，我国城市建成区面积迅速扩大，例如，在短短 30 年里，南京市的城市用地就扩大了三倍，而长沙市则扩大了 7 倍。在这种城市扩张中，单位的影响不容忽视。例如，1980 年代中期，北京市各个单位每年申请建房面积大约 4 000～5 000 m^2，相当于一年盖两个半北京旧城[③]，其主要原因是集团利益驱动下单位对土地资源的激烈抢夺。

（3）单位土地使用效率低下与城市空地景观

单位土地使用效率低下，致使大量单位用地闲置。单位占土地的方式一般是房舍未见，院墙先围，在院内尚未建满的情况下就向四周或市郊蔓延，抢占农田、侵占绿地，造成单

①② 中国社会科学院财贸经济研究所. 中国城市土地使用与管理：专题报告及附录[M]. 北京：经济科学出版社，1994

③ 郭湛. 单位社会化，城市现代化——浅谈单位体制对我国现代城市的影响[J]. 城市规划汇刊，1998(6)

位内部大量土地闲置。据统计1980年代中期，仅哈尔滨市建成区内就有可利用空地17 km^2，沈阳市有23 km^2，长沙市有10 km^2[①]。单位空闲用地常常被用作种植蔬菜瓜果，改善职工生活。城市中大片农业种植用地的出现是当时城市的一大景观，使城市呈现出一定程度的乡村化景观倾向。

5.4 单位群落演替和城市空间景观变迁

5.4.1 单位群落演替的制度动因

1980年代以来，随着经济体制改革的深入，单位制度也进行了一系列变革，最关键的是将政治功能和社会功能等非专业职能从单位中剥离出来，使单位成为具有单一经济职能的组织，并成为自负盈亏的独立的经济实体。与单位制度改革先后进行的还有就业制度、土地制度、住房制度、医疗和养老等社会保障制度改革等。随着这一系列的制度改革，原来附着于单位之上的多种功能逐渐分解，单位真正成为只具有本身职能的单纯组织，因此，单位的影响也越来越弱化，社会分层和社会流动对个人来说也逐渐形成更为合理的机制。单位体制改革中与城市空间景观最为密切的是土地使用制度和住房制度的改革，而最根本的则是经济体制改革，这一系列改革使单位空间和社会景观发生重大变化，最为显著的是城市土地利用结构的优化和城市居住空间分异。

1）经济体制改革

中国大规模的经济体制改革始于1978年中共十一届三中全会。经济体制改革是在坚持社会主义制度的前提下，改革生产关系中不适应生产力发展的一系列环节，解放和发展生产力。其基本目标是把高度集中的计划经济体制改革为社会主义市场经济体制。社会主义市场经济体制是同社会主义基本制度结合在一起的，建立社会主义市场经济体制就是要使市场在国家宏观调控下对资源配置起基础性作用。在所有制方面，实行以公有制为主体、多种所有制经济共同发展的经济制度，调整和完善所有制结构，推行公有制实现形式的多样化；在分配方面，实行以按劳分配为主体、多种分配形式并存，效率优先、兼顾公平的制度；在宏观调控方面，对计划、财政、税收、金融、物价、劳动和社会保障等体制进行系列配套改革，同时实行对外开放，促进经济发展和社会稳定。转变政府管理经济的职能，建立以间接手段为主的完善的宏观调控体系，保证国民经济的健康运行[②]。国有企业改革是经济体制改革的重要环节，国有企业改革以增强企业活力为中心，以建立现代企业制度为方向，进一步转换国有企业经营机制，建立适应市场经济需求，产权清晰、权责明确、政企分开、管理科学的现代企业制度，建立全国统一开放的市场体系，实现城乡市场紧密结合，国内市场与国际市场相互衔接，促进资源的优化配置。这些主要环节相互联系又相互制约，构成社会主义市场经济体制的基本框架[③]。

---

① 郭湛．单位社会化，城市现代化——浅谈单位体制对我国现代城市的影响[J]．城市规划汇刊，1998(6)

② 中国百科网，http://www.chinabaike.com/dir/cd/J/261487.html

③ 钟财．中共十四届三中全会通过的《中共中央关于建立社会主义市场经济体制若干问题的决定》[M]．北京：人民出版社，1993：34

随着经济体制改革，特别是国有企业改革，企业单位成为自负盈亏的经济实体，在市场经济优胜劣汰下，许多积淀下来的问题开始显露，单位间的差距更加显现出来，经营管理不善的单位面临着严峻的市场挑战，转产、兼并，甚至倒闭都有可能发生，单位的超稳定开始解体。单位群落的社会组织、空间结构以及景观形态都开始发生变化，并直接导致整个城市的连续变迁。

2）土地使用制度改革

土地制度是一系列影响城市发展的具体的正式制度，包括：城市土地使用制度、土地规划制度、土地收益制度、土地管理制度、土地产权制度、农地征用制度以及农地制度。我国传统的城市土地使用制度是一种无偿的、无流动和无限期的使用制度。在这一制度下，我国相当长时期内，城市不存在土地市场，土地的配置实行行政划拨制。1970 年代末，以合资企业土地有偿使用为肇始，开始了土地使用制度的改革（土地制度的变迁详见本书 4.2.2 节）。土地有偿使用后，在市场的作用下，城市土地资源重新配置，单位土地发生置换，位于城区的单位逐渐向地价低廉的郊区迁移，单位的地理空间发生大的调整，城市用地结构在市场经济的调节下逐步归于理性。从另一个侧面看，居于城市中心的单位为现阶段的快速城市化储备了大量土地，为城市发展预留了空间。

3）住房制度改革

1978 年以来，随着改革开放的全面进行，住房制度改革也逐步深入开展。1980 年 4 月 2 日，邓小平同志发表关于建筑业的地位和住宅政策问题的谈话，对住房生产、流通、分配、消费在内的全过程进行了通盘的改革设计。这一具有划时代意义的重要谈话，揭开了我国住房制度改革的大幕①。住房制度改革的主要内容是，改变由国家、单位统包的原有住房体制，实行由国家、单位、个人共同负担的投资住房体制；根据居民收入水平的差异，建立社会保障房和商品房相结合的住房供给机制；住房分配要从现有的实物分配转变为货币分配。单位不再承担向职工提供住房的责任。住房建设和分配逐步从单位分离出去，转由社会化的住房开发公司承担；建立住房金融体系，金融机构向购买、建造住房的职工提供长期抵押贷款；建立住房管理、维修、服务市场，逐步建立社会化的物业管理体制②。

住房制度改革的目的是实现住房商品化、社会化。改革初期推动住房商品化的几个基本措施是：向居民个人出售新旧公房，合理调整住房租金，开发商品住房。1994 年 7 月 18 日，国务院颁发《关于深化城镇住房制度改革的决定》（国发〔1994〕43 号），首次提出建立以中低收入家庭为对象、具有社会保障性质的经济适用住房供应体系和以高收入家庭为对象的商品房供应体系，并提出全面推行住房公积金制度，强调“加快住房建设和推进城镇住房制度改革是各级人民政府的重要职责”。1998 年 7 月 3 日国务院颁发“国发〔1998〕23 号”文件，规定从 1998 年下半年开始停止住房实物分配，逐步实行住房分配货币化，提出建立和完善以经济适用住房为主，廉租住房、商品住房并存的多层次城镇住房供应体系，对不同收入家庭实行不同的住房供应政策。2003 年以来，针对一些地区住房供求的结构性矛盾较为突出、房地产价格和投资增长过快的现象，国务院颁发了“前国八条”、“后国八条”、“国六条”

① 张元瑞. 中国住房制度改革路线图[J]. 城市开发，2007(11)

② 钟财. 中共十四届三中全会通过的《中共中央关于建立社会主义市场经济体制若干问题的决定》[M]. 北京：人民出版社，1993：226

等一列重要文件，提出在高度重视稳定住房价格工作，保持住房价格特别是普通商品住房和经济适用住房价格的相对稳定的同时，加快建立和完善适合我国国情的住房保障制度。国务院于2007年8月7日发布的《国务院关于解决城市低收入家庭住房困难的若干意见》(国发〔2007〕24号)要求各级政府把解决城市低收入家庭住房困难作为维护群众利益的重要工作，作为住房制度改革的重要内容，作为政府公共服务的一项重要职责。

5.4.2 单位群落空间的解构对城市景观结构的影响

1) 单位职能的分化

随着国家政治经济体制改革的逐步深入，政治职能与社会功能从单位中剥离，单位从一个综合性的社会功能统一体，逐步还原为具有单纯职能的本位上。单位不再是各种社会资源的拥有者，也不再是各种必需资源的唯一分配者，个人对单位的依赖性降低，个人选择工作单位的自由性增大，个人生活与社会交往的范围也超出了单位群落的范围。单位职能分化后，各单位不再是小而全的功能综合体，都需要其他单位功能的相互补充，因此各单位间横向联系加强，打破了原来各单位独立封闭的格局，城市日益成为各组分间相互联系、相互作用的有机的整体。这种整体性也反映到了城市空间结构和景观形态中，单位对城市的组织力与影响力下降，市场经济自下而上的影响和政府自上而下的宏观调控是城市发展与调控的两股最强大的力量，特别是城市规划的作用得到显现。城市空间组织和景观形态逐渐为市场所扭转，城市规划、管理和发展的市场化趋势无法避免，由此导致单位主导的均质化城市空间景观构架解体，市场主导的城市景观分异格局逐渐显现。

2) 单位群落空间的置换

城市空间结构调整、土地市场化引起的土地资源重新配置以及单位本身的调整与分化是造成单位群落空间置换的三大原因。单位群落空间置换具有一定的规律，从地域位置来看，城市中心区附近的单位群落发生空间置换的可能性大于城市近郊和城市郊区的单位；从单位性质上来看，工业企业单位最可能发生空间置换，事业单位次之，而行政单位在空间上具有相对的稳定性。随着城市“退二进三”的产业调整，城市工业化的发展和城市产业结构的升级调整，以及土地的价格因素，城市工业用地逐步向城市外围转移，进入城市的工业区或工业园区内。最先发生空间置换的是城市中的工业单位，大量不适宜在城市中心区存在的污染大、规模大的工业单位搬迁到城市郊区。此后，随着土地有偿使用制度的推行，相对于城市中心高昂的地价，城郊廉价的土地促使城市中的单位迁往郊区，以获得更经济的土地和更大的发展空间。由于地价因素发生单位空间置换的不仅仅是工业企业，还包括占地面积较大的批发商业单位、高校等事业单位。此外，企业制度改革后，许多经营不善的企业单位面临停业、转产，甚至破产，在单位经营转向或破产后，这些单位的土地也转变用地性质。单位的空间置换是在政府宏观规划和市场经济调节的双重作用下的城市功能空间调整，在这轮调整中，城市中的工业企业数量大大减少，工业用地面积的比例大大降低，工业用地被其他城市功能所取代。随着单位对城市空间景观控制力和影响力的衰减，城市整体的景观结构面临着较大规模的调整。

3) 单位群落的解体

单位群落的解体表现在三个方面，首先是单位生产办公区域的分离。前文分析中指出城市中工业企业由于种种原因搬迁到城市郊区，一般搬迁的只是生产办公功能，而单位群落原有的居住生活功能依旧留在市区，生产办公与居住生活功能的分离是单位群落解体的第一个表征。随着城市经济的发展，城市中各级商业服务设施发展迅速，单位群落原有的后勤服务设施在竞争中明显处于劣势，因而发生转变，一部分单位群落的后勤服务设施被关停，一部分单位的后勤服务转向社会化管理，融入城市大环境，成为城市商业服务的一个部分，而不再是单位群落的附属功能，后勤服务功能从单位群落中的分离是单位群落解体的又一表现。第三个标志反映在住房上，1980年代住房制度改革开始，依据政策，政府和单位向居民个人出售新旧公房，公有住房逐步实现私有化，住房可以根据所有者意愿自由买卖，随着单位住房的买卖，非单位职工进入单位群落居住，居住者复杂化，原来以本单位职工为主体的熟人社会加入了异质因素，单位群落的居住区域开始发生变化，此外，由于城市更新而造成老的单位群落居住区整体拆迁，则造成了单位群落居住功能的彻底解体。

4）城市景观结构调整

单位群落的解构引起了城市景观结构相应调整。随着单位独立性、封闭性的降低，城市也由封闭走向开放，具体体现在城市各组分经济上的横向联系密切，管理上的联系加强，社会交往频繁，各组分的空间开放。小而全的，多功能复合的单位群落不再是城市的主体，经济分工、社会分工越来越细，城市各组分只能完成部分经济与社会功能，某一个组分无法提供个人生活所必需的全部服务，各组分对外界环境的依赖性越来越强，组分间的联系与交流也越来越密切，各组分的开放性越来越强，城市正日益成为一个相互联系的整体。随着经济全球化的深入，这种经济的普遍联系与开放在地域尺度上更加扩展，伴随经济而来的精神文化、意识形态、科学技术以及审美潮流都深刻地影响着城市景观的结构与形态。单位系统内纵向的管理不再是城市管理的重要手段，城市管理正日益演变为由各经济、社会实体的自我管制和城市的综合管制相互交织的整体，从前那种各单位在管理上各自为政、城市管理整体上松散低效的局面得到改观。城市宏观管理可以有效地进行城市总体规划，使城市交通、能源、人口、功能结构更加合理，可以有步骤地进行城市景观的建设与改造。各经济、社会实体的自我管制以及相互约束可以使城市各组分得到充分的自由发展，成为城市景观演变的自下而上的一股发展力量。单位群落的解构使单位成员的社会交往脱离了单位的狭小圈子，在更大的城市范围中建构社会网络，城市社会也日益成为一个开放而联系的整体系统。在具体的空间形态上，单位群落空间也由封闭走向开放，最明显的是单位围墙的消失，单位封闭的边缘正被开放的功能所取代，沿街的商业、绿化设施正成为单位边缘的新景观。单位的沿街功能和沿街景观成为城市景观的有机组成，被整合到城市这个有机整体之中。

单位群落的变迁使城市景观结构趋向合理。单位一度是城市空间资源浪费的根源，这是因为在按需无偿划拨土地的机制下，各单位出于自身的利益占地，城市土地的利用效率极低。1980年代中期以后，伴随旧城改造与郊区开发等的大规模展开，城市中心区内的工厂外迁，旧居住区被更新改造，取而代之的是商业与办公业的兴起及CBD的形成。同时，单位大院中的用地更加有效与合理化，以前效益不好的服务部门或被合伙或被出租以用作营利性的服务设施，空地则大多被开发为住宅地或服务业用地。以前围绕市中心区的单位式混合地带的土地利用更加合理化了。另一方面，郊区新开发的用地基本上遵循市场规律而得到较好的利用，形成了较为良好的新居住地带。产业新开发区完全摆脱了单位形式的制约，形成产业专门地域①。无论是单位内部还是城市整体，景观结构与功能上都趋向合理。

单位群落的解体对城市景观的另一个重要影响是城市景观正逐步由均质走向分异。这种变化主要表现在三个方面，首先，单位功能的分解导致了城市各相关功能的发展与加强，城市商业功能的发展最为显著，形成了典型的商业中心区，在景观上呈现出高密、高层、繁华、新潮的景象。此外，大型的工业园区、住宅区、高校区等也在功能与景观上形成了显著的分异。其次，由于土地不再由国家行政划拨给单位，级差地租造成了开发强度的分异，建筑的高度与密度常常由城市中心向城市郊区逐级递减，形成了有一定韵律的城市天际线。最后，单位居住区解体，在一定程度上促成了城市居住分异的形成，这一点将在 5.6.3 节中详细分析。

单位群落的解体意味着一种城市亚文化群落的消失，相对于城市其他群落，单位群落有更强的归属感、更密切的社会交往、更强烈的安全感和文化认同。在城市经济与社会日益分化，人际交往日益浅层和表面化的今天，单位的这种亚文化氛围是令人怀念的。此外，单位群落多功能混合、职住结合的模式相对经济、高效和节能，因而具有一定的合理性，而现在城市中人们需要大量时间、金钱和精力进行通勤，对城市资源和个人的生命都造成极大浪费。在这种情况下，单位群落紧凑的、多功能复合的、社会交往密切的空间模式重新为人们所重视。在有可能的情况下，选择保留一些适合在城市中存在的加工业、服务业的单位群落，以及城市郊区的一些大型单位群落，在对其整合的同时，保留其职住结合的模式和密切的社会互动，形成相对开放又独具特色的城市亚文化群落，成为城市文化多样性的一个重要组成部分，为城市景观的多样性和稳定性贡献力量。

5.4.3　职住分离与城市景观异化

1) 住房的商品价值与社会价值

住房具有商品价值和社会价值双重属性。住房作为一种消费品无疑具有商品属性，住房所需土地、住房建设、使用、管理与维护都需要资金的投入，住房是生活资料，是可以用来交换的商品。过去的福利性住房制度抹杀了住房的商品属性，致使住房建设资金短缺，住房缺乏维护，整体的居住水平得不到提高。住房制度改革后，住房的商品价值得到彰显，住房建设资金进入良性循环。住房商品化带来的显著后果表现在两个方面，第一，住房建设总量和人均居住水平迅速提高。以上海为例，1978 年住宅竣工面积仅为 199 万 m^2，2004 年提高到 3 076 万 m^2，平均每年增长 20%以上。1949—1979 年 30 年中，上海市仅建成住宅 2 009 万 m^2，而 1980 年以来的 26 年中建成住宅 4.3 亿 m^2，相当于前 30 年总量的 20 多倍。全市人均居住面积从 1978 年的 4.5 m^2 提高到 2006 年的 16 m^2，增长 3 倍多，约有 200 多万户居民迁入新居，住房条件大大改善，居住水平和质量大大提高。第二，房地产建设成为经济增长的重要支柱。住房制度的改革促进房地产业从复苏到快速发展，已成长为国民经济的支柱产业，房地产增加值占全市 GDP 的比重从 1990 年的 0.5%上升到 2004 年的 8.4%，对经济增长作出了重大贡献②。

然而，片面强调住房的商品价值而忽视住房的社会价值也将带来贫富不均、居住隔离

① 柴彦威，陈零极，张纯．单位制度变迁：透视中国城市转型的重要视角[J]．世界地理研究，2007(12)

② 陈伯庚．论住房制度改革中的公平与效率——纪念城镇住房制度改革 30 周年[J]．城市发展，2008(3)

等一系列的社会问题，特别在社会主义国家中，住房的公平性是体现社会主义优越性的重要方面。从本质上说，住房公平性是从住房的社会性所引申出来的客观要求。一方面，由于住房是最基本的生存和发展资料，安居才能乐业；另一方面，由于住宅资产占有上的多寡反映社会财富在不同人群中分配的公平性，因此，关系到社会安定和政治稳定，其社会性十分明显。1981 年 4 月在伦敦召开的"城市住宅问题国际研讨会"上通过的《住宅人权宣言》指出，一个环境良好、适宜于人类的住所，是所有居民的基本人权。各国政府总是把住宅问题，特别是解决低收入者的住房问题当做重要的社会政治问题来看待。无论从住房问题的经济性、社会性或政治性来看，都要求住房制度和政策体现公平原则[①]。我国政府也在强化住房保障职能，加快城镇廉租住房制度建设，规范发展经济适用住房，积极发展住房二级市场和租赁市场，有步骤地解决低收入家庭的住房困难问题。

商品化住房和保障性住房是住房的商品价值和社会价值的两种具体表现形式，两种住房形式从不同侧面对城市经济、社会和景观造成影响，在后文我们将进行详细论述。

2）职住分离与城市空间格局的演变

长期以来，中国实行的是福利性住房制度，单位的一大重要职能就是要为职工提供住房保障。在工作单位附近安置职工居住区是当时通用的方法，因此形成了大量职住结合的多功能单位群落，成为城市组成的基本单元。随着单位体制的改革，单位职工就近居住的模式首先受到冲击。从城市空间来看，土地有偿使用和住宅商品化正改变着以往福利分房时的"单位住宅大院"和居住工业混合区等旧有的居住空间分布模式，原有的职住接近型的居住模式正在减弱。随着城市产业结构的调整及城市土地使用制度的改革等，城市地域出现功能空间分化，伴随旧城改造以及中小工厂和住宅的外迁，城市用地从无序的功能混合向专门类型的土地利用发展。工业开始郊区化，大量企业迁往郊区。但工厂的搬迁并不代表人口的搬迁，大量的职工仍然居住在中心城区，产生了最初的职住空间分离。此外，1980 年代以来，单位公房私有化后，单位住房买卖日渐频繁，单位社区开始解体，传统单位的工作居住场所结合的状况逐渐瓦解。不断深化的住房体制改革所带来的择居自由使得很多条件好的单位或个人开始在单位大院外为单位员工或自己寻找更适居的居住空间，职住分离化变得较为普遍[②]。

停止实物分房后，个人根据家庭收入和居住偏好选择适宜的商品住房，居住地与工作地开始分离，职住一体的现象开始解体。由于单位制度的解体，个人与单位的依附关系减弱，个人就业的选择性更大，更换工作的可能性增加，由于工作地点更换的可能性越来越大，靠近工作地居住的意义减弱，因此，邻近工作地点仅为住房选择的一个条件，越来越多的人住房离工作地点有相当距离，职住分离是停止实物分房政策的必然后果。

住房制度改革后，特别是 1998 年全面取消福利分房制度以后，政府和单位基本上从住房建设中退出来，商品房成为城市新增住房的主体，成为影响城市居住分布的主要力量。房地产商以实现利润最大化为主要目标，投资区位、建设规模和档次都围绕着这一目标，不再有计划经济时期政府和单位为节约上下班时间，建设住房时邻近工作地点的情况。个人住房选择自由化后，住房的区位、价格、户型、环境、邻里等都成为购房时的考虑因素，是否

① 陈伯庚. 论住房制度改革中的公平与效率——纪念城镇住房制度改革 30 周年[J]. 城市发展，2008(3)

② 柴彦威，陈零极，张纯. 单位制度变迁：透视中国城市转型的重要视角[J]. 世界地理研究，2007(12)

临近工作地点只是其中的一个影响因素。因此，在市场调节和个人选择的双重作用下，居住和工作地点分离的状况日趋明显。

在市场经济的作用下，居住与工作场所的分离是一种必然的趋势，是个人的理性的自由的选择。但是，我们也应该看到，职住分离使城市通勤量增加，给城市交通造成了极大的压力。同时，个人大量的时间和精力花费在通勤之上，无疑是一种巨大的浪费。应该说富有阶层的交通能力更强，更有可能在距工作场所较远的地方购买理想的住房，而贫困阶层的职住分离通常是一种被迫的选择。从这些意义上考虑，职住结合是一种更经济、更生态的方式，也是解决贫困人口实际困难的一种方式，政府在政策的制定上应该给予鼓励和引导，鼓励住所附近的灵活就业，在郊区住房建设计划中考虑就近就业的可能性，反之，在郊区的开发区、工业区的建设中也应规划适量的住宅项目。

职住的空间分离打破了原有的居住空间秩序，原有的封闭的工作生活单元被分解，以单位为基本构成要素的城市景观逐渐被由多种功能单元为要素的景观所取代。居住功能从单位群落中独立出来，成为较为独立的居住区。在城市功能结构调整过程中，居住重新成为城市最主要的职能之一，居住景观也成为城市景观的基质与背景。

3）居住分异与城市景观异化

职住分离为居住空间分异的产生创造了前提，而住宅商品化带来的住宅分化趋势为居住空间分异提供了物质空间的准备，地价机制被引入到城市土地利用后，不同区位背后隐含的不同级差地租显示出来，各种类型的住房相继出现。同时，体制的转轨和社会的转型，社会资源多元化配置格局逐步形成，社会分层的趋势为居住空间分异提供了人群分层的准备。最后，住房体制改革所引发的住房货币化过程为居民自由选择住房提供了基本的政策支持①。

职住分离打破了单位群落多功能复合的封闭结构，住房从单位的附属地位中脱离出来，成为城市中独立的、重要的功能。职住分离使个人的自由择居成为可能，个人个性化需求在住房价格、区位、形式、邻里等方面得到充分体现，这也是导致居住分异的直接原因。

住房商品化，住房与个人收入及居住偏好相联系，住房区域所代表的贫富差异开始显现，居住隔离现象日益严重。商品房的价格门槛像一个过滤器，将不同阶层的人集中到不同的居住区域，导致了居住分异的产生。住房商品化后，住房的商品特性极大地显现，不同住房的价值在价格上有了直接的体现，不同的人根据自己经济能力及偏好选择住房，住房也以不同的价格与品质选择其住户。选择过程就是家庭与住房相匹配的过程，由于不同家庭有社会经济背景和消费偏好等差异，因此不同家庭对住房产权、住房和邻里质量、居住区位条件有不同要求，个人居住选择自由化直接导致城市居住社会空间重构和居住分异②。随着市场化进程的推进、收入差距的拉大与社会分层的加剧，市民居住区位分化越来越明显，不同阶层的人口，开始有规律地居住在城市中不同区位。我国大城市在经历了 20 年深刻的社会经济变革后，原有的阶层高度混杂的共生居住区逐渐消失，很多城市的居住空间分异格局已初见端倪，尤以市场经济发展较成熟、商品住宅市场较活跃的大中城市更为

① 柴彦威，陈零极，张纯．单位制度变迁：透视中国城市转型的重要视角[J]．世界地理研究，2007(12)

② 刘望保，翁计传．住房制度改革对中国城市居住分异的影响[J]．人文地理，2007(1)

明显[①]。

新中国成立以来，单位在社会分层中起着重要作用，单位常常是个人身份和等级的标志，个人在单位中的级别与地位很大程度上决定了个人在社会中的层级，因而，这一时期中国的社会分层现象并不显著。改革开放后，个人身份不再单纯由单位来定义，而是由经济能力、政治权力、教育水平、文化偏好等多种因素综合形成。在多元因素的作用下，个人之间的差异性也越来越明显，社会分层现象日益显著，这种分异尤其体现在经济能力与政治权力上。单位体制影响下的社会差异较小，住房也呈现均质化特征；而现在，日益显著的社会分层在城市空间上的具体呈现就是居住分异，甚至居住隔离。

居住的空间分异实质上是一种社会阶层分化的反映，一方面是社会阶层在社会经济收入、地位等方面分化的空间表征结果，另一方面，居住空间分异的结构也会通过区域化过程，促进、强化社会阶层在亚文化层次上的再分化[②]。居住空间分异表面上看是居住物质环境在社会经济关系分化推动作用下的时空整合的结果，而住房制度的变革是这种分异的主要动力之一。居住空间的组织形式自新中国成立以来出现由单位统一分配、单位—市场共同组织到市场分化占主导的历史演变，相应的，居住空间的表征由高度的均质化空间向空间分异渐变。由于各种住房的质量、配套设施和区位条件的不同，形成不同级别的住房和邻里，并通过自由化的居住选择，与社会阶层对应起来，形成住房和邻里的“阶层化”。通过“同类相聚”，同层次的社区中集中居住着特征大致相似的人群，逐渐形成了大致相似的生活方式和社会地位认同，从而在更广泛的意义上产生相对封闭的社会阶层群体[③]（刘望保、翁计传，2007）。居住空间与居住者的社会层次有内在的联系，逐渐形成不同类型的社会居住类型，例如，吴启焰的研究将南京城市住宅分为六类：高级别墅区、高级公寓住宅区、城郊高档多层住宅区、城郊中档多层住宅区、郊区廉价多层住宅区和简单住宅集聚区。并认为这六类居住空间在区位、地价、环境质量、综合配套设施等方面出现的空间差异以及在其社会空间范围，如职业构成、家庭构成、知识教育水平和年龄结构及其相互组合上都有一定的差异（图 5.6）。各类型住房在景观上呈现明显分异现象。高档住宅区大多分布在城市交通便捷、环境优美、周边配套设施齐全的地段，住房建筑质量

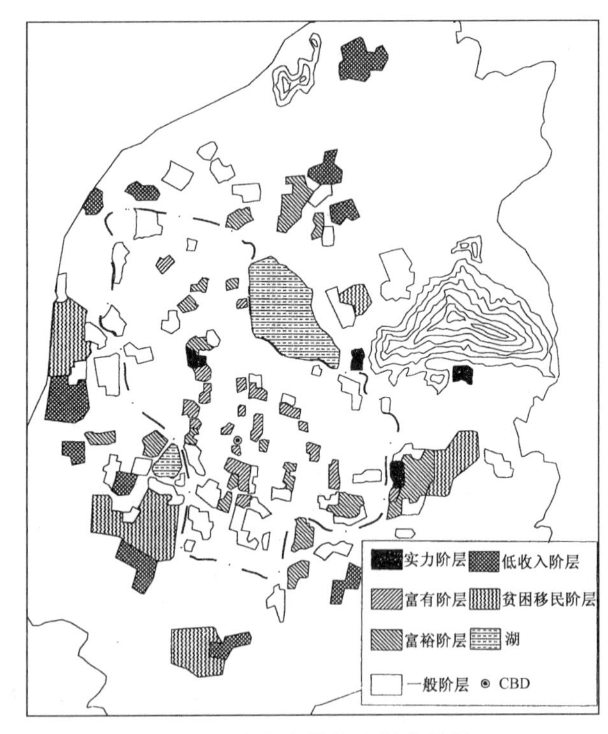

图 5.6　南京市居住空间分异图

① 杨上广. 中国大城市社会空间的演化[M]. 上海：华东理工大学出版社，2006

② 吴启焰. 大城市居住空间分异研究的理论与实践[M]. 北京：科学出版社，2001：169

③ 刘望保，翁计传. 住房制度改革对中国城市居住分异的影响[J]. 人文地理，2007(1)

好、密度低、绿化率高，常常占有城市的某些稀缺资源，例如城市中或城市郊区的风景区，良好的教育、医疗资源，临近商务中心等，并有较严格的门禁管理，成为较封闭的区域；中档住宅区在区位和外观上呈现多样化趋势，既有位于城市中的新建的高层、多层住宅区，也有城中传统居住区，还有城郊住宅，这些住宅一般都有完善的配套设施，得体的建筑外观，舒适的环境，这类型住房是城市住房的主要构成部分，其居住的主体是城市中产阶级。经济适用房和廉租房是政府为解决城市低收入人口住房问题而提供的保障性住房，这类住房通常位于城市郊区，建设质量一般，小区环境不佳，配套设施欠缺，并且随着政府对保障性住房的重视，这类住房的数量和面积都将有所增加。城市中还存在不少老的单位住房和居民区，这些住宅建设年代较早，房屋陈旧狭小，许多住宅缺少厨卫设施，违章建筑多，建筑密度高，环境质量较差，道路交通和其他市政设施配套不完善，景观上呈现出陈旧、拥挤、混乱的特征。这类住宅中的居住者大多属于城市低收入阶层，随着区内能力较强的人群的迁出，这类住宅区逐渐被外来人口租住，很多成为流动人口聚居区，在物质环境和社会结构上呈现出新的特征。

住房除了商品价值外还具有社会价值，住房的社会价值决定了住房制度不能单一地仅依靠市场来分配调节，住房过度市场化将导致居住空间分异加强，形成极化空间，造成大量社会矛盾，导致社会不稳定。住房是人的基本需求，在住房制度的制定上应使这一基本需求得到保障，特别是在社会主义国家中，应体现基本的公平，因此，经济适用房和廉租房应占住房总量的一定比例，以满足中低收入者的正常生活，这些在住房制度的制定中要得到体现。为解决中低收入家庭住房问题，国家进行了大规模经济适用房和廉租房建设，大量中低收入家庭在特定地段的集中将带来新的社会问题。欧美发达国家的经验表明，社会劣势群体的空间集中，有可能产生社会隔离，引发严重的社会问题。经济适用房和廉租房一般位于城市边缘地价较低的劣势地区，周边环境和市政基础设施缺乏，缺少工作机会，单一的同质人群的大量聚集，在很短的时间内形成了一种特殊的斑块。经济适用房和廉租房的投资金额有限，建设标准较低，景观特点呈现为建筑质量不高、周边环境较差、配套设施不完善，这将给日后的维护和居民的日常生活带来很多麻烦，特别是低收入家庭对就业场所和市政设施的依赖性较强，这种城市边缘的居住区位变相增加了他们的生活成本，无益于解决他们的困难。更重要的是，单一的低收入人群的大量聚集，使该地区的社会网络均质化。贫困集中地区的居民缺少那些能够帮助他们提高生活状况的社会关系，难以摆脱贫困的现状，并易发生贫困的代际遗传。现阶段，中国政府为解决住房市场化引发的居住空间分化，以及房价过高造成中低收入家庭住房难的问题，大规模的经济适用房和廉租房建设正在启动。特别去年美国次贷危机导致全球经济环境恶化，我国出口受阻，为刺激国内需求，政府正调整对房地产市场的调控政策，更大规模的经济适用房和廉租房建设将启动。如已经开工的北京今年最大的经济适用房项目丰台区南苑西居住区，总建筑面积达到60.6万 m^2，建成后将提供经济适用房 7 393 套和廉租房 590 套。这样大规模的建设，很可能导致弱势群体的地理集中，造成社会隔离①。

此外，大量农村剩余人口进入城市，为城市发展提供了廉价劳动力，促进了城市化进

① 孙斌栋，刘学良．美国混合居住政策及其效应的研究评述——兼论对我国经济适用房和廉租房规划建设的启示[J]．城市规划学刊，2009(1)

程。然而面对涌入城市的如此数量众多的流动人口，国家没有从政策上提供解决其在城居住的指导，流动人口很少能从其所服务的单位分配到住房，也没有资格申请经济适用房与廉租房，更没有住房公积金等社会保障制度的帮助，以市场价格购买商品住房是一般流动人口的经济条件所无法承受的。因此，获取城市住房的主要渠道对于流动人口而言都难以实现。流动人口无法在城市中安居给城市带来了诸多问题，如流动人口在城市中缺乏归属感，节假日定期返回其家乡，特别是春节期间，给交通带来巨大压力；流动人口的资金大部分流向家乡，在城市中的消费极为有限，无益于拉动城市经济；流动人口聚居于价格低廉的城中村，这些区域的环境和治安问题比较严重。流动人口在城市中的居住状况堪忧，部分流动人口居住在工作地附近，一般是建筑工地的简易工棚，或者是少量提供宿舍的企业，还有部分服务行业，如餐馆、店铺等；部分流动人口在城市郊区、铁路或立交桥附近等开阔地带搭建棚屋居住；大部分流动人口则租赁较便宜的住房居住，这些区域通常形成现在所谓的城中村。流动人口进入城市是中国城市化最大的推动力，如果不能解决他们在城市中的居住问题，中国的城市化将是不完整的，将产生诸多严重的社会问题。因此，应该从政策和制度的源头上予以解决。

一方面，居住空间隔离分化是现代社会市场经济发展的必然结果，它有利于改变计划经济时期城市居住空间均质化、平均分布、功能失调的格局，体现土地的经济价值。另一方面，居住空间隔离分化是城市空间分配的不平等，是雷克斯和墨尔所认为的住房阶级在城市居住空间分配中斗争的结果，是市场经济中集体消费生产的结果，而这也是资本主义生产方式下居住空间的特征在我国市场经济时期的反映。需要看到的是，这种空间上的隔离和分化一定程度上造成不同阶层居民在空间资源使用上的过大差异和由此引发的生活、工作等机会的不平等，同时空间的不平等也会进一步造成阶层之间差异的扩大和阶层矛盾的激化，而上述结果对转型期的中国社会和谐发展无疑是有害的①。

综上所述，住房制度改革使国家和单位摆脱了沉重的福利房建设的压力，也吸引了更多的资金投入到住房建设中，形成了良性循环，极大地改善了城市居民的住房问题，改善了城市景观环境，是积极有益的。同时，住房制度的改革也带来了许多新的问题，值得我们重视。住房制度改革打破了计划经济时期职住结合的、稳定均质的居住格局，居住分异现象开始出现。近郊区的高档别墅区与安居工程、解困小区的住房及原有部分农民的住房相连，市中心区更新改造后的高级住宅与传统的四合院毗邻，成为中国城市地域中居住分化的最鲜明写照。单位大院开始解体，新的城市马赛克正在形成，单体均质而整体异质的社区空间正成为中国城市的典型特征②。单位体制改革对城市景观格局以及城市居民的社会生活造成了极大的影响，并期待更深入的改革和完善。

4）混合居住——生态化的居住模式

同质性和异质性是城市中并存的两种特性。同质居住是居住稳定和社会稳定的保障。抽象地说，同质是指城市人内在文化结构以及生活和意识形态等的相似，人类社会生活的各个方面存在着能彼此认同或相互吸引的东西，这是把居住在一起的人们凝结成一个共同体的基础。同质居住能形成城市特定地段的领域性，凝结地缘情感，产生居民自治的心理

---

① 田野.转型期中国城市不同阶层混合居住研究[D].北京：清华大学，2005：41

② 柴彦威，陈零极，张纯.单位制度变迁：透视中国城市转型的重要视角[J].世界地理研究，2007(12)

动势,对来自于外围的犯罪威胁的监控和防御能力亦相应较强,特别是对于经济水平不高的中下阶层居民来说,同质居住能较好地建立起生活上的相互支持。因此,一定范围的同质居住是促进内部交往、加强领域感和安全感,是人文生态系统稳定的重要保障。但是,随着商品经济的崛起与私有化程度的加剧,在经济建设为主的社会背景下,经济能力成为决定住户居住决策力的根本参数,这直接导致了当前城市居住区建设中的同质聚合简化为几乎只以金钱的多寡为标准。基于这个前提,过度的或者说大规模的同质聚居将造成较严重的社会问题——激化了社会对立与阶层矛盾。这种大范围的异质景观斑块与周边景观形成巨大差别,设立严格的门禁管理,将自身与周边环境截然分隔,人为地割断斑块间的自然联系,阻止了不同斑块间人员、物资及信息的流动,形成孤立的景观斑块。

强势阶层对城市资源和空间的过度占有,形成大面积均质景观,对城市人文生态多样性造成破坏。工业革命以来,城市人口急遽膨胀,快速城市化极大地改变了城市原有的人文生态环境,大量人文生境遭到破坏,许多文化、习俗、行业、生活方式逐渐消失,人文生态多样性面临极大威胁,而单一均质的生态系统是缺乏活力和不稳定的。特别是在资金和权力上占据优势的群体无限度地拓宽自己的生态位,对产品和资源的过度消耗,挤占弱势群体的生存空间,排斥其他群体,在景观上形成大规模的单一群体斑块,特别是在资源集中的内城,以及风景优美的城市近郊,这种对特殊资源的垄断性造成了新的社会不公,并使城市人文生态系统面临失衡。

解决居住隔离现象可以从住房制度上予以关注。首先,住房具有商品价值,个人可以在市场经济调节下自由选择。同时,住房是人类的基本需求,政府有责任保证公民拥有基本的居住条件。因此,在住房制度上应对缺房少房家庭予以关怀,经济适用房和廉租房政策就是针对这些家庭的,但考虑到大量这类房屋的建设可能造成低收入家庭的地理集聚,而引发严重的社会问题,在住房制度的制定上我们可以参照发达国家解决低收入家庭住房问题的一些措施,提倡混合居住。例如在中心城区回收一批公房,经过维修整治后作为廉租房出租,这些房屋地理位置相对较好,周边又有成熟社区,对低收入家庭无疑有很大帮助;给低收入家庭提供租房补贴券,并提供租售房屋的信息,鼓励他们在较好的邻里社区中租住房屋,以达到混合居住的目的;在房地产开发项目中,留有部分房屋作为经济适用房和廉租房,而政府给予开发商一定的税费优惠。这些措施都可以促成不同阶层居民的混合居住,可以在一定程度上缓解居住隔离造成的社会问题。

混合居住有助于人文生态多样性的保护。人文生态多样性是所有人文群体种类、群体特征的遗传和变异以及群体生存环境的总称。不同类型的人群有同类聚集的倾向,在一定地域范围内形成特殊的景观斑块,在小范围内保护同质群体聚居地的存在,而在较大的范围内鼓励异质斑块的共存,创造斑块间交错使用的边缘空间,促进不同斑块间的交往与沟通,使他们能够分享物质和社会资源,这是增进景观多样性的前提。可以说小范围的同质聚居和大范围的异质混居既满足了人们的安居和交往的需求,又保护了人文生态的多样性,促进了城市人文生态系统的和谐与稳定。

5.5 小结

单位群落是通过各种正式制度规范下形成的一种正式性的人文生态群落,并具有政治、经济、社会、文化等多种功能，将单位群落作为研究多种人文生态因素作用下的城市景观形态变迁，具有一定的代表性。在人文生态体系组织层级上，单位属于群落或系统的层级，可以作为这一层级的人文生态与城市景观形态相关性特点的一个专题进行研究。

单位群落是中国城市发展的一定时期中的一个特殊的组织形式，它集合了经济、政治、社会、文化等多种人文因素，对中国城市景观形态造成了极大的影响，一度成为城市景观结构的基本组成元素，是研究这一时期中国城市景观形态时不可回避的因素。在当前政治经济体制改革过程中，单位群落发生了巨大变化，而单位用地调整也成为当前城市化运动中变化最大的因素，因此，单位群落的演变在现阶段依然是影响城市景观形态的重要因素，因而具有一定的现实意义。

政治和制度因素是单位群落形成的最关键的因素，它保证了单位群落在很长的一段时间内有超强的稳定性，并使得单位群落的景观，乃至整个城市的景观也保持着超强的稳定性。但这种稳定性是建立在计划经济体制下经济低水平发展、社会超级管控和文化单一化等基础之上的，在它的影响下，城市景观形态也呈现单一、均质和无序等特征。一旦政治与制度的管控发生变化，群落与景观也即发生剧烈演变。

随着 1980 年代的政治经济体制改革，单位群落受到了极大的冲击，群落的生态结构与空间景观形态发生演变，并影响着整个城市的景观格局。制度变革是引发单位变迁的显性因素，政企分离后，经济功能成为单位的主要功能，经济、社会、文化成为影响现代单位群落的主要动因。城市受“退二进三”的政策的影响，以及市场经济的选择，导致单位用地大规模调整，乃至整个城市景观空间的重组，城市空间布局趋向合理、有序和丰富。单位群落在相当长的时期内仍将存在，并对城市景观空间产生影响，但单位群落的典型性与影响力降低，成为影响城市景观形态的诸多因素之一。

单位群落的某些特征对于当前城市仍有一定借鉴意义，首先单位群落的多功能复合特征相对当前城市功能区划明晰而言，更加紧凑、高效和节能；其次，单位群落的亚文化是城市文化中较有特色的组成部分；最后，单位群落熟人社会的脉脉温情在隔离与异化日益加强的当今城市中显得尤为珍贵。

6 城市回族群落及其景观形态变迁

民族是“人们在历史上形成的一个有共同语言、共同地域、共同经济生活以及表现于共同文化上的共同心理素质的稳定的共同体”①。中国是一个多民族国家，在漫长的历史发展中，汉族与各少数民族在政治、经济、文化艺术、语言文字、风俗习惯、宗教信仰、心理素质等方面形成各自的特点，为中华文明作出了贡献，并形成了各具特色的文化景观。各民族在长期的交流中形成了“和而不同，多元一体”的民族大融合的和谐的人文生态系统。

民族是人文生态系统中重要的人文因素，民族是个体基本的人文属性之一，民族身份认同是划分人文生态群体的重要标志，由少数民族聚居而形成的亚文化少数民族群落亦是人文生态研究的重要课题。丰富多彩的少数民族文化是城市文化多样性的重要组分，其独特的建筑、装饰、服饰、语言、节庆、宗教仪式等形成了独具魅力的少数民族景观。少数民族对城市人文生态和城市景观形态多样性具有重要意义，但目前对于城市景观的相关研究一般关注主流的汉族文化，对少数民族文化影响城市景观的研究较为薄弱。因此本章拟从少数民族的角度出发，研究其对城市景观形态的影响。

回族不仅是我国第二大少数民族，人口总数仅次于壮族②，还是我国除了汉族以外分布最广的民族③，更是中国城市人口最多的少数民族。在绝大多数汉地城市中，回族都是最主要的少数民族，尤其是东中部城市回族占的比例更高④。人数众多且分布广泛的城市回族

---

① 中共中央马克思恩格斯列宁斯大林著作编译局. 斯大林全集(第二卷)[M]. 北京：人民出版社，1953：294

② 2000 年人口普查资料显示，少数民族中，回族总人口为 981.68 万，仅次于 1 617.88 万人口的壮族，位列第二，参见：http://www.china.com.cn/aboutchina/zhuanti/hzfq/content_16500222.htm

③ 回族在我国 2 000 多个县市中均有分布，占全国县市总数的 95%以上，http://www.china.com.cn/aboutchina/zhuanti/hzfq/content_16500222.htm

④ 从下表中可知，以 2006 年的统计数据，我国少数民族中，回族城市人口有 309 万人，以下依次是满族 220 万人、壮族 142 万人、蒙古族 92 万人、朝鲜族 88 万人、维吾尔族 87 万人。在 183 个百万人口以上的城市中大约有一半以上城市中的主要少数民族是回族。参见：杨文炯. 回族人口的分布及其城市化水平的比较分析——基于第五次人口普查资料[J]. 回族研究，2006(4)

民族	总人口	城市人口		镇人口	
		合计	比例	合计	比例
全国	1 242 612 226	292 632 692	23.55%	166 138 291	13.37%
少数民族	5 606 595	887 955	15.84%	949 374	16.93%
俄罗斯族	15 609	9 870	63.23%	2 830	18.13%
朝鲜族	1 923 842	882 308	45.86%	310 174	16.12%
乌孜别克族	12 370	5 395	43.61%	3 070	24.82%
高山族	4 461	1 686	37.79%	871	19.52%
赫哲族	4 640	1 612	34.74%	1 181	25.45%
京族	22 517	7 345	32.62%	2 815	12.50%
回族	9 816 805	3 090 015	31.48%	1 357 078	13.82%

群落，以其重商善贾的职业特色，围绕清真寺的聚居特色，以及建筑、服饰和文化上的伊斯兰特色，对城市经济、社会、文化作出了不可磨灭的贡献，成为研究少数民族亚文化群落对城市景观形态影响的最佳选择。笔者从1998年起先后参与杭州凤凰寺保护规划和南京净觉寺修缮研究，广泛调研了以南京为主的多个城市的清真寺及周边回民聚居区，长期关注城市更新过程中少数民族群落及其景观的变迁问题。因此，本章以回族群落为例探究人文生态系统中的亚文化群落的演替和城市景观多样性、稳定性的互动关系。

6.1 城市回族群落的人文生态分析

6.1.1 回族群落的人文生态意义

1）从回族社区到回族群落

回民聚居形成的回族社区是我国城市中最普遍存在的少数民族社区，他们的形成一般都经历了较长的时间，是具有共同民族、共同宗教信仰、共同祖先记忆的典型的亚文化社区，有的还有类似同业聚集的倾向。由于回民社区具有亚文化社区的典型性和存在的普遍性，因而一直受到学者们的关注，他们从社会结构、文化特征、空间形态等各方面予以研究，取得了丰硕的成果，但缺乏从人文生态角度进行系统研究的成果。

本书在人文生态系统的架构下，将回族社区看做一种特殊的城市亚文化人文生态群落，并将其称为“回族群落”，重点研究该群落的人文生态结构特征及其与空间和环境景观间的关系。需要指出的是，“回族群落”与“教坊”、“回坊”、“回族社区”这几个概念所指主体基本一致，其区别只是研究的侧重点不同。当研究不同伊斯兰派形成的聚居区域时常采用“教坊”的概念，在研究回族民族文化和社会结构特征时，常采用“回坊”和“回族社区”；本书从人文生态角度出发采用了“回族群落”的概念，但在引文中仍尊重原文所用词语。

续表

民族	总人口	城市人口		镇人口	
		合计	比例	合计	比例
塔塔尔族	4 890	1 463	29.92%	904	18.49%
锡伯族	188 824	55 499	29.39%	22 754	12.05%
汉族	1 137 386 112	280 208 523	24.64%	153 986 813	13.54%
达斡尔族	132 394	32 357	24.44%	36 818	27.81%
满族	10 682 262	2 206 143	20.65%	1 559 255	14.66%
鄂伦春族	8 196	1 405	17.14%	2 715	33.13%
蒙古族	5 813 947	915 877	15.75%	985 086	16.94%
仫佬族	207 352	27 922	13.47%	35 712	17.22%
基诺族	20 899	2 623	12.55%	890	4.26%
裕固族	13 719	1 634	11.91%	2 064	15.04%
鄂温克族	30 505	3 562	11.68%	10 387	34.05%
维吾尔族	8 399 393	868 695	10.34%	764 411	9.10%
黎族	1 247 814	127 519	10.22%	121 354	9.73%
白族	1 858 063	164 942	8.88%	216 610	11.66%
壮族	16 178 811	1 422 458	8.79%	2 197 197	13.58%

2）回族群落的特征

回族群落既有人文群落的一般构成要素，又有自己独有的特征。首先，它是由一定人群组成，包括回族群体和其他民族群体，回族群体有共同的历史和记忆，有共同的信仰和文化，在长期与汉民族杂处通婚的过程中，原有的人种特征已经不明显，群体最显著的标志是民族心理认同、宗教信仰和风俗习惯；其二，回族群落有一定的分布范围和一定的边界，是特定地段上穆斯林民众聚居的场所；第三，回族群落是穆斯林民众参与社会生活的基本场所，是基本的社会共同体，是穆斯林的生活基地，他们的基本生活活动都是在这个区域中进行的。因此，在区域内有相应的基础设施，如清真寺，穆斯林的学校、医院、商业、丧葬机构等等；第四，回族群落具有经济、政治、文化和管理等多重功能，是一个社会实体，共同的宗教信仰和文化传统是群落形成和发展的基础和关键；第五，回族群落具有一定的景观与结构特征，表现在回民特殊的社会、经济和文化结构上，并因此形成了不同的精神面貌、以清真寺为中心的聚居形态、富有民族特色的建筑装饰与色彩，以及穆斯林特有的服饰、语言和生活习惯等等，明显区别于其他人群和区域；第六，在回族群落形成过程中，回民对区域的选择有一定的规律性，并在长期的发展中不断地适应和改造环境，对区域的物质景观形态产生了重大影响，形成城市中极富特色的区域；最后，回族群落是处于不断发展变化中的，随着时代的发展、社会的变迁，呈现不同的状态，是一个动态发展的社会实体。它是以一定的社会关系为基础而组织起来的进行共同生活的社会共同体。

3）回族群落的人文生态学意义

回族是我国城市化水平最高的少数民族，并因其特殊的宗教信仰和聚居传统，在城市中形成了回族群落。在大多数城市中，回民是人口比例最高的少数民族，回民居住区也是城市中唯一的少数民族聚居区。以南京为例，1999 年南京市少数民族总人口 77 394 人，其中回族 64 823 人，占少数民族人口的 83.76%，并有红土桥、七家湾等传统的回民聚居区。而位列第二的满族居民仅 2 311 人[①]，且没有明显的聚居区。

回族文化是不同于主流的汉族文化的非主流文化，或曰亚文化。在城市人文生态系统中，回族群落既是一种亚文化群落，对城市文化多样性的保护意义重大，也是城市中的重要的异质性景观斑块，具有重要的景观生态意义。因此，本章从回族群落的人文生态结构出发，研究回族群落的空间景观、建筑景观和文化景观，并重点对其精神中心——清真寺的环境行为景观进行了分析，然后在城市更新的背景下，揭示回族群落演替的内外原因和人文生态规律，为保护城市中的回族文化景观探寻人文生态的理论依据和方法。

6.1.2 回族群落的人文生态构成

1）回族群落的成员分析

（1）特征人群和关键人群

人文生态群落的命名通常根据群落中的特征群体而来，“回族群落”的特征群体就是回族群体，他们对群落的结构、性质和群落环境的形成有明显的影响甚至控制作用。回族群落中，回民在群落人口数量和比例上，在占有空间的面积上远远高于其他非回族群落，有时

① 相关数据根据 2000 年人口普查资料整理得来。资料来源：南京市统计局，http://www.njtj.gov.cn/2000-rp/sjp/1/1-0.htm

甚至超过群落内的汉族居民。回民在经济上拥有较高的地位，在文化上信奉伊斯兰教义，在社会生活上保持传统风俗习惯，故而在景观上呈现出典型的回族特征，迥异于城市的其他群落。

优势度用来表示一类人群在群落中的地位与作用。优势度计算的方式很多，数量、相对密度、所占的空间面积、利用和影响环境的特性等都可以作为优势度指标。优势度对确定某一类人群在人文群落中的地位有一定的表征意义。本书采用回民占群落总人口的比例这一数据作为优势度的衡量标准，以这一数据的变化来考量回族群落的演变。

此外，关键群体的变化也是研究群落演变的强相关指标。在回族群落中宗教从业人员，即清真寺的阿訇(掌教)、伊玛目(教长)、海里凡(学员)等，这些人虽然数量相对较少，但由于其能力较强、社会威望较高，在回族群落中起着极其重要的作用，他们既是宗教领袖、教育家，又是世俗生活的裁判者，他们对于群落及群落中其他群体的影响远高于其自身数量所占的比例，他们在维持本群落平衡与稳定方面起着关键的作用。一旦宗教从业人员消失或削弱，整个回族群落就可能发生根本性的变化。

(2) 人文生态多样性分析

回族群落中的人文生态多样性程度很高，民族文化多样而丰富。回族群落的居民主体一般是回族和汉族，但由于清真寺的吸引力以及对伊斯兰文化的认同，群落中还居住着信仰伊斯兰教的维吾尔族、哈萨克族等其他民族，多民族共生的现象十分普遍。回族群落中的宗教信仰也呈现出显著的多样性，伊斯兰教与佛教、道教甚至基督教等各个信仰群体共处一区。在功能上，回族群落往往是紧凑而经济的多功能复合体，不仅包括居住，还包括简单的加工制作业、商业等，在群落的地域空间之内，群落成员就可以完成工作、生活、购物、交往等所有的基本活动。传统的回族群落以家庭和传统商业为基础，各年龄段人口的比例和性别比例较为合理，居民经济条件较好。但在近年的城市化进程中，由于群落的衰退，大量能力较强的人搬出群落，群落呈现老龄化、低收入趋势。

根据人文生态的原理，回族群落的人文生态多样性的原因可以归结为三个方面：首先，回族群落是经历了漫长的历史时期形成的。一般来说，人文群落经历的历史时间越长，多样性越高。许多城市中的回族群落的历史可以追溯到宋元时期，甚至唐朝，这些历史悠久的回族群落在历史年代中环境条件相对稳定，环境的包容性较强，文化的丰富性增加，回族在与其他民族长期的共同生活中形成了一种相互协调的机制，所以群落的多样性较高。其次，流动性越高，人文群落的多样性就越高。回族有从商的传统，在商品经济不发达的年代，回族商人是活跃城市经济的重要因素，回族商业街也是城市中人流与物流集中的场所，回族商人的流动促进了各种人群的交流与融合，给当地带来了新的文化、技术、观念，极大地促进了社会发展。最后，回族群落中丰富的文化积淀、民族风情、特色的小吃和工艺品是城市中一种特殊的文化类型和景观资源，是吸引旅游的宝贵资源，也是促进城市经济发展的重要资源。

2) 回族群落的生境分析

(1) “绕寺而居”的地理特征

回族群落有一个相对确定的地域边界，这个边界通常由道路、河流或山体等物质要素组成。回族群落常常和政府划分的行政区域相重叠，历史上政府常规定少数族群在某一特定的场所居住并单独划定行政区域，予以族群某种自治权力，以便于规划与行政管理。这种历史形成的地域边界一直延续到今天，例如1950年代南京七家湾社区的范围与现在七家湾回族群落的范围几乎重叠。

回族群落在地理空间上以清真寺为中心，呈明显的向心性布局。清真寺周边集中了群落中重要的宗教礼仪空间和商业服务场所，成为回民聚居空间组织的中心和景观标志，群落边缘逐渐与城市其他部分的功能和景观相融合。

(2) 伊斯兰文化的心理边界

回族群落还有一个无形的边界，那就是心理边界，即受共同的伊斯兰文化的制约，有着共同的祖先记忆、共同的信仰、共同的语言和共同的文化习俗。这些共同的心理要素是群落成员的归属感和依赖感的基础，是一种文化心理认同。一个回族群落以一个清真寺为中心，属于一个教坊，而在西部城市中不同的教坊属于不同教派，这种心理边界就更强烈一些。每个教坊的成员在本教坊的清真寺中礼拜，交往和生活的圈子也主要在本群落内部。这种心理边界常常比地理上的边界更清晰、更持久。

回族群落作为一种独特的族群社区，是回族穆斯林在城市社会中的“时空坐落”。表现在物质尺度上，呈近寺或围寺而居的地缘结构特点；在心理尺度上，作为一种族群意识与族群边界，又是群落的社会尺度与心理尺度的统摄。回族群落既是一种亚社会存在，又是一种文化范式。在大文化传统的覆盖下，回族群落在一定街道社区与业缘社区的罗织与关联中，既是回族穆斯林族群与城市社会结合的形式，又通过一系列文化符号来自卫、标界自身族群文化在大社会中的独立存在。

(3) 弱势群体的生境保护

从人文生态的角度看，对于回族这样一个在汉文化包围下的少数族群，无论在文化上、经济上还是政治上都呈现为社会生态位相对较低的弱势群体。生态位越低的人群其人文生态适应度也越低，适宜的生境也越狭窄[①]，也越需要相互帮助、相互扶持。因此，在一定地域空间的聚居是弱势群体的内在需求，对于亚文化群体，这种同质聚居更有着保持和传递文化传统的意义。具体而言，回族因其特殊的宗教需求和生活习俗，必须居住在清真寺的附近，并且需要专门的特殊的饮食业、婚丧机构和其他生活服务设施，因此他们的生境较为狭窄，只能在特定的区域中才能获得这些适宜的环境，这个区域就是回族聚居区。因此，保持回族群落的聚居区对于回族的生存和回族文化的传承有着非常重要的意义。在城市更新的过程中应该对这种特殊的区域予以保护，只有保护了生境，才可能保护城市族群、文化和景观的多样性。

3) 回族群落的组织结构

传统的回族群落是一个组织功能完善的小社会系统，群落内部的组织行为大多是自发产生的，有强烈的自组织的特点。这些自发形成的组织体系涉及宗教、社会、经济、文化教育、慈善事业等各个方面，形成了一个完整的组织结构体系，对回族群落的有序发展起到了组织、管理和控制的作用。

(1) 清真寺的核心组织作用

清真寺不仅是一个进行宗教活动的场所，还具有很强的社会组织功能。伊斯兰教除教义、教法制度外，还包含社会制度，宗教教职人员享有广泛的世俗权威，掌控群落内部的各

---

① 周鸿.人类生态学[M].北京：高等教育出版社，2002：95

种事务，甚至管理群落中回族人口的户籍、钱粮、诉讼等。清真寺内的经堂教育传授伊斯兰教的教法、教义和宗教常识以及阿拉伯语等，回族青少年主要是在清真寺中接受教育，清真寺兼具教育功能。清真寺是回族进行婚丧嫁娶的场所，是回族穆斯林活动的中心。清真寺还起着赈济贫困、扶助弱小、接济流动穆斯林的作用，对缓解社会矛盾、增强族群凝聚力有着重要作用。最重要的是伊斯兰教对回族伦理道德行为的规范主要是通过清真寺来实现的。清真寺在回族群落的组织结构中处于核心地位，对群落的稳定和发展起到了重要作用。

(2) 商业行会的经济支持作用

回族有经商的传统，伊斯兰文化与商业活动水乳交融，渗透到回族的经济活动和日常生活中，并以一套独特的法则形式指导、约束着回族的商业活动和商业行为。伊斯兰教的创始人穆罕默德提倡经商，他认为经商的收入可以用于改善人们的生活，建设自己的家园，传播宗教，能使人们的生活更富裕和美好。伊斯兰教的经典中有许多关于经商的论述，鼓励穆斯林外出经商，获得合法的利润，主张商业道德，讲究买卖公平，履行约言，注重信誉。回族在生活中磨炼出的坚忍不拔、吃苦耐劳的民族特性，加上“善商贾之道，精于计算”，积累了理财的经验，使回族商业经济成为其生存和发展的支撑点。

商业是支撑回族群落的经济基础，回族商人自发组织了各种商业行会来规范商业行为、保护自身利益。回族商会不仅将回族商人组织为一个团体，从而大大增强了与外界进行竞争的实力，同时还和回族群落组织结成一体，从资金上支持群落的建设与管理，行会的会长也常常是群落的领袖。

(3) 宗教学校及其他机构的教育凝聚作用

回民重视教育，兴办了大量教育机构，如清真义学，回民小学、中学等等，在通识教育的基础上增设与宗教和民族相关的课程，如《古兰经》、伊斯兰教义、阿拉伯文等，在生活上也可以适应回族的风俗习惯，因此受到回族民众的欢迎。这些回民教育机构对提高回族教育水平，传承伊斯兰文化起到重要作用。回族群落中还常常设有养老、救孤、治病的慈善机构，有的不仅仅面向回族内部，还服务于整个社会，使族内的老弱孤残皆有所养，为群落的和谐发展作出了贡献，并提高了回族在社会上的整体形象。此外，还存在一批伊斯兰民间团体，如民国以来南京回民自发成立的南京回民联合会、南京回教青年会等，在宣扬伊斯兰教义、加强穆斯林团结友爱、提倡爱国爱教、提高宗教知识方面起到推动作用。

4) 回族群落的文化认同

伊斯兰教是回族文化认同的基础。所谓文化认同，是指特定个体或群体认为某一文化系统(价值观念、生活方式等)内在于自身心理和人格结构中，并自觉循之以评价事物、规范行为。文化认同的意义在于构筑人类精神与心理的安全和稳定的基础，正因为如此，人类的文化认同一定是自发的、与生存紧密相关的[①]。

(1) 宗教的文化认同作用

德国社会学家马克斯·韦伯认为，在各民族社会的文化深层中都有着一种表面上看不见的精神驱动力量在支配、制约和决定着该民族的发展方向和沉浮命运，这种力量大多表

① 丁宏. 从回族的文化认同看伊斯兰教与中国社会相适应问题[J]. 西北民族研究，2004(45)

现为这一民族的"理性精神"、"传统习惯"、超凡"神能"或宗教灵性[①]。回族文化的精神核心就是伊斯兰教。宗教的出现是人类社会发展史上一个重要的社会现象。法国著名的社会学家和人类学家涂尔干(E. Durkheim)认为,"宗教是一个与圣物,也就是被分开、有禁忌的事物有关的信仰和时间的统一体系,这些信仰和实践把所有的皈依者联合在一个被叫做教会的道德团体中"。宗教能够以某种特殊的象征系统对它所属的社会体系发生作用。宗教中包含着一整套的信仰体系和实践活动,通过设计自身系列内在的程序,来解读世界的普遍性和特殊性中所包括的规律,并将其感化和形象化为一套特殊的思维和行为体系,从而建立起一种普遍、有力、持久的情感和文化控制机制。而伊斯兰教是中国回族穆斯林认同本民族的宗教信仰、社会制度、世俗生活等而排斥其他一切异族文化的民族心理源泉[②]。

(2) 伊斯兰教与回族历史文化

回族是一个信奉伊斯兰教的民族。对于这样一个自唐以来由阿拉伯、波斯、中亚等地渗入中国文明系统的民族,伊斯兰教是它的生命和灵魂。它不仅以巨大的感召力和牢固的凝聚力促成了回族在中国的生成,也为回族在千百年来与汉文明融合涵化,且处于"大分散、小聚居"的文化状态中仍能保持自己的文化独立性提供了坚实的心理基础和情感特质[③]。我国境内绝大多数民族是先有民族而后有宗教,而唯独回族是先有宗教而后有民族,伊斯兰教传入我国已有 1 300 多年,而回族只有 700 多年历史,正是在伊斯兰教的作用下,将唐、宋、元以来迁居我国的不同地区,不同民族语言、文化各异的人,融为一体,形成了一个新的民族共同体——回族,并形成了具有鲜明伊斯兰文化色彩的回族文化。林松教授认为,"就回族特殊情况而言,我认为伊斯兰教的因素和影响,对回族的形成起主要的、决定性的作用,无论从任何角度看,回族的任何特征,都不能完全摆脱伊斯兰教而存在"[④]。

(3) 回族群落的伊斯兰教文化认同

回族和伊斯兰教的密切关系表现在以下三个方面:一、由于回族信仰伊斯兰教,他们在思想意识上就有了一个无形的维系,促使了民族共同心理状态的形成。二、伊斯兰教在很大程度上影响了回族的风俗习惯。三、元以后,伊斯兰教成了回族中占统治地位的意识形态,对回族社会政治、经济的发展繁盛起到了有力的影响,回族社会的政治经济制度不少方面披上了一层宗教外衣,甚至有些本身既是宗教制度又是经济制度[⑤]。

回族是在一个浩瀚的汉文化和社会体系中具有自身文化特质的一个群体,其中最显著的特质就是回族的宗教特征,以及祖先共同起源。共同的伊斯兰文化渊源成为回族形成的基础,而伊斯兰文化又成为维持族群边界的基础。回族群落的文化认同作为群落文化的深层积淀,是文化现象、心理认同和社会组织结构等诸多层面的内在统摄,它成为对内维持族群认同、增强凝聚力和对外划分族群边界的心灵尺度。尤其在现代都市社会,回族文化认同的自然要素即外在的文化符号日益磨损和丧失,而回族文化认同的精神因素日渐增强,甚至成为民族归属和民族区别的重要指示符。

---

①③　谢卓婷."杯"中的信仰——从回族文化本位看张承志宗教人格的"场独立性"[J].淮南师范学院学报,2005(5)

②　马寿荣.都市民族社区的宗教生活与文化认同——昆明顺城街回族社区调查[J].思想战线,2003(29)

④　杨大庆,丁明俊.20 年来回族学热点问题研究述评[J].回族研究,2001(4)

⑤　白寿彝.中国回回民族史[M].北京:中华书局,2003:57

6.2 回族群落景观的人文生态分析

6.2.1 回族群落的空间分布特征

1）“大分散”——中国尺度下的回族地理空间形态

如果我们将中国作为一个人文生态大系统来考察，回族在地理空间上呈现出“大分散”的格局。据统计，全国2 000多个县市有回族人口居住，回族是除汉族外分布最广的少数民族。回族“大分散”的地理空间形态有其深刻的历史原因。从前文对回族历史的回顾中我们不难看出，回族虽然形成于中国，但并不是由中国古代某个氏族或部落融合、发展而形成的民族，而是以来自域外、信仰伊斯兰教的各族人为主，在长期历史发展中吸收、融合了中国境内多种民族成分（主要是汉族）逐渐形成的。回族的形成过程具有时间跨度长（经历了从唐代至明代几百年）、族源多元化（包括西亚、中亚各族穆斯林及中国的汉族、维吾尔族、蒙古族等）、先民流动性强（经商、参加蒙古军统一中国的战争等）等方面的特点，这造成了其分布不是固着于某一地域，而是适应环境及不同时代政治、经济等方面的需要，散居于中华大地并与作为主体民族的汉族发生密切的关系①。

2）“小聚居”——城市尺度下围寺而居的寺坊群落形态

应用人文生态系统的尺度理论，我们可以看到回族群落的空间分布在不同的尺度上呈现出不同的状态。在全国尺度上呈“大分散”布局的回民，在城市的尺度上却呈现出“小聚居”的特点，并形成“围寺而居”的寺坊群落形态。前文已经从回族群落的历史变迁、适宜生境和组织结构、文化认同等多方面分析了城市中回族群落以清真寺为中心形成寺坊的人文生态特征，此处不再赘述。

需要强调的是，这种“小聚居”的回族群落与其伊斯兰教信仰互为表里，弥补了地理空间上“大分散”所带来的族体形成、维系和生存的缺陷，把个体聚合组织为民族群落中的社会化个体，成为回族在汉文化的大背景下保持自身民族特性和文化独立性的根柢②。全国范围内跨地域的民族认同，正是以宗教、文化、组织和功能上同侪同构的回族群落的存在为基础，也正是凭借回族聚落的分离与沟通，才使回族在与汉文化社会的交流与互动中获得了存在和发展。

3）“从西外来”——特殊城市区位

从图式的观点看，“中心”是一种“外在化”的环境符号。人类自古以来就将全世界作为中心化的存在加以考虑。对于全世界的穆斯林来说，位于阿拉伯麦加的克尔白是他们崇仰的意义中心与圣地，全世界的穆斯林朝拜时都向着这个中心，他们朝拜时呈现向心状，且全世界的清真寺纵轴线（平行朝拜方向的轴线）也呈现向心状。由于我国位于麦加的克尔白东面，西向是我国穆斯林共同遵循的朝拜方向③。因此，许多城市的回民群落均位于城市的西边，如北京旧城西南的牛街、南京旧城西南的七家湾等等，这也许是心理“中心”的一种环

---

① 丁宏．从回族的文化认同看伊斯兰教与中国社会相适应问题[J]．西北民族研究，2004(45)

② 闫国芳．“回坊”的形成演变及功能化浅论[J]．青海民族学院学报(社会科学版)，2001(1)

③ 于文明，邓林翰．北方城市回民街区整体环境与街区结构[J]．哈尔滨建筑大学学报，1998(6)

境外化，越靠近西方就越靠近麦加，越靠近圣主(图 6.1)。

图 6.1 城市主要回民群落与旧城的位置关系

城市回族群落多位于城市西部的另一种解释是其“从西外来”进入中国的路线。回族先民的一大部分是由西域经丝绸之路进入中国的，他们在数百年的迁徙融合过程中也是由中国的西部逐渐走向东南沿海。因此，他们总是先进入城市的西部，迁徙的人群在到达城市后就近居留是一个非常普遍的现象。城市回族群落的这种特殊的空间位置也许暗含着他们先民来自的方向。

此外，善于经商的回族聚居的群落在空间上总是靠近城市的商业区，并往往在群落内部形成具有一定规模的商业街，既为本民族人口服务，也辐射到了整个城市。如北京的牛街、南京的七家湾、西安的北院门等。这些回族商业街不仅方便了回族人民的生活，也丰富了城市的文化，成为城市不可多得的文化名片。

6.2.2 回族群落的固定景观

1) 群落固定景观的灵魂——清真寺

清真寺是寺坊社区的核心，在寺坊社区中，清真寺不仅是宗教中心，而且成为社区的政治、经济、文化教育、民事和社会活动中心。1950 年代以后，国家与社会关系改变，国家力量在社区全面渗透，宗教与政治、教育分开，使清真寺作为社区民间权力和权威中心的作用衰落，改变了社区成员以清真寺为全部社会生活中心和对主体社会的相对封闭状态①。但清真寺仍然是回族群落的地理中心、精神中心和宗教活动中心，是回族文化的象征，是反映城市历史文化多元性的重要的文化遗产和标志性景观建筑。

在整个回族群落中，清真寺是建设规模最大、形体最突出、装饰最华丽的建筑，在大面积低矮、灰色的住宅建筑的背景映衬下，清真寺是整个场所景观的核心与主宰。具体到清真寺本身，自唐代伊斯兰教传入中国至今，其建筑形式经历了一个明显的本地化的过程。

早期清真寺较多地继承了西亚的建筑形式。现存年代较早的广州唐代怀圣寺光塔，砖石砌筑的两层高塔，周遭光滑洁白，望之如银笔，兼有邦克楼和灯塔的功能，形象上与中国传统佛塔迥异；泉州北宋清净寺寺门和奉天坛，寺门由花岗石和绿辉石砌叠而成，立墙和双凹半穹顶的门廊，以及花岗石砌筑的奉天坛的巨大石柱、西墙凹入的拜龛和尖券长窗，都是较为典型的阿拉伯建筑风格。建于元代的杭州凤凰寺礼拜殿已经开始表现出了本地化的趋势，其内部采用西亚式样的砖石结构叠涩穹顶，但在穹顶之上覆盖则是中国传统式样的八角重檐攒尖屋顶。明代以后，与当时的民族同化和伊斯兰教本土化相对应，清真寺这一

① 良警宇.牛街：一个城市回族社区的变迁[M].北京：中央民族大学出版社，2006：45

源自西亚的建筑类型也逐渐与中华文化相融合，建筑形象也发生了较大改变，在外观上加入了大量汉地建筑元素，建筑材料也采用中国普遍使用的木材。如西安化觉寺和北京牛街清真寺，在外观上采用大屋顶砖木结构，与当地传统建筑已无太大区别(图 6.2)。

(a) 广州怀圣寺　(b) 泉州清静寺　(c) 杭州凤凰寺

(d) 西安化觉巷清真寺　(e) 南京净觉寺　(f) 北京牛街清真寺

图 6.2　清真寺形制演变

伊斯兰教信徒礼拜时朝向西方麦加圣地，因此清真寺的大殿是东西朝向的，清真寺的主轴线也是东西向的，这种朝向与以南北向为主的中国城市肌理相异。为了协调这一矛盾，许多清真寺在空间结构上有一个南北向东西的转折，巧妙地解决了这一问题。在平面布局上也逐渐采用中国传统的院落形制组织各种单体建筑，并向纵深与横向延伸，组成庞大的建筑群体。清真寺建筑空间组织形式的变化使得清真寺可以与中国城市景观相协调，这背后反映了伊斯兰文化对中国传统城市建设制度的理解和遵从，这是伊斯兰文化本土化的一个外在表现。

清真寺建筑形制和风格的改变是伊斯兰教适应中国本土文化的外在表现，是外来文化为自身的生存和发展做出的自觉调整，建筑外观的中国化是吸引本土信众，调和文化和信仰差异带来的隔阂的有效手段。同时，采用本土的建筑材料和结构技术也是造成其外观变化的重要原因。与清真寺相似，佛教寺院、基督教教堂也都先后经历了建筑形象本土化的过程。建筑形式的本土化倾向是在外来文化相对于本土文化处于弱势的情况下采取的折中方式，是外来文化适应本土文化的一种生态化的过程，而近现代以来西方文化对中国的强势入侵带来了建筑材料、技术、形式的全面西化亦是这种生态过程的一种体现。因此，可以说建筑形式是文化角力的外在表现，建筑形式演变的背后总有着更深层次的社会、经济、技术和文化的原因。

2) 群落固定景观的廊道——商业街

经商是回民的一大传统，是回民主要从事的传统职业，也是支撑整个回族群落的经济基础。每个回民群落通常都有一条回民商业街，它既是区域的主要道路，也是区域内主要商业服务设施聚集的地方，集中表现了回民“经商”这一职业特征及特定的生活习俗，是街区内多元文化复合的焦点。传统城市中的回民商业街呈现着专门化的倾向，某一行业往往相对集中在某一商业街，南京老城中七家湾的回民小吃、评事街的皮革加工、锦绣坊的丝织业和石鼓路的珠宝业等等。同行业的地域集中可以起到规模效应，使各种资源集约化，在各回民行会的管理下一定程度地控制着市场，使自身在竞争中占据优势，并为整个回族群落提供着经济支持。近年来，由于旅游业和市场经济的发展，原来为回族群落内部服务的小商业街扩展为面向整个城市，使得整个回民区的空间形态由以居住活动和小型商业为主导的内向型空间转变为以商业和旅游服务业为主导的外向型空间，这既方便了居民的日常生活，也为当地回民提供了生计来源，促进了回族群落的开放和回汉文化的交流，成为城市中极具特色的文化旅游资源。

回族商业街有一定的空间共性：首先，群落中的商业街一般邻近清真寺，作为区域的地理标志和心理中心，清真寺吸引了大量区域内外的人流，是区域内人员最密集的场所，蕴含着商机。例如牛街就在牛街清真寺的附近，在回族重大节日期间，牛街人头攒动，商业量剧增，甚至附近的街巷也都临街设置了大量商业摊位(图 6.3)。这种节日商业也是回族商业街的一大景观，许多非穆斯林游客也慕名前来购物、游玩、体验宗教仪式的虔诚与圣洁。

图 6.3 开斋节时的牛街商业活动

其次，商业街一般位于回族群落的地理中心，是城市干道穿越群落的特殊地段。这种相对中心的位置可以更均衡地服务群落中的全体成员，在经济上是最合理的。商业街在回族群落中有着重要的功能，他是群落成员主要的工作场所，也是服务于群落成员的主要场所，是日常行为发生的集中地段，因此，位于群落的地理中心，便于更多的人到达是非常重要的。并且商业街通常与城市道路相连接，商业活动延续到回族群落之外，在更大的城市范围内造成影响(图 6.4)。

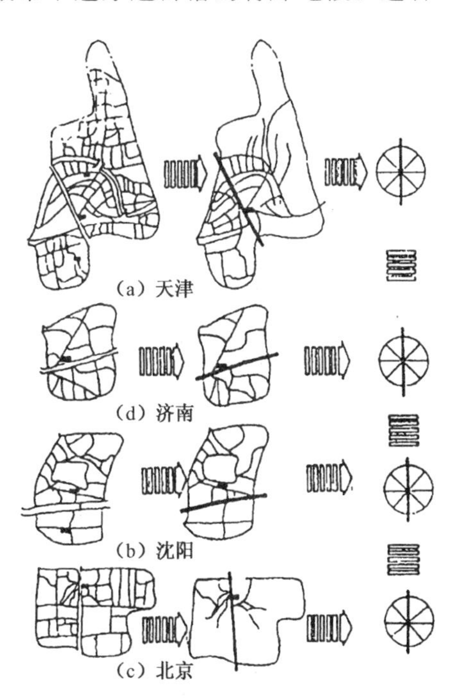

图 6.4 回族群落中商业街与清真寺的关系

回民商业街景观的特色主要体现在半物质和非物质文化景观上。半物质景观包括回族喜用的拱券状门窗；连续的植物、几何图形组成的大片装饰墙面；大量使用的绿色、白色和黄色；阿拉伯文字书写的清真真言的牌匾；绿底黄字，画着星月的招幌；画着麦加圣地的挂毯等。这些装饰使商业街充满了伊斯兰特色，用大量简单便捷的符号化的手法昭示街区的民族属性。商业街上的非物质景观因素更为丰富，有回族的服饰，男性的白帽、女性的头巾或盖头，有的还穿着长袍；言语间不时出现的阿拉伯语和波斯语；特色的回民小吃，兰州拉面、南京牛肉锅贴、北京涮羊肉、西安羊肉泡馍等等。这些活生生的景观是回族商业街的精华，是区别于其他商业街的特点所在，是吸引人流光顾的原因，也是我们需要着重保护的。

3）群落固定景观的基质——住宅

住宅无疑是回族群落中数量最多、面积最大的建筑类型，它们构成了群落建筑景观的基质。如果说清真寺建筑中保存了较多的西域元素，那么回族的住宅建筑则更多地与本土形式相融合，其民族特征不甚明显。前文已经提及的居住建筑围绕清真寺建设，形成围寺而居的寺—坊整体格局，是回族群落居住空间最显著的特点。此外，回民住宅的建筑格局、建筑形式及建筑色彩与汉族住宅差异不明显，只是在重点的装饰部位和室内房间布局、陈设上保持了一定的民族特色。这种大融合中闪现的个性显示了回族在民族融合的大环境中对自身民族特色的珍视和自持。

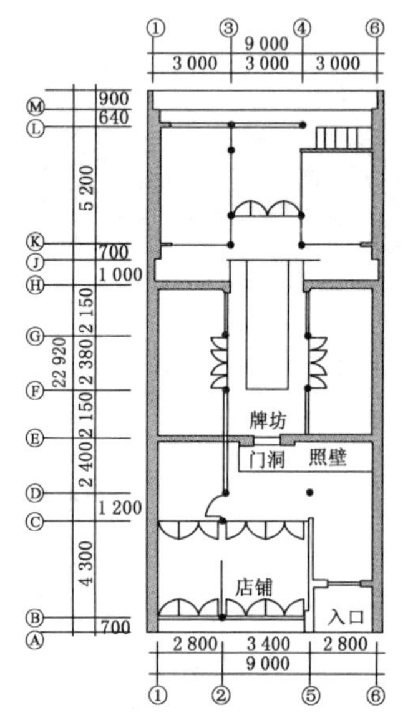

图 6.5 西安北院门地区华觉巷 125 号平面

具体而言，除了室内装饰和陈设方面浓重的伊斯兰氛围外，城市回族住宅与汉族住宅间的差异还有以下几个方面：

(1) 强调私密性：入口有狭长的甬道，以厢房的山墙为照壁来阻隔视线；内庭院利用门洞、围墙划分层次；沿街是高墙，墙上不开洞。强调私密性，甚至强调防御性是弱势文化的自我保护心理的外在表现，高大的围墙、碉楼等建筑形式经常被客家族群使用，这其中有文化心理上的共通之处。

(2) 商住结合较为普遍(图 6.5)：前店后宅的模式使得住宅庭院成为多功能空间——既是家庭休憩、交往场所，又扮演着作坊的角色。商住结合是大多数传统商业街采取的建筑形式，由于回民普遍经商，因此在回族住宅中，这一特征表现尤为明显。

(3) 特殊的房间布局：由于宗教信仰和生活习惯，回族居民对住宅有一些特殊的要求。例如天津天穆村所有居民家中卫生间内的便具都是南北向，因为伊斯兰教认为东西向是神圣的方向；70％以上的居民家中都有一间做洗礼的"污思券"①。

4）群落固定景观的文化符号——形式与装饰

回族建筑在本土化的过程中保存了大量阿拉伯传统元素，这些样式多集中于清真寺建筑与伊斯兰宗教仪式的核心部分，如邦克楼、大门、大殿西墙圣龛等，这些地方装饰华丽。大面积朴素的建筑更突出了这些区域的重要性和神圣性(图 6.6)。

拱券是伊斯兰建筑经常使用的符号，它代表其发源地的某些特征，传达着不忘先祖的某种含义，被回族视为本民族特有的建筑语汇。因此在民族主义复兴的时候，这些语汇会被大量使用。伊斯兰教反对偶像崇拜，因此在清真寺中通常没有人物和动物形象，寺内装饰图案以连续密集的几何图形、植物纹样和阿拉伯文字为主，各种图案大量反复组合，使装饰部位不留空白，形成整片的装饰效果(图 6.7)。

色彩也是符号化的重要手段，回族喜爱绿色、黄色和白色，这些色彩大量出现在清真

① 杨崴，曾坚，李哲. 保护与发展——中国内地城市穆斯林社区的现状及发展对策研究[J]. 天津大学学报(社会科学版)，2004(1)

寺、住宅、招牌、服装上，有时成为回族的标志。一段绿色的围墙传达的信息是这里是一座清真寺，而绿底黄字的招牌通常暗示这是清真店铺(图 6.8，图 6.9)。

许多地区的回民在屋门和院门门框的正上方都有“经字都阿”，就是用阿拉伯文书写的横牌。有铜制的、木制的和纸印的不一，上面刻写清真真言。“经字都阿”是杂居于汉族地区的穆斯林们所特有的，是为了显示与汉民户的区别(图 6.10)。一般回民家庭，在堂屋正中的案几上摆放“炉瓶三设”，即香炉、香瓶以及盛着取香用具的盒子。两旁放有经匣，内装《古兰经》，前面不放杂物。有的在明间客厅挂阿拉伯文书写的对联、横幅和中堂。简单的人家，就在桌案正中放半米高的红木箱，箱上放拜匣，拜匣上放一香炉，使人一看便知这是穆斯林家庭[①](图 6.11)。

图 6.6　讲经台

图 6.7　伊斯兰风格的内部装饰

图 6.8　伊斯兰风格凉亭

图 6.9　清真餐饮店

图 6.10　门头的都阿

图 6.11　厅堂摆设

6.2.3　回族群落的非固定文化景观

1) 宗教仪式景观

凯文・林奇如此描述宗教仪式的作用：定期的宗教仪式和特定的空间形态用来把人们聚集起来并稳定和束缚其行为，组织结构和空间形态之间彼此作用，相互强化，具有很大的心理影响，并在现实中被看成是强大无敌的。这些概念背后是原始的价值观：秩序、稳定、控制、行为与时间的异质性，而更重要的是对时间、衰退、死亡、骚乱的否定[②]。

回族群落宗教仪式的场所以清真寺为主。正如布莱恩・劳森所说，“我们利用空间和

① 良警宇. 牛街：一个城市回族社区的变迁[M]. 北京：中央民族大学出版社，2006：254

② [美]凯文・林奇. 城市形态[M]. 林庆怡，等，译. 北京：华夏出版社，2002：53

场所来进行重要的生活中的宗教仪式,这些带给我们持续的安全感。一些空间设计被设计为几乎是除此以外没有其他功能的"[①],清真寺往往利用一切可能的空间与环境要素来增加宗教仪式所要表达的意义和影响。

A. 拉普卜特曾以伊斯法罕(Isfahan)的清真寺为例介绍在复杂性与知感性范围中感觉丰富的处理手法。"在感觉的可能范围内,采用所有的传感手段——色彩、材料、尺度、光影、声响、动感、温度、气味等等——其目的是获得一种意义,一个联想的目标。这个目标是为了根据该场所的特色及与城市建筑物特点的强烈对比给出一个乐园的形象或迹象。对该设计的成功与质量的全面评估与赞赏有赖于对其意义的理解和应用感觉变元以得到意义和表达它的方式"[②]。

清真寺的宗教仪式和空间环境是相对固定的。伊玛目(阿訇的最高首领)和礼拜者均有他们自己的位置,礼拜的程序、赞词也都是固定的,一个穆斯林来到一个陌生的清真寺的时候要弄清楚他应该走到哪里、怎么做不是什么困难的事。宗教活动能创造"场合感",特别的庆典和仪式能令人亢奋。活动和场所能相互刺激而创造出活力。其结果能积极地参与到这个能感知的物质世界中,并扩大了自我的感受。如北京牛街清真寺,每逢回教节日都要举行聚礼,规模之宏大,场面之动人,氛围之浓厚都是空前的。近年来的开斋节有近六千名穆斯林参加会礼,另有数万人观礼。没有人组织带领,礼拜者各自寻找空间,向西席地而坐排成整齐的行列。在并不宽敞的清真寺中,人群拥挤,观者如潮,但礼拜者没有丝毫浮动气象,庄严肃穆的景象感动人心(图 6.12)。这些日常生活化的宗教仪式和盛况空前的节日"会礼",都是通过行为实践强化族群的共同信仰这个精神纽带,使之成为穆斯林族群内部认同、沟通、强化族群意识和硬化族群边界的最强有力的行为文化符号。

图 6.12　北京牛街清真寺开斋节景象

2) 民族语言景观

从最初的阿拉伯语、波斯语到后来的普遍使用汉语,回族语言经历了一个较长的历史发展过程。明代末年,陕西著名伊斯兰教学者胡登洲提倡"经堂教育",其宗教术语——经堂语是将汉语、阿拉伯语、波斯语融会贯通并运用汉语语法结构所创造。由于回族受伊斯兰教主导思想影响及历史的原因,在使用汉语时,尚存在着一些为汉族人所陌生的特有语言词语,这些便构成了回族语言的主要特征与要素。虽然回族分布全国,各操本地汉语方言,但在日常生活中,特别是在宗教场合中所使用的常用语、惯用语基本上是一致的,体现了一种民族语言的共同性。

回族语言文字的特点:一是大量波斯语、阿拉伯语和希伯来语等外来语的使用,如回族见面时常说的"色俩目"即为阿拉伯语,意思为"平安吉祥";二是独特含义的生活用语的使用,如回族称死亡为"无常"或"归顺",杀牛羊鸡鸭为"宰"等等;三是若干方言土语的使用,

① [英]布莱恩·劳森.空间的语言[M].杨青娟,等,译.北京:中国建筑工业出版社,2003:31

② [美]A.拉普卜特.建成环境的意义——非语言表达方法[M].黄兰谷,译.北京:中国建筑工业出版社,2003:15

回族语言中大量使用的是汉语，因此对本地方言土语的使用是很普遍的。

文化传承中，心理传承是最强烈、最持久、最深刻的文化传承，是各种传承形式的核心和中枢。回族是一个使用汉语的民族，但回族人民在使用汉语的同时夹杂了大量的阿拉伯语和波斯语词汇，这些借词约定俗成地在社区内频繁使用，对于社区之外其他民族人来说则很难听懂。正是这些特殊语汇的使用使回族在失去本族语言后仍具有自己的语言特征，不同地区的回民都熟悉这些语汇，一句“色俩目”就拉近了彼此的距离，共通的语言特征也是族群认同的一个部分，共通划定了族群的边界。这种独特而共同的群体语言体现了回族的认同意识，也内涵着深刻的民族感情。

3）民族服饰景观

服饰是体现文化脉络的一种重要形式，它“在传统社会中有表达意义的能力……表示种族及其他形式的群体特征，并用以认定人们的社会位置，对不同的群体通常有不同的衣着规定”[①]。

早期的回族先民自西域来华时，保留了诸多来源国的服饰特征，直到明初采取禁止“胡服”的政策，回族的服饰逐渐与汉族服饰相融合，产生了较大的变革。但回族服饰并没有因此完全汉化，而是将一些带有伊斯兰教特色和民族特色较浓的服饰习惯，坚持和保留了下来。回族服饰除了实用性、装饰性外还有宗教性，回族人去清真寺或过民族节日，需头戴白帽、穿长袍、妇女搭盖头等，这构成了回族服饰的民俗特点。回族传统服饰中不同年龄、不同身份的人的着装也是不同的，例如回族女性所戴的盖头，一般少女戴绿色的，已婚妇女戴黑色的，有了孙子的或上了年纪的老年妇女戴白色的，盖头的颜色标志了主人的年龄和婚姻家庭状况。这种标识身份的服饰特点是传统文化中的一个普遍现象，这种传统在回族服饰中得以延续（图6.13，图6.14）。

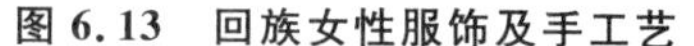

图6.13 回族女性服饰及手工艺

图6.14 回族男性服饰及歌舞

然而，在“文革”中，回族的传统服饰也被当做“四旧”被批判，回族的服饰文化传统一度中断。在改革开放的今天，各民族传统得到尊重，回族的民族服饰重新出现在我们的生活之中。随着民族意识和民族自信心的提高，回族由不敢穿着传统服饰，不敢透露回族身份到乐于穿戴回族服装，自豪于自己的回族身份。在时装潮流日新月异的今天，回族服饰回归传统的理性并自觉成为城市的喧嚣与浮躁中一道不可或缺的清新风景。

---

① ［美］A.拉普卜特.建成环境的意义——非语言表达方法［M］.黄兰谷，等，译.北京：中国建筑工业出版社，2003：52

4）民族风俗景观

一个族群对行为方式以及对自身社会有价值的风俗、礼仪、生产、生活方式的共同选择，形成了文化的基本结构形式，即“文化模式”。不同的文化会有不同的文化模式，也会有不同的心理气质和社会价值观。而对于生活于此文化中的个体而言，其人性或个性的最终生成便是这种文化“内在化”的结果[①]。一个人从出生的庆祝、婚姻以及最后的葬礼，都有一种特定的程序，所有这一切都以某种共同的方式向一个更广阔的社会作出解释：特定的个体、群体及家庭是怎样经历一生的。当然，相应地，这也让社会其他成员为他们一生中这样的时刻做好准备，并为我们赋予他们的文化准则做好了准备[②]。这种可以预见的生活历程是传统社会生活稳定、有序的一个条件，这种程式化的生活方式也构成了族群文化中的习俗景观。

图 6.15　回族婚礼

回族奉行族内婚姻，如果与非穆斯林结婚的，一般要求非穆斯林方皈依伊斯兰教，且穆斯林女子不得外嫁非穆斯林男子。回族缔结婚姻的程序和仪式一般为提亲、定亲、纳聘礼、迎娶、回门等，最重要的是婚礼要由阿訇主持，给男女双方念“呢卡哈”，强调结婚的意义与责任，问他们是否同意结婚并为婚姻祝福[③]。只有经过这个程序，婚姻关系才宣布成立。回族的婚礼时间的选择、结婚礼服式样、婚庆仪式等各种风俗都有自己的民族特色。可以说回族的婚姻与伊斯兰教也是密切相关的(图 6.15)。

回族的丧葬习俗受伊斯兰教影响很大，崇尚土葬，亡人直接放入土中，不用棺椁；速葬，一般晚上亡故次日清晨出葬，停亡人不得超过三天；薄葬，没有陪葬品。丧葬程序：洗亡人、穿“开凡”、行站礼、殡埋。回族坟堆呈鱼骨形，与汉族不同。入葬时，阿訇念经，亲属不许啼哭，不用花圈、挽幛、烧纸，不放鞭炮，不看风水。葬后特殊的日子都要请阿訇念经、走坟[④]。

回族的饮食禁忌源自于《古兰经》的规定，回族人不食自死物、血液、猪肉和非颂真主之名而宰杀的动物以及酒。回族禁吃这些东西是出于“重视人的性灵纯洁和身体安全”。回民宰的牛羊都是鲜活的，且放净血液，肉类的品质有保障，加工过程注意洁净，并且有一些传统的特殊烹制方式。由于回族特殊的饮食习惯而发展出富有特色的回族餐饮，成为中华饮食文化的一朵奇葩。

从深层次上，这些文化景观是伊斯兰信仰的外化形式，而信仰是群落内最有效的控制一整合手段，它渗透在人们的精神世界、宗教生活实践、行为伦理规范和强有力的社区舆论监督等方面，甚至贯穿到每个个体的人生过程中。基于这种文化机制，回族表现出对穆斯林身份的强烈认同，以伊斯兰文化为主导的回族文化是全体回族居民文化认同的基点。在城市层面上，上述非物质文化景观是城市文化多样性的具体体现，也是主要的文化旅游资源之一。

---

① 谢卓婷.“杯”中的信仰——从回族文化本位看张承志宗教人格的“场独立性”[J].淮南师范学院学报，2005(5)

② [英]布莱恩·劳森.空间的语言[M].杨青娟，等，译.北京：中国建筑工业出版社，2003：31，32

③ 马健君.回族婚俗的传统与现代流变——以西安回族婚姻民俗文化为个案研究[J].回族研究，2001(3)

④ 马景超，马青贯.回族的丧葬习俗和武汉的回民墓地[J].武汉文史资料，1995(1)

6.3 回族群落的形成与演变

公元7世纪中叶，大批波斯和阿拉伯商人经海路和陆路来到中国的广州、泉州等沿海城市以及内地的长安、开封等地定居。公元13世纪，蒙古军队西征，中亚的穆斯林大批迁入中国，这些信仰伊斯兰教的中亚移民以波斯人、阿拉伯人为主，后吸收汉、蒙古、维吾尔等民族成分，经过数百年的融合与演变，在元明时期逐渐形成了一个统一的民族——回族。

唐宋时期是西亚穆斯林进入中国并定居的早期阶段，据史料记载，穆斯林的活动主要集中在当时的政治中心和沿海经济发达城市，如长安、广州、扬州、杭州、泉州等。唐朝有"市坊制"和"华蛮异处"的政策，这些早期的穆斯林在城市中聚居于番坊中，修建清真寺，语言、饮食、服饰均保持本民族特色，族内婚姻，人种保持较多原有特征，与来源国联系紧密，番坊有一定的自治权，成为当时城市中的一道异质景观。这一时期穆斯林在南京的活动没有资料记载，因而无从考证。

6.3.1 迁徙而来的民族——元代南京回族异质性斑块的形成

与中国的土著民族不同，回族是一个迁徙而来的民族，他形成时间很晚，族源复杂，通过使臣、商人、传教者、学人和移民而进入中国，他是以伊斯兰教为精神纽带、文化认同和共同的生活习俗而形成的民族。

南宋末年，蒙古人攻打中原时，使用的是中西亚的畏兀儿、哈剌鲁、钦察、康里、阿速斡罗思、波斯及阿拉伯人，他们中大部分信仰伊斯兰教，总称色目人[①]。开国战功使色目人及其信奉的伊斯兰教受到元朝政府的重视，色目人数量不断增加，并有较高的政治经济地位，伊斯兰教也随之广泛传播于中国境内，回回民族正式形成。南京的穆斯林和伊斯兰教正是在这种大背景下"迁徙而来"。

据至正三年(1343年)集庆路医学教谕张汝谐编纂的《至正金陵新志》卷八载，元初至元二十七年(1290年)建康路在城录事司(即城区)总计18 250户18.8万人，其中色目人149户2 929人，占1.6%。这是南京最早的穆斯林居民。史料对南京穆斯林聚居的情况没有详细记载，但史载南京色目官员和眷属多集中居住在城南锦绣坊集庆路总管府附近。考明初刊本《元集庆路图》与《明都城图》，其地域与明洪武年间敕建的三山街铜作坊礼拜寺的地理位置相吻合(图6.16)。但由于元代南京并未设置执掌伊斯兰教法、对色目回回人拥有一定行政司法权的机构——"回回哈的所"，加之《大元刑律》规定"江南诸地夜集众词祷者，严禁之"，因此，估计这些色目回回官吏的宗教活动，只限于个人或家庭，尚未形成大规模的民族宗教社区(如教坊制)[②]。

史料对元代南京穆斯林生活的情况没有详细记载，但从杭州的史料[③]中我们可以推

① 伍贻业.南京回族伊斯兰教史稿[M].南京:南京伊斯兰教协会编印(内部发行),1999:13

② 伍贻业.南京回族伊斯兰教史稿[M].南京:南京伊斯兰教协会编印(内部发行),1999:38

③ 《西湖游览志》卷十八记载:"真教寺在文锦坊南。元延祐间(公元1314—1320年),回回大师阿老丁所建。先是宋室徙跸,西域夷人安插中原者多从驾而南。元时内附者,又往往编管江、浙、闽、广之间,而杭州尤夥,号色目种。隆准深眸,不啖豕肉。婚姻丧葬,不与中国相通。诵经持斋,归于清净,推其酋长统之,号曰满剌,经皆番书,面壁膜拜,不立佛像,第以法号祝赞神祇而已。"引自:白寿彝.中国回回民族史[M].北京:中华书局,2003:113

测,他们“隆准深眸,不啖豕肉。婚姻丧葬,不与中国相通。诵经持斋,归于清净,推其酋长统之,号曰满剌,经皆番书……”,在人种、生活习俗、语言文字上都保持了原有习惯,与当地居民差异较大,形成了当时城市中封闭程度较高、自治性较高的异质性景观斑块。

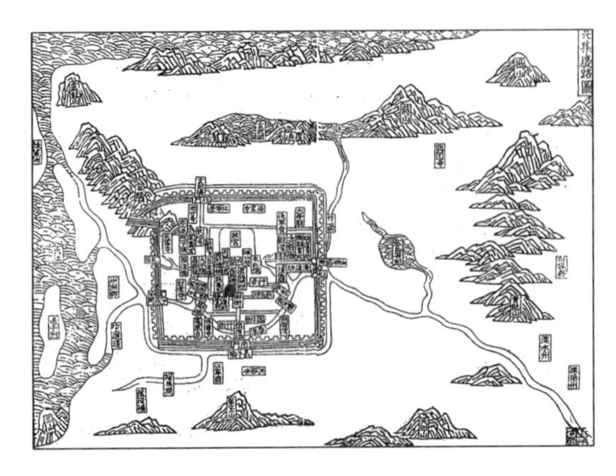

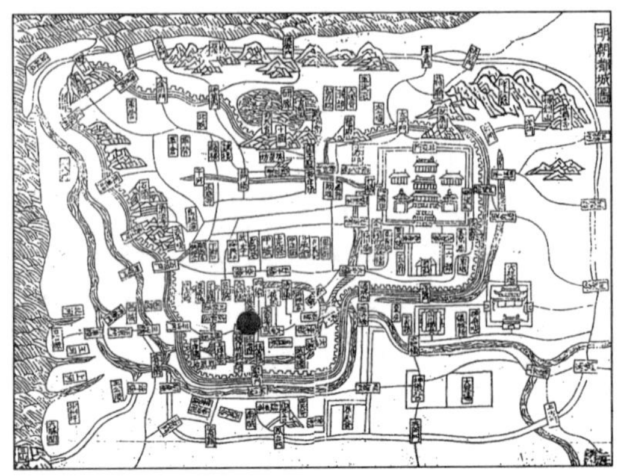

图 6.16 元代南京穆斯林聚居地示意图

6.3.2 融合、自持和再生——明清南京回族教坊群落的兴盛和稳定

明代,南京回民的人口数量、经济实力和政治地位大大提高,南京出现了许多回民聚居的群落,他们与其他群落不断融合而被城市所接纳,并以“教坊”聚居的形式和伊斯兰宗教的权威维持着自身文化的特性,达到了繁荣发展的成熟期。

1) 发展、融合和成熟

在政治上,跟随朱元璋反元的淮西农民起义军中有大量回民。明朝定鼎金陵后,常遇春、冯胜、沐英等回族将领多得封爵,回民入朝为官者较多,获得了一定的政治地位。明宣德初年,南京守备太监郑和奉敕重修毁于雷火的三山街铜作坊礼拜寺(今净觉寺),标志着南京回回的政治、经济、社会地位的稳定、巩固。

在外交上,洪武、永乐年间是明王朝鼎盛时期,来自中亚、西亚、南亚、东南亚的各伊斯兰国家的贡使、商队络绎不绝。明朝政府在三山、聚宝诸门外濒水建塌房以贮商货,在江东门外建廊房(旅店)、江东驿馆和接待寺(属佛教寺庙,但有宾馆性质)(《秦淮广记》),广设会同馆、乌蛮馆、重译楼等外交接待设施,还专设“回回文字馆”、回回钦天监观象台等回族教育和科研机构[①],伊斯兰国家及其文化受到重视。

在经济上,回民雄厚的经济力量也是促进南京回族发展的重要因素。明代是资本主义的萌芽阶段,中国重农抑商的大环境有所松动,“回回善贾”的天赋得到了充分的发挥,穆斯林商人几乎垄断了药材、香料、珠宝等行业,在通衢要津处经商并为聚居而建设回民教坊。南京历史资料上记载的回民教坊多集中于城南商业发达区域。这些教坊一开始就带有业缘聚集的特征,呈现出业缘需求与地域特征的一致性,许多回民的传统行业和回民聚居区一直延续到今天。

① 伍贻业.南京回族伊斯兰教史稿[M].南京:南京伊斯兰教协会编印(内部发行),1999:23

在民族政策上，明代对少数民族实施“严禁胡服、胡语、胡姓，不许本类自相嫁娶”[①]的同化政策，一定程度上促进了伊斯兰教的本土化，促进了民族的发展、融合。通过与汉人通婚，回族人种发生变化，从外貌上、语言上与汉人接近，这一政策使回民的实际数量大为增加，也使回民真正融入到城市社会之中。

2）清真寺和回民教坊的兴盛

随着南京回民人数的增加、地位的巩固和中央政权的支持，南京清真寺的建设也兴盛起来。洪武廿五年，敕建三山街铜作坊礼拜寺（净觉寺）和城南礼拜寺（雨花台东南回回司天监所在地），在城南附近辟回回聚居区（俗称回回营），并特敕建礼拜寺“供子孙世居，学习真经，焚修香火，祝延圣寿，寄籍江宁县优免差役”[②]。明中叶以后，南京出现回民集资或私人独资所建的石城门（俗称旱西门）礼拜寺、卢妃巷礼拜寺、登隆巷礼拜寺等清真寺，经堂教育业也蓬勃兴起。这一时期的清真寺在建筑中已呈现出本土化的趋势，在规划布局和建筑结构上已经和南京当地建筑非常相似，但仍在局部保留了西域风格，在保持中国传统城市特有的统一和谐的前提下，增加了其丰富性。

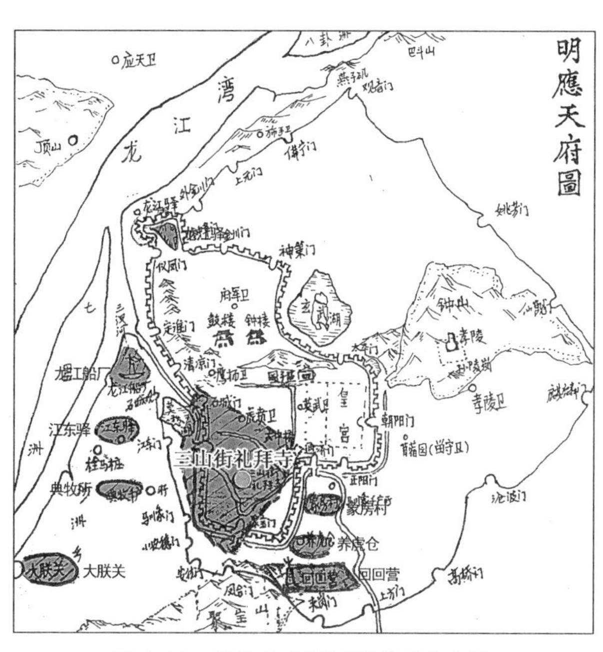

图 6.17 明代南京回民聚居区分布图

清真寺的新建和回民聚居区的拓展往往是相互交织的，在城市中形成了以礼拜寺为中心且具有一定自治权的回民聚居区——教坊，或称寺坊。最早的教坊有铜作坊、回回营，后又增加有旱西门、卢妃巷为城中四大教坊，它们既是宗教活动的场所，又是社会活动的场所[③]（图 6.17）。教坊社团大致与行政坊相吻合，教坊内推乡老为社头，组成管理机构，掌管集体事业，主持蒙童教育、婚丧礼庆、宗教节日和纠纷仲裁，并接受当地官署的管理。教坊里的大掌教须由获官方注册凭证的“礼部劄礼理事”担任。其宗教活动既受到官方的限制，也受到官方的保护。教坊制度的形成促进了以伊斯兰教信仰为中心的文化

① 洪武元年（公元 1368 年）朱元璋颁布诏书：“复衣冠如唐制”，严禁编发、椎发、胡服、胡语、胡姓。禁止蒙古、色目人在本民族内部自相嫁娶，《大明律》卷六载：“凡蒙古、色目人，听与中国人（指汉族）为婚姻，务要两相情愿，不许本类自相嫁娶。违者，杖八十，男女入官府为奴。”引自：白寿彝. 中国回回民族史[M]. 北京：中华书局，2003：186

② ［明］王鏊. 敕建应天府礼拜寺碑记//伍贻业. 南京回族伊斯兰教史稿[M]. 南京：南京伊斯兰教协会编印（内部发行），1999：21，24

③ 除书中提及的聚居区外，龙江湾、三汊河、大胜关、江东驿、典牧所；通济门外养虎仓，或因设船厂，或因水军驻地，或因西域驼马队商贾接待处，或因驯象养虎供皇家祀礼等小片回回聚居区。但正统（1436 年）以后，倭寇猖，海禁严，西北边防吃紧，加之国库空虚，无力再拓展海陆的商业和友好交往活动，因而江东驿、宝船厂渐废，从事国际贩运的回回驼马商队也消失，这些回回聚居区逐渐消失。

教育、仪式形态和风情习俗逐渐巩固[1]，也标志着南京回族群落发展到了繁荣的成熟时期。到清乾隆年间，仅南京城内就有 36 个清真寺，以及相对应的绕寺而居的 36 个教坊。

3）文化景观的自持和再生

明清时期的回民具有高度汉化的外在表征，使其可以融入在数量上占据绝对优势的汉族城市之中。然而，构成回族价值文化基础的伊斯兰宗教心理使回族在心理气质、精神价值取向和文化范式上都区别于汉人，使其在强势文化的包围中不会丧失自我。一致的文化认同是回民聚集而居的内在因素，这种精神纽带的维系将“我们”与“他者”划分了一道明显的界线，这种界线不但是心理上的，也是物质上的。回民聚居的教坊就是一个有较为明晰边缘的独特的人文社区，在物质形态上执着地保留西域先民所使用的装饰符号，在宗教仪式和生活习惯上也区别于汉人。这种以清真寺和教坊为中心的文化的自持和自生，使其成为城市人文生态系统中较为稳定的亚文化群落和城市景观中独具特色的异质景观区。

清朝对回族奉行的“毋令聚居，毋近汉人，毋居城市”残酷的少数民族政策，迫使穆斯林中的有识之士开始思考伊斯兰文化的生存之道，发起了一场“以儒诠经”的文化自生运动。南京回族学者王岱舆、张中、伍遵契、刘智、金天柱等在民族文化的学术研究中，思考回族统一使用汉语的问题，思考伊斯兰文化精髓如何在中国思想哲学界占有一席之位，如何适应中国的具体情况。在《正教真铨》、《天方性礼》、《天方典礼》等著作中，他们把伊斯兰教“认主独一”的神学纳入哲学的框架，并恰当吸收了某些儒家观点和老庄哲理以及陆王心学精华融入论证中，形成具有中国特色的伊斯兰教宗教哲学体系，完成了伊斯兰文化真正本土化的过程，亦形成了回族本民族的文化[2]。正是伊斯兰本身的创新再生，使南京回民教坊在明清两代都保持了基本的稳定和发展。

6.3.3　干扰和恢复——近代以来南京回族群落景观的变迁

回族群落本身是一个十分多样复杂的人文生态系统，其对外来干扰的抵抗力较强，但一旦干扰超过一定强度而造成损害后，其恢复的能力却较弱，难以回到干扰以前的状态。这一生态学原理在近代以来的南京回族群落变迁中得到了印证。

1）近代南京回族群落的景观变迁

鸦片战争南京开埠后，在外来帝国主义经济的冲击下，南京回族的经济结构和教坊发展发生了巨大变化，这也是当时中国社会的一个缩影。太平天国占领南京时期（1853—1864 年），因其信奉上帝教，拆毁大量清真寺，各寺的阿訇、教职人员纷纷逃离，宗教活动停止。同治三年（1864 年）曾国荃湘军攻破南京后，又大肆杀掠焚烧月余，全城三十六座清真寺所剩无几，回族人口大量流失。战乱平息后，大量鄂、豫、皖、鲁等省难民流入南京，使南京回族的人口和职业结构发生很大变化。直到 1923 年，由于我国民族资本的短暂繁荣发展，南京人口增至 40.15 万人，回族也只恢复到 3 万左右[3]（清乾隆年间

---

① 伍贻业．南京回族伊斯兰教史稿[M]．南京：南京伊斯兰教协会编印（内部发行），1999：112，125

② 伍贻业．南京回族伊斯兰教史稿[M]．南京：南京伊斯兰教协会编印（内部发行），1999：43

③ 清代南京人口在乾隆十年前后约有 56 万，其中回民人口 4 万。

回民有 4 万人左右)。1927 年国民政府定都南京后,人口逐年增长。据 1934 年 12 月 26 日《中国日报》载:南京总人口 79.6 万,回教徒 14 032 户 57 785 人。此时南京建有清真寺 25 座,清真女学 5 座,息心亭 3 座,回民教坊 30 处[①](表 6.1)(图 6.18),回族群落人口历经 80 年左右的时间,才恢复到太平天国之前的水平。

1937 年抗日战争爆发后,南京回族群落和南京城一同蒙难,据 1939 年日寇派遣军司令部南京特务机关训令金玉堂为首的伪南京回教总会代为调查,全市仅剩 24 个教坊,在隶 2 522 回民户,总计 12 096 人。经历如此巨大的干扰后,回民群落恢复的速度十分缓慢,直到 1950 年回民人口才达到 2.38 万[②]。

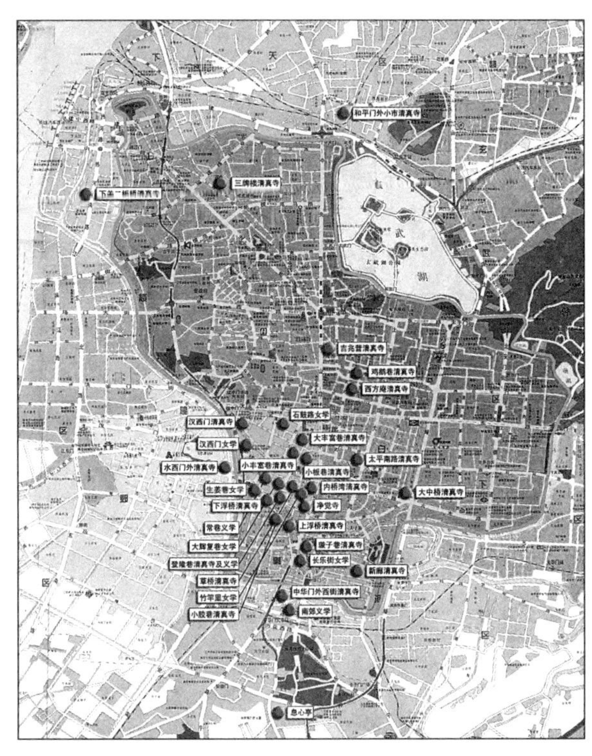

图 6.18 民国时期南京清真寺分布图

表 6.1 民国时期南京市各清真寺地址及附近回民居户调查表

	清真寺名	地址	教坊名	户数	人数
1	净觉寺	升州路 28 号			
2	草桥清真寺	甘雨巷 26-28 号	草桥	216	907
3	吉兆营清真寺	吉兆营 43 号	吉兆营	108	529
4	太平路清真寺	太平南路 289 号	花牌楼	93	744
5	和平门外小市清真寺	小市街 1 号	和平门外	42	336
6	三牌楼清真寺	三牌楼 5 号	三牌楼	31	246
7	下关二板桥清真寺	二板路 88 号	下关	493	2 461
8	鸡鹅巷清真寺	鸡鹅巷 25-27 号	鸡鹅巷	85	673
9	西方庵清真寺	西方庵 24 号	西方庵	56	433
10	石鼓路女学	石鼓路 61 号			
11	汉西门清真寺	礼拜寺巷 13 号	汉西门	308	1 540

① 石觉民.南京市回民生活及清真寺团体之调查.天山月刊,1934(3);收录于李兴华,冯今源.中国伊斯兰教史参考资料选编[M].银川:宁夏人民出版社,1985:1542

② 伍贻业.南京回族伊斯兰教史稿[M].南京:南京伊斯兰教协会编印(内部发行),1999:46,48

续表 6.1

	清真寺名	地址	教坊名	户数	人数
12	汉西门女学	礼拜寺巷 5 号			
13	水西门外清真寺	水西门大街 120 号	水西门外	91	727
			水西门	273	1 365
14	小王府巷清真寺	小王府巷 5 号	小王府巷	98	784
15	大丰富巷清真寺	丰富路 194-208 号	大丰富巷	292	1 460
16	小丰富巷清真寺	小丰富巷 59 号	小丰富巷	81	647
17	登隆巷清真寺	登隆巷 17 号	登隆巷	196	983
18	登隆巷求实阿文义学	登隆巷 14 号			
19	大辉复巷女学	大辉复巷 33 号	大辉巷	359	1 772
20	上浮桥清真寺	船板巷 73-75 号	上浮桥	104	520
21	下浮桥清真寺	菱角市 38 号	下浮桥	83	659
22	内桥湾清真寺	中山南路 362 号	内桥湾	87	693
			黑廊街	246	1 232
23	小板巷清真寺	小板巷 15 号	小板巷	617	3 084
24	常巷义学	大常巷 8 号	常巷	82	651
25	竹竿里女学	竹竿里 2-1 号			
26	生姜巷女学	生姜巷 8-1 号			
27	小胶巷清真寺	大胶巷 17 号	小胶巷	51	403
28	璇子巷清真寺	璇子巷 8/10/14 号	旋子巷	183	897
29	长乐街女学	长乐街 59-61 号	长乐街	31	246
30	大中桥清真寺	白下路 390 号	大中桥	28	221
31	新廊清真寺	长乐路 287 号	新廊	53	419
			中华门里	143	718
32	中华门外西街清真寺	西街 165-167 号	南门外西街	134	624
33	息心亭	南北中村 87 号			
34	南郊义学	雨花路 171 号	雨花路	124	613
合计	男寺 24 处，女学 6 处，义学 3 处，息心亭 1 处			4 846	27 060

2）现代南京回族群落的景观变迁

1949 年中华人民共和国成立后，南京回族进入了一个新的发展期，回民人口稳步增长，至 1958 年 9 月增长为 3.03 万。在党和政府一系列开明、正确的民族宗教政策的指导下，南京回民的宗教信仰和生活习俗得到尊重，恢复了一些民族饮食商业网点，修缮和加强对清真寺的管理，对生活困难的回民进行救助，并组织回族青少年学习文化技术。这些民族宗教政策的落实使得南京回族在较短的时间内，从解放前困苦凋敝的状态中恢复过来。

与此同时，南京回族宗教界在1958—1964年，经历了宗教改革，成立了伊斯兰教协会，使民族宗教事业步入社会主义的体制。宗教体制改革结束了明代以来南京回族社会组织管理的基本形式——教坊，解散各寺董事会，将全市32座清真寺、清真义学、清真女学合并为8座（净觉寺、太平路寺、草桥寺、吉兆营寺、丰富路寺、旱西门寺、旱西门女学、浦镇东门寺），将27座寺房地产交出由市房产管理局“经租代管”，使通过宗教机构和回民社团联合管理社区事务的民间自治体制进入了由市、区、街道、社区几级政府行政机构管理的政府管理的时代[①]。在同期进行的经济体制社会主义改造中，南京回族经济在保持清真特色的基础上，由个体分散经营走向适度规模的集中经营，如清真桃园村食品厂；一批私营企业转化为公私合营，如白敬宇眼药厂等。新的以公有制为主体的经济体制代替了过去依靠同业行会进行管理的私有制经济，回民的经济结构也随之发生了巨大变化。

“十年动乱”开始后，红卫兵以破四旧为名破坏了三山街净觉寺古牌坊等一批伊斯兰教建筑[②]，全市清真商业饮食网点也由158家锐减至37家，回族群落的空间、社会化和文化结构又一次遭受重创。直到1980年3月南京才全面恢复宗教活动，先后修缮太平南路清真寺、清代著名伊斯兰学者刘智墓，整修开放三山街净觉寺并重建“敕赐净觉寺”牌坊，修复并开放吉兆营清真寺，南京回族群落迎来了宽松的政治和宗教环境，逐渐从“文革”的破坏中恢复过来。改革开放的大潮大大改善了回族群落的经济和生活水平，但随之而来的思想观念解放和经济社会体制改革对回民群落的传统文化、社会结构带来了巨大的冲击，1990年代开始的大规模城市更新，更改变了大多数城市回民群落的空间形态，城市回族群落的生存和发展面临着新的机遇和挑战（详见本章第3节）[③]。

6.3.4　现代社会回族群落文化的演变

从远代起延续了700多年的回族群落文化，与所有的中国传统文化一样，在1950年代制度革命和1960年代开始的十年“文化革命”中遭到了割裂[④]。民族宗教政策遭到扭曲，民族机构被撤销，寺院被关闭，宗教活动被禁止，民族商业被关停，典籍文物被破坏，宗教人士受到冲击，回民的传统习俗被否定。“文化革命”结束后，改革开放恢复了意识形态、经济、文化、宗教和思想应有的自由，但随之而来的经济文化、思想观念和社会生活方式的巨大变革，却从更深的层次威胁着传统文化的延续。作为传统文化中相对弱势的亚文化，以伊斯兰教为核心的回族群落传统文化遭遇着更严峻的生存考验。

---

①② 伍贻业.南京回族伊斯兰教史稿[M].南京：南京伊斯兰教协会编印（内部发行），1999：198

③ 伍贻业.南京回族伊斯兰教史稿[M].南京：南京伊斯兰教协会编印（内部发行），1999：202、205

④ 我国现代化进程前30年的中国社会及其民族生活方式经历的一次转型从时间序列来看先是制度革命，再是“文化革命”。制度革命作为运动主要集中在1950年代，由此建立了全国一致的以集体所有制和集体劳动为特征的劳动生活方式和社会政治生活方式。“文化革命”作为运动集中在1960年代，由此建立了全民一致的以平均主义和所谓劳动人民本质为特征的物质消费生活方式和文化娱乐方式。制度革命和“文化革命”从历史的角度来看是在追求社会进步，从横向的角度开看是在谋求国家的社会整合。如果说制度建设是要把人组织在一起，那么文化整合是要把人心凝聚成一体。这一时期国家特别关注对于物资消费生活方式的社会主义改造，结果，老百姓的衣食住行都被意识形态化、平均化和标准化了。这是国家推行的社会整合在生活方式上的极端表现。

1）文化传承载体的变化

回族文化之所以能在“大分散，小聚居”的状态中得到传承，回坊和家庭起着关键的“载体”作用。在近30年的现代社会中，这两个关键的载体都发生了变化。

（1）群落物质空间——回坊的解体

回坊的聚居模式是回民群落在大分散的情况下得以存在和延续的物质空间基础，是伊斯兰文化在汉文化为主的中国社会中合理的存在方式，也是弱势群体在物质与精神上相互依存的双重需要。以清真寺为核心的回坊在回族群落的管理和控制方面起到了重要的作用，是开展宗教活动的场所，是生活和交往的场所，也是回族文化教育和传承的场所，这种教育作用除了正式的清真寺经堂教育外，更多是一种社区风俗对个体文化模式的潜移默化的塑造。

“个体生活的历史首先是适应由他的社区代代相传下来的生活模式和标准。从他出生之日起，他生活于其中的风俗就在塑造着他的经验和行为，到他能说话时他就成了自己文化小小的产物，而到他长大成人并能参与这种文化活动时其文化的信仰就是他的信仰”①。我国自1980年代末期开始的大规模城市更新中，大量的回坊在改造、拆迁中迅速解体。不仅对回民的饮食习惯、宗教活动造成了极大影响，而且使得伊斯兰文化的传承丧失了传统的载体。

（2）回族家庭结构的小型化

在传统的回民群落中，家庭也是伊斯兰文化传承的重要载体。与大部分中国传统家庭一样，回民也采取大家庭内几代人共同生活的组织形式。伊斯兰文化的保存和传承以及回族的民族凝聚力很大程度上归功于回族的家庭教育，这种教育是一种非正式的、耳濡目染式的社会示范和生活培养，既有通识教育，又有强烈的民族性和宗教性，其主要的实施者是大家庭中的老人。

现代社会存在家庭小型化、核心化的普遍趋势，回民家庭也不例外。老年回民一般不与子女同住，较少参与儿童的教育。核心家庭的中青年一代本身就处在历史断层带，缺乏民族和历史的认同，亦无法承担给下一代进行民族教育的重任。而族外通婚的日益普遍化，使得核心家庭中本身就暗含着不同文化、不同信仰及不同生活习俗的碰撞。

2）现代生活对传统习俗的矛盾

（1）现代生活与宗教仪式的矛盾

现代生活与伊斯兰宗教仪式之间存在着显而易见的矛盾。一方面，现代社会快速的生活节奏使得绝大多数回民上班族难以保持一日五拜礼等日常宗教活动。另一方面，寺坊解体后的回民居住十分分散，许多依托清真寺的宗教仪式和传统习俗难以进行。

事实上，宗教仪式与现代生活的矛盾在各宗教发展的过程中都不同程度地遇到。仪式行为是宗教精神的外化，是一种张显的表达形式，对于宗教信仰而言是必需的过程。它使得个人内在的宗教情感得以表达，并通过这一形式坚定和升华这种情感，特别是集体的宗教仪式，更有利于宗教信仰的表达和弘扬。为适应现代生活节奏和生活方式，对宗教礼拜仪式的简化已经成为现代宗教的一个趋势。伊斯兰教也应在保持宗教精神内核的前提下，合理简化日常宗教仪式，而保证每周的聚礼或重大节日的聚礼，这样既有利于宗教信仰及

---

① [美]露丝·本尼迪克特.文化模式[M].何锡章，黄欢，译.北京：华夏出版社，1987：2

其文化的传承,又可以缓解其与现代生活的矛盾。实际上,许多回民在现实生活中已经自发地简化了宗教礼拜的形式,伊斯兰教会及回民组织应当从教义本身肯定这一趋势,同时强化重大节日聚礼的组织工作。

(2) 个人自由和传统习俗的矛盾

伊斯兰教义要求回民遵守一定的传统习俗,但这些习俗的物质和观念基础在现代社会都受到了严峻的挑战。如回族传统的婚姻家庭制度要求族内通婚,而现代婚姻法则强调婚姻自由,族间通婚形成的回民家庭日益普遍。大多数传统清真食品销售点因回民教坊的解散而生意冷清、难以为继,而现代商业又较少考虑清真饮食的特殊需求,因此保持清真饮食习惯的成本大大增加。族类相亲、守望相助的回民聚落不仅面临着空间上的解体,也受到当代都市生活的匿名性和私人化的排斥。这些问题的背后,本质是东方的以族群利益为重的传统与西方崇尚个人自由之间的矛盾。

在传统的伊斯兰文化中,个人的幸福是建立在集体的幸福基础之上的,因此个人的思想和行为无不受到集体的制约和监督,这种族群主义甚至要求为了集体的利益牺牲个人利益,这就是"天下回回是一家"的价值基础,这与现代崇尚个人奋斗、强调个人幸福的个人主义的价值观无疑是迥异的。要缓解这种矛盾,我们必须在应该在尊重个人选择和保护集体生活方式之间保持平衡。我们不能把个人看做是社会习俗的产物,而应将群体习俗看作是个人选择的集合。一个健康的当代集体的前提是要尊重属员的个人的利益及其选择的自由,而其主要的目标则是设法创造使属员的个人利益和集体利益相统一集体生活方式,创造其所需的物质和观念条件并善加保护。现有的回族群落等"族裔文化少数群体尤其需要这样的保护,因为他们处境最危险,同时也因为他们仍维持一种需要保护的集体生活方式"①。

3) 群落经济基础——回民产业的衰退

中国历代封建王朝都采取重农抑商的政策,中国传统上商品经济并不发达,有经商传统的回族人正好弥补了这一空缺,充斥于各个行业、往来于各个地方的回族商人成为中国封建时期沟通有无的重要环节,回族商人也因此获得了丰厚的利润。较高的经济地位为回族带来了较高的社会地位,是回族群落发展的经济基础。

在社会普遍地商品化的今天,重商重利已成为普遍的社会风气,在这种近乎"全民皆商"的大背景下,回族经商的特点反而被掩盖了。加之中国回民经商过去多是集中在部分行业、规模不大的"小商"为主,"小商的求生手段一旦成了传统,一旦在一个民族占了太大的比例,就会潜移默化地销蚀这个民族担负的意义重大的使命"②。回民囿于其小商传统而较少涉及现代的加工生产、国际贸易、金融以及现代服务业,加之过去起组织作用的回民行会组织自从1950年代中断后也再未得到有效的恢复,以民族餐饮等小规模商业为主的传统回民产业在现代商业大潮中缺乏竞争力和发展潜力。回族人口的经济收入普遍较低,回族群落的公共事务缺少资金来源,环境逐渐恶化,有能力的人群开始外迁,经济的衰退导致了回民群落本身难以自持,在城市更新的各种压力面前更是不堪一击而最终解体。

小商传统直接影响着回族文化环境的营造,在新时代的经济条件下,我们应该重新审

---

① [加]威尔·金里卡.少数的权利——民族主义、多元文化主义和公民[M].邓红风,译.上海:上海世纪出版集团,2005:5

② 杨怀忠.回族史论稿[M].银川:宁夏人民出版社,1991

视这一传统，理性地继承和超越，在现代化的市场经济中赢得一席之地，为回族的振兴和发展打下坚实的经济基础，并为伊斯兰文化的延续和复兴创造一个好的环境。

4）传媒时代的回族文化的失落和机遇

（1）传统媒体中回族文化的失语和边缘化

在传媒充斥的现代社会，我们的信息绝大多数是从媒体中获取的，我们的社会化教育也极大地依赖传媒，这一现象的普遍性使我们可以认为，谁控制了传媒，谁就控制了文化的话语权。媒体的支配者通过占有、操纵媒介实现对被支配者的信息控制，迫使被支配者在认知行为和价值判断上顺从于支配者的利益要求"，它"通过控制信息载体，来传播特定的符号——意义体系，建构人们的认知概念世界、价值系统，形成对人们社会行为隐性的支配"①。

在这场话语权的争夺中，伊斯兰文化明显被边缘化。电视、广播、报纸等传统媒体是大众日常接触最多的媒介，其中电视是大多数家庭度过闲暇时光的选择，电视节目内容与文化传播密切相关，它通常是主流文化的阵地，传播当下最普遍的文化成果、生活方式和价值观。电视传媒很少关注民族宗教这类小众而敏感的题材，以宁夏回族自治区电视台的公共频道为例，节目安排上并没有与民族相关的内容。在现代传媒的强势包围中，伊斯兰文化处于失语状态，这对于民族文化的传播与继承无疑是不利的。

（2）网络新媒体带来的文化传承机遇

如果说，由于传统媒体过多地受到主流文化的左右而导致回族群体的失语和边缘化，那么以网络为主的新媒体时代的到来则给包括回族群体在内的所有非主流文化带来了机遇。一方面，传统媒体的信息是单向地从媒体流向受众，受主流文化控制的媒体掌握着话语权。而网络新媒体时代则以双向交互的信息为主，受众个人不但可以选择性搜索或接受世界范围内的信息，也可以通过网络在全世界范围内发布和传播信息。因此，任何弱势群体、非主流文化都有发言和被倾听的可能，这对于回族群落和伊斯兰文化无疑是一种福音。

同时，新媒体创造了人际交往的新空间——虚拟社区。人与人的交流不再需要见面，群体的交流也不需要物质空间上的集中。回民的交流和伊斯兰文化的传播不再需要回坊、甚至清真寺这类建筑空间，而是可以通过网站和虚拟社区进行。根据杨文炯的调查，2004年互联网上回族穆斯林汉文网站或网页已达63个，已成为城市回族人获取传统文化信息的新渠道②。更为重要的是，在城市社会的镜像中，互联网作为第四媒体和在线环境，使我们看到在地缘变迁之下正在消失的"围寺而居"的回坊的背影中，一个虚拟的网络回坊已隐约可见。网络正成为回族群落维系和伊斯兰文化传承的新载体。

5）回族群落和伊斯兰文化的现代化

（1）回族群落和伊斯兰文化需要现代化

近两个世纪的现代化进程将全球几乎所有的地区和文化区都纳入其中，现代化的科学技术、经济贸易、生活方式、思维方式和价值观深入到每个国家和地区、每种文化和制度、每个群体和个人。回族群落与伊斯兰文化亦面临着现代化的重大课题。

---

① 吴予敏.帝制中国的媒介权力[J].读书，2001(3)

② 杨文迥.城市界面下的回族传统文化与现代化[J].回族研究，2004(1)

从伊斯兰文化发展的脉络来看，对中华本土文化的适应与认同是其存在的条件，并在漫长的发展过程中始终与社会同步，使得伊斯兰文化与时俱进。而在今天，伊斯兰文化如何适应现代化的需要和发展，成为回族现代化进程中的一个现实问题。民族和宗教作为人类主体的自身行为，深受人类社会发展进程的制约，事实上，“宗教作为思想上层建筑的一个部分是被经济和政治决定的，是服从了一定社会的经济和政治的。这是社会发展的一个规律。正是这个规律决定着任何一个社会的宗教都要适应它所处的社会。”从这个角度来讲，伊斯兰文化的现代化既是时代发展的要求，也符合伊斯兰文化自身发展的需求。

(2) 传统是现代化前定的基础和生长点

在人类学的视野中，现代化作为一种文化发明具有一定的社会、文化和权力向度，决定这个向度的就是传统。因此，传统是现代化前定的基础和生长点。正如马克思所说的：“人们自己创造自己的历史，但是他们并不是随心所欲地创造，并不是在他们自己选定的条件下创造，而是在直接碰到的、既定的、从过去承继下来的条件下创造”[①]。传统总是特定民族或社会的传统，因此决定了现代化没有超越特定传统的先验的模式，也没有既定移植或借用的现代化模式，现代化都将被不同民族的传统文化所解读，表现为具体的、多线的、异质的历史变迁过程。因此，现代化是一个民族的传统合乎逻辑的必然发展，任何其他民族的现代化模式都不能削足适履地装进别的民族文化之中。

中国是一个政治上统一的多民族国家，实现现代化，走向繁荣是共同的目标，然而具体的现代化过程又必然具有多样性。正如费孝通教授所指出的：“中国不同的区域具有不同的发展道路，这些道路随区位传统不同而不同，但长期以来就是在动态中存在的，并不是简单的‘现代发明’”[②]。回族地区和汉族地区、回民群落和汉族群落，其现代化的道路必然有所差异，但可以肯定的是，宗教、价值观的差异不应成为阻碍现代化进程的理由。在前文提及的伊斯兰传统的集体主义属性和现代化个人自由观念的关系上，我们可以借鉴同样崇尚集体主义的日本、韩国和新加坡等东方强国的经验，他们都在继承传统的基础上完成了各自的现代化进程[③]。

(3) 现代化的文化自觉与文化转型

从历史发展的连续性来看，世界上任何一个民族的现代化都是在传统文化的基础上发展起来的，伊斯兰文化本身就有文化变迁的经验。伊斯兰文化中蕴含着许多可资借鉴的有利因素，将对回族社会乃至中华民族的发展产生积极影响。如何实现伊斯兰文化的现代化，如何在现代化的过程中保存自己的文化本质，找寻两种文化共同的价值认同是其中的关键，而文化的价值认同首先是建立在本民族文化自觉的基础之上。

文化自觉是指生活在一定文化中的人对其文化有“自知之明”，明白它的来历、形成过程、所具有的特色和它发展的趋向。不带任何“文化回归”的意思，不是要复旧，也不主张“全盘西化”或“坚守传统”。自知之明是为了增强对文化转型的自主能力，取得为适应新环境、新时代而进行文化选择时的自主地位。达到文化自觉是一个艰巨的任务，要做到这一点，需要一个很长的过程。首先要认识自己的文化，理解所接触的多种文化，才有条件在这

---

①② 杨文迥.城市界面下的回族传统文化与现代化[J].回族研究，2004(1)

③ [加]威尔·金里卡.少数的权利——民族主义、多元文化主义和公民[M].邓红风，译.上海：上海世纪出版集团，2005:5

个正在形成中的多元文化的世界里确立自己的位置，经过自主的适应，和其他文化一起，取长补短，建立一个有共同认可的基本秩序和一套与各种文化能和平共处、各抒所长、联手发展的共处守则①。

显而易见，文化自觉在本质上就是文化主体所形成的一种对传统的自主创新与开放借鉴合而为一、互以为力的精神品格，这种自主创新就是对传统的再解读，开掘文化内部的再生能力和创造机制；而开放借鉴就是文化主体所表现出的“心灵流动”与“移情能力”，即面对“他文化”既不妄自菲薄，又不唯我独尊的择而取之、为我所用的心态。穆斯林必须有鉴别地接受一切有益的东西，摒弃他们所厌恶的、对他们不利的东西。因此，只有经过文化自觉的洗礼，具有了现代品质的这一传统精神，才能成为回族穆斯林实现自身现代化的内在的精神资源，并与社会改革开放所形成的开放、借鉴、发展的时代精神形成合力，进而成为回族穆斯林实现自身现代化的强大精神动力②。

6.4 城市更新中回族群落景观的剧变——以南京七家湾为例

6.4.1 七家湾回族群落及其变迁概况

1）七家湾回族群落的范围

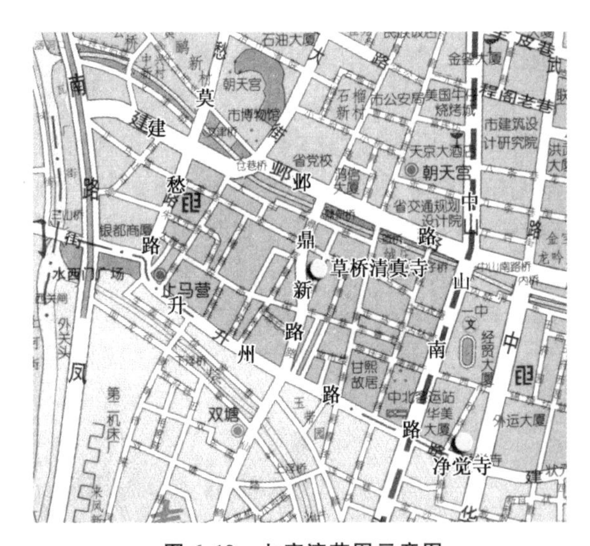

图 6.19　七家湾范围示意图

南京老城西南从元代至今一直是回民聚居的传统地区。民国以前，南京回民人口的 73.7％以及大部分清真寺都集中在城西南以红土桥、七家湾为中心，从中华门至旱西门至大中桥的扇形地域③。为了研究的方便，我们将研究范围限定在上述地区最核心的部分——七家湾回族群落，在地理空间上这是由中山南路、升州路、莫愁路和建邺路围合的一个完整区块，包括了现在的七家湾社区、安品街社区、评事街社区和绒庄新村社区（图 6.19）。

2）民国时期的七家湾回族群落

民国时期，七家湾回族群落的居民中回民比例高达 70％以上，是以伊斯兰教义为基础组织起来的人群，有明确的地域界线，居民有共同的社会生活、经济生活、群落文化和归属感、认同感，因而是有着一定结构并呈现出特定景观外貌的典型的人文生态群落。区内有草桥清真寺、登隆巷清真寺、大辉复巷女学

① 费孝通. 反思、对话、文化自觉[J]. 北京大学学报，1997(3)

② 杨文迥. 城市界面下的回族传统文化与现代化[J]. 回族研究，2004(1)

③ 石觉民. 南京市回民生活及清真寺团体之调查. 天山月刊，1934(3)；收录于李兴华，冯今源. 中国伊斯兰教史参考资料选编[M]. 银川：宁夏人民出版社，1985：1542

三座清真寺；有常巷义学、登隆巷求实阿文义学、草桥敦穆小学等回族学校；有以传统清真小吃闻名的七家湾巷，以皮革店、皮作坊闻名的皮市街（今评事街）、牛皮街、打钉巷、千章巷，以宰牛闻名的大牛首巷、小牛首巷等商业街；还有认一同志会、牛业公会、皮骨业公会、鸡鸭业公会等健全的回民自治机构。

3）近六十年七家湾回族群落演变概况

随着新中国成立后国民经济和城市建设的不断发展和城市化水平的不断提高，受城市人口自然增长，以汉族为主体的周边城乡人口大量进入，城市道路扩建、企事业进驻以及新建小区中以回民为主体的原有居民的迁出等因素影响，七家湾回族群落的面积日益收缩，完整性大大降低。

到 2002 年，七家湾回族群落特征人口——回民的优势度降低，回民人口比例从 1950 年代初的 47%下降到了 2002 年的 14%，清真寺数量由 3 座减少为 1 座，作为关键人群的宗教从业人员由近 20 名减少为 2 名。但仍然是南京市回民最为集中的地区，仍保存有评事街、安品街、南捕厅、大板巷、泰仓巷较完整的传统街巷和大量明清历史建筑，其中包括草桥清真寺和相当数量的回族民居和回族商业建筑，还有朱之蕃故居、天后宫、安徽会馆、西北三省会馆、沈氏私宅、陈作霖故居等文保单位，总体上仍然保持着回族群落的基本属性，但其民族文化特色景观已经大大弱化。

在近年来的城市大规模更新中，随着鼎新路的拓宽和随之而来的金鼎湾、安品街、熙南里等大型商业地产开发对其核心地带的入侵，七家湾回族群落急速衰退，民族文化及其景观濒临绝迹的危险。本节通过对七家湾回族群落在城市大规模更新中景观变迁的历时性观察，试图揭示文化景观变化背后的人文生态规律。

6.4.2 七家湾回族群落街道景观的演替

尽管城市景观要素包罗万象，但人们对城市景观形态的认知往往集中于一些结构性的要素。凯文·林奇的认知心理学研究表明，街道、小巷、运输线等“道路”是形成城市景观意象的五类要素之首[①]。人们观赏一个城市或者群落的景观时，总是循着一定的道路前进，因此，在很大程度上，“街道（沿街立面、性质、形式）是一座城市的映像”[②]。最直观的旅游经验也告诉我们，街景是城市景观的主体。同样，我们对于七家湾回民群落景观的观察也是从街景开始的。

七家湾回民群落内街巷纵横交错，很多街巷早在明清时期就已形成。民国时期编制的南京城市规划《首都计划》中，充分认识到“南京原属旧城，名胜古迹散布各处，而城南一带，屋宇鳞次，道路纵横密布，其状如网，道路系统之规划，稍涉任意，牺牲必多，只宜因其固有，加以改良”[③]，这些传统的路网形态因而得以维持到 1990 年代初期。但在随后的改革开放和城市大规模更新的大潮中，有不少的道路被拓宽取直，也有不少新建道路。下面我们将对七家湾回民群落内的升州路、莫愁路、建邺路、中山南路、鼎新路等 5 条主要街道的景观与其宽度、建成年代、拓建年代，以及对回民群落的影响进行分析（表 6.2）。

---

① ［美］凯文·林奇.城市意象［M］.项秉仁，译.北京：华夏出版社，2001：42

② ［美］科恩.城市规划的保护与保存［M］.王少华，译.北京：机械工业出版社，2004：179

③ （民国）国都设计技术专员办事处.首都计划［M］.南京：南京出版社，2007：64

表 6.2 七家湾地区道路修建情况

	建设年代（年）	路幅宽度（m）	拓建年代（年）	道路宽度（m）	备 注
升州路	1934	18			路面多次整修，路幅未变，将油市大街、讲堂街、行口大街、场口街拓宽而成
莫愁路	1935	26			合并了几条小街
建邺路	1931	6	1991	30	1903 年建成通行马车的道路
中山南路			1992	40	1929—1981 年的历次拓建未到此地段，由原天青街、马巷、铜作坊拓宽而成
鼎新路			2001	30	合并了甘巷、红土桥，同时截断了云台地、七家湾等七八条小巷

1）升州路街道景观变迁

升州路宽 18 米，不甚宽阔的街道与两侧连续的民国多层建筑形成了亲切宜人的尺度，两排巨大的法国梧桐投下斑驳的影子，一家连一家的小店便利而亲善。升州路两侧保存有较多民国时期的建筑，以商业建筑和民宅为主，一般二至三层，体量较小，有的建筑建造精美。沿街建筑从材料、结构技术到外观上可以看到中国传统木结构建筑向现代钢筋水泥建筑的发展。可以看到 20 世纪初南京大量性建筑在西风东渐的大背景下，如何自发地在传统和现代中徘徊与抉择，是研究这段建筑风格演变的好去处。沿街建筑虽属多层商业建筑，但因其建筑材料、技术和风格与街区内回民聚居的大板巷等传统民居相距不远，文化氛围十分协调（图 6.20）。升州路拓建于 1934 年，70 多年间未进行拓建，路幅未发生改变，道路两侧的建筑未因道路拓建而大量拆毁更新。而道路等级不高，亦未吸引或激发大量的新建项目，两侧民国建筑和传统街区保存较完整，这是其街道景观具有宜人的传统文化氛围的主要原因。

图 6.20 升州路景观

2）莫愁路街道景观变迁

莫愁路拓建于 1935 年，与升州路不同的是，路两侧基本上都是现代多层或高层建筑，民国建筑几乎没有。通过分析可以发现，莫愁路路幅较宽（25 m），在 1980 年代虎踞路建成前，曾作为南京城市干道承担着城西大量的南北交通，交通流量很大。由于道路等级较高，交通流量较大，道路两侧地块的级差地租提升较快，建筑更新的频度提高。同时，我们也发现建筑更新只发生在道路沿线的一层皮，内部传统的回族群落景观未发生较大改变，这与道路未进行拓宽不无关系，后文将对此进行详细分析。

3）建邺路街道景观变迁

建邺路始建于六朝，是南唐时宫门外横街西段，清光绪年间（1903 年）修建了马车道，1931 年拓建成 6 m 宽的道路，此后一直到 1991 年才拓宽为 30 m 的城市次干道。道路南侧沿内秦淮河为景观绿地，北侧全部为以高层为主的现代建筑，以底层为商业的住宅为主，有朗诗熙园、金鼎湾花园等高档住宅小区，沿街有中国人民银行、苏果超市、餐饮店等公共建筑，建设年代大多在1990年代至现在(图6.21)。这些现代建筑均有一定规模，并有继续向纵深发展的趋势。

图6.21 建邺路景观

图6.22 中山南路景观

4) 中山南路街道景观变迁

1992年中山南路拓宽至此地段，由原天青街、马巷、铜作坊拓宽而成，路幅宽40米，是南京城区南北向的主要干道。沿街除甘熙故居附近保存了一片明清民居外，其余地块均为高层现代建筑，有招商银行、中山南路三山街客运站、府西街小学、建邺职业学校，以及亚东名座(住宅小区)等(图6.22)。地铁1号线沿中山南路铺设，在中山南路与升州路交叉口设有地铁车站。地铁的建设使中山南路的重要性进一步提高，周边地块的价值也随之上升，道路沿线建筑无论在规模上还是在建设等级上都明显高于前面的三条道路。

5) 鼎新路街道景观变迁

鼎新路是2001年新近拓宽的道路，最宽处30 m，道路弯曲呈S状。鼎新路合并了甘巷、红土桥，同时截断了云台地、七家湾等七八条小巷。由于鼎新路位于七家湾回族群落的中央，在南北向穿越了原来密集的明清路网和民居群，将原来在空间上还相对完整的群落割裂为东西两半。由于道路较宽，拆毁的民居众多，随之消失的地名就有十多个，这对生存艰难的七家湾回族群落无疑是致命的一刀。随着道路的建设，道路周边的土地使用性质也逐渐开始置换，年久失修的明清民居被高楼大厦取代，狭窄幽深的街巷或消失，或变成宽阔的马路。在不长的时间内开发建设了金鼎湾花园一期、二期，鼎新苑等高档楼盘，江苏省交通厅航道局，南京市建邺区国家税务局等办公建筑(图6.23)。由于更南端的鸣羊街拓宽工程受阻于南京明清城墙，未能打通新街口向南的分流通道，鼎新路现在的交通流量还很少，道路的重要性尚未凸显，可以预见如果这一通道真正形成，鼎新路周边的建设将进入又一个高潮。

图6.23 鼎新路景观

6) 街道景观变迁的比较分析结论

从上面五条街道的景观变迁及其对七家湾回民群落的影响进行比较分析，我们可以得到以下结论：

(1) 1990年代后群落周边道路的修建和拓宽对街道和群落边缘的景观造成了较大影响，在短时间内发生了土地使用功能、使用强度和建设形式等一系列的变迁，由传统景观迅速变化为现代景观。

(2) 道路等级越高、交通流量越大，道路周边建筑演变越迅疾，建筑的公共性越强，建设等级越高，并向群落内部发展的趋势越大。而未经拓宽的道路两侧尚保存有较完整的民国景观。

6.4.3 道路与群落景观演变的人文生态分析

1) 道路是引发城市景观演变的先锋

在城市的尺度上，道路是引发城市景观格局演变的先锋。在我国古代城市的近代化和早期城市化过程中，建立在机动交通基础上的道路建设表现出明显的"先锋性"，这种先锋性在1949年后中国的现代化进程中继续得到印证，尤其在1990年后的快速城市化中更表现得淋漓尽致。城市的联系和扩展，新的工业和居住新城的涌现都是以道路的修建为先锋，大江南北流传着"要想富先修路"的谚语①。

在城市内的群落尺度上，道路同样是引发群落景观演替的先锋。我们不仅可以从七家湾上述道路的景观演变分析得到这一结论，也可以从人文生态理论的角度加以验证。

2) 道路是联系群落斑块的生态廊道

如果说城市人文群落是城市景观生态系统中的一个个斑块，那么道路则是划分和联系这些人文群落斑块的线性的生态廊道。几乎所有的城市景观都会被道路分割，同时又被道路连接在一起，道路具有联系和阻隔的双重作用。由于尺度较小，以自行车和步行为主的街巷往往是群落斑块内部的公共空间和通道，不构成群落的边界，所以我们主要研究路幅宽、机动车流较大的城市道路。它们一方面对两侧人员、物质的自由穿越形成障碍，而成为划分人文群落的边界；另一方面既是相距较远的人文群落间人口、物质、能源、信息流联系的廊道，是特定人文群落得以存在的生命线，也是各种异质性要素进入特定群落的通路，从而成为引发群落演变的先锋。

3) 道路对群落边缘带的景观影响

城市人文群落斑块与道路廊道邻接的空间会产生与斑块特征不同的边缘带，即人文生态交错带，是人文群落斑块向外延伸的过渡空间。人文生态交错带具有的特殊功能是边缘效应，即在邻近道路廊道的斑块边缘，受斑块和廊道的共同影响，出现不同于斑块内部的结构和功能。一般来说边缘带通常具有较高的多样性和生产力，物质循环和能量流动速率较快，比较活跃。一些需要稳定而相对单一环境资源条件的内部物种，往往集中分布在斑块内部，而另一些需要多种环境资源条件或适应多变环境的物种，主要分布在边际带。

对于城市人文群落斑块而言，边缘带的景观与斑块内部往往有较大差异。边缘带呈开放状态，由道路廊道带来的物质、能量和信息使这个区域的生境异常丰富，其土地使用功能、建筑形式、人员和物质交流的方式等方面的物质和非物质景观就可能不同于斑块内部。

---

① Xinjian Li. Municipal Infrastructures in Urban History and Conservation[C]. International Conference on East Asian Architectural Culture. Kyoto: Takahashi Yasuo, 2006

所以以聚居景观为主的七家湾回族群落的边缘带出现了大量商业、金融、文化、办公等相对公共的建筑，其服务范围远不局限于群落内部。

道路的路幅越宽、交通流量越大、越开放，其携带的物质、能量、信息也越多，只要没有制度或特殊地形等的限制，其两侧异于群落斑块内部的边缘景观带就越宽，即道路廊道对人文群落斑块的生态和景观影响也越大。从城市经济地理的角度看，等级较高的道路周边商业机会较多，地块的开发价值较高，因而会吸引大量建设资金的投入，沿道路地块的建设量增加，新建、改建项目向两侧地块内部入侵的程度也加大。

4）道路拓建是对斑块边缘的破坏

前面我们已经分析过，人文群落景观的演替通常是沿着周边道路从边缘开始的，道路等级越高，两侧群落的边缘带异质景观就越厚，因此，道路的拓宽、改建实际上是对既有斑块边缘带的破坏，内部物种容易由于生境退化和破碎化而受灭绝的威胁。斑块在失去了边缘带的保护后，斑块内部直接与道路廊道相邻，在功能和形态上都出现不适应的情况，迫使景观斑块发生演变。一般而言，当人文群落斑块的规模足够大时，道路廊道拓宽后可能形成更宽、等级更高的边缘带。但对小型的斑块而言，边缘带的消失将对斑块内部造成很大的干扰，迫使其演替为完全不同的斑块。

6.4.4　群落核心的破坏导致群落的衰退

以 1991 年后道路的拓宽和新建为先导，七家湾地区从 1996 年开始了一批又一批地相继拆迁，1997 大辉复巷 200 多户回民和原大辉复巷女学旧址同时被拆迁；2001 年红土桥、仓巷拓宽为鼎新路，一个完整的七家湾群落被劈成两半；而 2006 年后核心部分开始拆迁，整个七家湾回族群落逐渐消失。

1）生境的破碎将导致群落的衰退

生态学中，斑块需要一定的面积才能提供群落最基本的生境，过小的斑块无法支持群落基本的生活、生产和交往需求，也无力抵抗外来的干扰，因此景观碎片通常发生演替或消亡。斑块周边的道路扩宽和改建是通过改变边缘景观区对斑块面积的蚕食，一般尚不至对群落造成毁灭性的影响。但是，如果外来的异质性廊道穿越生态群落的核心区域，将破坏了斑块内部最核心、最敏感的区域，使斑块被割裂、破碎为两块或更多的景观碎片，这种影响往往是致命的。

生态学家早已注意到出于各种各样的原因而导致的生物种群栖息地的破碎化，从而形成了一个个在空间上具有一定距离的生境斑块。同时也正是因为栖息地的破碎化而使得一个较大的生物种群被分割成为许多小的局部种群。由于破碎化的栖息地生境的随机变化，致使那些被分割的小局部种群随时都有可能发生随机灭绝。由于城市中没有生物学上“未被占据的生境斑块”来建立起新的局部种群①，因此，城市人文群落的生境一旦破碎，就意味发生毁灭性的演替。

2001 年鼎新路拓宽，由于宽达 30 m 的道路处在七家湾回民群落的东西中心，实际上将一个完整的群落切割成了东西两个部分，它带来的后果反映在三个方面(图 6.24)。首先，

---

①　余新晓，牛健值，关文斌，等. 景观生态学[M]. 北京：高等教育出版社，2006：53

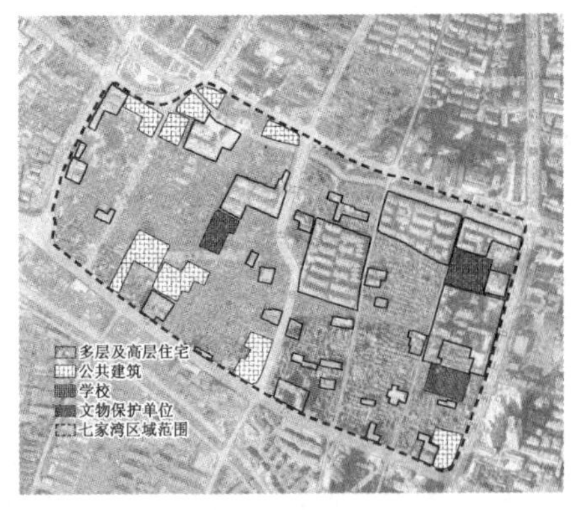

图 6.24　七家湾现代建筑斑块(2002 年)

道路拓宽破坏了群落核心区域的环境，拆迁了大量回民，核心区域是人文生态的敏感区，它稳定而不易变化，在这种强行的侵入下极易引发剧烈演变；其二，拓建的道路成为异质文化入侵的通道，现代建筑随即沿道路兴建，并向群落的更纵深处蔓延，造成了群落的进一步演变；第三，原有的群落斑块被切割后变成了面积更小的景观斑块，生态空间狭小而破碎，不利于该群落的发展，这成为后面群落进一步衰退的前兆。

2）核心区商业开发导致群落生境的破碎

图 6.25　七家湾生境的进一步破碎

在七家湾回民群落东部核心区被鼎新路沿线的金鼎湾花园、鼎新苑等高档楼盘所接替之后，位于西部核心区的万科安品街项目也于 2006 年启动。该项目边界东至二十八中学，南至安品街，西至仓巷，北至金鼎湾(七家湾)，占地逾 27 000 m^2。随着拆迁工作的进行，牙檀巷、月牙巷、狗皮山、酱蓬营等街巷地名随之消失，位于七家湾回民群落的核心部分，拆迁业已完毕，尚未开工建设(图 6.25)。尽管笔者未能取得拆迁人数和面积的具体数据，但是在回民群落核心区如此大面积拆迁建设，无疑将使群落的生境进一步破碎，群落已经衰退到了存亡的边缘。

3）用地性质的成片改变使回族群落迅速消解

七家湾回族群落中鼎新路以东的大部分区域被列入“南捕厅历史文化保护区”。南捕厅历史文化保护区东至中山南路，西至鼎新路，北靠建邺路，南邻升州路，总面积 30.5 万 m^2，分为四个地块(图 6.26)。目前，四号地块已经基本建设完成，主要包括甘熙故居和熙南里历史文化街区一期、二期工程(图 6.27)。

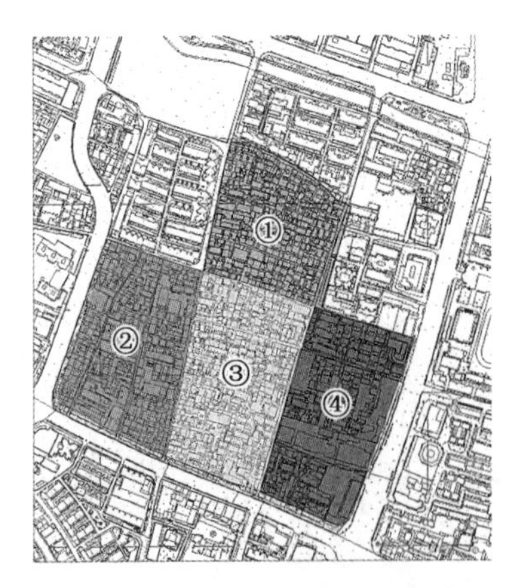

图 6.26　南捕厅历史文化保护区范围图

图 6.27　南捕厅历史街区环境改造工程实景

甘熙故居为江苏省文物单位，2002 年经修缮后用作南京市民俗博物馆。"熙南里"历史文化街区为 2006 年在甘熙故居文物保护紫线范围外开发，其中保留了 5 处建筑，余为与甘熙故居风格基本协调的新建仿古商业建筑。街区一期以"金陵历史文化风尚街区"为功能定位，涵盖休闲零售类、特色餐饮类和专属服务类业态。二期工程为面积 6 万 m^2 的商业街区，增加名品购物体验区和文化创意区，围绕甘熙故居形成环形的步行手工业街。在文化传承中，突出戏曲文化（甘氏家族为戏曲世家），民俗风情和民间工艺，包括传统民居、居民复原陈设，各种民间工艺，节假日有各种工匠师现场表演，再现"幽静安宁的高尚会所与传统的手工艺生活"①。

从人文生态保护而言，该项目的规划实施缺乏对地域内丰富而悠久的回族文化和传统生活的充分考量，以现代的精英文化取代传统的草根文化，以商业功能取代居住功能，以表演性的民俗风情和民间工艺取代复杂真实的社会生活，以批量建造的仿古建筑替代了积淀着历史的明清老宅，七家湾回族群落的历史积淀和文化景观再一次受到重创。

南捕厅历史文化街区目前已是七家湾回族群落最后的遗存，我们希望在其一、二、三号地块的保护和环境整治中，充分注意对回族文化景观的保护和展示。从其生境保护的角度而言，七家湾回民群落的生境已经濒临消失，其中一个街巷的拓宽，或者任何一个地块的开发都可能造成整个现存群落的瓦解。

6.5 宗教礼拜场所的文化景观与行为分析——以南京净觉寺为例

在人文生态的研究尺度上，前文已经对回族群落在城市尺度和群落内部尺度上的景观特征进行了研究，本节将对建筑（群）尺度的回族群落人文生态及其景观进行分析。由于回族信奉伊斯兰教，回民的宗教信仰与日常生活与清真寺有着密不可分的关联，从某种程度上说，清真寺就代表了回族。为此，我们以南京回民群落中最核心的建筑要素，也是南京目前唯一正常开放进行宗教聚礼的建筑——净觉寺为主要对象，分析其空间、建筑景观和开展宗教活动时人们活动所产生的非物质景观，并试图从文化、生态及环境行为等方面对其进行阐释。

6.5.1 南京净觉寺及其空间和建筑景观

1）南京净觉寺简介

南京净觉寺位于城南升州路，明洪武二十五年（1392 年）敕建，占地约 40 亩，后历代有修建，清末太平天国及"文革"时损毁严重，现存的净觉寺为清光绪年间及 1980 年代修建，规制已大为缩小。殿宇坐西朝东，现存院落三进，穿过砖雕牌坊，第一进院内有新月楼（南京市伊协办公室）及御碑亭。第二进有望月楼（寺办公室），其西为南北二讲堂，北为"思齐轩"、南为"慕贤堂"（展览室）。第三进中央为正厅，其西为礼拜殿，系穆斯林礼拜的场所，礼拜殿北是经堂和蝴蝶厅，为阿訇和伊玛目办公处，礼拜殿南面是清真女学，是女子学经礼拜

① 白下区文化局网站：http://www.bxwh.gov.cn/frame.asp?article=1333&recid=1713

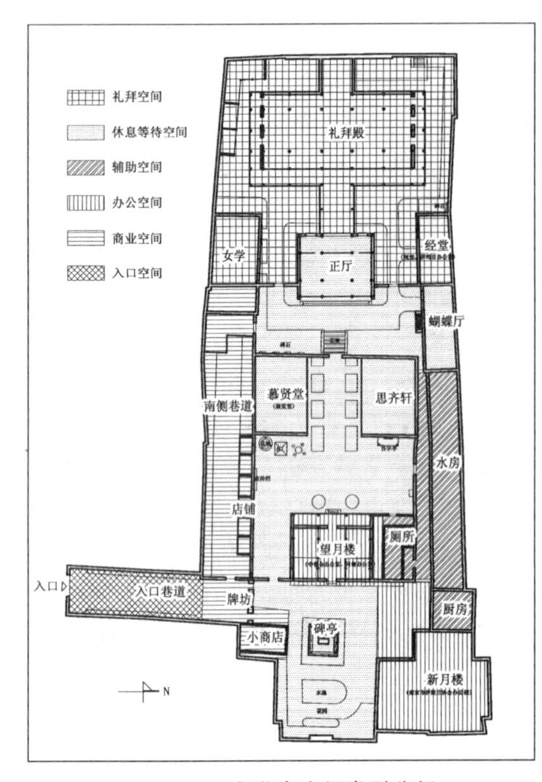

图 6.28 净觉寺空间类型分析

的场所。此外寺内还有水房、厨房、商店等附属建筑(图 6.28)。全寺建筑面积1 869 m^2，用地面积 3 715 m^2，是南京现存规模最大的清真寺，全市伊斯兰教重大的宗教活动均集中于此。

2) 内外有别的入口空间格局及其景观

在空间格局上，净觉寺是清真寺在本土化过程中通过空间轴线转折处理来解决伊斯兰教义东西向礼拜和中国城市南北向传统之间矛盾的典范。净觉寺入口位于升州路北，通过一条狭长的南北向巷道进入，在进入牌坊后的第一进院落处折转 90°，进行空间转换，形成一条包括望月楼、正厅、礼拜殿的东西向主轴线。

南北向的入口巷道在城市空间与礼拜空间之间形成了过渡，狭窄的尺度决定了其主要是一个交通空间，人们从这里通过而很少停留。但与中国所有的佛教寺庙一样，净觉寺的入口空间是乞丐们乞讨的场所，且一般汉族乞丐在大门外两侧，回族乞丐在巷道中，每当有人施舍，此处就会形成一个小小的聚集(图 6.29)。回族乞丐和汉族乞丐的控制区域泾渭分明，彼此极少交谈，反映了民族属性不同带来的领域性。

图 6.29 入口巷道中散乜贴的老人

入口巷道北端连接着一个向南纵长的封闭小巷，内有一排商店，主要出售清真食品，只在周五聚礼时开放，除了回民外也有周边居民在此购物。传统上清真寺是与穆斯林的生老病死有关的多种功能的综合体，寺中设有专门的回民丧葬所；常设有屠宰场，按教义提供经颂真主之名宰的食物；还有为方便四海一家的外地穆斯林而设的旅舍和餐饮等服务设施。由于净觉寺面积的局限，许多功能已经划分出去，另行成立了民族旅舍、回民丧葬服务所、屠宰厂等，但仅余的这条窄巷内的商店可以视作其综合功能的一个缩影，反映了穆斯林日常生活与清真寺的密切关系。

图 6.30 巷道尽端的砖雕牌坊

入口巷道底部高大的砖雕牌坊是净觉寺的景观标志，但后退升州路口数十米，呈现出汉地伊斯兰教作为亚文化的内敛性格(图 6.30)。牌坊也是清真寺内外空间界限的标志，穿越牌坊后，即标志着真正进入清真寺的范围，亦标志着进入仪式空间序列的开始。作为入口和市场的两条巷道都在牌坊以外，卖馕及其他世俗商品的回民摊贩，甚至聚集在巷道内乞讨的乞丐都不会进入牌坊内，保持着宗教和世俗生活的心理和空间界限。

3）宗教礼仪与寺内空间利用景观

牌坊内的寺院空间自东向西序列布局，具有明显的等级意味，私密性依次增强，而开放性逐渐减弱，不同宗教、年龄、地位、地缘的人群在空间中活动分布具有领域性，表现出不同空间利用上的物质和非物质景观。

牌坊内为第一进院落，人群在牌坊附近有短暂停留。牌坊内的小商店仅出售与伊斯兰教相关宗教用品。院落采取了较外向的场所空间，使用这些空间的人群除了来礼拜的穆斯林外还有游客和附近居民(图 6.31)。御碑亭在院落的中部以其抬高的地面和独立的体量形成了入口南北向轴线的端点和东西向礼拜轴线的起点，同时也是一处较安静、视线良好的可停留区域，外来游客以及较早到来的外籍穆斯林通常会选择在此休息(图 6.32)。御碑亭南部是一处带水池的小花园，但由于环境闭塞且远离入口而人迹罕至，其标示环境优美的符号意义大于实际使用价值。院落北部周边是伊协办公楼、寺管会及阿訇的办公楼和厨房、水房等附属用房。这里是一个典型的熟人空间，使用者为内部工作人员，几乎没有外人停留(图 6.33)。

图 6.31　南侧巷道内的店铺

图 6.32　御碑亭

图 6.33　内部人员的交往空间

第二进院落空间最大，停留和活动行为较多，时间也相对较长。院中有三座建筑，东侧望月楼为管理办公室，西北侧的慕贤堂为固定展室，公共活动主要集中在西南侧的思齐轩和庭院中。这一区域已经表现出较强的内向性和领域感，停留和活动的绝大多数为穆斯林，但思齐轩中的使用者一般为南京本地回民，而西北穆斯林则主要在院中聚集活动，不同地域人群的空间分野较为明显。院落中有树池，百字亭、石凳、井台和花架等景观设施，既限定行为活动发生的区域，又使物质设施与活动方式、场景保持着稳定的对应关系(图 6.34)。由于伊斯兰教义规定礼拜前必须进行大净(洗澡)或小净(洗脸、洗手、洗脚)，因此必须有水房。净觉寺的水房位于第二进院落的北侧，并有巷道与正殿院落相连。

第三进院落中的藤廊是一个通道，有花架和石条凳，是人们较愿意停留的场所，这里经常有募捐修清真寺或救助病患的活动(图 6.35)。院落北侧的蝴蝶厅及其前廊是南京老年回民休息聊天的场所,这里邻近水房,常可以看到还拿着毛巾擦拭或还在穿袜子的人。大厅是南京较德高望重的老阿訇或老回民休息的场所。北部水房等附属用房与院落间有条夹弄,礼拜人群大小净后可以直接进入此院落,等待进行礼拜,而不必再穿越殿堂与院落。总体说来,这个院落的内向性更强,行为的私密性更高,人群的熟悉程度更高,停留时间也最长。

图 6.34　院中的人群与自行车

图 6.35　藤廊下写乜贴建寺的西北人

礼拜殿及前院是礼拜的场所,气氛肃穆,有的穆斯林早早在此礼拜祈祷(图 6.36)。礼拜殿南侧的清真女学是穆斯林妇女休息礼拜的地方(图 6.37)。北侧是经堂,上殿前,各寺的阿訇通常会在此休息准备。该院门口挂着“游客勿入”的牌子,标志着这是个限制进入的特殊场所,暗示着宗教仪式空间的纯粹和崇高,这种限制对人群的行为产生了某种暗示,不参与礼拜的人群自动隔离在场所之外,参与者有熟悉的仪礼方式与空间相配合。拉普卜特认为在任何特定文化的环境中被编码的固定线索和意义有助于使行为更加恒常[①]。而此处富含宗教仪礼及意义的环境显然有助于礼拜行为的正常进行。

图 6.36　礼拜殿前的礼拜仪式

图 6.37　清真女学

4) 建筑装饰手法营造的宗教场所氛围

如前所述,净觉寺本身的建筑外观具有明显的本土特征,但主要通过建筑内部空间布置和装饰营造其独特的宗教氛围。清真寺没有偶像崇拜,礼拜时只要面向西方麦加即可,礼拜殿不采取以偶像为中心的布局,其形体可以是任何形状,其外观变化远较一般汉地建

① [美]A.拉普卜特.建成环境的意义——非语言表达方法.黄兰谷,译.北京:中国建筑工业出版社,2003:43

筑丰富。净觉寺礼拜殿呈“凸”字形[①]，突出部分设圣龛，是全殿的核心，也是装饰最为华丽的地方，圣龛南北开窗，光线充沛，与幽暗高大的大殿形成鲜明对比，也因此成为最吸引人的地方(图 6.38)。这种装饰繁简、空间大小、光线明暗的对比反复出现在净觉寺的建筑中，用建筑的手段强调“神圣”与“普通”的区别，使观者心生对美好光明的向往，使经文中安宁美好的天国具体物化为现实中的场景，使礼拜者可以切实感受到美好、向往和净化，这是宗教体验所必需的外部刺激。

图 6.38　净觉寺礼拜殿圣龛

为召唤教民礼拜而设的形体高耸、独特装饰的邦克楼往往是清真寺最显著的标志性建筑，但净觉寺望月楼原有的邦克楼被拆毁而迄今没有恢复，这是南京近年回族群落及其文化景观特征衰退的一个表现。但净觉寺在装饰风格上仍然保留了许多西域风格，随处可见阿拉伯文的古兰经门楣(都阿)、匾额，室内悬挂的阿拉伯文对联，以及伊斯兰年历和天房圣图等充满中亚色彩的字画(图 6.39)，色彩也以富伊斯兰特色的黄绿色彩为主。按照教义，伊斯兰教反对偶像崇拜，喜欢用各种植物装饰图案而不用人物和动物图形，但在净觉寺的建筑装饰中出现了龙的形象，这当然可能与其为敕建的地位和南京本地工匠的习惯做法相关，这也是伊斯兰文化与本土文化融合的一种表征。

图 6.39　净觉寺室内装饰

除了上述的空间、建筑、色彩、图案、材料、光影等视觉手法外，我们还能在净觉寺中体会到许多声音、气味等“复杂性与感觉丰富性并存”的处理手法。阿訇用阿拉伯语念颂的悠扬的唤礼之声，穆斯林在交谈中所说的有大量阿拉伯和波斯词汇的经堂语言，点燃的气息独特的香，赤足席地而坐的礼拜方式，这些丰富的信息在一定程度上重复、连贯地使用，暗示着行为者进入了一处与众不同的场所，引发人们的联想而产生特定的意义，成功地创造了伊斯兰文化的宗教场所氛围。

6.5.2　礼拜活动的人群特征分析

在当前绕寺而居的传统群落被“散化”，传统习俗受到现代观念的冲击的生境下，回民群落的宗教活动究竟如何开展，参加者及其活动景观有何特征，对城市景观研究有何意义？带着这一疑问，我们于 2006 年 4 月 7 日至 6 月 2 日对净觉寺每周五(主麻日)中午的晌礼进行了实地调查，通过观察、记录、访谈和发放调查问卷等收集相关资料，发现在礼拜人群构成及其礼拜行为、居住距离和交通方式、活动场所密度等方面具有一定的人文生态规律。

---

① 刘致平. 中国伊斯兰教建筑[M]. 乌鲁木齐：新疆人民出版社，1985：235

1）多种群礼拜者形成的多元文化景观

根据净觉寺阿訇的估算，南京净觉寺主麻聚礼人群主要分为三类：南京回民、西北穆斯林与外籍穆斯林，人数大约各占 1/3。根据 2006 年 5 月 24 日的观察统计，参加聚礼总计 589 人，其中外籍穆斯林 154 人占 26.2%，南京回民 219 人占 37.2%，西北穆斯林 216 人占 36.6%，与阿訇的估算基本一致。

据 2000 年人口普查资料，南京市回民总数为 7.8 万。外地在宁工作学习的穆斯林大约 2 万～3 万人，主要来自青海、甘肃、新疆等地，以及南京大学等高校的少数民族预科班和民族班就读的西北穆斯林学生，而外籍穆斯林以各高校的伊斯兰国家留学生为主。从参加聚礼的南京本地回民和西北穆斯林、外籍穆斯林人数接近的现象看，西北穆斯林宗教习惯保持较为严格，参加礼拜的比例比较高，而伊斯兰教国家对教义恪守更为严格，这在相当程度上反映了南京回民群落的本土化特征。

礼拜时来自各地的、各种肤色、各个民族的穆斯林聚集一堂，形成了净觉寺独特的文化景观。他们肤色不同、语言不同、服饰各异，有接近本地汉民容貌和服装的南京回民，有留着络腮胡的西北回民，有穿着传统民族服装的新疆维吾尔穆斯林，还有着长袍的来自西亚、南亚和非洲的各种族裔的穆斯林。但他们有显著的共同的宗教符号——男性佩戴各式的礼拜帽（如回民的小白帽、维吾尔穆斯林的小花帽），而女性穆斯林披戴长长的头巾。每周五中午，这样独具特色的人群在净觉寺附近络绎不绝，为净觉寺及其周边环境打下了深深的烙印，是南京不可多得的一处多元文化景观。净觉寺既是本地回民的精神家园，也是外地和外籍穆斯林在南京最有安全感和归属感的场所（图 6.40），因此是来宁访问的各穆斯林国家代表必定参观的场所，也是南京对外交流的一个重要场所（图 6.41）。

图 6.40　净觉寺礼拜的各籍穆斯林

图 6.41　文莱国玛斯莱娜公主访问净觉寺

2）从礼拜人群年龄特征看宗教传承

在年龄构成上，来寺人群中学龄前儿童 8 人，占 1.4%；青年 218 人，占 37.0%；中年 222 人，占 37.7%；老年 141 人，占 23.9%（表 6.3）。

表 6.3　净觉寺礼拜人群类型统计表（2006 年 5 月 24 日，11:00～13:50）

	儿童（人）（学龄前）		青年（人）（约 20～40 岁）		中年（人）（约 40～60 岁）		老年（人）（约 60 岁以上）		合计（人）	比例（%）
	男	女	男	女	男	女	男	女		
回族	5	3	69	22	121	12	107	27	366	62.1

续表 6.3

	儿童(人)（学龄前）		青年(人)（约 20～40 岁）		中年(人)（约 40～60 岁）		老年(人)（约 60 岁以上）		合计（人）	比例（%）
	男	女	男	女	男	女	男	女		
维吾尔族	0	0	35	1	27	2	4	0	69	11.7
外籍人	0	0	90	1	59	1	3	0	154	26.2
总计	5	3	194	24	207	15	114	27	589	100
	8		218		222		141			
比例(%)	1.4		37.0		37.7		23.9		100	—

注：为便于观察统计，调研中将外貌特征比较明显的外籍穆斯林和新疆维吾尔穆斯林分列统计，而南京回民与西北回民在外貌上难以分辨，故只能列为一类。

有 8 名学龄前儿童在家长的带领下来净觉寺，但上殿礼拜的仅 2 名。新中国成立前，回民学校一般位于清真寺内，要求小学五、六年级以上的男生参加主麻聚礼。1950 年后，教育与宗教分离，各回民小学不再要求学生参加主麻聚礼。现在回民中小学生大多分散在城内各学校学习，仅有的一所民族小学离清真寺也有一定距离。由于距离较远、独立行为能力较低、学业压力大等因素，中小学生参加礼拜的人数为零。

统计结果中中青年占了绝大部分，其中维吾尔与外籍穆斯林中中青年占大部分，这是因为来宁工作、学习的外地或外籍穆斯林以中青年为主；同时南京本地来寺礼拜的中青年回民比预想的人数要多，这与访谈中得知南京伊斯兰信仰传承在年轻一代中的影响越来越大的信息相符，中青年信众的比例正逐渐提高。

礼拜的老年人中，南京回民占绝大多数，并且很多来自净觉寺附近的回民社区，但也不乏从其他城区长途而来的。他们是来净觉寺频率最高、时间最长的人群，是清真寺最重要的使用者。这些老人大多年事已高，经历了近代一系列重大事件，谙熟南京回族的变迁历程，他们恪守教义、信仰虔诚，是回族传统文化传承的关键。

总体上，礼拜人群年龄有年轻化的趋势，这与当前开明的民族宗教政策是分不开的。在穆斯林宗教传承中，家庭、清真寺及回民社区都起着非常重要的作用，而清真寺礼拜人数及年龄比例是最明显的标志，越来越多的回族青年尊重并继承和发扬本民族传统文化，对于回族群落的文化延续具有非常积极的意义。他们有旺盛的精力和创造力，有基于信息时代的视野和技能，也是穆斯林文化不断创新的希望所在。

3）男性为主的礼拜人群

在性别比例上，参加净觉寺聚礼的男性共 520 人，占 88.3%，而女性仅有 69 人，占 11.7%。

来寺礼拜人群中妇女比例大大低于男子，且以老年与青年妇女为主。其中老年妇女大多为南京回民，退休后清真寺成为她们日常生活的主要场所。青年妇女大多为西北和外籍穆斯林，有的穿长袍、戴头巾，特征明显。

礼拜殿及其前院是穆斯林男子礼拜的场所，他们是礼拜人群的绝对主体。妇女在大殿南侧厢房的女学中由寺娘带领礼拜，程序与男子无异，但与男子的礼拜空间完全隔离。造成净觉寺礼拜人群男女比例悬殊的主要原因在于宗教教义，伊斯兰教规定星期五为聚礼日，称“主麻”，全市或全坊穆斯林集中在清真寺礼拜，由伊玛目领拜，妇女没有这种聚礼的义务。在许多文化的祠庙等公共场所中，女性往往是受到排斥甚至禁止的，这种传统至今遗留在城市空间中，净觉寺的空间利用只是城市中性别空间现象的一个缩影(详见第8章)。

4) 行为目的对空间使用方式的影响

不同的行为目的也使人们对场所的使用产生差异。游客以游览参观为主要目的，游览路线是沿着主要院落轴线行进，在有陈列的场所，如御碑亭、慕贤堂等处稍有停留，而不会进入穆斯林聚集的思齐轩、大厅等带有明显内向性的熟人空间，少数游客出于好奇可能进入挂着“游客止步”牌子的礼拜殿前院参观，但对需脱鞋方可进入的礼拜殿，游客一般只在门外张望而不会入内，且会在举行礼拜仪式的时候自觉离开。我们作为研究者虽然得到许可进入礼拜殿记录礼拜过程，但在如此肃穆空间氛围中仍如误闯禁地的游客般不安和拘束。同样作为外来者的附近居民来寺的目的主要是购买食品和散步游玩，通常使用的场所为南部的店铺及第一进院落，这两类人群在清真寺的时间较短，一般在10～20分钟，对空间和景观的影响甚小。

参加礼拜的穆斯林是清真寺主要的使用者。他们来寺的主要目的是做礼拜，根据调查问卷统计，来寺的其他目的还包括请阿訇念经、学习经文、访友、购买食品等。多样的目的使得行为方式和空间环境的使用更为多元，他们在除办公场所外的整个寺院内自由活动，在寺时间较长，且往往有较固定的交往对象。访谈中得知，许多南京老年回民日常生活的主要场所即是净觉寺，他们通常自带午餐在寺里度过整个白天，主要交往的朋友圈就在经常来礼拜的人群中，其中许多是几代人的友谊。由于传统上回民聚居和族内通婚的现象显著，本地回民间有着深厚而复杂的亲情关系，而共同的信仰文化及生活习惯认同也使其更倾向于结交回民朋友，这一点在调查问卷中也有反映，而清真寺已经成为回族群落遭到破坏后当代散居回民生活交友的主要场所。

5) 职业对礼拜时间和行为的影响

较早来寺的人群大部分为南京回民，也有部分随子女居住在南京的外地回民，普遍年岁较高，大多已退休。他们中很多人将净觉寺作为日常生活的主要场所，每天11:00左右早早到来，自带午餐来寺内聊天交友、购买清真食品、大小净并参加礼拜，往往活动数小时甚至一整天。

在南京的西北穆斯林一般从事餐饮等私营服务行业，时间上相对自主，他们也是较早来寺的人群，大约12:00之后陆续到来，但一般不在寺里吃午餐，活动时间在0.5～1.0小时左右，主要包括聊天、购买食品、大小净并参加礼拜。

约有总人数一半的礼拜者来寺时间集中在12:30～13:10之间，其中中青年回民和外籍穆斯林比例较高，他们在礼拜前10～20分钟间较集中地到来。到寺时间最迟的主要是南京各单位的上班族，大多是结束上午工作并午餐后来寺，一般小净后上殿礼拜，有的已在外做过大小净直接上殿，他们彼此简短问候交谈，在寺停留时间一般在半小时以内。

由此看来，影响礼拜人群来寺时间和在寺时间长短的最重要的因素是可自由支配的时间的多少，而这与职业状况是密切相关的。在我国当前经济快速运转中，某些传统文化的衰微往往不是因为不受重视，而是因为有心无力、无暇顾及所致，因此，历史上许多经济萧条时期往往成为思想文化异常活跃的时期。

6.5.3 从交通距离看清真寺凝聚力的空间边界

清真寺聚礼对回族群落无疑具有精神、文化和社会交往上的凝聚力。由于城市建设的发展，传统上聚居的回族群落的空间“散化”已是不可回避的事实。回民居住空间分散到什么程度还能够发挥清真寺的凝聚力呢？为此，我们在 2006 年 6 月 2 日对净觉寺礼拜人群的交通方式、距离和时间进行了统计分析，并通过比较分析划分出清真寺凝聚力的三个空间层次。

1）礼拜者交通方式、时间和距离分析

表 6.4 净觉寺礼拜人群交通方式统计表，2006 年 6 月 2 日，11:15～13:10

时 间	步行（人）	自行车（人）	电动车（人）	三轮车（人）	摩托车（人）	公交车（人）	的士（人）	自驾车（人）	合计（人）	比例（%）
11:15～11:30	15	10	0	0	3	0	0	0	28	6.4
11:30～12:00	25	22	6	2	11	11	0	2	79	18.0
12:00～12:30	55	39	6	1	15	9	0	3	128	29.2
12:30～13:00	48	21	0	1	19	52	20	32 *	193	44.1
13:00～13:10	2	2	0	0	0	5	1	0	10	2.3
总计	145	94	12	4	48	77	21	37	438	100
比例（%）	33.1	21.5	2.7	0.9	11.0	17.6	4.8	8.4	100	—

从表 6.4[①] 可以看到，净觉寺礼拜人群的交通方式以步行和非机动车为主，公交车和摩托车其次，而自驾车和出租车的比例均不到 10%，说明绝大多数礼拜者的出行经济成本较低，这于礼拜互动的日常性和南京回民收入偏低的状况是吻合的。除经济成本外，人们的日常出行还受到出行时间的限制。根据交通规划的一般理论，城市中步行者的适宜出行时间 15 分钟、出行距离约 1～2 km，骑自行车的适宜出行时间为 15～25 分钟（包括红绿灯等候时间）、出行距离 2～4 km。从我们发放的 62 份交通方式调查问卷显示，68.8%的步行者步行时间在 15 分钟内，91.3%的骑自行车者所花时间在 30 分钟以内，说明绝大多数来寺回民的来寺时间控制在适宜的时间内，即绝大多数来寺回民的居住地点距离净觉寺在4 km 以内（表 6.5）。公交车、私家车、出租车属于远距离机动交通工具，其中出行经济成本最低的公交车是来寺回民最普遍采用的方式，而出租车和私家车的比例则非常低。

① 统计时观察点位于净觉寺大门外，升州路旁，可以观察到所有进入寺内的行人、自行车、三轮车、电动车、摩托车。设想出租车会停在门口下客，而实际上很多人是在马路对面或路口就下车了，给观察带来一定困难。升州路来往的公交车站在寺门不远处，可以观察下车乘客有无进入寺中，但实际上马路对面公交车站下车门在背侧，不易观察，故有公交车到站时，从车辆附近过马路入寺的人可以看作为乘公交车来寺的人群。有部分自驾车停在入口巷道和南侧巷道内，有几辆中型面包车停在路边下客后开走。

表 6.5　净觉寺礼拜人群交通时间统计表(数据来源依据调查问卷)

	步行(人)	自行车(人)	公交车(人)	出租车(人)	自驾车(人)	其他(人)	合计(人)	比例(%)
<15 分钟	11	11	0	0	0	0	22	35.5
15～30 分钟	4	10	7	0	1	0	22	35.5
30～60 分钟	1	2	6	0	0	1	10	16.1
>60 分钟	0	0	8	0	0	0	8	12.9
总计(人)	16	23	21	0	1	1	62	100
比例(%)	25.8	37.1	33.9	0	1.6	1.6	100	—

2) 清真寺凝聚力的三个空间层次

虽然便利的现代交通使人们到达清真寺的时间大大缩短,理论上增强了分散居住的回民保持宗教生活的可能,但不可否认的是,来寺礼拜者的数量随着所需交通时间的增加而呈现明显减少的趋势,或者说,来寺礼拜者的数量与其到清真寺的距离成反比。因此,我们可以将清真寺凝聚力的空间边界分为三个层次,凝聚力最强的是 1 km 以内,适于日常步行来礼拜,大致覆盖了城西南七家湾、评事街、绒庄、冶山道院、王府大街、丰富路等传统上回民聚居的核心区域。凝聚力次之的是 4 km 范围内,适于回民骑自行车来礼拜,可以覆盖北京路附近、光华门外、河西东部以及雨花台地区,基本包括了城南回民聚居区和拆迁回民较集中安置的南湖小区、茶南小区以及虹苑小区等。4 km 以外的区域是第三个层次,人们需要借助机动车前来礼拜,时间成本和经济成本较高,因而来寺礼拜者数量较少(图 6.42)。

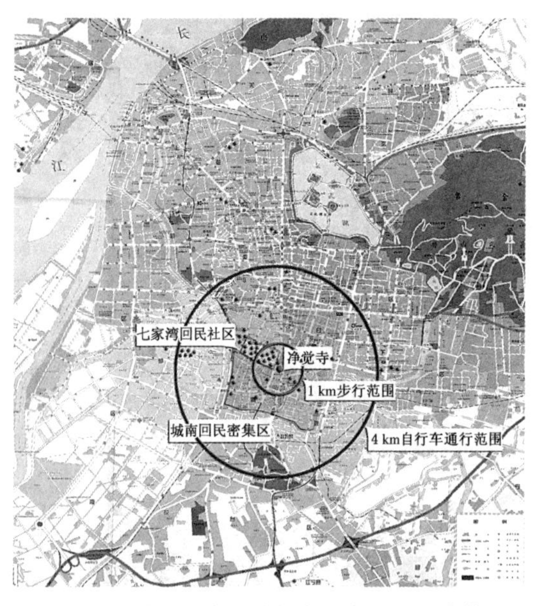

图 6.42　从礼拜人群分析净觉寺礼拜影响范围

需要指出的是,大部分受访者都认为参加礼拜时可以比购物、工作、上学等日常行为花费更多的交通时间,部分回民是从浦口、江宁、迈皋桥等地辗转换车而来,有的甚至需花费 2 小时以上的交通时间,这从一个方面也说明宗教需求属于较高层次的精神需求,可以促使人们克服较大的困难来实现。

6.5.4　宗教活动景观与人群密度

1) 主麻日聚礼的高密度人群景观

礼拜殿及其前院是净觉寺聚礼的主要空间。为容纳主麻日 500 名左右的礼拜聚礼者,350 m^2的礼拜殿(包括回廊)的地面铺上地毯与白布条(殿内 8 行,廊下 2 行);前院中铺 5 行席子，共计 100 m^2，由此礼拜者的行距在 1.0～1.3 m 左右，人均使用面积约 0.8 m^2。礼拜者脱鞋上殿，仪式过程中随阿訇匍匐跪拜，随即站立祷告，如是两次，即完成了主命拜，中国穆斯林在主命拜后还要加 10 次现时拜。根据人体工程学，1.0～1.3 m 是跪拜行为所需的最小距离，即在此范围内仅能保证完成动作而不碰触到前后的物体，因此礼拜时的人群密度远远高于人们日常社会活动中的正常密度，构成伊斯兰宗教活动的景观特色。

2）行为场合和知觉密度理论

人群密度指的是单位空间中的人数或人均占有的空间面积，可以通过数学计算获得。但 Rapoport 认为影响人们行为的不是人群的空间密度，而是知觉密度。知觉密度是指人们所感觉到的场所密度①，是人的知觉感受，难以用数字表达。场所的围合度、空间秩序、活动水平和用途可能使人对场所的密度有不同的认识，进而对行为有不同的影响，而这正是人们在净觉寺礼拜时能够承受高密度的原因所在。

首先，穆斯林是由于共同的宗教信仰而形成的亚文化群体，虽然来自不同的民族、国家，但共同的信仰与价值观使他们之间有较强的认同感，容易形成一个社会支持网络并能为其成员提供亲密的感情关系。在高密度的城市中，亚文化群体强调文化、环境和社会生活过程的相互影响，有助于消解压力和规范行为。有研究表明，熟悉的程度越高，彼此需保持的空间距离越小，如同学聚会，在密度较大的情况下不会感到拥挤，反而由于较近的距离而产生亲切感。穆斯林亚文化群体由于共同的信仰和彼此的认同感使他们对密度压力的承受力增加。

其次，清真寺是一个相对特殊的环境，有时间的限定性和空间的约束性，处在这一环境中的人有较明确的目的需求（感知真主）和相近的行为倾向（礼拜），所以虽然每个个人有着不同的文化背景和行为习性，但还是能够在较短时间内就可达成一个行为的共识。因此，清真寺是一个典型的行为场合，是最适合发生宗教礼拜活动并且其模式不随时间改变的地方。礼拜活动在此时开始在彼时结束，有其参与者理解并遵守的固定且重复出现的行为模式，这使得礼拜者的知觉密度远小于其实际的空间密度。

3）宗教体验与密度—强度理论

我们也可以从 Freedman 的“密度—强度”理论来理解净觉寺主麻日聚礼活动中的高密度景观，即在特定的情境中，其他人的存在也是一种刺激，高密度则强化了这种刺激。密度过高而引起的生理上的激发不一定都是坏事。人们在许多拥挤的时刻都是高度兴奋的，例如节日的广场、观看演出、球赛或在舞厅中，大多数人喜欢这些拥挤刺激的场所。宗教仪式场所也属于积极的高密度场所，一致的礼拜行为、宗教念词，他人的行为对个人有极强的影响力，适当的高密度可以加强这种相互的影响，增加仪式的崇高感。超常的密度是营造宗教氛围的有效手段，空旷或密集的仪式空间都可以造成非同一般的场所体验，人数众多且密集的宏大场景最大限度地体现了自我的谦卑与渺小，进而激发出强烈的虔诚的宗教情感。因此，适当的高密度可以在神圣的时刻提高人的兴奋度，更易获得宗教体验。

---

① ［美］A. 拉普卜特. 建成环境的意义——非语言表达方法. 黄兰谷，译. 北京：中国建筑工业出版社，2003：43

6.6 小结

民族是人文生态组成因素之一,民族文化/多元文化/景观独特性/人文生态和谐/景观的稳定性/人文生态与景观的可持续发展间有着紧密的逻辑关系,民族文化是城市文化多样性的重要组成部分,民族景观为城市景观多样性作出了重要贡献,对城市景观独特性和稳定性有重要价值,而文化多样性和景观多样性是人文生态系统稳定的保证,多民族和谐共处是人文生态和谐与可持续发展的基础之一,因此值得研究。在当前快速城市化进程中,对城市民族文化保护的重视不够,导致民族文化的物质载体——民族聚居区在城市建设过程中遭到破坏,很大程度上影响了民族文化的传承与发展,对民族文化、民族景观造成了一定程度的破坏,使城市人文生态多样性和城市景观的多样性受到损害,从而影响了城市人文生态的和谐与城市景观形态的可持续发展,应引起我们的重视。

回族相对汉族而言属于少数族群,他们的生境较为狭窄,应重视对其生境的保护。通过对南京七家湾地区回族群落的演变分析,我们认为道路对人文生态群落生境的影响最为典型,道路是联系人文群落生态斑块的廊道,道路拓建影响了群落边缘的结构与景观并进一步导致群落内部的变化,道路是引发城市景观形态演变的先锋。此外,道路拓建和商业开发导致了人文群落生境的破碎,特别是核心区的商业开发,以及用地性质的成片改变将导致群落的衰退。这一规律对城市中的传统人文生态群落都适用,但由于城市回族群落所独有的民族、宗教文化,以及这一生境对回族生存与发展的重要人文生态意义,因此,对城市回族群落的保护就显得尤为重要。在城市道路规划和用地规划中应注意对这些特殊区域的保护。

清真寺的空间格局、空间利用以及建筑装饰都与宗教文化、宗教礼仪以及宗教气氛有直接的关系,在景观形态上反映了民族宗教文化的内涵。性别、年龄、职业和目的都对礼拜者的行为方式产生影响,并形成了独特的文化景观。从礼拜者来清真寺的交通距离可以分析清真寺凝聚力的空间边界,为现代城市中合理布局清真寺提供依据。宗教是人类较高的情感需求,礼拜者可以为之承受更大距离的交通和更狭小的空间密度。虽然空间局促是大多数城市清真寺共同的现状,但我们认为适当的密度有助于增加宗教体验的崇高感,同时,宗教节日时高密度的礼拜人群形成了壮观的人文景观。

7　女性视野下的城市景观

男性群体和女性群体之间的和谐是人文生态系统平衡的前提，反映在景观上就是要尊重女性群体与男性群体对城市景观需求的差异性，并争取二者在城市景观影响力上的平等性。由于中国长期封建统治的文化遗留，女性对城市的影响力弱于男性这一全球性问题在中国表现得尤为突出。当前城市景观是经漫长的父权社会中发展形成的，大多数景观学研究较少关注景观问题的性别差异，客观上形成了研究立场以男性为主，女性的特殊性被忽略。为了弥补这种不均衡的研究现状，本章将女性与男性对城市景观的需求和影响相比较，在女性视野下研究性别差异与城市景观形态的关系。本章的目标并非如女性主义者那样试图通过社会运动来消弭性别差异，而是作为一名女性景观学者从切身感受出发，客观思考景观规划建设中忽视性别差异而导致的种种问题，探讨兼顾男性和女性不同需求的理想的城市景观形态。

7.1　女性群体与城市人文生态

7.1.1　人文生态系统观下的男女群体二分

在城市人文生态系统中，不同群体的生态位和对环境的影响力不同，对生境的要求和适应能力也不同，因而研究不同群体对城市景观的适应能力和影响作用，是在人文生态视野下研究城市景观形态的重要内容。

自然生态系统的平衡需要物种的多样性，人文生态系统的平衡和可持续，也需要保持人文群体的多样性。我们可以根据性别、年龄、收入、职业、民族等自然和社会属性将城市人文生态系统划分为不同的群体，如男性群体、女性群体；老人、中年、青年和儿童人群；高收入、中等收入和低收入人群等等，维持不同群体间的和谐关系和适当的人口比例关系，保护每个群体生存权和发展权的平等，既是保持人文生态系统自持和自生的基础，也是受人权伦理制约的人文生态系统不同于物竞天择的自然生态系统之处。

本章采用最简单最直接的人文生态群体划分方法，将人文生态系统二分为男性群体和女性群体来进行研究。在人文生态系统观下的性别二分法并不是麦茜特(Carolyn Merchant)反对的那种强调分离性的二元论，而是强调联系的二元论，男性和女性之间是互补性的(而不是对抗性的)、包容性的(而不是排他性的)，有差别但并无价值(地位、威望)的优劣[1]。男女平等这一传统的社会学命题因此而具有了深厚的生态学和哲学含义，即男性群

① [美]卡洛琳·麦茜特.自然之死——妇女、生态和科学革命[M].吴国盛，等，译.长春：吉林人民出版社，1999：158-161

体和女性群体的平等和谐是人文生态系统健康永续发展的前提，这与阴阳和谐的宇宙哲学也是同构的。在生态的意义上，男性群体和女性群体的差异不仅是生物学上的必然，也是系统不至达到完全平衡而寂灭的必须，因此男性群体和女性群体在人文生态系统中应保持既相互平等，又相互差异并互补的动态均衡。这种差异性平衡的要求反映到城市景观上，就是女性群体有其不同于男性群体的对城市景观（生境）的需求，理想的城市景观形态应该兼顾女性需要的生境和男性需要的生境，二者之间也应该达到差异性的均衡。

7.1.2 女性——人文生态系统中的弱势群体

不同群体对其生境的适应与影响能力不同。城市人文生态系统中，群体的生境是群体生存的环境，即群体生存所需要的城市物质或非物质环境。生境狭窄，对环境的影响力小、适应力差的群体称之为弱势群体。保护弱势群体的生存和发展权，使其更好地适应并改造环境是保持人文生态系统的多样性和可持续均衡发展的必然需求。从不同的群体划分角度出发，当前我国城市人文生态系统中的弱势群体有低收入人群、少数民族、老人和儿童、残疾人、以农民工为主的外来流动人口等等。相对于男性群体而言，由于女性群体在生理的体质、经济分工和社会地位等方面都处于弱势，因而是城市人文生态系统中的弱势群体。

在前述第四、五、六各章中，本书已经涉及了外来人口、低收入人群（下岗工人）和回民等弱势群体与城市景观的关系，本章将研究女性这一弱势群体与当代城市景观形态的关系。正如绪论部分所言，景观形态与城市本身是一体两面的表征与本质的关系。因此，本章是从城市人文生态的视角出发，研究女性群体与男性群体之间的差异和互补关系及其在适应、改造和控制城市物质和非物质环境方面的内在（功能）差异和外在（景观）表征。

7.1.3 关怀女性与关怀自然和人文生态

女性和自然与生态之间有着天然的隐喻上的联系。从自然生态学的角度而言，地球生态系统孕育了人类社会和自然万物，但其所以能够维持生存，则因其并非只是一个封闭的熵增系统，而是不断接受负熵的开放系统，而其负熵的来源则是太阳——即天。在几乎所有的远古文化中，都不同程度地存在着天父地母的神化原型，原始生态的大地自然被比喻成人类的母亲。

从生物学的角度而言，女性是遵循关怀伦理的场依存者（见 7.2.2 节），重视周边自然和人文环境的和谐，而男性是遵循正义伦理的场独立者，较少关心自然和周边环境。从历史的角度看，在人类敬畏自然的原始社会，女性正是母系氏族社会的统治者，自然和女性都重复着宇宙创生的行为，共同受到人类的尊重。人类进入男权社会之后，女性和自然同样遭受了被贬低的命运。

正由于女性和自然的这种千丝万缕的联系，1960 年代第二波女性主义（妇女解放运动）和生态保护运动（生态主义）几乎同时兴起，而引发生态保护运动的就是美国女作家雷切尔·卡逊（Rachel Carson，1907—1964 年）以其女性对环境的敏感而写作的《寂静的春天》[1]。因此，女性主义和生态主义很快在 1970 年代相互结合，而产生了以麦茜特和弗朗西

---

[1] ［美］蕾切尔·卡逊.寂静的春天[M].吕瑞兰，李长生，译.长春：吉林人民出版社，2003

丝娃·德奥波妮(Francoise d'Eaubonne)为代表的生态女性主义思想。

麦茜特是生态女性主义的先驱,她将“自然歧视”与“性别歧视”联系起来,并置于社会政治、经济权力的历史背景下加以考察,认为压迫女人的和毁灭自然的是同一种力量——价值二元论。价值二元论将分离性的双方看作对抗性的(而不是互补性的)、排他性的(而不是包容性的),并把更高的价值(地位、威望)赋予其中一方而不是另一方,比如把更高的价值或地位赋予那些历史上被界定为“精神”、“理性”和“男性”的群体,而不是赋予那些历史上被界定为“身体”、“感性”和“女性”的群体①。

德奥波尼最先创立了“生态女性主义”(Ecofeminism)这一术语,强调女性在解决全球生态危机中的潜力。她倡导建立一种多元的、复杂的生态文化,以代替“全盘西化”及以追求利益最大化为主导的单一基因文化;她重新解释了人与其他生物、人与自然的关系,把人看成是一种生态存在,重视并致力于保护生态系统,强调与自然的和谐以达到可持续发展;她认为女性与自然的认同是生态女性主义的首要内容。德奥波尼将生态运动、女性运动结合起来,致力于建立新的道德价值、社会结构,反对各种形式的歧视,希望通过提倡爱、关怀和公正的伦理价值,尤其是对于社会公正的提倡,最终可以用相互依赖模式取代以往的等级制关系模式②。

女性生态主义者超越了早期女权主义(第一波女性主义)而成为一种具有普遍意义的生态哲学思想,它证明关怀女性与关怀自然以及人文生态之间的同一性③。本章之所以研究女性群体与城市景观形态之间的关系,也正是基于女性与自然在人文生态系统内的有机联系。

7.2 性别差异与城市景观

当事物只分为两类时,为了保持这种分类,人们倾向于相对独立地分别认识它们,常常不可避免地强调差异。虽然男性与女性的共性远远大于其差异,但作为构成人文生态视野下的城市景观形态研究,我们更多地关注这两大人文生态群体的生理、心理和社会行为差异,以及这种差异对城市景观形态造成的影响。

7.2.1 性别差异的概念

性别可以分为生理性别、心理性别和社会性别。生理性别(Sex)是生物学的概念,指男女在生理结构方面的差异,是以基因、染色体和性器官将有机体分成雄性和雌性。心理性别是一种心理学概念,是个体给自己安排的与性有关的特质,它极可能与其生理性别相同,也可能相反或发生畸变④。社会性别(Gender)则是社会、文化的概念,是基于生理性别的男女两性差异在社会文化的建构下形成的社会标签,即不同的社会和文化赋予男女不同的社

① [美]卡洛琳·麦茜特.自然之死——妇女、生态和科学革命[M].吴国盛,等,译.长春:吉林人民出版社,1999:158-161

② 龙娟.自然与女性之隐喻的生态女性主义批评[J].湘潭大学学报(哲学社会科学版),2007(2)

③ 陈伟华.人与自然关系的新视角——生态女性主义的自然观[J].科学技术与辩证法,2004(5)

④ 魏国英.女性学概论[M].北京:北京大学出版社,2005:27

会作用、行为准则、表现形式及象征意义等特质，是一种文化的建构[①]。本书是在城市层面上的性别研究，故而以生理及社会的性别概念为主，而不涉及个体层面上的心理性别的概念。

性别差异是指男性和女性之间的具有普遍性的各种差异现象。有学者把性别差异分为内容差异和结构差异。内容差异包括生物差异、活动和兴趣的差异、社会性特征的差异（包括人格特征和社会行为类型）、与性别有关的社会关系的差异（包括自己朋友的性别、自己选择亲近和认同的人）、象征性性格的差异（包括姿态和非语言行为、语言类型等）。每一内容差异又都包含不同结构的差异，包括概念差异、自我知觉差异、偏好以及态度差异和行为差异[②]。本节无意探讨十分深奥的生理、心理和社会学问题，故而简单地将性别差异区分为相互关联的生理差异、心理差异和社会行为差异，以研究这些差异与城市景观形态之间的种种关系。

7.2.2 性别差异分析

性别差异的成因可以归纳为遗传因素和环境因素两方面。遗传因素是形成两性差异的先天性生物学原因，生理性别本身的差异如基因、染色体和性器官等均是遗传的结果，而其他心理智力活动和行为的差异产生也都有一定的直接或间接的生理基础和遗传原因，如男性 X 染色体上存在与空间知觉能力有关的隐形性状的概率是女性的两倍，而侵犯性行为与两性激素的分泌更有直接相关[③]。

环境因素是形成性别差异的后天原因，也是决定性的原因。男女所处的自然、社会和文化环境全面限制和规范着男女的生理体格、心理认知、行为方式和社会角色等性别特质。比较文化研究表明，不同的文化背景和抚养方式，可以扩大、缩小甚至消除体力、空间知觉、侵犯性行为等方面的两性差异。而长期的自然和社会作用，也会促使遗传基因发生改变。

1）生理差异

从生物学的角度理解性别差异可以有解剖结构、生理过程、大脑组织及活动水平等等不同的层次，其中对两性差异的形成最为重要的是遗传决定的两性生理结构的差别、性激素的影响、中枢神经系统的性分化以及与此相联系的人体机能方面的性别差异。男女性别的生理差异是造成心理差异和社会行为差异的物质基础。

由于女性的生理结构与功能，使两性在人类繁衍中产生了自然分工，女性负担起怀孕、分娩和哺育的责任。女性这一生理特征是造成男性与女性诸多心理和行为差异的根源。

正如女性的安静、温柔、随和与男性的活跃、刚毅、固执与其体质的差异有着显而易见的联系，男女性别之间许多心智活动和行为差异的产生都与一定的生理差异直接或间接相关，即生理差异的许多方面都延展到了心理层面和社会行为层面。在传统的父权社会中，男女间的生理差异被以男性为标准进行简单的二元价值比较，从而产生了不切实际的夸大甚至误解。比如，生理学的研究表明，男性的左脑和右脑之间的神经元联系较少，而女性的左右脑半球间存在着多向度的联系，故而在心理行为层面上，男性一般同时只能关注一件

① 胡仙芝. 基于性别公平基础上的就业政策及其改革——以女性职业生涯发展为视角[J]. 公共管理科学，2006(6)

② 魏国英. 女性学概论[M]. 北京：北京大学出版社，2005：37

③ 魏国英. 女性学概论[M]. 北京：北京大学出版社，2005：27-29

事情，而女性则往往可以同时做几件事，这本身是无所谓优劣之分，甚至可以认为女性具有优势。但在西方以父权为主的古代社会中却将这种差异误读，认为男性是具有恒常、稳定的理性，而女性则是“没有常性的东西”[①]。

2）心理差异

心理学家哈曼威特金和他的同事在1960年代进行过一系列与认知方式有关的实验，并得出结论，认为妇女的认知活动是场依赖式的，而男子则是场独立式的，即在知觉操作中，男子是分析性的，而妇女是整体性的[②]。场独立者在信息加工中对内在参照有较大的依赖倾向，他们的心理分化水平较高，在加工信息时主要依据内在标准或内在参照，与人交往时很少能体贴入微。而场依存性者在加工信息时，对外在参照有较大依赖倾向，他们的心理分化水平较低，处理问题时往往依赖于“场”，与别人交往时较能考虑对方的感受。男女之间的这一人格差异，表现在心理活动的方方面面（表7.1），其中许多对城市空间和景观形态带来了重要的影响。

表7.1　男女性别在生理、心理、认知差异对照表

类型	项目	男　性	女　性
认知和思维模式	认知方式	场（环境）独立式	场（环境）依存者
	认知标准	依据内在标准或内在参照	依赖“场”环境和外在参照
	知觉操作	分析性操作	整体性操作
	关注倾向	关注个体	关注整体
	思维方式	偏重理性	偏重感性
	价值判断	理性分析	道德直觉
	心理分化水平	较高	较低
行为特征	交往特点	很少能体贴入微	较能考虑对方感受
	技能倾向	认知重构能力强	社会交往技能强
	解决问题	善于抓住关键灵活解决问题	遇到问题缺乏灵活性
	学习喜好	喜欢一般原理	喜欢具体知识
	语言能力	语言能力弱	语言能力强
	记忆能力	总体弱，但逻辑记忆强	总体强，机械、形象记忆强
	左右脑联系	联系少	多向度联系
	关注度	同时只能关注一件事	可同时关注几件事
	空间能力	右脑有四个空间功能区，能力强	右脑无空间功能区，能力弱，
	知觉反应速度	知觉速度慢，反应速度快	知觉速度快，反应速度慢
	职业倾向	理论研究/工程建筑/航空及艺术	社会定向的学科和专业

① 圣奥古斯丁语。参见：[法]西蒙波娃.第二性——女人[M].桑竹影，南珊，译.长沙：湖南文艺出版社，1986：11

② 这些研究用的是“棒框测验”，让被试者将倾斜于一个框架内的小棒调成垂直的位置，判断、调整准确者被称为场独立者，即个体对小棒是否处于垂直位置的判断不受外在框架等因素的影响，而调整、判断不准确者称为场依赖者。女性在做这个测验时比男性错误多，这说明了女性的认知方式是场依赖式的。引自：钱铭怡.女性心理与性别差异[M].北京：北京大学出版社，1995：124-132

续表 7.1

类型	项目	男　性	女　性
情感特征	同情心	同情心弱	同情心强
	伦理倾向	正义伦理	关怀伦理
	伦理角色	正义维护者	情感维系者
	攻击性	攻击性强	攻击力弱
	个人距离	异性个人距离近	异性个人距离远
	支配性/从众性	支配性强/从众性弱	支配性弱/从众性强

在世界观和情感体验方面男性与女性也存在差别。场独立者偏重理性分析，偏重于正义伦理的维护，在与人交往中难以体贴入微，同情心弱，使其较易沉沦于貌似合理的工具理性而难以自拔。而女性属于场依存者，十分重视他人感受，美国哈佛大学心理学博士卡萝尔·吉利根(Carol Gilligan，1982)认为，与注重个体和理性的男性主义的正义伦理不同，女性以关怀为特点的道德发展路线，主要采用联系特定的具体情景，依靠道德直觉，综合多方面因素的方式，最后作出抉择。关怀伦理注重于具体关系和联系中的人以及人类的情感，认为人与人、人与自然是彼此依赖、相互和谐的[①]，这与自然和人文生态学的观念是不谋而合的。女性的这种伦理取向使得她们成为家庭情感的维系者和社会情感网络的建构者，同时也是自然环境生态的维护者，往往能够发现城市环境景观中不公正、不和谐、不生态的因素，并给予弱势者以关怀。因此，最早提出生态环境保护、文化保护的往往都是女性学者和城市工作者(详见 7.3.5 节)。

尽管男女在认知和行为能力方面的差异在很大程度上是社会建构的，但在心理学的比较研究中，确实存在能力倾向的差异，并因而导致了职业倾向和社会分工的差异。如男性具有更好的逻辑和理性分析能力，认知重构能力和空间能力强，故而在职业上更倾向于理论研究、航空、艺术和工程建筑，而女性空间和逻辑思维能力相对弱于男性，但语言表达和社会交往能力强，故更倾向于社会向度的工作[②]。

3) 社会、行为差异

美国著名社会学家刘易斯·科塞指出：女性角色冲突是由于把“男女安排在不同地位上的社会结构以及支持这种安排的文化价值观念”[③]。由于自古以来男权社会对男女生理、心理差异的刻意夸大甚至曲解，社会角色的约定使女性成为弱小、附庸的群体，男性优越女性低下的二元对立思维模式对应于理性/感性、自信/消极、坚持/软弱、公共/私人等。在东西方古代社会中，女性都被局限于家庭活动而排斥于公共生活之外。可资佐证的是，《清明上河图》描绘的北宋东京汴梁绵延几十里、熙熙攘攘的繁华市井中竟然没有几个女性。

从女性的社会地位而言，新中国成立以来，各级政府致力于妇女地位的改善，通过各种政策、法规维护妇女权益，基本实现了性别平等。单位制度等一系列制度的实行，使女性参

---

① 何锡蓉. 女性伦理学的哲学意义[J]. 社会科学，2006(11)

② 罗慧兰. 女性学[M]. 北京：中国国际广播出版社，2002：85

③ [美]刘易斯·科塞. 社会学导论[M]. 杨心恒，等，译. 天津：南开大学出版社，1990：358

与社会劳动的机会极大地增加，男女同工同酬的概念已深入人心；成立了妇联等专门保障妇女权益的各级机构；特别是计划生育政策的实施，使妇女从繁重的生殖与养育的家庭活动中解脱出来，获得了更多的从事社会活动的机会，因此男女的社会差异远不如西方社会那样明显。但改革开放以来，随着单位制度的逐步解体，女性愈发被挤站在社会经济和市场竞争的弱势面上①。

从就业的性别差异来看，女性就业程度比男性低，并多集中在报酬低、技术低的劳动领域，在一些重要行业和重要职位，女性所占比重非常有限，这是男女社会差异的一个重要的源头②。女性的职业生涯会因生育而中止，事业发展呈不连续的状态。虽然女性的平均寿命比男性要长，但属于有效职业生涯的周期却远短于男性③。种种原因使得女性因职业获得的经济权力和社会地位相对男性而言较低下，在城市公共事物的决定上缺少话语权。

女性承担着社会劳动与家庭劳动的双重责任，女性在从事社会工作的同时比男性分担了更多的家务劳动，需要兼顾工作与家庭。我国女性参与社会工作的比重越来越高的同时，女性的家务劳动并没有减少，也就是女性相比较于男性，要承受工作和家务的双重劳动压力。在传统观念中，照顾儿童和老人、清洁、炊事、购物等家务劳动是属于女性的。这些活动构成了女性日常行为的重要组成部分，并使得女性与城市的某些场所发生日常的联系，如学校、医院、市场、商业中心等等，这些商业场所和公共设施的距离以及完善程度对女性的日常生活影响很大，这也是城市规划和建设中应考虑的问题。

女性在通勤行为上与男性有一定的差异性。通勤是联系公共空间和私人空间的日常活动，而且在时间和空间上具有更大的恒常性。中国城市女性由于社会劳动和家庭劳动的双重压力，其日常通勤有许多不同于男性的特征。许多交通政策都假设交通主要是通过汽车来完成，是无间断地由居住到工作地点的往返，这是从男性视角出发的一厢情愿。实际上，中国女性驾驶汽车的比率远低于男性，绝大多数已婚职业女性由于承担照顾家庭和子女的责任，常要采取间断的行程，有时还不得不冒着交通高峰的压力去做这些事情④。

购物与休闲娱乐行为空间也是能够反映城市空间性别化的重要方面。购物活动既是女性本身的需求，同时也是女性家务劳动的延续。按芒福德的看法，现代都市女性在猎取和采集食物的过程中，"日常购物是趣味的一部分"，规划师和开发商常把购物看成"有趣"和"休闲"的事情，而很少顾及女性在购物遇到的困难和压力。男性与女性的收入差异对两者的休闲空间选择和休闲方式产生重要的影响，并导致两性之间的休闲模式差异。实际调查中我国女性的休闲时间少于男性，男性倾向于室内休闲活动，其休闲方式具有形式多元、高消费和具有群体性社交倾向的特征，而女性更倾向于室外的公共场所休闲，休闲方式相对单调、低消费和自娱自乐的特征⑤。

---

① 揭爱花.单位制与城市女性发展[J].浙江社会科学，2001(1)：103-105

② 根据我国2004年底的统计数字，全国城镇单位女性就业人员为4 227万人，占城镇单位就业人员总数的38.1%。1990年女性收入是男性的83%，而到了1999年，女性收入只有男性的70%，并且这一差异还有继续扩大的趋势。中华人民共和国国务院新闻办公室，中国性别平等与妇女发展状况(白皮书)[EB/OL]，http://news.xinhuanet.com/newscenter/2005-08/24/comtent_3395409.htm

③ 法律规定的职业终结年龄，干部类男性60岁，女性55岁；职工类男性55岁，女性50岁。

④ 黄昭雄，王雅娟.女性与规划：一种新的规划视角[J].国外城市规划，2004(6)

⑤ 黄春晓，何流.城市女性的日常休闲特征——以南京市为例[J].经济地理，2007(9)

7.2.3 性别差异与城市景观

男女在生理结构和功能上的差异使二者对城市景观有了不同的需求。女性体格较为柔弱，在生理上处于弱势，对城市景观环境更加敏感，对环境依赖性强，对安全性要求较高。城市女性的安全威胁主要来自因分泌雄性荷尔蒙而体格强健、精力旺盛、富有攻击性的男性，因此女性与男性间保持着较大的个人距离，并且拒绝黑暗、偏僻、陌生、封闭等有危险意味的景观，也就是说女性对景观环境的安全性更加敏感并有切实的需求。女性生理上的柔弱性，特别是女性在怀孕、生育和哺育等特殊生理时期，女性在生理上更加脆弱，更容易受到伤害，因此对环境设施的依赖性更强，需要更安全、舒适的景观环境。男女在心智上的心理差异常常被解读为女性在智力与能力上弱于男性，并因此而成为剥夺女性参与公共事务的理由，使女性囿于家庭等私人环境，而男性成为城市公共事务的主要决策者、公共环境的主要使用者，也成为城市景观的主要决定者，也就是说将女性排除在公共事务之外，剥夺了女性对城市景观环境的话语权。

男性与女性在心理上的差异也反映到城市景观之中。作为场独立者的男性较易沉沦于绝对的工具理性，例如，在男性为主导的现代建筑运动中，在城市规划、功能分区等方面表现出明显的工具理性；另一方面，男性对于城市中出现的生态环境、社会问题往往较为迟钝，甚至视而不见。男性的这种特质加上男性作为城市景观环境决策者的角色，是诸多社会问题、生态问题与景观问题产生的根源。而作为场依赖式的女性的这种心理特质使其在城市景观环境中所处的立场更综合、多元，更具人文关怀，这对城市景观持续稳定的发展有重要意义。女性对环境的敏感性和依赖性表现在女性常常关注环境的细节，如色彩、材质、造型等，对景观的感知更加细腻、感性；对各种公共设施和景观的可识别性有依赖性。此外，男女心理差异还造成了职业选择上的性别差异，普遍而言，男性的职业比女性职业社会认可度高，对社会资源的支配能力大，对城市景观的影响力也更大。最直接的例子就是当前城市建设管理和从业人员以男性为主，而这些职业与城市景观的形成与发展密切相关，也是造成城市景观"男性化"的根本原因之一。

最后，男性与女性在社会、行为上的差异也深刻地影响着城市景观。由于男女性别的社会差异使女性参与社会公共事务的机会大大低于男性，具体而言，女性因职业而获得的经济地位与社会地位均弱于男性，这使得女性对城市公共景观的使用频率低，对景观的决策能力弱。女性兼负社会劳动与家庭劳动、通勤行为以及购物休闲等的行为特征使女性对城市功能空间有特殊的要求，女性需要的是混合、多元、紧凑的景观空间。

7.3 女性化城市景观的盛衰

"古者庖牺氏之王天下也，仰则观象于天，俯则观法于地，观鸟兽之文与地之宜，近取诸身，远取诸物，于是始作八卦，以通神明之德，以类万物之情"(《周易 · 系辞下》)。从远古至今，人类观察认知世界总是以自身身体为最重要的参照物。对男性和女性的身体差异的理解，使得性别二分(阴阳、男女)成为人类最本原的认识论，统摄着人类对人类自身、社会和宇宙万物的一切认知。自然环境、城市空间、建筑及其呈现出来的景观既是人类两性的创造,也是两性社会结构、认知结构和价值判断的再现,因此也往往被赋予"男性"或"女性"的性别属性。

7.3.1 远古聚落——天然的女性化景观

如同人的婴儿时期对母亲的动物性依恋一样,远古时期的人类社会形态也是女性主宰的母系氏族社会。旧石器时代人类的生产力水平很低,女性因其繁殖、养育后代和稳定的从自然采集食物的生产活动,取得了统治地位,而男性仅是使用粗石器工具从事劳动强度大的狩猎活动,收获具有极大的不确定性。此时的人类居住形态以平面呈不规则的自然圆形或椭圆形的穴居、半穴居及低矮的人字形窝棚为主,从空间到形态上都表现出对大地母亲的依赖。

新石器时代的生产力发生了极大的进步,母系氏族社会进入了极盛期。人类以农业生产和对野生动物的驯化为主要生产方式,已经不再完全依赖采集大地母亲自然出产的果实和动物为生,恰似脱离自然襁褓的儿童。在居住形态上,农业使稳定的定居成为可能,出现了聚居的村落并开始建造适于较长时间居住、以防御功能为主的地面房屋。人"离开了洞穴,他所建造的第一个住所,是重建一个子宫,平行于诞生的过程,但象征与它的分离。随后的方形房屋标示了下一个演化步骤即个体性(Individually)的诞生"[①]。芒福德考察了新石器时代女性在部落中所起的重要作用并指出"从新出现的村庄聚落中心,到房舍的地基,以至于墓穴中到处都留下了'母亲和家园'的印记。庇护、容受、包含、养育,这些都是女人特有的功能,而这些功能在原始村庄的每个部分表现为各种不同的构造形式,如房舍、炉灶、畜棚、箱匣、水槽、地窖、谷仓等等"[②](图 7.1)。

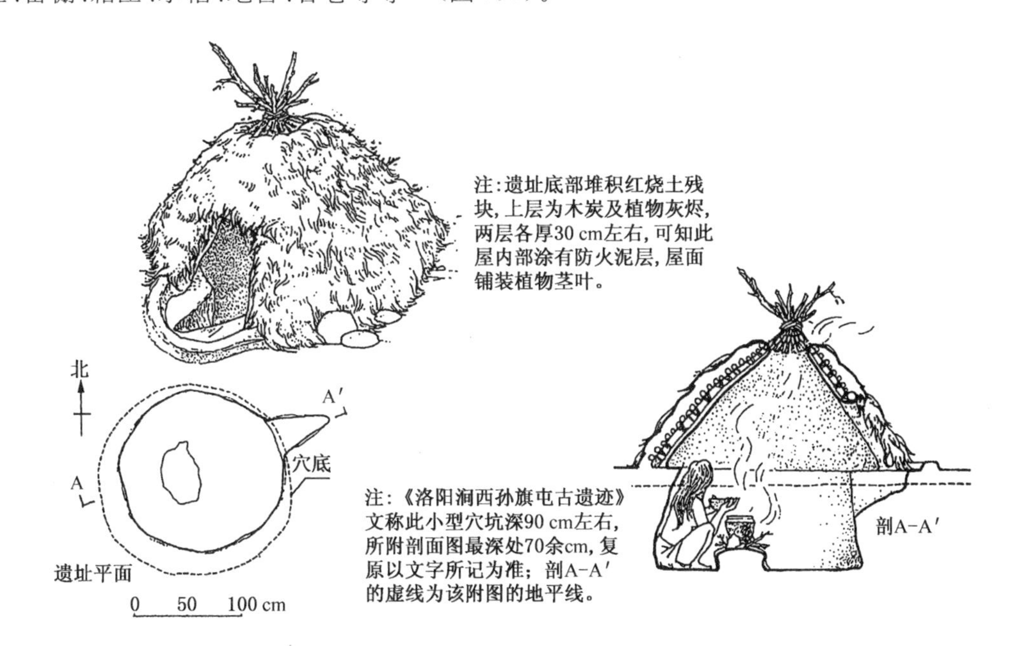

图 7.1 洛阳涧西村孙旗屯新石器遗址袋形半穴居

---

① 李翔宁.城市性别空间[J].建筑师,2003(105):74-79

② [美]刘易斯·芒福德.城市发展史——起源、演变和前景[M].倪文彦,宋俊岭,译.北京:中国建筑工业出版社,2005:12

尽管在新石器时代的后期，由于手工业生产和用于交换的剩余产品的出现，男性因在农业手工业生产和私有财产争夺方面的体能优势而逐渐形成的父权得到了确立，但少年时期的人类在建造自己的城市时不可避免地表现出对大地母亲的模仿(图 7.2)，新石器时期村落中与女性特有功能相对应的那些构造形式“延传给城市，形成了城墙、壕堑，以及从前庭到修道院的各种内部空间形状，……最后到城镇本身，乃是女人的放大”①。可以说，远古时期的人类聚落是一种天然的女性化景观。

注：F1～F4建于“灰土”上，地基产生不均匀深陷，发掘所见地面向东南倾斜，F2西北角最高，F1、F3的东南角最低，相差约60～80 cm，立、剖面图中虚线所示为发掘所见地面。F2南墙外设泥土扶壁，说明该墙因深陷向外倾；F1套间内的3柱洞反映此部屋盖因沉陷而低垂，因之设支柱加固。

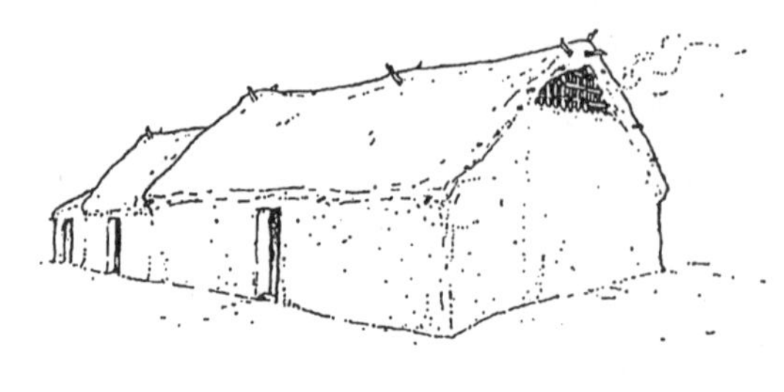

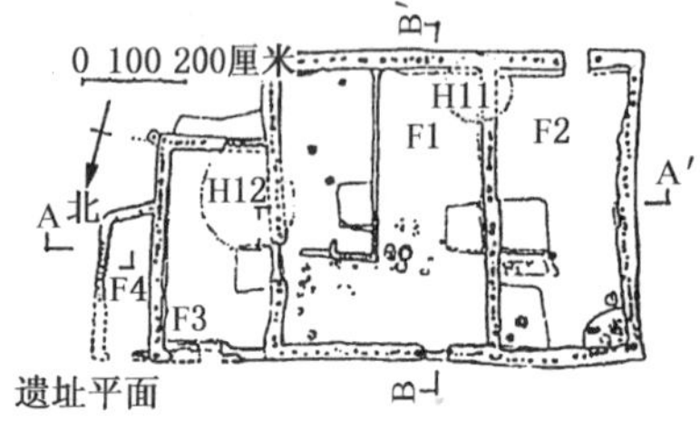

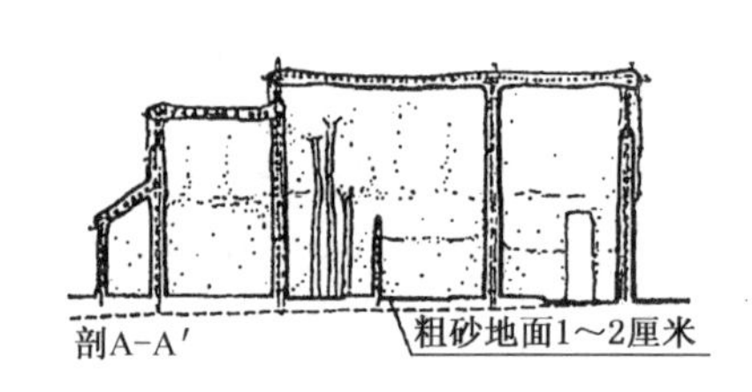

图 7.2　郑州大河村新石器晚期遗址分室地面建筑

7.3.2　古代城市——女性化景观的衰落

恩格斯将商品生产阶段称之为人类“文明时代”的开始，经济上出现了金属货币、商人阶级、土地私有制和奴隶劳动为主的生产方式，在两性社会关系上确立了专偶制家庭和男子对妇女的统治以及作为社会经济单位的个体家庭，在政治上确立了统治阶级镇压被压迫被剥削阶级(包括女性)的国家机器，在空间居住形态上把“城市和乡村的对立作为整个社会分工的基础固定下来”②。人类社会从此进入了延续至今的父权统治时期，女性成为受男性剥削的被统治者。人类居住的城市也脱离了对自然的依赖，转而开始统治自然。建筑和城市景观开始有意识地创造“男性化”的形象，女性化景观逐渐衰落甚至受到压迫。

西方古代社会的政治哲学和宗教思想中，女性都是从属和低微的象征。政治哲学的奠基者柏拉图和亚里士多德先后指出，“女性的天赋禀性比男性低劣”，“男性与女性的关系自然是高级与低级之间的关系，这是一种统治与被统治的关系”③。后来统治整个西方世界的基督教的教义也将女性作为男性的附庸。《旧约・创世纪》记载，上帝造了亚当，又从他的身体上取下一根肋条造了夏娃，后来亚当受夏娃诱惑偷吃禁果而被逐出伊甸园，从宗教上

---

① [美]刘易斯・芒福德. 城市发展史——起源、演变和前景[M]. 倪文彦，宋俊岭，译. 北京：中国建筑工业出版社，2005：12

② 恩格斯. 文明时代家庭私有制和国家的起源//中共中央马克思恩格斯列宁斯大林著作编译局. 马克思恩格斯选集(四)[M]. 北京：人民出版社，1995：18-29

③ 付翠莲. 西方思想史上女性被边缘化的历史考察[J]. 宁波党校学报，2006(5)

强化了女性被统治的附庸地位和魅惑男性的原罪。基督教以男性化的上帝创造人类，以男性创造女性，同时也赋予人类为了自身繁衍而支配、统治自然的权利。“你们要生养众生，使他们遍布大地，要做海中鱼、空中鸟和地上爬虫走兽之主宰。我要使地上到处生长瓜果，结满籽实，赐予你们为食”。

男权社会男尊女卑的文化影响了城市空间和景观的方方面面，也导致了城市空间和景观的性别分化和等级化。西方最早的建筑理论著作维特鲁威的《建筑十书》中记载的一则希腊故事说明，多立克柱式是仿男体的，爱奥尼柱式是仿女体的[①]，而希腊人将对身体的模仿看做比例和秩序之源(图 7.3)。爱奥尼柱式在古希腊得到了广泛使用(甚至比多立克更广泛)，但其流行的原因与其说是女性美的美丽，不如说是男性对女性美的抽象和规定。维特鲁威还记录了更为女性化、更具象的“女像柱”的来源，那是男权社会的战争中将女性作为战利品加以奴役的明证[②](图 7.4)。事实上，希腊除斯巴达之外的绝大多数城邦中，女性不具备公民资格，她们只能是公民的母亲、妻子、女儿或者奴隶。

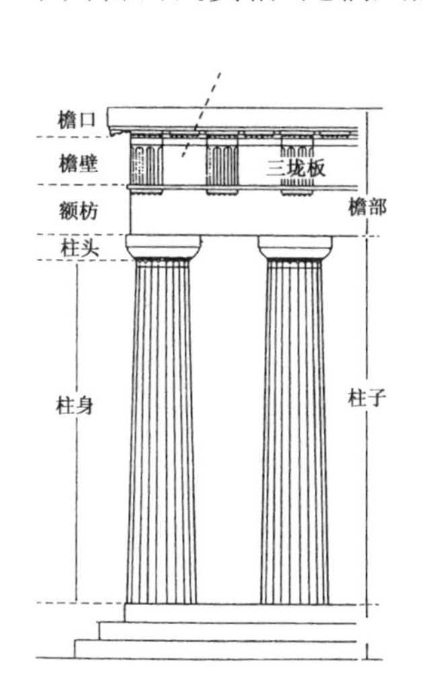

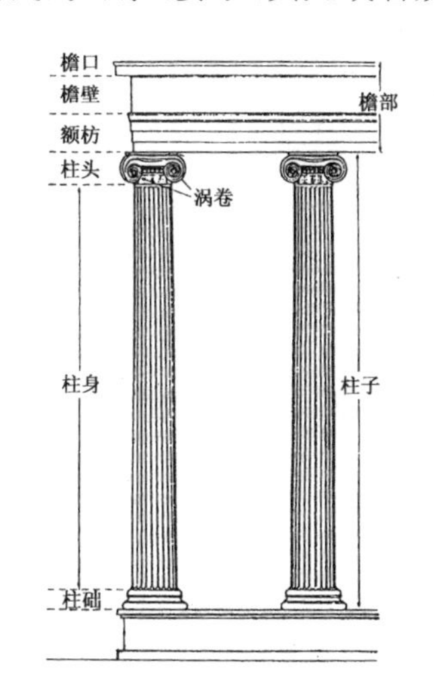

图 7.3　多立克与爱奥尼柱式

图 7.4　女像柱

希腊之后的罗马和中世纪社会中，女性的地位愈加低微，中国、埃及等的情况也大抵如是，城市空间和建筑形象上处处显示出男权社会的象征。在城市空间上，女性往往被排斥在城市公共空间以外，她们没有参加公共活动的权利，甚至没有独自出现在街道等公共场合的理由。即便是在家庭和住宅中，她们的活动空间也受到歧视性的限制。在包括中国在内的许多文化传统中，男性和女性在住宅中所占的空间和方位都被限定，女性总是在卑微的一边，正如魏丝曼总结的那样：“在每个社会里，都将身体周遭空间分类为互补的和不同评价的坐标利用，来象征和加强男性和女性之间的基本社会区别。优势的坐标——顶端、右和前面——连接了男性，劣势的坐标——底部、左边和后面——连接了女性。无数的民族学家的作品指出了这种二元分类无处不在，而且这种性别的不平等(虽然经常被描述为差异)，在一切尺度的空间之组织和使用上被象征化，从家屋到村落和城市，一直到至高无

① [古罗马]维特鲁威. 建筑十书[M]. 高履泰，译. 北京：中国建筑工业出版社，1986:82-84

② [古罗马]维特鲁威. 建筑十书[M]. 高履泰，译. 北京：中国建筑工业出版社，1986:5

上的天父统治的天堂”①。

在城市建筑形象上，由于古代社会的生产力水平并没有发生根本性的变化，城市依然采用着“女性化”的结构，如城墙、壕堑、住宅、修道院等等，男权在城市景观上的反映则主要表现在对高大、坚固、厚重等“男性化”形象的追求，其中最显著的无疑是哥特式风格对高耸、直立形象的追求。芒福德在《城市发展史》中的插图“中世纪的原型”很好地说明了哥特式的追求，“坚固的城堡、环城的城墙、威严的城门”，所有的建筑都强调垂直性②。虽然中世纪的生产力不可能有足够的技术和财力让所有的建筑都去追求垂直的男性化形象，但几乎所有城市都有一批至高的哥特式教堂，它们象征着男性对整个城市的统治(图 7.5)。真正能够表现出女性化特质的只有以阿尔罕布拉宫的狮子院为代表的极少数女性贵族府邸的室内景观(图 7.6)。

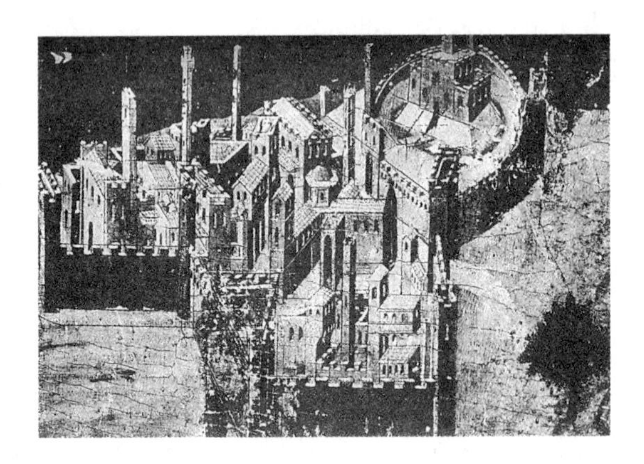

图 7.5 中世纪的原型

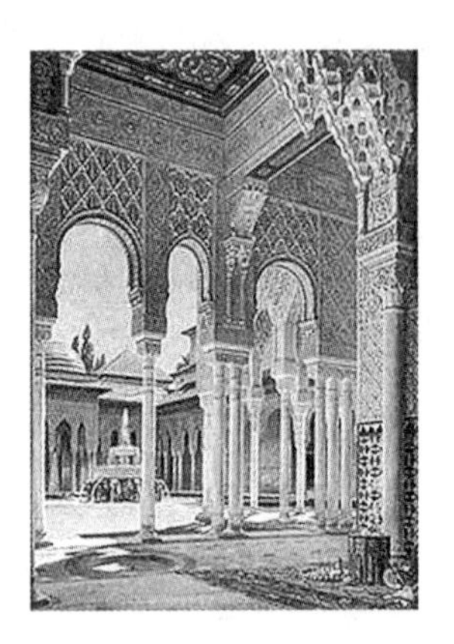

图7.6 阿布拉罕宫狮子院

7.3.3 文艺复兴到洛可可——女性化景观的复兴

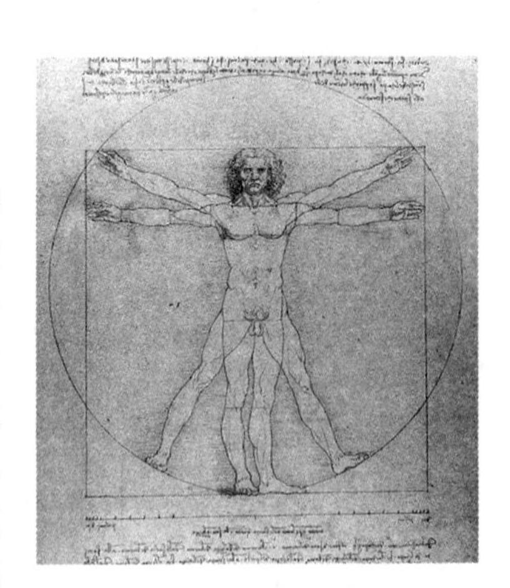

图 7.7 达·芬奇的人体比例

在度过了黑暗的中世纪以后，14 世纪后的欧洲迎来了文艺复兴时期的曙光，新兴资产阶级掀起了反对宗教禁锢、追求现实人生的人文主义思潮，并追求希腊罗马时期的古典文化。维特鲁威对建筑性别特征的论述成为被普遍采用的论点，文艺复兴的建筑史和艺术家们相信所言“林林总总的秩序皆源自男女身体之差异”(伯尼尼语)，达·芬奇则从数百个人体中总结最典型、最完美的比例和几何形状来证明建筑的美③(图 7.7)。人文主义从神的权威下解放了男人和女人，尽管总体上女人仍然受到男权的统治，但上层贵族和资产阶级的知识女性已经具有较高的地

① 李翔宁.城市性别空间[J].建筑师，2003(105)：74-79

② [美]刘易斯·芒福德.城市发展史——起源、演变和前景[M].倪文彦，宋俊岭，译.北京：中国建筑工业出版社，2005：12，212 页后的插图 17

③ 陈志华.外国建筑史(19 世纪末叶以前)[M].北京：中国建筑工业出版社，1997：149

位[1]，并且出现了以丹麦女王玛格丽特一世(1387—1412年在位)和英国女王伊丽莎白一世(1558—1603年在位)为代表的杰出的女性政治家，女性美已经得到了社会一定程度的认可，不需再如中世纪那样遮遮掩掩。文艺复兴的建筑理论不再把“赏心悦目”看做可有可无的，用阿尔伯蒂的话说，建筑“不仅有用和方便，而且还要打扮得漂亮，这就是说，看起来快活”[2]。

图7.8 巴洛克建筑

文艺复兴中女性的逐步觉醒和建筑对“打扮漂亮”和“快活”等的表达似乎已经暗示了女性化程度更高的巴洛克和洛可可建筑风格的来临。尽管17世纪发源于意大利的巴洛克艺术(Baroque Art)，用粗大的柱子、浓重的阴影和夸张的形态来标榜自己的男性特征和时代的光荣，并且视女性化的柔弱艺术为禁物，但其矫揉的表现欲、追求曲线要素和丰富多变的装饰恰恰具有浓重的女性化特征(图7.8)。正如同时期的巴洛克歌剧中出现的阉人歌手[3]追求男性的肺活量和女性音域的结合一样，巴洛克建筑风格实际是追求男性的雄伟体格和女性细柔外观之间的结合，或者说是男造的女性化风格。

巴洛克时期表现出的怪异的男造的女性化风格终于在18世纪初的法国演变为正宗女性化的洛可可风格。这一面是由于当时社会以客厅沙龙舞会的流行为代表的奢靡风气的影响，另一面则离不开上层女性和资产阶级女性的推动，其中最重要的就是蓬皮杜夫人。蓬皮杜夫人(1721—1764)是一个影响到法国路易十五统治的铁腕女强人，同时也是洛可可文学、绘画和建筑艺术的著名赞助人，她参与设计了巴黎协和广场和凡尔赛宫的小特里阿农宫，其中小特里阿农宫是建筑师加布里埃尔最知名的建筑，专门为蓬皮杜侯爵夫人设计，并被认为是法国最完美的建筑之一[4]。因此，洛可可艺术最大的特征就是用纤细、轻巧、华丽、繁缛的曲线去表现轻松、安逸、愉快、奢侈的情调，处处表现着柔媚的女性化的景观特征(图7.9)。

图7.9 洛可可风格的室内

与文艺复兴—巴洛克时期城市景观的逐步女性化相对应的是自16世纪初开始在西方

---

① 吕军录.浅谈文艺复兴时期女性的逐步觉醒[J].四川理工学院学报(社会科学报)，2006(10)：118-120

② 陈志华.外国建筑史(19世纪末叶以前)[M].北京：中国建筑工业出版社，1997：148

③ 阉人歌手从17世纪到19世纪在意大利非常盛行；这些阉人歌手通常出生于贫寒家庭，其父母希望他们的儿子能成为高收入的歌剧明星。一些在青春期之前做过阉割手术的男性歌手(阉人歌手)结合了男性的肺活量与女性的音域，他们的灵敏性、呼吸的控制能力以及独一无二的声线吸引着当时的聆听者。参见：http://en.wikipedia.org/wiki/Castrato

④ 译自：http://en.wikipedia.org/wiki/Madame_de_Pompadour

流行的有机论自然观。有机论自然观认为，宇宙万物充满生命活力，人体的各个部分相互依存、相互作用，个体依赖社会和自然而存在，其核心在于强调：自然（通常以“地球”的名义出现）是哺育生命的母亲形象——对于人类和其他生物来说，自然是友善的、仁慈的、善良的，它以一种特有的方式向人类和其他生命提供其生存和发展所需要的一切条件[①]。因此，在这一时期，女性和自然的地位都得到了一定的提高，这是城市女性化景观复兴的重要原因。

7.3.4 近现代城市——女性化景观的衰微

所谓物极必反，洛可可时期的穷奢极侈恰恰标志着专制制度的末路，而18世纪后半叶开始的启蒙运动和工业革命从文化和经济上彻底结束了欧洲的封建统治，催生了近代资本主义城市。启蒙运动和工业革命对女性地位的影响是十分复杂的。首先启蒙运动使得女性的人权意识开始觉醒，而工业革命的机器大生产使得男女的体力差异不再明显，女人终于能够走出家门从事生产，因此而产生了第一次妇女解放运动——女权运动，其核心是要求两性公民权和政治权利平等、同工同酬，反对贵族特权和智力差别论。从这个角度上讲，女性对城市景观的影响力和参与度大大增加。

但在另一方面，工业革命使得全社会充满了对科学、理性、机械、力量、速度的崇拜，自然观的有机论转变为机械论，原为母亲形象的自然在物质文明的“机器”面前退位为被征服的对象。科学逐渐变成一种世界观，自然环境被看成机械的、僵死的东西，成为现代技术理性奴役的对象[②]。男性由于擅长逻辑思维和科学研究，以及力量与速度上的优势，他们在封建父权社会中的优势地位得到了另一种形式的延续。男性气概和工业革命的精神取得了某种内在的契合，而此时的女性本身也完全臣服在这种男性化的工业革命精神中，她们所要求的只是权利上的平等，而未能向第二代女性主义者那样对技术理性进行反思。

在城市与建筑审美上，18—19世纪的欧洲随处可见男性气概、女性气质的建筑风格界定。洛可可时期充满脂粉气的女性气质遭到唾弃，而工业革命带来的强调直线、简洁、力量的工业美学作为男性气概的代名词受到欢迎。黑格尔《美学》第二卷中就称赞了这种以Paestum的神庙为代表的“简单、庄严、未经装饰的男性气概”，而当时法国的理论家J·F.布隆德尔更认为“男性化的建筑在总体形式上简洁，没有过多的装饰细部，它有矩形的平面、直角相交，出挑深远投影深重，男性化的建筑使用于公共市场、集市、医院，尤其是军事建筑”。而女性化的建筑则适用于“漂亮乡村别墅的室外装饰，……女皇或皇后的住宅室内，浴场喷泉以及献给大地与海洋之神的建筑物”。布莱(Boullee)把自己在1790年的一个市政厅设计描述为“光洁的体量创造出一种男化的效果”[③]。

现代建筑学和城市规划一边倒地投入了当时最受赞颂的工业技术革命，工程师美学、技术、材料、组织、力量、速度、简洁、计算等工具理性的目标成为当时的主要追求。现代建筑和工业革命满足了男性对理性、逻辑、秩序、力量、速度等的推崇，柯布西耶等众多才华横

①② 龙娟.自然与女性之隐喻的生态女性主义批评[J].湘潭大学学报(哲学社会科学版)，2007(2)

③ 李翔宁.城市性别空间[J].建筑师，2003(105)：74-79

溢、激情四射的男性建筑师又充当旗手来鼓吹现代工业美学、工具理性[1]，很多社会人文向度的和谐、邻里、公平等问题受到忽略。建筑学倾向于纯粹的用几何数学和建筑构件的视觉造型艺术，而其所谓的时代精神和“灵魂上的满足”[2]往往是抽象的理性的概念而不是感性的，不必要直接带来肉体和感官的舒适和愉悦，其中无疑隐含着一种男性化的审美和思维方式[3]，而男性恰恰是建筑师职业的把持者。在男性化的现代建筑思潮及其实践中，从建筑模式比例(图 7.10)到城市功能分区都采用的男性标准。女性业主的安全和心理需要以及女性建筑师对使用者和环境的伦理关怀都受到忽视。20 世纪初，和柯布西耶、密斯及格罗皮乌斯同时代的女建筑师艾琳·格雷(Eileen Gray)就曾经从女性细微的感受、对隐私的尊重和男女价值观的差异批判这些男性建筑师对现代理性的着迷；在 1950 年代密斯的利华大厦刚刚建好之时，美国女建筑史家西布利·莫霍伊·纳吉(Sibly Moholy-Nagy)在一片喝彩声中批判密斯建筑的单调乏味，缺少对使用者的考虑。密斯强调的“少即是多”和精美的技术细节在范斯沃斯住宅中得到了完美阐释，但却因忽视女主人范斯沃斯医生在私密性、保温隔热的舒适性问题等方面的要求而被其诉至法庭[4](图 7.11)。

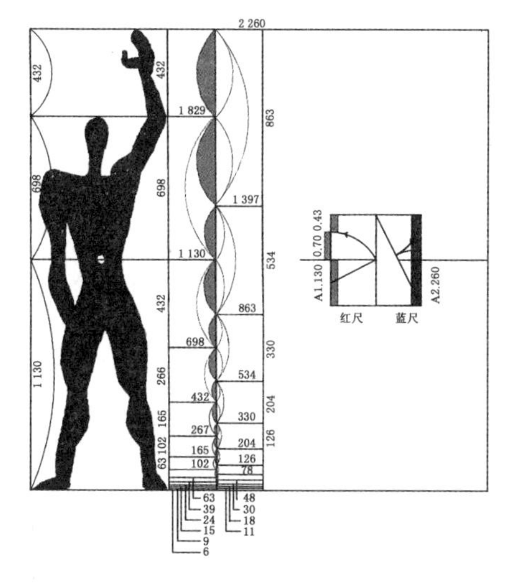

图 7.10　柯布西耶的比例人

图 7.11　范斯沃斯住宅

---

① 柯布西耶在《走向新建筑》中引用《新精神》杂志的原文指出“今天没有人再否认那个从现代工业创作中产生出来的美学。……因为它们是扎根在数字的基础上的，也就是说在条理的基础上的。……一个时代的新风格正在普通的产品中诞生，而不是像人们常常相信的那样，只有在单纯以装饰为目的的或在结构上多余的加工才具有‘风格’”。“工程师作出了建筑.因为他们采用了数学计算，那是从自然法则中推导出来的。他们的作品给了我们和声的感觉”。他批判洛可可是“一种轻薄的琐碎的艺术魅惑着整个世界，而这个世界真正需要的是组织，是工具与方法”。参见：[法]勒·柯布西耶.走向新建筑[M].陈志华，译.北京：中国建筑工业出版社，1981

② 格罗皮乌斯语。引自：同济大学，清华大学，南京工学院，等.外国近现代建筑史[M].北京：中国建筑工业出版社，1996：77

③ 20 世纪上半叶的两次世界大战，使建筑理论与评论主动避免任何可能引起使人不快的政治联想。可能和一种穷兵黩武的强权政治，尤其是纳粹政策相联系的男性化的建筑形象似乎成为了从建筑到城市规划、城市设计理论与实践领域的话语避讳。然而事实上，现代主义建筑与城市同样不是中性和公允的代名词，在建筑话语体系中似乎被放逐的性别象征在现代主义时期并未真正消失，相反它更深地渗入了现代主义建筑师和城市设计师角色的潜意识中。引自：李翔宁.城市性别空间[J].建筑师，2003(105)：74-79

④ 参见：http://www.abbs.com.cn/bbs/post/vie...=1&tpg=1&age=20

简·雅各布斯则以一个女性的视角对现代主义工具理性在城市尺度上的泛滥提出了批判。她在《美国大城市的生与死》中犀利地指出，现代城市规划理论将田园城市运动与勒·柯布西耶倡导的国际主义学说杂糅在一起，在推崇区划(Zoning)的同时，贬低了高密度、小尺度街坊和开放空间的混合使用，从而破坏了城市的多样性。她还用社会学的方法研究街道空间的安全感，主张保持小尺度的街区(Block)和街道上的各种小店铺，用以增加街道生活中人们相互见面的机会，从而增强街道的安全感①。

总之，近现代城市景观充满了工业美学、工具理性和男性的特征，少数女性的冷静思考在技术的热潮下被忽略，洛可可时期达到高潮的女性化景观跌入了谷底，林立的烟囱和厂房、耸直的高楼大厦、宽阔的车道、高架的立交、巨大的广场绿地、统一的制服，现代城市到处都显现着男性化的景观。

7.3.5 当代城市——景观的生态化和女性化

1960 年代的西方社会，后现代主义思潮、第二次女性解放运动和全球性的环境保护运动几乎同时兴起，从各自不同的角度对工具理性和等级观念进行批判，它们的联合作用使得当代城市具有了不同于现代城市景观的包括女性化在内的多元价值取向。

1) 后现代主义城市与建筑理论的发展

后现代主义思潮对现代化过程中出现的剥夺人的主体性、感觉丰富性的死板僵化、机械划一的整体性、中心、同一性等工具理性的教条进行了深刻的批判与解构，它反对"逻各斯"中心主义、语言中心主义、基础主义和本质还原主义；否认整体性、同一性而代之以碎片和相对性；寻找差异性和不确定性而反对中心；消解现代性和主体性而反对理性；反对真理符合论而强调实用主义的真理观和知识的商品化。后现代主义波及哲学、艺术、社会等各个层面，其中与城市景观直接相关的无疑是后现代主义建筑与城市理论。后现代建筑理论的创始人罗伯特·文丘里在他的名著《建筑的复杂性与矛盾性》②中如此宣称，"建筑师再也不能被正统的现代建筑的那种清教徒式的语言吓唬住了。我赞成混杂的因素，而不赞成纯粹的；赞成折中的，而不赞成洁净的；赞成牵强附会的，而不赞成直截了当；赞成含混暧昧的，而不赞成直接的和明确的；我主张凌乱的活力，而不强求统一。我同意不根据前提的推理、并赞成二元论……我认为用意简明不如意义的丰富……既要含蓄的功能也要明确的功能……我喜欢两者兼顾超过非此即彼"③。文丘里的暧昧二元论替代了一元论，在此基础上发展出的多元论哲学成为整个后现代和当代建筑理论的基本观点。在城市领域，凯文·林奇的《城市意向》批判了缺乏方向感和安全性的现代城市环境，指出不同的条件下，对于不同的人群对城市意象的认知差异，要求不同的设计规律④。简·雅各布斯以其女性的关怀观察城市，在《美国大城市的生与死》中提出城市的错综复杂性，否定了现代主义简单的功能区划，提倡高密度、小尺度街坊和开放空间的混合使用以保障城市的多样性和安全性⑤，

①⑤ [美]简·雅各布斯.美国大城市的死与生[M].金衡山，译.南京：译林出版社，2005

② [美]罗伯特·文丘里.建筑的复杂性与矛盾性[M].周卜颐，译.北京：中国水利水电出版社，2006

③ 刘先觉.现代建筑理论[M].北京：中国建筑工业出版社，1999：18

④ [美]凯文·林奇.城市意象[M].方益萍，何晓军，译.北京：华夏出版社，2001

这些成为后来“新城市主义”、“紧缩城市”等理论的基础。纵观后现代以来直到当下的城市与建筑思潮，历史的、文化的、样式的、服务对象和性别属性的多样与兼容成为基本的准则之一。

2）环境保护和生态学发展

1960年代以后现代生态学的发展过程中也表现出对人类中心主义和工具理性的批判。1962年美国学者海洋生物学家蕾切尔·卡逊出版的《寂静的春天》为人类敲响了环境问题最终会危及人类自身的警钟，全球性的环境保护运动随之迅速展开。西方环境主义者、哲学家、生态学家、社会学家、经济学家开始共同考虑环境问题的政治、经济、社会、伦理的因素，并关注整个生态系统的稳定，并由此发展出了本书第2章中已经论述的可持续发展理论，以及更为前卫的强调生物圈平等的深生态学。1973年出版的纳斯的《浅层与深层，一个长序的生态运动》认为，浅生态学运动反对污染和资源枯竭的中心目的是发达国家人民的健康和(物质上的)富裕，而深生态学运动认为任何有机体都是互相关联的生物圈网络中的一个点，生物圈内任何生命形式都拥有平等的生存与发展权利，因此鼓励生活、经济和文化的多样性和共生性，反对物种、群落和国家、民族间的等级差异，反对污染和资源枯竭，追求复杂而不混乱的动态平衡的有机统一和分散化的区域自治①。

3）女性主义的发展

与后现代生态学发展对中心、等级、秩序和工具理性的批判相对应，女性主义在1960年代后不再追求达到男性标准的所谓平等，而开始了以全面消除两性差别为目标的第二波女性主义运动，并逐渐与后现代主义相结合，到1970年代后发展出与后现代主义相结合的后现代女性主义和与(深)生态学相结合的生态女性主义。后现代女性主义秉持了后现代主义对理性、中心、等级、秩序的批判和解构，反对西方知识结构中根深蒂固的二分主义而提倡多元，反对男性女性存在生理本质上的区别，认为性别差异是一种社会的话语的建构，甚至以多样性来刻意消解“女性”、“男权制”这些宏大概念的存在。生态女性主义批判人类与自然、男性与女性二元对立的理论是社会压迫与生态恶化的主要原因，她们认为所有生命都相互依存而不分等级，强调听取无权者的呼声并尊重其差异性。她们甚至对发展的概念提出质疑，认为发展是基于西方父权制的概念，它只是从经济角度评估人类与社会的进步，而不重视个体和社区层面，不考虑个体和社区层面在诸如文化、社会、政治、精神等方面对人类的贡献②。

4）城市景观的生态化与女性化

在上述理论思潮的影响下，1960年代以后至今的西方城市景观逐步表现出了多样化、生态化的发展态势。一方面越来越重视对自然和文化多样性的保护，包括保护动植物、山体、水面、湿地、绿地等自然环境要素，提倡紧凑城市、建筑节能减排、清洁能源、资源循环利用等生态化规划设计方法，保护历史城市、历史街区、历史建筑等物质文化遗产和传统戏剧、手工艺等非物质文化遗存，保护女性、老人、儿童、残疾人、少数民族和低收入人群等弱势群体。另一方面城市和建筑设计的创作自由度大大增加，表现为类型丰富、风格多样的城市景观形态。在多元化的城市景观中，能够在形象上表现“柔美、轻盈、曲线、编织”等所

① 胡军.西方深生态学述评[J].济南大学学报(社会科学版)，1999(6)

② 李银河.女性主义[M].济南：山东人民出版社，2005：59-90

图 7.12　女性化高层·广州电视塔

谓女性化外形特征的城市景观(图 7.12)并不多,但如果我们认为表达女性宁静、细腻、包容、自然等女性化品格特征的城市景观,女性规划师、建筑师和景观设计师设计的城市景观,或供女性使用、为女性服务的城市景观都可归为女性化景观的话,我们就可以认为女性化城市景观在当代又得到了复兴,这与女性地位的提升显然具有直接的关系。在更广泛的层面上,当代社会对自然和人文生态的普遍关怀、对差异的尊重、对多样性与和谐的推崇,本身就是一种女性化的心理特质,或者可以借用生态女性主义的观点,当代城市景观的生态化趋势就是一种女性化趋势。

当然,我们也必须看到,延续数千年的男权社会仍然占据事实上的主导地位,男女平等尚未完全实现,生物圈平等更只是一种学术理想。男性主导、以男性标准规划建设的“男造城市景观”仍然是我国和其他许多社会的主流,城市空间和景观的生态多样性和所谓“女性标准”(表 7.2)仍然只是一种距离尚远的目标趋势,女性群体以及其他各种弱势群体的生境现状仍然不够理想。

表 7.2　规划的男性原则与女性原则

内容分项	规划的男性原则	规划的女性原则
功能区	功能分离	功能混合
空间结构	明确的	模糊的
空间增长	外延式开发(郊区)	内涵式开发(内城)
空间组织	技术指向	行为指向
城市交通	私人交通	公共交通
居住空间	私密性	开放性
公共设施	专业性、布局集中	综合性、布局分散
城市政策	公共性目标	个体性目标

7.4　“男造城市”空间景观中女性群体的窘境

从城市诞生之日起,城市就是男性建造的,以男性需求为标准的,带有明显性别特征的物质空间系统。在“男造城市”中,女性不仅在政治、经济和社会结构中处于从属地位,在城市物质空间中也处于弱势地位。传统社会中,女性被囿于家庭,城市公共空间极少考虑女性特征与需求,这种状况一直延续到现在。在女性日益觉醒,逐渐从家庭走向社会之后,女性对整个城市的感知与使用越来越深入与频繁,“男造城市”与女性心理、行为特征的矛盾也逐渐显现。传统上对于城市的研究也着重于男性角度和男性化的城市公共空间,而男女的身体差异以及家庭等女性化空间则被忽视。然而,作为城市人口一半之众的女性群体,她们对城市生境的诉求是我们在城市研究中无法回避的问题。

我国城市在新中国成立后由于单位制度的普遍推行,女性群体受到就业制度以及生育等福利制度的特殊待遇,其行为空间特征与男性居民相比,差异性远不如西方城市中的那样显著。但是,改革开放以后,随着单位制度的逐步解体和妇女权益保障体系的建设滞后等,女性被逐渐挤站在社会经济和市场竞争的弱势面上,从而使女性居民的行为较之男性居民受到了越来越多的限制,城市中男女居民的性别差异逐渐显化①。中国城市空间的性别化正逐步强化,女性在城市空间中被边缘化的现象日益严重,对女性群体生存环境的研究正成为许多学科共同关注的课题。

7.4.1 男性化城市结构与女性日常行为特征的矛盾

1) 功能分区与女性日常行为的矛盾

(1) 功能分区——男性化的城市结构

空间结构一直被视作城市建设的纲领,而结构的形式建立于功能分区的基础之上,两者不可分割。现代主义的城市运动将结构功能理念更加彻底地运用到城市中,《雅典宪章》(1933)对此给出了最具权威性的总结,宪章中提出的四大功能分区思想深刻地影响了此后的城市规划。"分区合理、结构清晰"往往是评价一个好的规划方案的基本条件,也是最常见的规划建设方式。这种城市空间结构本质上是一个分离的系统,集中体现在功能分区和等级体系两个层次中,即通过功能分离和等级分离来实现结构上的清晰,反过来,清晰的结构有助于功能的组织和不同等级基础设施的配建。但是,从女性的眼光审视,这种结构源于男性的思维方式和生活习惯,忽视了女性的社会分工和社会角色,是导致空间不平等的根源②。

(2) 功能分区与女性日常行为的矛盾

功能分区适应了城市现代化的需要,在一定时期中促进了城市的发展。然而,随着时间的推移,人们逐渐发现为了追求清晰的分区而牺牲了城市的有机结构。亚历山大认为自然城市是一个复杂、自然而精密的半网络状结构,这种简单化的人为的规划违背了城市结构的本质特征,将人的生活分割得支离破碎。城市规划中功能分区的思想与女性参与社会化劳动几乎在同一时代出现,产业革命使女性有机会走出家庭,成为社会公共生活的一分子,并开始全面介入城市的公共空间;而另一方面,机械化大生产与机械化的城市功能分区有着内在的联系,产业革命使城市环境极度恶化,远离罪恶的工厂区,拥有恬静安全的居住空间是城市功能分区的起因。对于以工作和公共生活为行为主体的男性而言,这种功能分区解决了城市环境恶化的问题,然而,对于刚刚进入社会劳动,尚未摆脱家庭劳动的女性而言,家庭与工作场所的隔离无疑是又一重沉重的负担。家庭是劳动力再生产的主要场所,"劳动力的再生产"是指人们每天都能回到工作中,并使工作能够代代相传的过程。狭义地讲,即以物质和服务的消费支撑当前和未来的生活;广泛而言,还包括许多看似与经济、生

① 柴彦威,翁桂兰,刘志林.中国城市女性居民行为空间研究的女性主义视角[J].人文地理,2003(8)

② 黄春晓,顾朝林.基于女性主义的空间透视——一种新的规划理念[J].城市规划,2003(6)

产无关的过程，如生育、照料孩子、家务劳动等。这些正是女性所承担的社会分工和社会责任。因此，家对于女性而言，最根本的性质是工作空间。从这个意义上说，功能分离的思想建立于男性的生活常识，忽视了家庭的生产作用和家庭作为生产单元对社会的积极贡献。建立在功能分区基础上的秩序化、条理化的城市空间结构其实只是徒有其表，而且恰恰隔断了城市各项功能活动之间的连续性，带来相应的城市问题①。

过于分隔的功能空间给生活带来了诸多不便，特别对于需要兼顾事业与家庭的已婚职业女性，过于明晰的功能分区使其不得不奔走于多个功能空间之间，才能完成日常的生活需要，造成了大量的通勤，既耗费了女性的时间与精力，也增加了城市公共交通的压力。已婚职业女性的日常行为复杂多变，从行为类型上有工作、日常购物、家务劳动、抚育照顾孩子等等，从行为时间上看，有的行为有较强的时间规律，如工作和接送儿童上学等，而有的行为需要根据实际情况随时调整，如购物、照顾生病的家人等。日常行为的多样化导致女性行为的空间轨迹不是简单和单向度的，而具有多向度和时间上的随机性特征。与女性行为特征相关的，女性日常行为涉及的场所有工作场所、居住地、超市（市场）、学校（幼儿园）等，在现代城市规划理念中，它们分别属于工作功能空间、居住功能空间、商业功能空间和教育功能空间等。女性的日常时间被这些活动分割成若干片段，并常常在同一时间段中需要完成若干行为，如在下班途中购买食品并接儿童放学。如果这些场所彼此分离并相距较远，无疑增加了女性日常行为的难度。简单明晰的功能分区与女性复杂多变的日常行为之间的矛盾，很大程度上是男性化的城市规划所造成的。

2）居住中的性别问题

居住是人类基本的需求，居住空间是人类生境的重要组成部分，女性在居住空间中的行为与权力是考察女性生存环境的切入点。

（1）传统居住中女性的从属地位

传统中国女性的社会地位低下，是男性的从属品，女性不具有财产继承权，不可能拥有住房。在居住中，女性永远属于从属地位，在家从父，出嫁从夫，夫死从子。女性在住房所有权上的无地位也反映在居住空间中，从方位来看，后部/右侧/阁楼等具有消极意味和隔离状态的方位是与女性相联系的，而前部/左侧/殿堂等具有积极意味和开放状态的方位常常与男性相联系；从活动范围来看，虽然传统社会中女性绝大部分的时间都在家庭中度过，家庭是女性最主要的活动场所，但是，女性在家庭中的活动范围却受到局限，厅堂、书房、祠堂等具有重要意义的家庭空间是女性极少涉足的；从空间形式上来看，女性空间常常是与外界隔离的封闭空间，较独立封闭的院落、阁楼或独立的房间等，以减少女性与外界的交流，这是在传统社会中女性作为男性的私有品的物化体现。社会化的性别差异塑造了居住的空间形态，并通过这种物质空间进一步传达和强化性别的差异，空间成为性别歧视的工具，它使得女性被囿于一个特定的环境中，缺乏感知与学习的机会，失去争取自身权力的途径，使女性继续臣服在男性的权威之下。

（2）住房获取过程中女性的弱势地位

过去的福利分房制度，一般以男性为主体分配房屋资源。以南京某高校的已建成家属宿舍分配出售办法为例，其中规定“配偶户口在本市且在其他单位（或无单位）工作，必须满

---

① 黄春晓，顾朝林．基于女性主义的空间透视——一种新的规划理念[J]．城市规划，2003(6)

足配偶职务(职称)低于本人;职务(职称)相同,配偶工龄短于本人;职务(职称)相同,配偶年龄小于本人;年龄相同,配偶学历低于本人"。看似中性的分配制度,实际上却隐含着性别歧视的本质。已婚的女教职工如果想获得家属宿舍必须符合职称、工龄、年龄、学历等高于丈夫的一系列条件,而在社会长期遗留的重男轻女的背景下,这些条件对女性而言无疑是苛刻的。不仅如此,住房分配的性别不平等在"核心家庭"以外的单亲家庭中更为严重。例如,单亲母亲离婚后保持财产所有权的可能性低于男性,多数情况下又负责照顾子女,而政策上非社会主流家庭模式的住房问题一直被忽视,因而她们很难申请到公共住房[①]。男性在住房获得的机会上明显高于女性,也就是说,男性常常成为住房的拥有者。

在单位制度与福利分房制度逐渐失去其效力时,人们自主选择工作与居住地点的机会增加了,但是,在商品房的选择过程中男性依然占据主导优势,女性相对缺少话语权。首先,男性在家庭中的家长地位使其在住所选择上拥有较多的决策权;其次,男性在经济能力上普遍优于女性,因而在商品住房的购买中具有优势;最后,男性在信息的拥有量上也具有一定优势,人们相信,男性对于住宅的选择更具有判断力。因此,在住房市场化后,男性依然是住房主要支配者,而女性依然处于从属地位。

(3) 女性职住分离的困境

传统福利性住房体制下,住房通常位于单位附近,由于住房分配实际上是以男性为主导,也就是说,住房一般离男性工作的单位较近,而女性的工作场所与住房有一定的距离,女性工作与居住场所分离的情况普遍存在。这种状况一直持续到现在,即女性需求无法在住房选择上体现出来,女性难以选择距离工作地点较近的住所,这也常常导致了女性职住分离现象。

工作与居住场所的分离给女性日常生活带来诸多不便,特别是在女性怀孕和抚育幼儿的特殊时间段中,女性生理变化较大,承担的家务劳动大大增加,女性需要将更多的时间和精力投入其中。工作场所如距离居住地较远将使得女性无法有机动的时间照顾幼儿。因此,在这一特殊时间段,越来越多的女性被迫选择暂时停止社会工作,回到家庭,到儿童入学后再重新回到社会工作岗位。社会学在对女性职业生涯的研究中发现了与此相对应的女性事业发展起伏的周期规律,女性职业阶段的断裂性给女性发展带来了极大的影响,并造成诸多社会问题。造成这一现象的原因是多方面的,从城市规划的角度而言,工作与居住场所的分离无疑是原因之一。

3) 郊区化——女性生境的边缘化

(1) 郊区化——男性的理想

郊区化是以居住的郊区化为先锋的,居住于郊区是西方中产阶级男性的理想。郊区自然美好的环境、宽敞的住房、安全的社区、缓慢的节奏,是理想的住家模型,郊区住宅、妻子、孩子和狗构成了男性对家庭的美好想象。男性主人每天往返于繁华拥挤的城市中心与安静自然的郊区住宅,将公共空间与私人空间截然分开,同时享受着两个空间为其提供的成就感与幸福感。郊区化在满足男性理想的同时,将女性日益束缚在郊区这一领域,使女性不仅在地理空间上,也在社会关系上逐渐边缘化。

(2) 女性地理空间的边缘化

1990 年代以来,中国城市也逐渐出现郊区化现象,但不同于西方发达国家基于家庭轿

---

① 陈璐.基于女性主义视角的城市住房与住区问题初探——以南京市为例[J].人文地理,2005(6)

车发展的城市郊区化，中国的郊区化人口中既包括拥有私人轿车的富有阶层，也包括由于内城改造拆迁、单位搬迁和购买经济适用房的普通市民。郊区在地理位置上处于城市的边缘，在目前大多数的工作机会和社会公共资源仍相对集中于内城的情况下，内城对郊区居民的吸引力仍然存在。由于地理位置上存在的距离，郊区到内城需要耗费较长的通勤时间，郊区居民获得这些资源存在一定的难度。郊区地理空间边缘化造成的影响在于三个方面，首先是交通距离的增加，其次是工作机会的相对减少，最后是远离公共设施完善的内城。对于中国郊区化的现状而言，地理空间的边缘化对中低收入人群造成普遍的影响，而对于女性而言，这种影响尤为突出。现代职业女性需要兼顾事业与家庭，工作地点远离居住地点，增加了女性的通勤量，并增加了灵活安排工作与家务的难度。相对内城，郊区可提供的零售、修理、餐饮等机动灵活的就业岗位较少，而这些职业的主要从业人员是女性，这意味着郊区女性就近工作的机会较少，致使有的家庭会因搬迁至郊区而发生实际生活水平下降的情况。郊区的各种公共设施相对内城较不完善，如学校、医院、市场等，女性获得公共服务更加困难。

(3) 女性社会关系的边缘化

相对于地理位置的边缘化，生活与情感边缘化的影响更为深刻。郊区住宅区中的社会关系网络较为薄弱，缺少内城居住区中由亲戚朋友和邻居等建构而成的熟人网络。由于女性在日常生活中充当的重要角色与女性性格中关怀他人、富有同情心、从众心理的特质，女性通常作为情感的维系者。因此，这种熟人网络中最普遍存在的节点为女性，可以说女性是日常生活熟人网络的重要建构者，也是这种网络的主要使用者。同时，熟人网络为女性提供了日常生活的帮助和支持，在处理家务、照顾儿童和护理老人的过程中，熟人网络提供的援助有时是必不可少的。因此，搬迁至郊区后，郊区居住区中缺乏休戚与共、守望相助的熟人网络，使女性失去了日常生活中重要的社会支持，常常使需要独自面对这些事务的女性陷入绝望的困境。此外，远离熟人网络的女性常会因缺少社会交往与情感的慰藉而陷入孤独之中。

7.4.2 女性与城市交通

1) 女性行为与交通方式

如前面分析，女性日常行为具有多样性和随机性的特征，这决定了女性交通时间和路线的复杂性。以已婚有孩子的职业女性为例，上班与送孩子上学是早间通勤的主要目的，下班与购物、接孩子放学是下午通勤的主要目的，一次通勤的多目的性使女性交通在时间上呈片断性结构；其次，一次通勤需要到达若干不同场所，在通勤路线上呈多样化特征；最后，女性通勤时需要照顾儿童，携带菜蔬等日常用品，通勤时的负担较重；此外，女性早晚通勤时间与城市交通的早晚高峰时间相重合，这更加重了女性通勤的困难。

2) 女性的交通能力

女性在通勤能力上与男性也存在一定差异，这种差异性主要表现在三个方面：第一，女性在经济能力上弱于男性，因此在通勤费用的支付上与男性有一定差距，经济能力越高的人群越有可能选择快捷、舒适和多样的交通形式，通勤的范围也更大，而经济能力较低的人群则与此相反。具体到城市交通中，经济能力较强的男性人群更有可能选择出租车和私家车等更灵活的交通工具，而经济能力较弱的女性则选择城市公交或非机动的通行方式；其次，在驾驶技术上也存在性别差异，普遍认为男性对机械的驾驭能力高于女性，女性在道路空间方位的判断、突发交通状况的处理以及速度的掌控方面弱于男性，因此，男性司机的比例高于女性，男性使用机动交通的能力高于女性；第三，女性在交通中的安全意识比男性强，女性对周边环境较为关注，较好地遵守交通规范，女性的同情心、对生命的关怀都使女性在参与交通时更注意自身和他人的安全，女性在参与交通中的安全信誉高于男性，例如在交通保险的受理中，女性可以获得比男性更优惠的价格，女性的安全意识很大程度上弥补了其在驾驶能力上的不足，成为女性在交通能力上的优势。

3）女性的交通困境

女性交通行为的多样性、片段性和负重性的特征以及其在交通能力上的弱势地位，使女性在城市交通中面临困境。女性交通行为的特殊性使女性需要更灵活、更舒适的交通方式，但其在交通能力上的弱势地位使之无力选择更为合适的交通工具。在私人轿车数量激增的现代中国城市中，私人轿车的主要使用者大多为男性，女性出行依旧依赖城市公共交通或传统的自行车和步行。现在城市公共交通中存在一些问题，公交站点设置较少，搭乘公交车需要行走较长的距离；缺少公交车专用车道，公交车行驶速度较慢，花费的通勤时间过长；公交车车次较少，时间难以固定，使等候的时间较长并难以预计；公交车内常出现拥挤现象，乘坐环境不佳；公交车辆中的安全问题也较为突出，偷窃和猥亵时有发生，而受害者大多为女性。

自行车等非机动车辆和步行也是女性较常使用的交通方式，这些交通方式自主性和灵活性更强，技术要求低，也更为经济。女性可以在通行期间随时停下来完成某项活动，这与女性通常在一个时间段中进行多项活动的行为方式相符合，因而也是一种适宜女性的交通方式。然而，在机动车数量激增的情况下，许多城市采取压缩非机动车道和人行道，拓宽机动车道的做法。上海曾一度在某些地段限制自行车通行，在深圳等城市的道路规划中就没有非机动车道。这些交通规划中机动车优先的做法实际上是对拥有机动车的强势群体，主要是男性的政策倾斜；而对非机动车使用者和步行者，主要是对女性权利的侵害，掠夺了应属于她们的社会资源，有悖于社会公平的原则。从另一个角度看，出行的不便意味着女性缺少机会、空间信息和公共参与，从而影响女性生活质量和社会地位的提高①。

7.4.3 女性与城市公共服务

1）女性是城市公共服务的主要使用者

女性的社会地位与社会角色决定了女性是城市公共设施的主要使用者，女性对景观环境舒适性的需求较男性显著，对各种公共设施的依赖性更强，对景观环境也更加敏感。女性承担着社会劳动与家庭劳动的双重责任，女性需要一系列城市公共服务来分解其承担的劳动，例如幼托设施和家政服务机构等；女性的日常活动与某些城市公共服务设施密切相连，如教育设施、医疗机构、商业设施等；由于女性经济能力较弱，对于福利性的、廉价的城市公共服务的依赖性更大；此外，由于女性体能相对较差且易于疲劳，因而更需要就近安排

---

① 黄春晓，顾朝林．基于女性主义的空间透视——一种新的规划理念[J]．城市规划，2003(6)

必要的各类生活设施，且在各类需要长时间使用的设施(如商场)中更多地考虑提供女性休息的设施，将女性经常使用的功能单元布置在比男性使用单元更便捷的区位。但是在这些设施的布局和设计方面现存许多问题，不能满足女性的需要，给她们的日常生活带来许多困扰，同时也造成了一系列社会问题。

2) 女性与城市公共服务

(1) 幼托及教育设施

幼托机构是与女性有着密切关系的公共设施，便利、安全而又廉价的幼托服务可以将女性从抚育幼儿的繁重劳动中解脱出来，是家务劳动社会化的一个重要环节。在空想社会主义代表人物傅立叶和欧文构想的理想社区中就规划了幼托机构，认为这是实现女性解放的物质方法。新中国成立后，中国在妇女平等的工作中较为重要的一个环节就是建立了以单位为依托的较为完善的幼托设施，使女性在生育后不久就有可能投入到社会生产中。虽然这些幼托机构设施简陋、人员配置不足，但在很长的时期内确实解决了许多家庭的后顾之忧，成为当时双职工核心家庭几乎唯一的选择。然而，随着单位制度的解体，附属于单位的大量幼托机构也随之解散，女性越来越不容易在工作场所附近找到收纳哺乳期幼儿的幼托机构。中国城市中幼儿园的设置相对完善，但针对0～3岁婴幼儿的托管非常缺乏，尤其在非工作时间段，如夜间或节假日的幼儿托管更加缺乏。这对于参与高强度社会劳动的现代女性而言，是相当现实的困难。

现代少生优生的生育政策将女性从频繁的生育抚养的繁重生理过程中解放出来，然而，独生子女培养教育的沉重负担主要落在了女性肩上。现代社会，学校外的教育量大大增加，母亲常常需要完成学校教育的延续工作，并奔走在各个校外培训机构之间。现代教育机构将教育责任推向社会、推向家庭的做法无疑增加了女性的责任与负担。此外，教育资源不均衡，使择校成为一种普遍的无奈选择，择校导致的直接结果是不仅是经济与精神上的负担，而且住所与学校远离，增加了女性接送学童的通勤压力。

在女性较为集中的工作场所设置幼托机构，最好设置在时间和方式上灵活多样的幼托机构，是解决职业女性照顾婴幼儿困难的措施之一。均衡社会教育资源，规范各种社会培训机构，使学校承担起主要的教育责任，是解决家庭教育负担的有效措施。而最主要的是改变应试教育体制，改变社会上唯升学是图的传统观念，使学校教育和各种素质培训的目标更多元化，减少应试教育的压力，这实际上也是减轻女性所背负的教育压力。

(2) 医疗机构

由于体质等原因，女性受病痛困扰的几率较大，同时，女性在家庭中充当着照顾者的角色，照顾老人和儿童的健康，因而是医疗卫生设施的主要使用者。女性对医疗卫生设施的使用通常是预防保健、普通疾病诊治和健康教育等等，这些服务可以在小型的医疗机构中完成。但我国医疗卫生体系的大多数资源集中在大型医院和专业医疗机构中，基层医院资源相对较少，呈现医疗供给倒三角形分布形式，与实际基层需求较大的正三角形相矛盾。世界卫生组织提出，基本医疗服务的80%可以在基层医疗机构得到满足，但我国城市基层医疗机构只能提供30%的医疗服务量①。基层医疗机构缺乏及医疗能力较弱，使女性只能选择大型医疗机构，需要在交通、候诊以及复杂的看诊中耗费大量时间和精力。因此，合理

① 王焕强，余焱明. 某大城市社区老年人就诊机构流向分析[J]. 湖北预防医学杂志，2003(4)

配置医疗资源，完善基层医疗卫生机构，特别是便民的社区诊所，使女性在离家较近的范围内可以得到较好的医疗卫生服务，这是解决这些问题的方法之一。

(3) 公共厕所

公共厕所是性别分异最显著的公共空间，而公共厕所的设计中也体现了对女性特征的忽视。首先，由于男女如厕所需时间不同，女性平均是男性的2.5～3倍，但男女公厕内蹲位数量相同(或男厕蹲位更多)，同时男厕中还设有小便器。在人群密集的车站、公园、超市、餐厅、高速路加油站等处，女性经常要长时间排队如厕，忍受生理的痛苦与不便，这实际上体现了以男性为标准的城市公共设施设计[①]。其次，公共厕所中缺少针对女性而设计的设施，如为母婴和带儿童的女性设置的特殊厕位，即需要设置儿童座椅、为婴儿更换尿布的设施和较大的空间，这些设施的缺乏给女性带来了诸多不便。此外，女性的生理特征和如厕行为使女性更可能受到不洁设施的感染，给女性生理造成伤害，而中国公共厕所普遍卫生状况较差，最大的受害者往往是女性。公共设施的分配体现着使用主体的社会地位，在有明显性别分异的公共厕所的设置中，对女性空间的压缩与忽视实际体现着女性对公共设施支配权力的弱势。

(4) 商业设施

有研究表明女性是城市商业设施的主要使用者，这一部分源于女性对购物的喜好，另一部分则因为女性是家庭日常生活用品的主要购买者。从商品摆放的规划来看，商场充分地考虑了购买主体的性别特征，在较低的楼层、较显著的位置一般陈列着以女性为主要销售对象的商品，如黄金珠宝、化妆品、女式服装鞋帽等，而以男性为主要销售对象的商品往往布置在较高的楼层和较偏僻的位置，如电子产品、男士服装等。从商业广告来看，广告模特和产品对象都是以女性为主。可以说在以经济效益为主导的商品销售环节中已充分意识到了女性作为商业设施主要使用者这一事实，然而，在商业设施的物质空间设计中却常常忽视了这个问题。例如商场中女性卫生间面积过小，高峰期常需长时间等候；商场中较少设置幼儿托管的设施，对带儿童来购物的女性造成不便；过于光滑的地面和有缝隙的自动扶梯没有考虑到会给穿高跟鞋的女性以及她们看护的儿童造成危险；商场购物车难以与城市交通工具无缝对接，给拎着沉重购物袋的女性带来困难。在商业设施的规划中，小型的、综合的和分散的商业设施是女性所喜爱的，而小型的专业店，如服装店、食品店、婴幼儿用品店、音像店、书店等也是女性在零碎时间里乐于光顾的。因此，在居住社区和工作场所附近灵活设置小型而亲切的商业设施是女性需求的体现。

(5) 家政服务机构

家政服务机构为家庭提供看护儿童、照顾老人、病人、家务劳动、家庭教育等多种服务，为女性减轻了家务劳动的负担，可以说女性也是家政服务机构的主要使用者和受益者。但是，家政服务公司管理混乱、服务不规范、信誉度不高是普遍存在的现象，给雇主和服务人员双方造成了不便和损失，因此，从行业上和法律上规范家政服务是有必要的。此外，由社区提供的家政服务，特别是零时性的短期服务是现代家庭急需的服务项目，并且以社区资源服务社区的做法为社区提供了更多的就业机会，同时也更加可靠。

---

① 王小波.城市社会学研究的女性主义视角[J].社会科学研究，2006(6)

7.4.4 女性对城市安全性的需要

有研究表明男性比女性表现出更大的身体侵犯性和言语侵犯性。首先，男女在生理结构上存在差异，男女体力上的差距和男女性关系中女性的被动地位也常常使女性成为各种犯罪活动侵犯的主要对象。男女的这种差异在儿童时期的社会性游戏中就表现了出来，比如女孩喜欢玩洋娃娃，而男孩则喜欢玩手枪，男性可以表现出很明显的攻击行为，而女性却更多地表现出温柔的气质。这种幼年时就开始养成的性别差异，随着两性社会化程度的深入而愈加强化，侵略性和危险性成为男性魅力的一部分，而柔弱感和被动性则是女性的特质。生理结构与社会角色的差异使女性易受到各种犯罪活动的侵害，女性是抢劫、强奸、诈骗等刑事犯罪的主要受害者，而男性则是犯罪的主要实施者。城市对女性而言是随处潜伏着危险的地方，如人流稀少的偏僻街道、黑暗封闭的角落、夜间的公园、陌生的场所、拥挤而混杂的场所等，对男性而言充满吸引力的旷野、夜总会和酒吧，对孤身女性来说却是危险的地方。由于女性对场所隐含的危险性的敏锐感知，女性常常尽量避免进入这些场所，这使得女性在活动范围和活动时间上受到限制，女性对城市的使用是局限的。

7.4.5 女性的理想城市

1）混合多元紧凑

如果说结构清晰、分区明确的城市结构是男性化的理想城市，那么，怎样的城市是适合女性心理和行为特征的城市呢？从上面的分析中可以看出，无论是职住隔离还是郊区化，都是功能分区思想的延伸，那么，要解决男性化城市给女性造成的困境，其关键就是解决功能分区的问题。因此，我们提出，混合多元的紧凑城市是女性的理想城市模型。即在有限的地域范围中，各种功能混合，多种社会关系叠加，多元文化共存的自然生态的城市。在混合多元紧凑的城市中，女性的各种需求可以在较小的空间范围中得到满足，因此可以减少对女性时间、精力和金钱的消耗，这也是对兼具着社会生产与人类再生产职责的女性生命的爱护，这对于小到家庭，大至社会，乃至整个人类都有重要的意义。此外混合多元紧凑的城市有利于社会网络的形成，首先，多功能混合增加了人际交往的机会；其次，多元文化加深了交往的文化内涵；最后，紧凑的地域范围使频繁亲密的交往成为可能。前面我们分析过，日常生活中形成的社会网络，其主要成员和主要使用者为女性群体，因此，混合多元紧凑城市中形成的社会网络，有利于女性群体在社会中得到生活的帮助、文化的补充和精神的慰藉。这是和谐、稳定的城市形成的基础。

2）公共交通＋非机动交通——为女性服务的城市交通系统

从女性的角度规划城市交通是解决女性交通困境的方法。从上面的分析中，我们认为公共交通与非机动交通相结合的城市交通系统，是适宜于女性行为和需求的。具体措施有以下几个方面，其一，实行公交优先政策，建立快捷的公交专用通道，使公共交通在速度和效率上得到提高，特别是高峰期公交专用通道可以显示较强的运输效力，这类方法国外有许多可以借鉴的经验，在北京、杭州等城市也有试行，收到了良好的社会效果；其二，建立完善灵活的公交路线，使公交线路深入各个街巷、社区，公交站点间的距离缩小，以适应女性多目标多阶段的出行方式；第三，公交车小型化，使车内空间在驾驶员和公众的监控范围内，以减少女性在公共交通工具中可能受到的侵害；最后，非机动车道和人行道的完善，以及对道路交叉路口安全性的规划，都有助于女性更好地参与到城市交通中。将这个问题拓展开来，城市公共交通与非机动交通体系的完善不仅有利于女性群体，而且有利于城市中更大范围的中低收入群体，并且这种交通系统对能源的消耗较少，对环境的污染较小，运输的效率较高。因此，无论从社会公正还是环境生态保护来看，这种交通系统都是值得推广的。女性对城市交通的需求与新城市主义、精明增长等理论所倡导的"公共交通主导的发展单元"的发展模式有共同之处，并且强调交通规划对人的关怀。

3）家务劳动的价值体现——男女平等的途径

前面我们分析过将女性为主的家庭劳动私人化，使男性可以通过贬低女性劳动价值而无偿占有女性劳动，这也是男女不平等之源。马克思认识到"参加社会劳动使妇女解放的先决条件"，而从另一方面来说，证实家庭劳动的价值，亦是妇女解放的主要途径之一。家庭劳动社会化是证明家务劳动价值的最好方式，当家务劳动需要花费金钱来购买时，家务劳动的价值自然显现出来了。由于城市公共服务的从业者以女性为主，这形成了女性服务女性的局面，达到增加女性就业机会和分担女性家务负担的双重效果。并且家务劳动社会化后，女性可以有更多的时间和精力投入到社会劳动和社会生活中，女性的社会价值也相应得到提升。这种思路是通过将女性角色向男性靠拢来达到消除两性地位差异的目的，其本质上还是以男性价值判断为中心的。在男女生理与社会差异现实存在的情况下，只有真正认识到家庭劳动的价值，特别是女性繁衍养育后代这一行为对于人类的重大意义，才可能真正认识到女性化工作的重要价值，才可能达到承认男女差异基础上的男女平等。

4）为女性设计一个安全的城市

女性易受侵害的现象有其深刻的自然与社会原因，我们无法在短时期内予以变革，对于城市设计者而言，唯一可做是在城市设计中关注女性对安全性的需求，为女性设计一个安全的城市。如增加场所的通透性，设置城市道路标志系统，使公共场所更容易被女性理解和控制，从而消除对陌生环境的恐惧感；完善夜间的照明设施，明亮的环境对预防犯罪是非常有效的；在僻静人少处设置治安岗亭和监控设施，可增加安全感；在植物配置上使用低矮的灌木与高大乔木相结合，尽量避免使用遮挡视线的较高的灌木，增加环境的可视性，也可以起到预防犯罪的作用；在街道边设置街角绿地，设置可停留的空间和设施，使街道空间可以长期处在休闲人群的视线监控之中……这些都是行之有效的增加城市安全性的城市设计手法。从设计的角度预防犯罪，为女性创造一个安全的环境，这也是女性对城市的一个基本要求。

7.5 影响城市景观的女性主体

7.5.1 城市景观主体中的女性

城市景观①的主体是指对城市景观产生影响的各种社会角色，从管理学的角度也可称

① 城市景观包括物质景观和非物质景观。本节主要从景观学规划设计的角度研究影响物质景观的女性主体，而不涉及女性服饰、语言、行为在构成城市非物质景观方面的影响。

为“利益相关者”(Stakeholder)。参照近年对我国城市规划各主体的分类研究成果[①],影响我国城市物质景观(主要是物质景观)的主体可以分为政府、公众、规划设计单位三类,我们将这三类景观主体中的女性称为影响城市景观的女性主体。

政府是从宏观上决定我国城市景观形态的权力机构。我国对妇女参政的制度性保障使得政府机构中女性的比率接近男性,但担任各级领导职务的女性仍然远低于男性。2007 年的统计数据显示,我国有女干部 1 500 多万人,占全部干部的 40%,但省部级、厅局级、县处级女干部只占该级别干部的 10%略强[②]。在我国政府首长负责和条块分割的体制下,女性官员中的大多数均为副职,且集中在文教、卫生、科学及妇女领域,她们在城市规划建设景观决策中所起的作用往往不是决定性的。

公众纳税是景观建设的资金来源,包括男性和女性在内的公众是城市物质景观最终的使用者,应该对城市景观拥有决策权。但由于我国当前的公众参与制度本身极不完善,存在着信息获得渠道闭塞,公众保护意义不足,缺乏有力的代言组织等问题,并最终导致公众仅仅是被告之、被教育,而缺乏对于规划的决策的影响力[③]。而能够在政府公示之外主动地提出景观建设的建议和监督意见的往往是为数极少的男性公众,女性公众的主动参与极少。

规划设计单位是从技术上决定城市物质景观形态的技术主体,而规划设计本质上是一种技术和艺术的结合,强烈地受到规划设计者本人的世界观、技术价值观和专业技术能力的影响。据统计,2007 年我国城市规划行业从业人员中有 35%是女性[④],建筑和景观设计行业中女性的比例与规划行业接近,而室内设计行业中的女性比例则更高。规划设计是城市景观建设的起点和依据,女规划师、女建筑师、女景观设计师们通过一个个具体的规划设计影响甚至决定着城市景观的形态。

通过比较我们不难看出,女性规划师、建筑师和景观设计师对城市景观的影响最大,因而也是本节城市景观的女性主体研究的重点。

7.5.2 女性建筑师的历史和现状

无论是中国还是西方的古代社会中,女性的地位是十分低下的,她们没有学习建筑营造这类“男性化”知识的权力,甚至连出现在建造活动的现场也在中国等许多文化中被认为不吉利而受到禁止。文艺复兴以后开始出现了极少数著名的女性政治家、画家和诗人[⑤],前文提及的蓬皮杜夫人(1721—1764)大概是最早的也是古代世界唯一的女建筑师了,她凭借路易十五的宠爱和过人的才华与铁腕推动了洛可可风格的形成,并且她参与设计了巴黎协和广场和凡尔赛宫的小特里阿农宫。

女性真正进入建筑、规划和景观设计的相关领域是在近代。在西方,第一代现代主义建筑大师和女性建筑师是同时出现的,她们同样才华横溢、成果丰硕,但却在男性社会选择性的建筑史记述中往往被忽略。比如,堪称现代主义建筑先驱之一的艾琳 · 格雷(Ei-

---

① 沈海虹.集体选择视野下的城市遗产保护研究[D].上海:同济大学,2006

② 周丽萍.女性从政的世纪变迁[J].廉政瞭望,2008(3)

③ 应臻.力的摩擦与力的平衡——我国历史街区保护实践[D].上海:同济大学,2002:20

④ 李兆汝.女规划师:不可或缺的中坚力量[N].中国建设报,2007-03-03

⑤ 吕军录.浅谈文艺复兴时期女性的逐步觉醒[J].四川理工学院学报(社会科学版),2006(10):118-120

leen Gray，1878—1976 年)(图 7.14)，她于 1924 年设计建成的 E－1027 度假别墅既紧凑又开放，具有直线的水平屋面，带形落地长窗以及下到客厅的螺旋楼梯等典型的现代主义特征(图 7.13)，柯布西耶对之大加推崇并多次拜访，以致情不自禁地在其外墙上绘制“破坏性”的壁画，并最终与之比邻筑屋，并终老于此[①]。再如埃莉诺·雷蒙德(Eleanor Raymond，1887—1989 年)，她于 1928 年开设工作室，主要以设计有美国乡土风格的住宅和修缮、改造古老住宅而著称，是最早开展历史建筑再利用设计的建筑师，并于 1931 年出版了美国第一本研究乡村建筑的著作《宾夕法尼亚的早期民居》。她同时擅长三个领域——室外、室内和景观的设计，强调建筑师应了解顾客如何使用建筑，并在 1940 年代末设计了美国第一幢太阳能房屋[②]。现代主义时期杰出的女建筑师还应包括：柯布西埃的合作者——夏洛特·帕瑞安德(Charlotte Perriand)[③]、系统介绍洛杉矶现代派建筑的艾丝特·麦可(Esther McCoy)、早期建筑结合环境保护的倡导者和策展人伊丽莎白·莫克(Elizabeth Mock)、密斯建筑的批判者西布利·莫霍伊·纳吉(Sibly Moholy-Nagy)，以及密斯·凡德罗的妻子兼合伙人莉莉·瑞克(Lilly Reich)(图 7.15)和罗伯特·文丘里的妻子兼合伙人丹尼斯·斯科特布朗[④]。

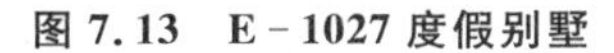

图 7.13　E－1027 度假别墅

图 7.14　艾琳·格雷

图 7.15　莉莉·瑞克

近代以来，女建筑师也开始登上了中国的建筑舞台。中国最早的女建筑师林徽因于1924—1927 年留学美国，在主修美术学的同时选修了宾夕法尼亚大学建筑系的课程，1928 年与梁思成赴欧洲考察建筑后回东北大学建筑系任教，她是中国最早的建筑学术团体——“营造学社”的主要成员之一，在中国建筑历史和建筑教育领域建树颇多，并参加了中华人民共和国国徽和人民英雄纪念碑的设计。张玉泉是我国自己培养出来的最早的三位女建筑师之一(另两位是吴若瑾、于均祥)，她 1934 年毕业于南京中央大学(今东南大学)建筑系，1938 年在上海与丈夫费康共同创办“大地建筑师事务所”，并在 1942 年费康病逝后独自经营事务所直到 1950 年，新中国成立后在华东建筑公司等单位从事大型工业厂房设计，并主

① 柯布西耶是艾琳·格雷的合伙人 Badovici 的朋友，曾经无数次参观 E－1027 并极为推崇，并于 1937—1939 年间在 E－1027 的外墙上绘制了一系列壁画，但格雷认为这是对其作品的故意破坏。不管柯布的行为是出自推崇还是嫉妒，他从此与 E－1027 结下了不解之缘并在其东侧建造了自己的乡村小住宅，每天在此工作、沉思和游泳，直到 1965 年溺死在 E－1027 附近的海中。译自：http://en.wikipedia.org/wiki/E－1027

② 译自：http://en.wikipedia.org/wiki/ Eleanor_Raymond

③ 周洋.感性的视觉功能[J].室内设计与装修，2006(11)

④ 参见：http://www.nytimes.com/2007/10/31/arts/design/31woma.html

编有《单层厂房建筑设计》[①]。同时期杰出的中国女建筑师还有1945年毕业于圣约翰大学(今同济大学)、长期从事建筑设计、建材设计和理论研究的李滢,1945年毕业于北京大学工学院建筑系建筑学专业的王炜钰,1948年毕业于上海圣约翰大学的罗小未[②]。

无论是在欧美、日本还是中国,长期以来很少有人提及包括上述第一代女建筑师在内的各时期的优秀女建筑师。英国在1980年出版的《现代建筑师》一书中介绍了世界各国的五百多名建筑师,只有三处提到了4名女建筑师。1980年出版的《日本的建筑师》介绍了自1815年以来近百年间日本的591名建筑师,其中女性仅7名。即使到了1995年,日本出版的《世界的581位建筑师》一书中也只介绍了66个国家中21个国家的56位女建筑师,比例接近10%。在中国,1987、1990年先后出版的《中国当代建筑师(1、2)》中介绍了110位建筑师,其中只有10位女建筑师约占9%[③],与之形成对比的是建筑系毕业生中女生的比例在1960年代就已经达到了26.6%[④](表7.3)。这反映了一个国际建筑界普遍的问题:不但从业女性建筑师的比例低于男性建筑师,能够达到建筑师行业金字塔尖的女性比例更低。

表7.3　新中国成立后至"文革"前毕业几所大学建筑系女生所占比例

	学生总数	女生总数	女生所占比例
清华大学	1 117	367	32.9%
东南大学	702	152	21.7%
同济大学	703	157	23.3%
天津大学	522	135	25.9%
合计	3 044	811	26.6%

造成这一问题的原因有几个方面。一是由于客观上男性较强的空间能力和体力对女性有一定的比较优势,空间能力可以通过教育训练提高,但经常通宵熬夜和深入工地现场的行业特点对女建筑师的体力挑战较大,这种情况在我国当前建筑设计市场不规范、设计工作强度大、时间紧的现状下更加明显[⑤]。另一个原因是女性的不公正社会角色。国内外中都存在着不同程度的"女主内、男主外"的社会角色分工,业主对男性建筑师的认可程度高于女性,女建筑师在专业工作之外,还要承担更多的生育子女、照顾家庭的责任,所以要取得和男性同等的成就,就要付出更多的辛劳,这是女性建筑师在专业上地位一般较低的主要原因[⑥]。第三个原因,也是常常被忽略的原因是,女建筑师和男建筑师之间的分工协作

① 张玉泉.九十春秋忆沧桑——我国第一代女建筑师张玉泉的回忆篇[J].新建筑,2003(3):77-79

② 李沉,金磊.先行者的歌——记我国早期的几位女建筑师[J].建筑创作,2002(4):75-76

③ 马国馨.建筑师与女建筑师[J].建筑创作,2004(3):106-111

④ 李慧.20世纪中国女建筑师社会地位的多角度透视[J].建筑与环境,20074(1):143-144

⑤ 林徽因1924年去美国宾夕法尼亚大学时,因为建筑系学生要日夜赶图,对无人陪伴的女生不方便,故而不招女生,最终她只能报考了美术系,同时选修建筑系课程。

⑥ 无论是在建筑还是其他领域,取得巨大成功的女性中终身未婚、未育或婚后离异的比例要远高于社会平均比例。当前风行世界的著名女建筑师扎哈·哈迪德就是其中一位,她说:"可能对于许多从事创作工作的人来说,生活中发生的重大改变,比如恋爱、结婚、生子,都会对他的创作风格产生一定的影响。但是我不知道。这些事情我都没有经历过。但是,我想我的作品绝不会因为我身边的人或事而改变。"引自:胡赟,余雪薇.无之无化——扎哈·哈迪德与广州歌剧院[J].新建筑,2006(4):45-47

体系不够完善，或者说大部分女建筑师没有条件在工作中与男性取长补短，充分发挥其不同于男性的女性特质。

7.5.3 城市景观设计呼唤女性特质

正如前文所述，男性和女性群体之间是一种差异性平衡关系，这已经成为当代女性主义者乃至全社会的主流认识。男性和女性之间具有不容否认的能力和特质方面的差异，但这些差异并没有绝对的优劣高下之分，而是尺有所短、寸有所长的互补关系。从这一点说，文化生态女性主义提倡的女性(作为个人和集体)应当发现她们的真实本性，并赞赏和认可这种本性，对于发挥女性特质具有十分重要的积极意义。

在城市、建筑和规划设计领域，女性建筑师的女性特质和男性建筑师的男性特质之间也没有谁更适合或更擅长这一行业的区分，而是看各自的性别特质有没有得到充分的认识和发挥。在城市空间、建筑、景观规划设计中发挥女性特质中的积极部分，不但可以提高女性执业者的社会地位，而且也可以弥补现有“男权城市”中的种种问题。

1）女性的沟通协调能力符合专业发展复杂化的趋势

当代城市、建筑和景观规划设计日趋复杂，在社会面向的广度和深度都大大增加，是需要在政府、业主、社会公众、各技术专业、建造商、材料商和外包技术商之间进行广泛沟通和协调的系统工程。在这种专业发展趋势下，女性所具有的高于男性的社会沟通和协调能力显得越发重要。身为女性的中国城市规划学会副理事长王静霞规划师认为，“规划自身不是个体，它是一个群体的整合，需要协调方方面面的矛盾，女同志比较会协调，善于沟通，比较适合做规划”①。作为男性建筑师优秀代表的马国馨院士也认为“从气质和风格上看，男性的宏观思维决断力、冒险和创新精神更为突出，女性的沟通亲和力、人性化的风格、细腻和周到的思考等都是需要主动地认识及取长补短”②。

西方的情况也基本类似，如前文提及的埃莉诺·雷蒙德同时擅长三个领域——室外、室内和景观的设计，并十分关注顾客如何使用建筑。美国建筑史学家莱特(Gwendolyn Wright)在 MoMA(纽约现代艺术博物馆)举行的“女性与现代主义”学术研讨会上总结了女性建筑师特质的积极影响：“近些年建筑师行业中女性变得更加令人瞩目，她们的上升已经对建筑实践有了微妙的影响，包括强调合作以及打破建筑师、景观师、面料设计师和造型艺术家之间的界限，而进行多方整合与协作的能力在某种程度上是男性建筑师所欠缺的”③。

2）女性的关怀伦理符合城市自然和人文生态化趋势

关怀伦理是女性特质中对当前社会最有裨益的方面。社会生态女性主义者认为，自然过程遵循的是女性原则，即能动的创造性、多样性、整体性、可持续性和生命神圣性。生态危机的实质是男性原则对女性和自然的双重压迫，只有基于女性原则构建可持续发展的社会—经济模式，才能解放女性和自然界。事实上，女性规划师、建筑师、景观师确

---

① 中国城市规划协会. 中国女规划师第七次相聚在南京[EB/OL]，http://www.shghj.gov.cn/News_Show.aspx? id=8528，2008-12-11

② 马国馨. 建筑师与女建筑师[J]. 建筑创作，2004(3)：106-111

③ Ouroussoff N. Keeping Houses, Not Building Them[N]. The New York Times，2007-10-31

实比男性同行更关注历史文化、自然环境和弱势群体的保护。除了前文提到的环境保护运动的倡导者卡逊，反对现代功能主义城市对人性剥夺的简·雅各布斯，美国最早开展历史建筑保护的埃莉诺·雷蒙德等之外，日本著名建筑师长谷川逸子也“愿意为这个社会中的每一个构成因素细心着想，但觉得作为女性更应体验这个社会弱者的那部分”①。她把自然作为建筑设计的永恒主题，并认为“建筑本身是人工的产物，是一种破坏后的建立，是破坏自然的一种行为”。由于这种破坏无可避免地发生，于是建筑“这项工作的实质就是怎样去建立一个破坏自然后的又一个自然，这是建筑设计的出发点，因为只有自然对人类永远是最合适的”，而文化上的开放包容、多元共生、和谐建筑也是其设计思想的核心所在②。

中国第一代女规划师夏宗轩在其一篇题为《中国女城市规划师的奉献》一文中认为，“中国女城市规划师更具有女性固有的宽厚、爱心、善解人意、真诚坦率、易于沟通……等品性”③。中国女规划师协会则“希望能发挥女性优势，关注热点民生。比如中低收入者的住房问题，‘城中村’的问题，这些大家都在关注，从女性视角出发，可以将工作做得更细、更实”④。在 2009 年的两会上，更有近百名政协委员联名提案“以女性精神应对经济危机”，尽管这种提法使大多数男性网民惊呼为“雷人”，但却有其合理的一面⑤。

3) 女性的审美特质增加城市景观的诗意和多元

女性建筑师不但有与其身体和心理直接相关的对曲线、轻盈、自然等审美喜好，还具有“对美的直觉，对色彩的敏感，对细节的关注”⑥等审美特质，因此其城市、建筑和景观设计往往具有不同于男性的美学意境。长谷川逸子的成名作湘南台文化中心以其擅长的梦幻构图、女性曲线、童话手法实现了自己的想象和幻想，使这个建筑不但成为孩子们的天堂。也成为大人追溯童年理想世界的场所。被抽象化了的宇宙、天地、云、水、山、树所表达出来的内容似乎已经超越了时间和空间的限定，置身其中恍如梦境⑦(图 7.16)。日本另一名女建筑师妹岛和世的建筑风格也以白色、轻盈、透明、超薄、暧昧等女性特质来创造她追求的供冥想的空间(图 7.17)。美籍华裔女建筑师林樱所设计的越战纪念碑，一改人们对建筑的传统看法，建筑不再是凸现于大地的男性图腾和唯视觉的壮美空间，而是与大地连成一体的母性般的建筑空间，抚慰着人类心灵的伤痛⑧

图 7.16　长谷川逸子·湘南台文化中心

---

① 邓晓红. 建筑:第二自然——长谷川逸子建筑哲学观及作品简析[J]. 新建筑,1996(4):34-36

② 黄海峰,胡慕贤. 包容、共生与和谐建筑——长谷川逸子建筑哲理思想透析[J]. 建筑,2007(9):86-88

③ 李兆汝. 女规划师:不可或缺的中坚力量[N]. 中国建设报,2007-03-03

④ 中国城市规划协会. 中国女规划师第七次相聚在南京[EB/OL], http://www.shghj.gov.cn/News_Show.aspx?id=8528, 2008-12-11

⑤ 两会十大雷人提案议案:以女性精神应对经济危机[EB/OL], http://www.chinanews.com.cn/gn/news/2009/03-13/1600095.shtml,.

⑥ 崔愷语。引自:《建筑创作》采编部. 笔谈女建筑师[J]. 建筑创作,2004(3):112-115

⑦ 窦志. 长谷川逸子与扎哈·哈迪德:当今两位建筑大师的比较[J]. 建筑创作,2004(3):116-122

⑧ 汪原. 女性主义与建筑学[J]. 新建筑,2004(1):66-68

(图 7.18)。就连最不落传统窠臼的哈迪德也从舞蹈中汲取灵感,作品中充满着动感、有力的曲线[①](图 7.19)。相比西方,中国女建筑师受到社会体制和市场的更多约束,其审美特质尚未能得到充分的张扬,大多数女建筑师的优势只能体现“在施工图制作阶段,女建筑师天生的性格优势使她们占据了上风,她们细致、缜密、耐心,是一般男建筑师所无法企及的”[②]。我国现在的城市景观相关从业人员中有超过 35% 的女性,如果通过体制改革和消除社会分工等方面的歧视,使她们的审美特质得到充分的发挥,那么,我国城市单调冷漠、千篇一律的景观问题就可望得到一定缓解,并最终实现多元、温馨、诗意、生态和可持续的城市景观形态。

图 7.17　妹岛和世·美国新当代艺术博物馆

图 7.18　林璎·越战纪念碑

图 7.19　哈迪德·意大利新剧院

7.6　小结

男性群体和女性群体间的和谐是人文生态系统平衡的前提。当前城市景观是经漫长的父权社会发展形成的,女性对城市的影响力弱于男性这一全球性问题在中国尤为突出,大多数景观学研究较少关注景观问题的性别差异,客观上处于以男性为主的立场。因此,有必要从女性与男性对城市景观的需求和影响的差异出发,在女性视野下研究性别与城市景观形态的关系。研究的目标并非如女性主义者那样试图消弭性别差异,而是客观思考景观规划建设中忽视性别差异而导致的种种问题,探讨兼顾两性不同需求的理想的城市景观形态。

女性化城市景观的盛衰与女性参与公共事务的历史相重叠,是性别结构与性别权利演变的外在表现,随着后现代主义思潮的兴起,环境保护和生态学的发展,女性主义得到相应的重视与发展,城市景观的生态化与女性化成为当前城市的一个发展趋势。

---

① 窦志. 长谷川逸子与扎哈·哈迪德:当今两位建筑大师的比较[J]. 建筑创作,2004(3):116-122

② 中国建筑科学研究院建筑设计院副院长曾捷语。引自:http://www.artintern.net/bbs/frame.php? frameon=yes&referer=http%3A//www.artintern.net/bbs/viewthread.php%3Ftid%3D10442

性别差异包括生理差异、心理差异、社会差异和行为差异，性别差异导致女性在景观环境的感知与需求上不同于男性，而男性化的现代城市给女性的生活与行为造成了诸多事实上的困境。因此，探讨基于性别差异的混合多元紧凑的女性理想城市模式，是对当前城市状况的补充与改良。

从影响城市景观的女性主体的探讨可以发现女性参与城市景观的历程，特别是女性建筑师对城市景观的影响，我们认为女性的沟通协调能力符合建筑专业复杂化的发展趋势，女性的关怀伦理符合城市自然和人文生态化的趋势，女性的审美特质增加了城市景观的诗意与多元。因此，女性参与并影响城市景观将成为未来城市发展的一个趋势。

8 结　语

8.1 初步成果与结论

本书初步的研究成果与结论主要分为理论建构与专题研究两个部分。

8.1.1 理论建构

1）人文生态的概念和内涵

首先，在借鉴生态学研究理论框架的基础上，整合了社会学、文化人类学等相关学科的研究成果，本书初步研究了人文生态的概念和内涵。

人文生态研究对象划分为四个组织层次，即人文生态个体、人文生态群体、人文生态群落和人文生态系统，不同的组织层次有着不同的结构、功能和演变特征，与人文环境的相互关系的复杂程度也各异。从政治体系、经济结构、社会机构和文化观念等方面分析人文生态系统的结构，分析了解人文生态系统结构的一般规律。人文生态系统的各种结构性因素决定了系统的功能，人文生态系统有着社会组织与管理、经济生产与流通以及文化传承与创新等功能。

研究人文生态的组织层次、结构以及功能的一般规律有助于理解和进一步研究人与人文环境的复杂的互动关系，是深入理解景观形态表象下的人文生态动因的基础，为研究景观研究提供了更全面的视野。

2）人文生态与城市景观形态关系理论框架建构

人文生态系统对城市景观形态的影响虽然广泛而复杂，仍然有一定的规律可循。本书综合研究了人文地理学、景观生态学、城市规划等学科的相关成果，建构了人文生态与城市景观形态理论框架，分析城市景观形态形成与演变过程中的深层人文动因和互动机制及其规律。包括景观结构与格局的人文生态分析、景观分异的人文生态规律、人文生态系统演替与景观变迁、系统平衡控制理论与景观的稳定性以及人文生态系统和景观的可持续发展。

从景观格局和分异的静态研究，到景观演变的动态过程，直至景观平衡的调控和可持续发展的目标，全方位、全过程地分析景观形态与人文生态之间互动关系，建立一种全面研究城市景观形态的新方法，并运用人文生态理论与方法主动引导城市景观形态向稳定与可持续的方向发展，拓展了景观学科的研究领域。

8.1.2 专题研究

在考虑人文生态系统不同层次与不同类型的要素，并结合作者本人的经历与体验，选取部分视角展开关于城市景观形态的专题研究,深入分析某些人文生态要素对城市景观形态的影响,以史学的眼光分析这些要素对景观形态形成、发展与演变的动态过程。

其中,①制度规范和约束着人与人之间、人与环境之间的相互关系,是影响城市景观形态的控制性和结构性要素。②单位是现代中国独特的政治、经济和社会的组织形式,对现代中国城市景观形态有着控制性、普遍性和综合性的影响。③回族群落是中国较典型的城市中的少数民族聚居区,为城市景观的丰富多样与人文生态的稳定和谐做出了贡献,但在现代城市化过程中,随着回族群落的衰退,其对城市景观形态的影响力逐渐减弱。④在人文生态系统中,女性群体与男性群体应既保持相互平等,又相互差异并互补的动态均衡,这种差异性平衡反映在城市景观上,就是女性群体有其不同于男性群体的对城市景观的需求,从女性的视角研究城市景观正是为了实现兼顾女性和男性需求的理想的城市景观形态。

不同层次、不同类型的人文生态要素对城市景观形态的影响有其程度和方式的差异,单一人文要素对城市景观形态的影响也是动态的、多方面的和利弊共存的,必须具体问题具体分析。城市的景观中存在的问题往往源自对某些人文生态要素和规律的轻视。

8.2 研究展望

一方面,由于人文生态研究体系过于宏大,人文生态与城市景观形态关系非常复杂;另一方面,由于理论基础的局限性以及时间与精力的限制,本书对这一理论框架的建构尚不成熟,有待各相关学科对它的充实与完善,并且各相关学科的新成果和各学科间的交融都将促进人文生态研究的进一步发展。可以期待,随着今后研究的发展,这一理论框架的建构将更全面、系统和深入。

此外,专题研究的深化与拓展也是后续研究的重点,如流动人口、低收入群体、老龄人群等弱势群体与景观环境的关系;历史街区、城中村等不同群落的结构特征与演变规律;城乡人文生态系统、城市群和城市带系统等不同尺度的人文生态系统的研究等。不同类型、尺度和性质的专题研究将进一步应用和检验人文生态与城市景观的理论研究框架,而且对于解决城市景观中诸多现实问题具有实践价值。

图表附录

第1章

图1.1　相关研究理论基础模型

图1.2　研究结构框架

第2章

图2.1　人文生态系统结构示意图

第3章

图3.1　等级系统结构图　邬建国.景观生态学——格局、过程、尺度与等级[M].北京:高等教育出版社,2000:64

图3.2　帕森斯功能结构理论的AGIL分析模型　叶克林.现代结构功能主义:从帕森斯到博斯科夫和利维——初论美国发展社会学的主要理论流派[J].学海,1996(6)

图3.3　丹佛市地价立体图　段进.城市空间发展论[M].南京:江苏科学技术出版社,1999:80

图3.4　竞标土地利用模式　段进.城市空间发展论[M].南京:江苏科学技术出版社,1999:80

图3.5　社会资本对地租斜率的影响　段进.城市空间发展论[M].南京:江苏科学技术出版社,1999:80

图3.6　三种城市空间模型　段进.城市空间发展论[M].南京:江苏科学技术出版社,1999:38

图3.7　西安市收入空间分布结构　王兴中,等.中国城市生活空间结构研究[M].北京:科学出版社,2004:113,171

图3.8　西安市各类生活空间质量(感知)等级　王兴中,等.中国城市生活空间结构研究[M].北京:科学出版社,2004:113,171

图3.9　不同阶层人群的城市意向图　段进.城市空间发展论[M].南京:江苏科学技术出版社,1999:159

第4章

图4.1　影响景观的人文因子叠加图　王兴中,等.中国城市生活空间结构研究[M].北京:科学出版社,2004:109

图4.2　城市生态系统的构成　俞孔坚.理想景观探源:风水与理想景观的文化意义//

王兰州，阮红. 人文生态学[M]. 北京：国防工业出版社，2006：119

图 4.3　制度层级图　张旭昆. 制度的定义与分类[J]. 浙江社会科学，2002(6)

图 4.4　《三礼图》中的周王城图　刘叙杰. 中国古代建筑史(第一卷)：原始社会、夏、商、周、秦、汉建筑[M]. 北京：中国建筑工业出版社，2003：208

图 4.5　井田制图　http://www.loveufo.com.cn/b/2009-1-6/200880307.shtml

图 4.6　唐长安都城图　潘谷西. 中国建筑史[M](第四版). 北京：中国建筑工业出版社，2003：318

图 4.7　宋清明上河图　[北宋]张择端. 清明上河图[M]. 上海：上海书画出版社，2004

图 4.8　1985 年丁蜀镇的均质景观　宜兴市规划局提供

图 4.9　南京建设用地增长示意图　张京祥，罗震东，何建颐. 体制转型与中国城市空间重构[M]. 南京：东南大学出版社，2007：62

图 4.10　1985 年宜兴城郊和城区的景观分界　宜兴市规划局提供

图 4.11　1936 年宜城城厢图　宜兴市规划局提供

图 4.12　1985 年宜城地图　宜兴市规划局提供

图 4.13　申请建设工程规划许可证工作程序　王国恩. 城市规划管理与法规[M]. 北京：中国建筑工业出版社，2004：119

图 4.14　香港弥敦道街景　http://www.meny.cn/info/1797.html

图 4.15　纽约曼哈顿街　http://www.englishcn.com/zh/tupianku/usa/20070915/10627_9.html

图 4.16　南京湖南路街景　http://hi.baidu.com/37 度温差/album/item/96f719238391374f9822edbc.html

图 4.17　南京小区出新和“平改坡”　http://njfcj.gov.cn/2007-2-8 17:45:34

图 4.18　南京市绿地系统规划图　南京市规划局

图 4.19　北京的中轴线　根据网站提供的航拍图绘制 http://bbs.feeyo.com/posts/378/topic-0016-3780141.htm

图 4.20　清代北京城平面图　孙大章. 中国古代建筑史(第五卷)：清代建筑[M]. 北京：中国建筑工业出版社，2002：11，38，168

图 4.21　明代紫禁城平面图　孙大章. 中国古代建筑史(第五卷)：清代建筑[M]. 北京：中国建筑工业出版社，2002：11，38，168

图 4.22　北京的四合院　孙大章. 中国古代建筑史(第五卷)：清代建筑[M]. 北京：中国建筑工业出版社，2002：11，38，168

表 4.1　制度类型与城市景观的关系

表 4.2　中国历代都城尺度比较　Xinjian Li. Municipal Infrastructures in Urban History and Conservation[A]//International Conference on East Asian Architectural Culture[C]. Kyoto: Takahashi Yasuo, 2006：525-531

表 4.3　改革开放后中国城市土地使用制度相关法规条例的变迁　根据多种资料综合整理

表 4.4　总体规划的主要内容对城市景观形态的塑造作用

第5章

图5.1 单位群落与城市的关系

图5.2 中国三线建设 根据上帝之眼论坛相关图片整理 http://bbs.godeyes.cn/showtopic-235434.aspx

图5.3 单位细胞与城市有机体的关系

图5.4 扬子石化厂区 龙虎网 http://longhoo.net/gb/longhoo/news/special/2009/njjs/node30049/node30052/images/00200653.jpg

图5.5 土地划拨程序示意图 中国社会科学院财贸经济研究所.中国城市土地使用与管理:专题报告及附录[M].北京:经济科学出版社,1994

图5.6 南京市居住空间分异图 吴启焰.大城市居住空间分异研究的理论与实践[M].北京:科学出版社,2001:123

第6章

图6.1 城市主要回民群落与旧城的位置关系 于文明,邓林翰.北方城市回民街区整体环境与街区结构[J].哈尔滨建筑大学学报,1998(6)

图6.2 清真寺形制演变 杭州凤凰寺采用的是笔者参与的保护规划项目的效果图

图6.3 开斋节时的牛街商业活动

图6.4 回族群落中商业街与清真寺的关系 于文明,邓林翰.北方城市回民街区整体环境与街区结构[J].哈尔滨建筑大学学报,1998(6)

图6.5 北院门地区华觉巷125号平面 杨崴,曾坚,李哲.保护与发展——中国内地城市穆斯林社区的现状及发展对策研究[J].天津大学学报(社会科学版),2004(1)

图6.6 讲经台

图6.7 伊斯兰风格的内部装饰

图6.8 伊斯兰风格凉亭

图6.9 清真餐饮店

图6.10 门头的都阿

图6.11 厅堂摆设

图6.12 北京牛街清真寺开斋节景象

图6.13 回族女性服饰及手工艺 中国文化部网站 http://www.ccnt.gov.cn/fwzwh/dfbk/t20060210_23785.htm

图6.14 回族男性服饰及歌舞 http://www.ccots.com.cn/zhongguomingzu/huizu/

图6.15 回族婚礼 http://www.chinaxinjiang.cn/mlxj/msmf/t20071108_301492.htm

图6.16 元代南京穆斯林聚居地示意图 南京市伊斯兰教协会提供

图6.17 明代南京回民聚居区分布图 南京市伊斯兰教协会提供

图6.18 民国时期南京清真寺分布图 根据石觉民1934年的调查资料绘制

图6.19 七家湾范围示意图 根据南京主城区详图绘制

图6.20 升州路景观

图6.21 建邺路景观

图 6.22　中山南路景观

图 6.23　鼎新路景观

图 6.24　七家湾现代建筑斑块(2002 年)　根据《南京影像地图集》所提供的地图绘制，江苏省测绘局监制，成都地图出版社

图 6.25　七家湾生境的进一步破碎　根据 Googl Earth 搜索的航拍图绘制

图 6.26　南捕厅历史文化保护区范围图　根据中国南京网图片绘制 http://www.nanjing.gov.cn/zwgk/zwgs/200710/t20071012_223105.htm

图 6.27　南捕厅历史街区环境改造工程实景　白下区文化局网站：http://www.bxwh.gov.cn/frame.asp? article=1333&recid=1713

图 6.28　净觉寺空间类型分析

图 6.29　入口巷道中散乜贴的老人

图 6.30　巷道尽端的砖雕牌坊

图 6.31　南侧巷道内的店铺

图 6.32　御碑亭

图 6.33　内部人员的交往空间

图 6.34　院中的人群与自行车

图 6.35　藤廊下写乜贴建寺的西北人

图 6.36　礼拜殿前的礼拜仪式

图 6.37　清真女学

图 6.38　净觉寺礼拜殿圣龛

图 6.39　净觉寺室内装饰

图 6.40　净觉寺礼拜的各籍穆斯林

图 6.41　文莱国玛斯莱娜公主访问净觉寺

图 6.42　从礼拜人群分析净觉寺礼拜影响范围

表 6.1　民国时期南京市各清真寺地址及附近回民居户调查表　根据石觉民 1934 年的调查资料整理制作

表 6.2　七家湾地区道路修建情况　表格根据相关资料制作：南京辞典编纂委员会.南京辞典[M].北京：方志出版社，2005；金陵图书馆网站：http://www.jllib.cn:8080/c/njmb/l/；新华报业网：http://js.xhby.net/system/2008/09/17/010339954.shtml

表 6.3　净觉寺礼拜人群类型统计表

表 6.4　净觉寺礼拜人群交通方式统计表

表 6.5　净觉寺礼拜人群交通时间统计表

第 7 章

图 7.1　洛阳涧西村孙旗屯新石器遗址袋形半穴居　刘叙杰.中国古代建筑史(第一卷)：原始社会、夏、商、周、秦、汉建筑[M].北京：中国建筑工业出版社，2003：60，72

图 7.2　郑州大河村新石器晚期遗址分室地面建筑　刘叙杰.中国古代建筑史(第一卷)：原始社会、夏、商、周、秦、汉建筑[M].北京：中国建筑工业出版社，2003：60，72

图 7.3　多立克与爱奥尼柱式　陈志华.外国建筑史[M].北京：中国建筑工业出版

社，2004

图 7.4　女像柱　维特鲁威. 建筑十书[M]. 高履泰，译. 北京：中国建筑工业出版社，1991

图 7.5　中世纪的原型　[美]刘易斯・芒福德. 城市发展史——起源、演变和前景[M]. 倪文彦，宋俊岭，译. 北京：中国建筑工业出版社，2005：212

图 7.6　阿布拉罕宫狮子院　http://en.wikipedia.org/wiki/Alhambra

图 7.7　达・芬奇的人体比例　http://zh.wikipedia.org/w/index.php?title=%E8%BE%BE%E8%8A%AC%E5%A5%87&variant=zh-cn

图 7.8　巴洛克建筑　http://en.wikipedia.org/wiki/Baroque_architecture

图 7.9　洛可可风格的室内　http://zh.wikipedia.org/wiki/File:Gau1878.jpg

图 7.10　柯布西耶的比例人　http://www.zetastudio.org/post/86.html

图 7.11　范斯沃斯住宅　http://www.farnsworthhouse.org/photos.htm

图 7.12　女性化高层・广州电视塔　一座女性化的高塔[N]. 外滩画报，2008-12-18

图 7.13　E-1027 度假别墅　http://www.e1027.org/

图 7.14　艾琳・格雷　Ouroussoffn. Keeping Houses, Not Building Them[N]. The New York Times, 2007-10-31

图 7.15　莉莉・瑞克　Ouroussoffn. Keeping Houses, Not Building Them[N]. The New York Times, 2007-10-31

图 7.16　长谷川逸子・湘南台文化中心　窦志. 长谷川逸子与扎哈・哈迪德：当今两位女建筑大师的比较[J]. 建筑创作，2004(3)

图 7.17　妹岛和世・美国新当代艺术博物馆　http://www.addidea.com/Article/match/other/20080604222451_5.html

图 7.18　林璎・越战纪念碑　http://en.wikipedia.org/wiki/Maya_Lin

图 7.19　哈迪德・意大利新剧院　http://static.chinavisual.com/storage/resources/2008/01/21/165549I246663P46737T1.jpg.shtml

表 7.1　男女性别在生理、心理、认知差异对照表　根据钱铭怡《女性心理与性别差异》等著作综合整理

表 7.2　规划的男性原则与女性原则　黄春晓，顾朝林. 基于女性主义的空间透视——一种新的规划理念[J]. 城市规划，2003(6)

表 7.3　新中国成立后至文革前毕业几所大学建筑系女生所占比例　李慧. 20 世纪中国女建筑师社会地位的多角度透视[J]. 建筑与环境，2007，4(1)：143-144.

主要参考文献

一、著作

1. [美]A. 拉普卜特. 建成环境的意义——非语言表达方法[M]. 黄兰谷,译. 北京:中国建筑工业出版社,2003
2. [日]浅见泰司. 居住环境:评价方法与理论[M]. 高晓路,等,译. 北京:清华大学出版社,2006
3. [英]安东尼·吉登斯. 社会学[M]. 赵旭东,等,译. 北京:北京大学出版社,2003
4. [美]霍尔姆斯·罗尔斯顿. 哲学走向荒野[M]. 刘耳,叶平,译. 长春:吉林人民出版社,2000
5. [美]伊恩·罗伯逊. 社会学[M]. 黄育馥,译. 北京:商务印书馆,1990
6. [美]戴斯·贾丁斯. 环境伦理学[M]. 林官明,杨爱民,译. 北京:北京大学出版社,2002
7. [美]戴维·斯沃茨. 文化与权力:布尔迪厄的社会学[M]. 陶东风,译. 上海:上海译文出版社,2006
8. [美]丹尼尔·A. 科尔曼. 生态政治——建设一个绿色社会[M]. 梅俊杰,译. 上海:上海译文出版社,2002
9. [德]马克斯·韦伯. 经济与社会[M]. 林荣远,译. 北京:商务印书馆,1997
10. [美]R. E. 帕克,E. N. 伯吉斯,R. D. 麦肯齐. 城市社会学——芝加哥学派城市研究文集[M]. 宋俊岭,等,译. 北京:华夏出版社,1987
11. [美]威廉·A. 哈维兰. 当代人类学[M]. 王铭铭,等,译. 上海:上海人民出版社,1987
12. [英]戴维·佩珀. 生态社会主义:从深生态学到社会正义[M]. 刘颖,译. 济南:山东大学出版社,2005
13. [英]C. W. 沃特森. 多元文化主义[M]. 叶兴艺,译. 长春:吉林人民出版社,2005
14. [英]R. J. 约翰斯顿. 人文地理学词典[M]. 柴彦威,等,译. 北京:商务印书馆,1994
15. [美]卡洛琳·麦茜特. 自然之死——妇女、生态和科学革命[M]. 吴国盛,等,译. 长春:吉林人民出版社,1999
16. [法]西蒙波娃. 第二性——女人[M]. 桑竹影,南珊,译. 长沙:湖南文艺出版社,1986
17. [美]凯文·林奇. 城市意象[M]. 方益萍,何晓军,译. 北京:华夏出版社,2001
18. [美]凯文·林奇. 城市形态[M]. 林庆怡,等,译. 北京:华夏出版社,2002
19. [英]布莱恩·劳森. 空间的语言[M]. 杨青娟,等,译. 北京:中国建筑工业出版社,2003
20. [英]爱德华·泰勒. 人类学:人及其文化研究[M]. 连树声,译. 桂林:广西师范大学出版社,2004
21. [美]露丝·本尼迪克特. 文化模式[M]. 何锡章,黄欢,译. 北京:华夏出版社,1987

22. [加]威尔·金里卡.少数的权利——民族主义、多元文化主义和公民[M].邓红风,译.上海:上海世纪出版集团,2005
23. [英]麦克哈格.设计结合自然[M].芮经纬,译.北京:中国建筑工业出版社,1992
24. 中共中央马克思恩格斯列宁斯大林著作编译局.马克思恩格斯选集(四)[M].北京:人民出版社,1995
25. 中共中央马克思恩格斯列宁斯大林著作编译局.恩格斯·反杜林论//马克思恩格斯选集(三)[M].北京:人民出版社,1995
26. 中国大百科全书出版社简明不列颠百科全书编辑部.简明不列颠百科全书[M].北京:中国大百科全书出版社,1985
27. 辞海编辑委员会.辞海[M].上海:上海辞书出版社,1988
28. 彭克宏,等.社会科学大词典[M].北京:中国国际广播出版社,1989
29. 杜顺宝,等.江苏省志·风景园林志[M].南京:江苏古籍出版社,2000
30. 中共南京市委党史工作办公室,南京市地方志编纂委员会办公室.南京辞典[M].北京:方志出版社,2005
31. 风笑天.社会学研究方法[M].北京:中国人民大学出版社,2005
32. 栾玉广.自然科学技术研究方法[M].合肥:中国科学技术大学出版社,2003
33. 李光,任定金.交叉学科导论[M].武汉:湖北人民出版社,1989
34. 武杰.跨学科研究与非线性思维[M].北京:社会科学出版社,2004
35. 韩民青.当代哲学人类学·第一卷[M].南宁:广西人民出版社,1998
36. 余新晓.景观生态学[M].北京:高等教育出版社,2006
37. 陈慧琳.人文地理学[M].北京:科学出版社,2002
38. 周鸿.人类生态学[M].北京:高等教育出版社,2002
39. 张金屯.应用生态学[M].北京:科学出版社,2003
40. 周凤霞.生态学[M].北京:化学工业出版社,2005
41. 陆学艺,苏国勋,李培林.社会学[M].北京:知识出版社,1991
42. 梁漱溟.中国文化要义[M].北京:学林出版社,1987
43. 费孝通.江村经济——中国农民的生活[M].北京:商务印书馆,2004
44. 孙儒泳.基础生态学[M].北京:高等教育出版社,2002
45. 余谋昌.生态文化论[M].石家庄:河北教育出版社,2001
46. 马世骏.中国生态学发展战略研究[M].北京:中国经济出版社,1991
47. 康少邦,等.城市社会学[M].杭州:浙江人民出版社,1986
48. 肖笃宁.景观生态学[M].北京:科学出版社,2003
49. 刘军.社会网络分析导论[M].北京:社会科学文献出版社,2004
50. 顾朝林.城市社会学[M].南京:东南大学出版社,2002
51. 唐忠新.中国城市社区建设概论[M].天津:天津人民出版社,2000
52. 于燕燕.社区自治与政府职能转变[M].北京:中国社会出版社,2005
53. 贺善侃.当代中国转型期社会形态研究[M].上海:学林出版社,2003
54. 罗家德.社会网分析讲义[M].北京:社会科学文献出版社,2005
55. 杨贵庆.城市社会心理学[M].上海:同济大学出版社,2000

56. 周晓宏.现代社会心理学[M].北京:中国人民大学出版社,1994
57. 郑杭生.转型中的中国社会和中国社会的转型:中国社会主义现代化进程的社会学研究[M].北京:首都师范大学出版社,1996
58. 陆益龙.户籍制度——控制与社会差别[M].北京:商务印书馆,2004
59. 李迎生.社会保障与社会结构转型[M].北京:中国人民大学出版社,2001
60. 郑杭生,李路路.当代中国城市社会结构[M].北京:中国人民大学出版社,2004
61. 李路路,王奋宇.当代中国现代化进程中的社会结构及其变革[M].杭州:浙江人民出版社,1992
62. 陆学艺.社会结构的变迁[M].北京:中国社会科学出版社,1997
63. 张鸿雁.侵入与接替[M].南京:东南大学出版社,2001
64. 许欣欣.当代中国社会结构变迁与流动[M].北京:社会科学文献出版社,2000
65. 李培林,李强,孙立平,等.中国社会分层[M].北京:社会科学文献出版社,2004
66. 张文宏.中国城市的阶层结构与社会网络[M].上海:上海人民出版社,2006
67. 汪开国.深圳九大阶层调查[M].北京:社会科学文献出版社,2005
68. 北京市社会科学院"北京城区角落调查"课题组.北京城区角落调查[M].北京:社会科学文献出版社,2005
69. 张继焦.城市的适应性——迁移者的就业与创业[M].北京:商务印书馆,2004
70. 蓝宇蕴.都市里的村庄——一个"新村社共同体"的实地研究[M].北京:三联书店,2005
71. 杨晓明,周翼虎.中国单位制度[M].北京:中国经济出版社,1999
72. 李汉林.中国单位社会——议论、思考与研究[M].上海:上海人民出版社,2004
73. 刘建军.单位中国:社会调控体系重构中的个人、组织与国家[M].天津:天津人民出版社,2000
74. 马戎.民族社会学——社会学的族群关系研究[M].北京:北京大学出版社,2004
75. 良警宇.牛街:一个城市回族社区的变迁[M].北京:中央民族大学出版社,2006
76. 白友涛.盘根草——城市现代化背景下的回族社区[M].银川:宁夏人民出版社,2005
77. 谭琳,刘伯红.中国妇女研究十年——回应《北京行动纲领》[M].北京:社会科学文献出版社,2005
78. 刘先觉.现代建筑理论[M].北京:中国建筑工业出版社,1999
79. 王建国.现代城市设计理论和方法[M].南京:东南大学出版社,1999
80. 杜顺宝.中国建筑艺术全集第19卷(风景建筑)[M].北京:中国建筑工业出版社,2001
81. 段进.城市空间发展论[M].南京:江苏科学技术出版社,1999
82. 刘滨谊.现代景观规划设计[M].南京:东南大学出版社,1999
83. 张京祥.西方城市规划思想史纲[M].南京:东南大学出版社,2005
84. 单霁翔.从"功能城市"走向"文化城市"[M].天津:天津大学出版社,2007
85. 刘滨谊.现代景观规划设计[M].南京:东南大学出版社,1999
86. 杜顺宝.中国的园林[M].北京:人民出版社,1990
87. 吴明伟,吴晓,等.我国城市化背景下的流动人口聚居形态研究——以江苏省为例[M].南京:东南大学出版社,2005
88. 周春山.城市空间结构与形态[M].北京:科学出版社,2007

89. 宛素春.城市空间形态解析[M].北京:科学出版社,2004
90. 张勇强.城市空间发展自组织与城市规划[M].南京:东南大学出版社,2006
91. 顾朝林.中国大城市边缘区研究[M].北京:科学出版社,1995
92. 杨上广.中国大城市社会空间的演化[M].上海:华东理工大学出版社,2006
93. 王兴中.中国城市社会空间结构研究[M].北京:科学出版社,2000
94. 夏祖华,黄伟康.城市空间设计[M].南京:东南大学出版社,1992
95. 赵和生.城市规划与城市发展[M].南京:东南大学出版社,2005
96. 黄光宇,陈勇.生态城市理论与规划设计方法[M].北京:科学出版社,2003
97. 刘贵利.城市生态规划理论与方法[M].南京:东南大学出版社,2002
98. 吴缚龙,马润潮,张京祥.转型与重构:中国城市发展多维透视[M].南京:东南大学出版社,2007
99. 范炜.城市居住用地区位研究[M].南京:东南大学出版社,2004
100. 杨培峰.城乡空间生态规划理论与方法研究[M].北京:科学出版社,2005
101. 李俊夫.城中村的改造[M].北京:科学出版社,2004
102. 唐忠新.中国城市社区建设研究[M].天津:天津人民出版社,2000
103. 陈立旭.都市文化与都市精神——中外城市文化比较[M].南京:东南大学出版社,2002
104. 张鸿雁.城市形象与城市文化资本论——中外城市形象比较的社会学研究[M].南京:东南大学出版社,2002
105. 雷洁琼,王思斌.转型中的城市基层社区组织[M].北京:北京大学出版社,2001
106. 孙儒泳.普通生态学[M].北京:高等教育出版社,1993
107. 徐永祥.社区发展论[M].上海:华东理工大学出版社,2000
108. 朱满良,邓三龙,谢志强.城市社会整合与社区建设[M].北京:中国言实出版社,2000
109. 余新晓,牛健值,关文斌,等.景观生态学[M].北京:高等教育出版社,2006
110. 邬建国.景观生态学——格局、过程、尺度与等级[M].北京:高等教育出版社,2000
111. 张京祥.西方城市规划思想史纲[M].南京:东南大学出版社,2005
112. 陆学艺.当代中国社会阶层研究报告[M].北京:社会科学文献出版社,2002
113. 段汉明.城市的生态场势与居住区位[M].北京:科学出版社,2006
114. 王兴中,等.中国城市生活空间结构研究[M].北京:科学出版社,2004
115. 毕凌兰.城市生态系统空间形态与规划[M].北京:中国建筑工业出版社,2007
116. 王思斌.社会学教程[M].北京:北京大学出版社,2003
117. 徐磊青,杨公侠.环境心理学:环境知觉和行为[M].上海:同济大学出版社,2002
118. 聂兰生.21世纪中国大城市居住形态解析[M].天津:天津大学出版社,2004
119. 王兰州,阮红.人文生态学[M].北京:国防工业出版社,2006
120. 高亨.《商君书》注释[M].北京:中华书局,1974
121. 袁峰.制度变迁与稳定——中国经济转型中稳定问题的制度对策研究[M].上海:复旦大学出版社,1999
122. 陆益龙.户籍制度——控制与社会差别[M].北京:商务印书馆,2004
123. 袁中金,王勇.小城镇发展规划[M].南京:东南大学出版社,2001
124. 黄祖辉.城市发展中的土地制度研究[M].北京:中国社会科学出版社,2002

125. 李德华.城市规划原理[M].北京:中国建筑工业出版社,2001
126. 潘谷西.中国建筑史(第四版)[M].北京:中国建筑工业出版社,2003
127. 刘叙杰.中国古代建筑史(第一卷):原始社会、夏、商、周、秦、汉建筑[M].北京:中国建筑工业出版社,2003
128. 董鉴泓.中国城市建设史[M].北京:中国建筑工业出版社,2004
129. 张宏.性、家庭、建筑、城市:从家庭到城市的住居学研究[M].南京:东南大学出版社,2002
130. [北宋]张择端.清明上河图[M].上海:上海书画出版社,2004
131. 张京祥,罗震东,何建颐.体制转型与中国城市空间重构[M].南京:东南大学出版社,2007
132. 肖耿.产权与中国的经济改革[M].北京:中国社会科学出版社,1997
133. 王国恩.城市规划管理与法规[M].北京:中国建筑工业出版社,2004
134. 吴念公.现代城市管理概论[M].长沙:湖南人民出版社,2000
135. 王其亨.风水理论研究[M].天津:天津大学出版社,1992
136. 孙大章.中国古代建筑史(第五卷):清代建筑[M].北京:中国建筑工业出版社,2002
137. 杨晓民,周翼虎.中国单位制度[M].北京:中国经济出版社,1999
138. 杨上广.中国大城市社会空间的演化[M].上海:华东理工大学出版社,2006
139. 白寿彝.中国回回民族史[M].北京:中华书局,2003
140. 伍贻业.南京回族伊斯兰教史稿[M].南京:南京伊斯兰教协会编印(内部发行),1999
141. 李兴华,冯今源.中国伊斯兰教史参考资料选编[M].银川:宁夏人民出版社,1985
142. 刘志平.中国伊斯兰教建筑[M].乌鲁木齐:新疆人民出版社,1985
143. 杨怀忠.回族史论稿[M].银川:宁夏人民出版社,1991
144. 罗慧兰.女性学[M].北京:中国国际广播出版社,2002

二、期刊论文

1. 杜顺宝.传统建筑园林的实践与认识[J].东南大学学报(自然科学版),1990(10)
2. 杜顺宝.风景中的建筑[J].城市建筑,2007(5)
3. 杜顺宝.关于重建历史名胜建筑的思考[J].南方建筑,2009(2)
4. 唐军,杜顺宝.拓展与流变——美国现代景观建筑学发展的回顾与思索[J].新建筑,2001(10)
5. 肖笃宁."景观"一词的翻译与解释[J].科技术语研究,2004, 6(2): 31
6. 王发曾.城市生态系统基本理论问题辨析[J].城市规划汇刊,1997(1)
7. 马世骏,王如松.社会—经济—自然复合生态系统[J].生态学报,1984(4)
8. 李斌.中国住房改革制度的分割性[J].社会学研究,2002(2)
9. 郑杭生.社会公平与社会分层[J].江苏社会科学,2001(3)
10. 顾朝林,蔡建明.中国大中城市流动人口迁移规律研究[J].地理学报,1999,54(3)
11. 段进,邱国潮.国外城市形态学研究的兴起与发展[J].城市规划学刊,2008(5)
12. 王小波.城市社会学研究的女性主义视角[J].社会科学研究,2006(6)
13. 王军,傅伯杰.景观生态规划的原理和方法[J].资源科学,1999,21(2)
14. 杨沛儒.景观生态学在城市规划与分析中的应用[J].现代城市研究,2005(9)

15. 俞孔坚.城乡与区域规划的景观生态模式[J].国外城市规划,1997(3)
16. 李伟峰,欧阳志云,王如松,等.城市生态系统景观格局特征及形成机制[J].生态学杂志,2005,24(4)
17. 俞孔坚.城乡与区域规划的景观生态模式[J].国外城市规划,1997(3)
18. 崔功豪,武进.中国城市边缘区空间结构特征及其发展——以南京等城市为例[J].地理学报,1990(4)
19. 冯健,周一星.北京都市区社会空间结构及其演化(1982—2000)[J].地理研究,2003,22(4)
20. 胡军,孙莉.制度变迁与中国城市的发展及空间结构的历史演变[J].人文地理,2005(1)
21. 刘望保,翁计传.住房制度改革对中国城市居住分异的影响[J].人文地理,2007,22(1)
22. 顾朝林,C.克斯特洛德.北京社会极化与空间分异研究[J].地理学报,1997,52(5)
23. 刘玉亭,吴缚龙,何深静,等.转型期城市低收入邻里的类型、特征和产生机制:以南京市为例[J].地理研究,2006,25(6)
24. 朱传耿,顾朝林.中国流动人口的影响要素与空间分布[J].地理学报,2001,56(5)
25. 吴维平,王汉生.寄居大都市:京沪两地流动人口住房现状分析[J].社会学研究,2002(3)
26. 杨崴,曾坚,李哲.保护与发展——中国内地城市穆斯林社区的现状及发展对策研究[J].天津大学学报(社会科学版),2004(1)
27. 于文明,邓林翰.北方城市回民街区整体环境与街区结构[J].哈尔滨建筑大学学报,1998,3(6)
28. 董卫.城市族群社区及其现代转型——以西安回民区更新为例[J].规划师,2000(6)
29. 柴彦威,陈零极,张纯.单位制度变迁:透视中国城市转型的重要视角[J].世界地理研究,2007(12)
30. 郭湛.单位社会化,城市现代化——浅谈单位体制对我国现代城市的影响[J].城市规划汇刊,1998(6)
31. 王如松,等.北京景观生态建设的问题与模式[J].城市规划汇刊,2004(5)
32. 王翔林.结构功能主义的历史溯源[J].四川大学学报(哲学社会科学版),1993(1)
33. 叶克林.现代结构功能主义:从帕森斯到博斯科夫和利维——初论美国发展社会学的主要理论流派[J].学海,1996(6)
34. 刘堂.城市旅游的文化内涵以及开发管理策略——国际经验[J].商场现代化,2007(498)
35. 王如松,赵景柱,赵秦涛.再生、共生、自生——生态调控三原则与持续发展[J].生态学杂志,1989(8)
36. 刘薰词.建国后城市土地使用制度的建立和历史评价[J].财经理论与实践,2000,21(4)
37. 陈鹏.基于土地制度视角的我国城市蔓延的形成与控制研究[J].规划师,2007(3):76-78
38. 陈锋.改革开放三十年我国城镇化进程和城市发展的历史回顾和展望[J].规划师,2009,29(1):10
39. 陈忠.城市制度:城市发展的核心构架[J].城市问题,2003(4)
40. 俞孔坚,吉庆萍.国际“城市美化运动”之于中国的教训[J].中国园林,2002(2)
41. 贾冬婷.中轴线——从亚运到奥运的心理轴线[J].三联生活周刊,2007(45)
42. 董卫.城市制度、城市更新与单位社会——市场经济以及当代中国城市制度的变迁[J].建筑学报,1996(12)

43. 田毅鹏."典型单位制"的起源和形成[J].吉林大学社会科学学报,2007(7)
44. 何亚群.从单位体制到社区体制——建国后我国城市社会整合模式的转变[J].前沿,2005(4)
45. 揭爱花.单位:一种特殊的社会生活空间[J].浙江大学学报(人文社会科学版),2000(10)
46. 柴彦威,陈零极,张纯.单位制度变迁:透视中国城市转型的重要视角[J].世界地理研究,2007(12)
47. 陈伯庚.论住房制度改革中的公平与效率——纪念城镇住房制度改革30周年[J].城市发展,2008(3)
48. 刘望保,翁计传.住房制度改革对中国城市居住分异的影响[J].人文地理,2007, 22(1)
49. 孙斌栋,刘学良.美国混合居住政策及其效应的研究评述——兼论对我国经济适用房和廉租房规划建设的启示[J].城市规划学刊,2009(1):90-96
50. 丁宏.从回族的文化认同看伊斯兰教与中国社会相适应问题[J].西北民族研究,2004(45):69-77
51. 谢卓婷."杯"中的信仰——从回族文化本位看张承志宗教人格的"场独立性"[J].淮南师范学院学报,2005(5)
52. 马寿荣.都市民族社区的宗教生活与文化认同——昆明顺城街回族社区调查[J].思想战线,2003,(29):89-92
53. 杨大庆,丁明俊.20年来回族学热点问题研究述评[J].回族研究,2001(4)
54. 吴予敏.帝制中国的媒介权力[J].读书,2001(3)
55. 杨文迥.城市界面下的回族传统文化与现代化[J].回族研究,2004(1)
56. 闫国芳."回坊"的形成演变及功能化浅论[J].青海民族学院学报(社会科学版),2001(1)
57. 马景超,马青贯.回族的丧葬习俗和武汉的回民墓地[J].武汉文史资料,1995(1)
58. 马健君.回族婚俗的传统与现代流变——以西安回族婚姻民俗文化为个案研究[J].回族研究,2001(3)
59. 龙娟.自然与女性之隐喻的生态女性主义批评[J].湘潭大学学报(哲学社会科学版),2007(2)
60. 陈伟华.人与自然关系的新视角——生态女性主义的自然观[J].科学技术与辩证法,2004(5)
61. 胡仙芝.基于性别公平基础上的就业政策及其改革——以女性职业生涯发展为视角[J].公共管理科学,2006(6)
62. 何锡蓉.女性伦理学的哲学意义[J].社会科学,2006(11)
63. 黄昭雄,王雅娟.女性与规划:一种新的规划视角[J].国外城市规划,2004(6)
64. 李翔宁.城市性别空间[J].建筑师,2003(105):74-79
65. 柴彦威,翁桂兰,刘志林.中国城市女性居民行为空间研究的女性主义视角[J].人文地理,2003,18(4)
66. 段进,邱国潮.国外城市形态学研究的兴起与发展[J].城市规划学刊,2008(5)
67. 陈璐.基于女性主义视角的城市住房与住区问题初探——以南京市为例[J].人文地理,2005,86(6)
68. 周洋.感性的视觉功能[J].室内设计与装修,2006(11)

69. 黄春晓，顾朝林. 基于女性主义的空间透视——一种新的规划理念[J]. 城市规划，2003(6):81-85

三、学位论文

1. 田野. 转型期中国城市不同阶层混合居住研究[D]. 北京:清华大学,2005
2. 汪原. 迈向过程与差异性——多维视野下的城市空间研究[D]. 南京:东南大学,2002
3. 唐军. 西方景观建筑学价值源泉的阐释与批判[D]. 南京:东南大学,2002
4. 陈烨. 城市景观的生成与转换——以结构主义与后结构主义视角研究城市景观[D]. 南京:东南大学,2004
5. 姚准. 景观空间演变的文化解释[D]. 南京:东南大学,2006
6. 蔡晴. 基于地域的文化景观保护[D]. 南京:东南大学,2006
7. 方程. 城市中心景观价值研究[D]. 南京:东南大学,2008
8. 侯鑫. 基于文化生态学的城市空间理论研究——以天津、青岛、大连为例[D]. 天津:天津大学,2004
9. 艾建国. 中国城市土地制度经济问题研究[D]. 武汉:华中农业大学,1999
10. 席明波. 伊斯兰建筑文化对西安地区回民民居的影响[D]. 西安:西安建筑科技大学,2003
11. 恽爽. 我国北方城市回民聚居区更新相关问题研究[D]. 北京:清华大学,2001
12. 黄辉. 19 世纪下半叶巴黎城市改造探析[D]. 上海:华东师范大学,2007
13. 叶青. 城市低收入流动人口居住设计研究[D]. 上海:同济大学,2005
14. 谭文勇. 单位社区——回顾、思考与启示[D]. 重庆:重庆大学,2006

四、其他文献

1. Xinjian L. Municipal Infrastructures in Urban History and Conservation[A]//International Conference on East Asian Architectural Culture[C]. Kyoto: Takahashi Yasuo, 2006:525-531
2. 王贵祥. "五亩之宅"与"十家之坊"及古代园宅、里坊制度探[A]//东亚建筑文化国际研讨会优秀论文集[C]. 南京:东南大学出版社,2004:323-331
3. 伍贻业. 南京回族伊斯兰教史稿[M]. 南京:南京伊斯兰教协会编印(内部发行),1999
4. 天津市人民政府令[津政令第 52 号]. 天津市城市管理规定[S],2002
5. 江苏省建设委员会[苏建园(1993)358 号]. 江苏省城市园林绿化工程设计审批办法[S],1993
6. 王玲. 为了让天更蓝、水更清、城更美,全面实践"绿色奥运"[N]. 经济日报,2008-7-14
7. 李佳鹏,丁文杰. 地方"土地财政":政府"生财之道"走入死胡同[N]. 经济参考报,2008-11-20
8. 社论. 求解土地财政之困[N]. 第一财经日报,2009-3-20

五、网络资源(略)

内容提要

当前中国快速城市化进程中，人文因素日益主导着物质景观的建设，但城市景观形态的现有研究仍以物质形态、自然生态等传统领域为主，缺少在更广阔的人文生态视野下对其深层动因的系统研究成果。为此，本书选题“人文生态视野下的城市景观形态研究”，以中国城市的人文生态和景观形态及二者的互动关系为研究范围，通过景观学与生态学、社会学、文化人类学、人文地理学和城市规划等多学科交叉与综合研究，初步研究人文生态概念和内涵，全面地建构了人文生态与城市景观形态互动联系的理论框架，阐明了城市景观动态平衡与可持续发展的调控机制。在此理论框架基础上，从城市景观实践经常遭遇的敏感的人文问题中选取了制度、单位、回民（少数民族）、女性等四个性质、层级、尺度不同，且较为新颖的角度，进行专题纵深研究，部分验证其与城市景观形态的互动影响的理论，并对部分景观及人文问题提出具体的规划设计建议。本书从理论建构和专题研究两方面为景观学研究拓展了新的研究领域，并为通过景观规划创建和谐社会提供理论依据和方法指导，具有一定的理论和现实意义。

本书适合城乡规划学、风景园林学及社会学等学科的研究者，相关学科的学生，以及规划设计工作者、管理者阅读参考。

图书在版编目（CIP）数据

人文生态视野下的城市景观形态研究 / 李岚著.
—南京：东南大学出版社，2014.12
（景观研究丛书/杜顺宝主编）
ISBN 978-7-5641-5418-9

Ⅰ.①人… Ⅱ.①李… Ⅲ.①城市景观—研究
Ⅳ.①TU-856

中国版本图书馆 CIP 数据核字（2014）第 305682 号

出版发行	东南大学出版社
出 版 人	江建中
网　　址	http://www.seupress.com
电子邮箱	press@seupress.com
社　　址	南京市四牌楼 2 号
邮　　编	210096
电　　话	025-83793191（发行）　025-57711295（传真）
经　　销	全国各地新华书店
印　　刷	南京玉河印刷厂
开　　本	787mm×1092mm　1/16
印　　张	17.25
字　　数	420 千
版　　次	2014 年 12 月第 1 版
印　　次	2014 年 12 月第 1 次印刷
书　　号	ISBN 978-7-5641-5418-9
定　　价	65.00 元

本社图书若有印装质量问题，请直接与营销部联系。电话（传真）：025-83791830